カントールの楽園
Cantor's Paradise

市川秀志
Hideshi Ichikawa

Parade Books

文章：市川秀志　　イラスト：Koshi

まえがき

　相対性理論には特殊相対性理論と一般相対性理論があります。相対性理論はとても難しく、私たちにはなかなか理解できません。その理由は、相対性理論の中で使われている数式を理解することが非常に困難だからです。

　そこで、発想をがらりと変えてみました。相対性理論の正しさを数式で理解することが難しいならば、逆に、言葉で相対性理論の間違いを理解するほうが簡単ではないのかと。

　相対性理論の間違いを言葉で理解するためには、２つの問題をクリアしなければなりません。それは「無限集合論の間違いを言葉で理解すること」そして、「非ユークリッド幾何学の間違いを言葉で理解すること」です。私たちにとっての言葉とは日本語です。

　古代ギリシャの哲学者アリストテレスは無限を可能無限と実無限の２つに分けました。それぞれを一言で表現すると、可能無限は「完結しない無限」であり、実無限は「完結する無限」です。

　可能無限＝完結しない無限

実無限＝完結する無限

　数学もアリストテレスの可能無限を正統な無限とみなして、長い間、完結しない無限を扱ってきました。

　それに対して、1891年にドイツの数学者ゲオルグ・カントールが実無限を用いた対角線論法を公表しました。カントールの対角線論法は背理法の形をしており、それを用いて下した結論が「自然数の総数よりも実数の総数のほうが多い」という衝撃的な内容でした。

　それ以来、カントールによって作られた集合論は数学全域に広がり、数学史を大きく変えてしまいました。現在、あらゆる数学理論の基礎として、無限集合論はしっかりと根を下ろしています。

　カントールの楽園とは、**実無限がもたらした無限集合論の甘美な世界**のことです。ドイツの数学者ダフィット・ヒルベルトも実無限を擁護し、「誰もカントールの楽園から、われわれを追放することはできない」と豪語しています。でも、私たち全員が、そろそろカントールの楽園から去らなければならない時期に来ているでしょう。

　素直に考えると、無限とは「限りの無いこと」です。別

な表現をすると「終わりの無いこと」「完結しないこと」「完了しないこと」「完成しないこと」「でき上がらないこと」です。その結果として「でき上がった状態が存在しないこと」「完成したものが存在しないこと」でもあります。

　これからすぐに出てくる結論が、「無限集合はでき上がらない＝無限集合は完成しない」と「無限小数はでき上がらない＝無限小数は完成しない」です。しかし、実無限では次の２つを認めています。

（１）完成した無限集合
　その代表が、｛１，２，３，４，…｝という「自然数全体の集合」です。「実数全体の集合」も完成した無限集合です。「集合全体の集合」も、「自分自身を要素として含まない集合全体の集合」も、ともに無限集合としては完成しています。

（２）完成した無限小数
　その代表が、0.999…という無限小数です。$\sqrt{2}$と等しいとされている1.4142…も、πと等しいとされている3.1415…も、ともに完成した無限小数です。

　実無限は「完結している無限」「完了している無限」「完成している無限」です。ということは、実無限はそもそも

無限の本来の定義（限り無いなら完結しない、限り無いなら完了しない、限り無いなら完成しない）に反した矛盾した概念です。

　実無限が矛盾していれば、実無限からなる無限集合論(これは、素朴集合論と公理的集合論の両方を含みます）も矛盾していると言わざるを得ません。

　また、「無限集合論の矛盾」と「非ユークリッド幾何学の矛盾」と「相対性理論の矛盾」は、お互いに密接に関係しています。それぞれの矛盾の原因を簡単に述べると次のようになります。

　無限集合論の矛盾…実無限と可能無限の混同
　非ユークリッド幾何学の矛盾…分類と場合分けの混同
　相対性理論の矛盾…事象と現象の混同

　もちろん、これら以外にも矛盾の原因はあるでしょう。具体的な矛盾のメカニズムは、本書の中で明らかにしていきたいと思います。いずれにしても、矛盾は言葉の不適切な使いかたから発生していることもあります。

カントールの楽園　もくじ

第2章
非ユークリッド幾何学の矛盾

第3章
相対性理論の矛盾

第1章
無限集合論の矛盾

Contradictions
in Infinite Set Theory

◆　言葉の使いかた

　言葉は、人間の考えていることや気持ちを、声や文字に
あらわしたものです。コミュニケーションにはなくてはな
いものであり、学問を興すときにも必要です。あらゆる学
問は言葉の助けを借りています。

　人と仲良くなれるのも言葉ならば、人との争いも言葉が
発端となりやすいです。言葉には問題を解決する力がある
一方では、問題をこじらせ、矛盾の世界に引きずり込むの
も言葉です。

　数学は無限という言葉をきっかけとして矛盾の世界に突
入し、物理学は数学に引きずられて矛盾に迷い込んでいる
ようです。

　この書では正確な言葉の使いかたを心がけていきたいと
思います。ただ、言葉を正確に用いれば用いるほど、文が
冗長になって抵抗を感じることが多くなるでしょう。そこ
で、ある程度、文脈で判断していただきたく、次のように
表現させていただきます。

　まず、ユークリッド原論には公理と公準が出てきますが、
現代数学からは公準が消えています。それにしたがって、第

５公準の平行線公準を平行線公理と記載いたします。ただし、原論を意識して書く場合は公準に戻します。

「証明される」「証明できる」という言い回しも登場しますが、ほとんどは「正しく証明される」「正しく証明できる」の省略形です。たまには「証明される」が「間違って証明される」を含んでいる場合があります。

　また、「証明される」という表現は「証明が存在する」の意味で使うことが多いです。しかし、この２つは同値ではないので、文脈によって「証明が存在する」に直すこともあります。

　数学の文章は一言一句が勝負と考えられます。たった１つの単語、たった１つの文が、数学全体をゆがめることもあれば、間違った数学を救うこともあるでしょう。

　もちろん数学では記号は大事です。しかし、記号の使いかたで混乱に陥ったとき、そこから救い出してくれるのは私たちが義務教育で習った国語かもしれません。

◆ YはYである

「YはYである」は正しいです。たとえば、「3角形は3角形である」「7は7である」などです。これを式で書くとY＝Yになります。

一方、「YはYではない」は、どうでしょうか？ 「YはYである」が正しければ、「YはYではない」は間違っています。「3角形は3角形ではない」「7は7ではない」などは、とても正しいとは言えません。これを式で書き表すとY≠Yとなります。

では、今度はYにXをくっつけた「XYはYである」はどうでしょうか？ これは正しいと言えるのでしょうか？ XYはXとYをくっつけた合成語です。たとえば「山猫は猫である」「海猫は猫である」などです。「山猿は猿である」「海猿は猿である」なども正しいでしょうか？

では、最後にXに無限を代入します。「無限YはYである」「無限YはYではない」はどうでしょうか？ これは正しいと言えるのでしょうか？ たとえば「無限集合は集合である」「無限集合は集合ではない」「無限小数は小数である」「無限小数は小数ではない」などは、正しいのでしょうか？ それとも、間違っているのでしょうか？

そもそも「無限集合」の「無限」と「集合」の関係はどうなっているのでしょうか？　「無限小数」の「無限」と「小数」の関係はどうなっているのでしょうか？　無限の神髄を知るためには、日本語をここまで深く掘り下げる必要がありそうです。

◆　数学語

私たちは毎日のように、言葉を使って考えたり話をしたりしています。このような日常会話で使われる言葉を「日常語」と呼びます。

数学でも言葉を使います。それを「数学語」と呼ぶことにします。数学語は日常語に近い言葉以外に、数学記号や数式や論理式を含みます。

日常語と数学語が同じ言葉を用いることもありますが、若干ニュアンスが異なる場合があります。

たとえば、「日常語としての集合」と「数学語としての集合」は、少し意味が違います。数学語の中でも「素朴集合論の集合」と「公理的集合論の集合」も意味が違います。

日常語と数学語の乖離は、「任意」と「すべて」でも見られます。「任意の〜」と「すべての〜」は、数学語としてはまったく同じ意味で用いられます。しかし、日常語としてはこの2つは意味が大きく異なります。

　日常語では「任意の自然数を作る」と「すべての自然数を作る」は異なっています。1から始めて、1を加え続けることによって任意の自然数を作ることができます。しかし、この方法では、すべての自然数を作ることはできません。

「任意の自然数を作る」≠「すべての自然数を作る」
　任意の自然数≠すべての自然数

　なお、数学語と日常語の乖離は「無限」でも見られます。「数学語としての無限」と「日常語としての無限」は異なっており、さらに「物理学で扱う無限」や「哲学で扱う無限」とも異なっています。

　歴史的には、日常生活における無限は**普通の無限としての可能無限**から始まっています。それから**異色の実無限としての実無限**が出現し、すでに2000年前から哲学では両者を比較検討しています。

実は、様々な問題を解いてくれるのは実無限のほうです。

実無限は、可能無限よりも問題解決能力が高い。

　この性質を採用して、現代数学は実無限一色に染まっているような感じを受けます。

　　日常で扱う無限…可能無限が中心
　　哲学で扱う無限…可能無限と実無限を比較検討
　　数学で扱う無限…実無限が中心
　　物理学における無限…数学に準じて実無限が中心

　このような無限という言葉の乖離を克服し、どの学問でも同じ意味の無限を扱うようにすることが理想と考えられます。そこで、数学語と日常語のギャップを少しでも埋めることができないかと試行錯誤しました。

◆　**性善説**

　私たちの住んでいるこの世界は、人を疑うよりも、人を信じたほうが生きやすくできています。もちろん、この例外となる場面は存在するので、他人を100%信じ込むことも危険ですが…。

それでも、私たちは信頼の上に人間関係を築き、相手の言葉を信じて行動しています。そのような集団が素晴らしい集団であり、私たちの理想とする組織でもあります。

　このように私たちの社会生活は、性善説（人の本性は善であるという考え方）で成り立っています。電車に乗るときも「この電車は脱線するように製造されている」とは思いません。エレベーターに乗るときも、「このエレベーターは、ワイヤーが切れるように設計されている」とは思いません。

　学校で授業を受けるときも「先生は故意にウソを教えている」とは、生徒たちは思いません。私たちが本を買うときも「本の内容は真実である」と思っています。他人を信じる気持ちで情報を素直に受け取ります。

　世に出回っている食物や品物も、すべてが他人の善意で作られたものです。この世の中は、善意で成り立っています。そして、数学も物理学も性善説でうまく回っています。

◆　数学における性善説

　私たちが数学書を買うとき「うその数式を記述している」

とは想定していません。つまり、私たちは紙面に書かれている数式や論理式を無意識のうちに「正しい」と思って読み進めています。

　　紙面上に書かれた命題は、性善説に基づいて真の命題である。

　このように素直に思う素晴らしい習性が、現代数学や現代物理学の矛盾の温床になっているかもしれません。

　ｘ＝３と書かれている紙面を見たとき、私たちは「ｘは３である」と読むのが普通です。「ｘは５である」と読む人はいません。この時点で、ｘ＝３は真の命題となっています。

　紙面上に書かれた言葉や、紙面上に書かれた数式、紙面上に書かれた論理式は、普通は「真の命題」と解釈します。では、これがどんな利益あるいは弊害をもたらすのでしょうか？

◆　紙面に書くと真になる

　次のように書かれていたとします。

【出題】次の方程式を解け。

$x - 3 = 0$

　多くの学生さんは $x = 3$ という答を書きます。でも、出題者は「問題文に書かれている $x - 3 = 0$ という式が真である」とは一言も述べてはいません。

　x を実数とし、$x = 3$ という等式を考えます。このとき、$x = 3$ は命題ではありません。$x = 3$ という等式だけでは、x が不明であれば真偽が決まらず、命題にはなり得ないからです。

　しかし、紙面上に $x = 3$ と書くと、性善説にのっとってこれは真の命題に変わります。「本当は $x = 3$ という式は真偽が決まっていないのに、紙面上に書くと真に変化する」という人間心理の特有な現象は、数学にも大きな影響をもたらします。

　私たちにとって紙面に書かれた式は、暗黙のうちに真とみなします。この暗黙の了解で、数学の試験を受けています。

　国語の長文読解もそうであり、古今和歌集もそうです。国語の先生はうその内容を有する長文など出題しません。古今和歌集に記載されている歌は心の真実を読んだのであり、

そのほとんどが想像や作り話であると思っている人は少ないでしょう。

　私たちは、今こう文章を書いている最中にも、あるいは文章を読んでいるときにも、無意識のうちに「真実であろう」という気持ちで文章を書いています。

　毎日書いている個人的な日記や、船員が書いている航海日誌も、新聞記者が書いている記事も、みんなが「真実の記録である」という意識があります。

　数学も紙面上に書かれた数式や論理式はそのほとんどが、書いた人が「真である」と信じていることです。ここに、誤解が生じる要素が含まれています。矛盾や無限の理解が難しいのは、このような人間の心理に大きく依存していることでしょう。

◆　矛盾の性善説

　Qが命題であるならば、$Q \wedge \neg Q$という論理式は偽の命題です。¬という記号は「ノット」と呼び、否定を表します。$Q \wedge \neg Q$は「QでありQではない」という間違った意味を持つ偽の命題です。次にこの真理表を書いてみます。

真理表とは、論理式の真理値（真と偽）をもれなく組み合わせて、論理式の全体の構造を明らかにする表のことです。Qは命題を表す論理記号であり、1は真を、0は偽を意味しています。

Q	¬Q	Q∧¬Q
1	0	0
0	1	0

　このとき、Qが真の命題であろうと偽の命題であろうと関係なく、Q∧¬Qは常に偽の命題すなわち0です。これを恒偽命題と呼んでいます。

　ところが、偽の命題であるQ∧¬Qを紙面に書くと、私たちは無意識のうちにこれを正しいと解釈します。

Q∧¬Qを紙面上に書くと偽が真に変化する。

　この人間心理によって、偽の命題がいつの間にか真の命題に化けています。この時点で、Q∧¬Qは「真であり偽でもある矛盾」に変化しています。

　P→（Q∧¬Q）と書くと、「P（が真の命題）ならばQ∧¬Q（も真の命題である）」と読みます。これを「Pが真

ならば矛盾している」と解釈するのが普通です。実際、矛盾を表す論理式はQ∧¬Qという形をしているか、または⊥という記号以外は存在しないようです。ちなみに、⊥という記号が論理記号であるかどうかは議論の余地があるところです。

◆　うそつきパラドックス

　矛盾といえば、自己言及文の代表格である「うそつきパラドックス」を思い起こします。うそつきパラドックスの歴史は古く、紀元前4世紀ころまでさかのぼります。自己言及文とは、自己の主張の中に自分自身が入っているめんどうな文のことです。

　Lを次のように置きます。コロンの右側に文を書き、左側に文の記号を書きました。

　L：Lは偽である。

　Lの内容が「Lは偽である」です。このLは「うそつき文」と呼ばれている自己言及文の一種です。

　このLを真と仮定すると、Lは偽なります。Lを偽と仮

定すると、Lは真になります。つまり、真偽がくるくると反転するというわけのわからない事態が起こります。これをうそつきパラドックスと呼んでいます。

　しかし、よく考えてみると、そもそもこのLが命題であるとは限りません。そこで、次のようにA，B，Cを置いて、まずはこれらがすべて命題であると仮定します。

　　A：Lは命題である。
　　B：Lは真である。
　　C：Lは偽である。

　ここで、Aが真であると仮定します。Aが真であるならば、Lは命題です。Lが命題であれば、Lは真であるか偽であるかのどちらです。したがって、次の論理式は真です。

　　A→（B▽C）

　▽は排他的論理和の論理記号で、次なる真理表を満たします。論理学では∨という記号を使いますが、ワードでうまく入力できないので、私は昔から▽という記号を使っています。

B	C	B▽C
1	1	0
1	0	1
0	1	1
0	0	0

　Aが真であるという仮定のもとに、Bが真であると仮定します。Bが真ならば、Lは真です。このとき、「Lは偽である」が真なのだから、Lは偽です。Lが偽ならばCは真です。これより、次の論理式は真です。

　A→（B→C）

　Aが真であるという仮定のもとに、今度はCが真であると仮定します。Cが真ならば、Lは偽です。このとき、「Lは偽である」が偽なのだから、Lは真です。Lが真ならば、Bも真です。これより、次の論理式も真です。

　A→（C→B）

　以上より、3つの論理式を1行でまとめた次なる論理式も真になります。

　A→（（B▽C）∧（B→C）∧（C→B））

ここで（B▽C）∧（B→C）∧（C→B）が恒偽命題であることを真理表で確認します。

B	C	（B▽C）∧（B→C）∧（C→B）
1	1	0
1	0	0
0	1	0
0	0	0

　これを使って論理式を変形すると、次のようになります。Oは恒偽命題の論理記号です。

A→（（B▽C）∧（B→C）∧（C→B））
≡A→O
≡¬A∨O
≡¬A

　ゆえに、¬Aは真です。つまり、Aは偽です。これより、Lは命題ではありません。

【うそつきパラドックスの解答】
　うそつき文は命題ではない。

　なお、この本の中では「命題ではない」ことを「非命題

である」と表現することもあります。

◆　数学の危機

　多くの人たちは、もっとも信頼できる学問は数学である
と考えています。現在、その数学を基礎から支えているの
が集合論です。

　集合論は、19世紀末にドイツの数学者ゲオルグ・カン
トール1人によって作られました。カントールの作った集
合論は「素朴集合論」と呼ばれています。素朴集合論とは、
「ものを集めたら集合になる」という素朴な考えかたにもと
づいています。

　そこから、ほどなくパラドックスが見つかりました。パ
ラドックスとは矛盾のことです。素朴集合論のパラドック
スを見つけたのはカントール自身であり、「カントールの
パラドックス」と呼ばれています。

　その後、イギリスの哲学者であり論理学者であったバー
トランド・ラッセルが、「ラッセルのパラドックス」を見つ
けました。そのほか、たくさんのパラドックスが発見され
ています。

そのため、今では「素朴集合論は矛盾している」という考えかたが数学における定説になっています。数学の基盤となりつつあるこの集合論に矛盾が見つかったことは、数学の危機として世界中で大きな問題となりました。

　この危機を収めたのは集合論の公理化でした。「ものをむやみやたらに集めるからパラドックスが発生する」と思われ、集合の対象を制限することで、パラドックスを集合論から追い出す戦略でした。これを**パラドックスの回避**と呼んでいます。要するに、パラドックスが出てこないように、集合を狭く定義することです。

　その結果、「広範囲な集合を扱える素朴集合論」は「狭い範囲の集合しか扱えない公理的集合論」に生まれ変わって、今日にいたっています。

　今では、公理的集合論によって数学の危機を乗り越えられたようにいわれています。でも、本当に数学の危機は去ったのでしょうか？

　もしかしたら、今でも公理的集合論の中で**矛盾はくすぶり続けている**のかもしれません。その**矛盾がただ単に表には出てこないだけ**と考えることもできます。そのときは、次のような考え方が成り立ちます。

公理的集合論は素朴集合論の矛盾を一時的に回避しただけであり、根本的な解決をしていない。

「矛盾の回避」と「矛盾の解決」は、言葉の意味が異なっています。道路に穴が開いているとき、その穴に落ちないようにわきを通ることが事故の回避です。

それに対して、事故の解決とは、穴を完全に埋め尽くし、その上を歩いても安全なようにすることです。数学が危機に陥ったとき、回避という手段を取らずに、解決という方法で対処したほうがよかったのかなと思います。

◆ カントールのパラドックス

カントールのパラドックスを一言で説明すると「集合をすべて集めた集合」から矛盾が出てくる、というものです。

「ものを無限に集めたもの」は集合であるとします。たとえば、自然数をすべて集めたものを「自然数全体の集合」とします。実数をすべて集めたものは「実数全体の集合」です。

すると、まったく同じ考え方で、集合をすべて集めたも

のは「集合全体の集合」になります。これをUと置きます。

　　U：集合全体の集合

　　そして、C，D，Eを次のように置いてみます。

　　C：Uは集合である。
　　D：UはUを要素として含む。
　　E：UはUを要素として含まない。

　　＜DとEの関係＞
　　DとEはお互いに矛盾しているから、同時に真になることはありません。よって、DとEは排他的論理和の関係にあります。これより、次なる論理式は真です。

　　D▽E

　　▽は排他的論理和を表わす記号で、私が以前から愛用していた記号なので、今後も使わせていただきます。D▽Eは、DとEの真理値が異なるときだけ真になる論理式です。

D	E	D▽E
1	1	0
1	0	1
0	1	1
0	0	0

排他的論理和はこの書でもたくさん出てきます。

＜Dが真の場合＞

ここでDが真であると仮定します。もしDが真であれば、UがUを要素として含むことになります。すると、Uを要素として含むより大きな集合が存在することになるので矛盾します。矛盾が出てきたならば、背理法を用いて仮定を否定することができるので、Eが得られます。よって、次なる論理式は真です。

D→E

＜Eが真の場合＞

次に、Eが真であると仮定します。Eが真であれば、UはUを要素として含みません。すると、Uはすべての集合を含むという定義に矛盾します。なぜならば、すべての集合を含む以上は「集合である自分自身」も含まなければならないからです。矛盾が出てきたから、背理法を用いて仮

定を否定してＤが得られます。つまり、次なる論理式も真です。

　　Ｅ→Ｄ

　＜まとめ＞
　以上より、Ｃが真であるならば、次なる論理式はすべて真になります。

　　Ｄ▽Ｅ
　　Ｄ→Ｅ
　　Ｅ→Ｄ

　これより、（Ｄ▽Ｅ）∧（Ｄ→Ｅ）∧（Ｅ→Ｄ）という論理積も真になります。この真理表を書いてみます。

Ｄ	Ｅ	（Ｄ▽Ｅ）∧（Ｄ→Ｅ）∧（Ｅ→Ｄ）	Ｏ
1	1	0	0
1	0	0	0
0	1	0	0
0	0	0	0

　∴（Ｄ▽Ｅ）∧（Ｄ→Ｅ）∧（Ｅ→Ｄ）≡Ｏ

Oは恒偽命題の論理記号であり、≡は同値の記号です。これらの結果を踏まえて全体の論理式を書くと、カントールのパラドックスは次のようになります。

$$C \rightarrow ((D \triangledown E) \wedge (D \rightarrow E) \wedge (E \rightarrow D))$$

　これを上記の真理表にしたがって論理変形をします。

$$C \rightarrow ((D \triangledown E) \wedge (D \rightarrow E) \wedge (E \rightarrow D))$$
$$\equiv \neg C \vee O$$
$$\equiv \neg C$$

　これより、Cは偽の命題であり、Uは集合ではありません。以上が現代数学の下した結論です。

【現代数学の結論】
「集合全体の集合」は集合ではない。

　この文は「XYはYではない」という形をしています。「集合全体の」という修飾語がXに相当します。

◆ 新解釈カントールのパラドックス

　カントールのパラドックスに対する解決方法には疑問が残されています。というのは、カントールのパラドックスにはもう1つの仮定が隠されていたからです。それが次なるBです。

　B：無限集合は集合である。

　ここで、もう一度、B，C，D，Eを次のように置きます。Bの中に出てくる無限は実無限です。

　B：無限集合は集合である。
　C：Uは集合である。
　D：UはUを要素として含む。
　E：UはUを要素として含まない。

　ここで、Bが命題であると仮定してみます。もしBが命題であるならば、Bは真であるか偽であるかのどちらかです。

　＜Bが偽の命題である場合＞
　もし、Bが偽であるならば、無限集合は集合ではありません。このとき、集合全体の集合Uも集合ではありません。

52

つまり、Ｃは偽の命題です。

　Ｕが集合でなければ、Ｄは「集合でないものが集合でないものを要素として含む」となり、Ｅは「集合でないものが集合でないものを要素として含まない」となって意味不明の文となり、命題ではなくなります。したがって、ＤとＥが命題となるためには、まずはＢが真の命題でなければなりません。

　＜Ｂが真の命題である場合＞
　もし、Ｂが真であるならば、無限集合としてのＵも集合になります。つまり、Ｃは真の命題です。よって、次なる論理式は真です。

　Ｂ→Ｃ

　このとき、ＤもＥも命題になります。これから先は前と同じとなります。

　Ｃ→（（Ｄ▽Ｅ）∧（Ｄ→Ｅ）∧（Ｅ→Ｄ））
　≡¬Ｃ

　これより、¬Ｃも真の命題です。よって、Ｂが真ならばＣは偽の命題であり、次のように書くことができます。

B→¬C

よって、B→CもB→¬Cも真だから、この両者の論理積も真です。

（B→C）∧（B→¬C）

これを変形します。〇は恒偽命題です。

（B→C）∧（B→¬C）
≡（¬B∨C）∧（¬B∨¬C）
≡¬B∨（C∧¬C）
≡¬B∨〇
≡¬B

つまり、¬Bは真の命題であり、Bは偽の命題です。これより、カントールのパラドックスから出てくる正しい結論は**無限集合は集合ではない**です。無限集合が集合でなければ、次のこともいえるようになります。

「自然数全体の集合」は集合ではない。
「有理数全体の集合」は集合ではない。
「実数全体の集合」は集合ではない。
「複素数全体の集合」は集合ではない。

これらと同じ結論は、ラッセルのパラドックスからも得られます。

◆　ウィトゲンシュタインとの論争

　無限集合論に決定的なダメージを与えたのはラッセルのパラドックスです。これはイギリスの哲学者であり論理学者であったバートランド・ラッセルが発見した集合論の矛盾です。彼自身は次のように考えていたようです。

　自分自身を要素として含まない集合全体の集合（これをラッセル集合と呼ぶことにします）を考えると矛盾が起こる。したがって、無限集合論は矛盾している。

　これは単純な考えかたです。しかし、無限集合論を捨てたくないときは別の考えかたをするようになります。実際、多くの学者は「ラッセル集合は特殊な存在であって、本当の集合ではない」と別の解釈をすることで、この事態を乗り切りました。

　無限集合論を壊すパラドックスを考案したラッセル自身もまた、無限集合論が消えてなくなることを恐れていたようです。そのため、弟子であったオーストリア出身の哲学

者ルートヴィヒ・ウィトゲンシュタインと論争をしています。ウィトゲンシュタインは無限集合の存在を真っ向から否定しました。それにラッセルは猛反対し、無限集合の存在を擁護しました。

◆　ラッセルのパラドックス

　カントールのパラドックスと同じやり方で、ラッセルのパラドックスも解くことができます。ただし、ここでは無限集合の上位概念である実無限を持ち出してきます。

「AはBの上位概念である」とは、AがBを含み、下位概念であるBよりも大きな概念です。たとえば、実数は自然数の上位概念です。

　ここで「自分自身を要素として含まない集合をすべて集めた集合」をラッセル集合Rとします。さらに、A，B，C，D，Eを次のように置いてみます。

　A：実無限は正しい。
　B：（実無限にもとづく）無限集合は集合である。
　C：Rは集合である。
　D：RはRを要素として含む。

E：RはRを要素として含まない。

　ここで、Aが命題であると仮定します。もしAが命題であるならば、Aは真であるか偽であるかのどちらかです。

　＜Aが偽の場合＞
　もし、Aが偽であるならば、実無限という考え方は間違っています。そのとき、実無限から作られる無限集合は集合ではありません。無限集合が集合でなければ、Rも集合ではありません。Rが集合でなければ、DもEも意味不明の文になります。

　意味不明の文は命題ではありません。これを非命題あるいは命題モドキと呼ぶこともできるでしょう。以上より、DとEが命題となるためには、まずはAが真の命題でなければなりません。

　＜Aが真の場合＞
　もし、Aが真であるならばBも真となり、無限集合は集合となりえます。Bが真ならばCも真となって、ラッセル集合Rも集合になります。

　Rが集合ならば、Dは真であるか偽であるかが決定し、Eも真であるか偽であるかが決定します。このとき、次の論

理式が真になります。

D▽E

　次に、Dが真であると仮定します。もしDが真の命題であるならば、RはRを要素として含みます。つまり、Rは自分自身を含むから、自分自身を含まない集合全体の集合であるRには含まれません。よって、Eが真になります。これより、次の論理式が真になります。

D→E

　さらにEが真であると仮定します。もしEが真であるならば、RはRを要素として含みません。つまり、自分自身を含まないのだから、自分自身を含まない集合全体の集合であるRに含まれます。したがって、Dが真になります。ということは、次の論理式も真になります。

E→D

　以上より、Aが真であるならばD▽EもD→EもE→Dもすべて真になります。よって、次の論理式が真になります。

A→（（D▽E）∧（D→E）∧（E→D））

この論理式を変形します。

$$A \rightarrow ((D \triangledown E) \wedge (D \rightarrow E) \wedge (E \rightarrow D))$$
$$\equiv \neg A$$

これより、¬Aは真です。つまり、「実無限は間違っている」という結論が得られます。実無限は現代数学を支えている根本思想です。

◆ 大きすぎる集合

カントールのパラドックスは「集合全体の集合U」から発生しました。ラッセルのパラドックスは「自分自身を要素として含まない集合全体の集合R」から出てきました。

これらのパラドックス発生に対して「集合として大き過ぎるからパラドックスが出てきた」と考えて、それに見合うように「集合よりも大きな概念（集合の上位概念）」を作り出しました。それが「クラス」でした。

こうして「UやRは集合ではなくクラスである」とみなされました。この2つは「集合ではないクラス」という意味で固有クラスと呼ばれています。こうして、集合論はク

ラス理論へと拡張されました。

　でも、この理由（大きすぎる集合は集合ではない）は数
学的な説明としてはあまり適切ではありません。現代数学
における集合かどうかの判断を下に記しておきます。

【集合か集合でないかの判断】
　ほどほどの大きさの集合は集合と認める。ほどほどでは
ないような「大きすぎる集合」は集合とは認めない。

【判断の実例】
「自然数全体の集合」や「実数全体の集合」はほどほどの
大きさを持つから集合と認める。「集合全体の集合」や「自
分自身を要素として含まない集合全体の集合」は大きすぎ
るから集合とは認めない。

　自然数を「大きすぎる自然数」と「大きすぎない自然数」
に分けることはできません。それと同じく、集合を「大き
すぎる集合」と「大きすぎない集合」に分けることもでき
ません。

　よって、「集合全体の集合は大きすぎるからパラドック
スが発生した」「自分自身を要素として含まない集合全体の
集合も大きすぎるからパラドックスが発生した」という説

明は正しいといえないでしょう。

◆　集合であるかどうかの判断

　現在の集合論では「すべての集合を集めた集合」すなわち「集合全体の集合」からはカントールのパラドックスが発生するので、集合ではないとされています。

　また、「自分自身を要素として含まない集合をすべて集めた集合」からはラッセルのパラドックスが発生するので、これもまた、集合ではないとされています。

　それに対して、「自然数全体の集合」や「実数全体の集合」からはパラドックスが発生しないので「集合である」と認めています。この2つを比較します。

（1）Xを集合と仮定して矛盾が生じれば、Xは集合ではない。
（2）Xを集合と仮定して矛盾が生じなければ、Xは集合である。

　（1）は背理法です。問題は（2）です。「矛盾が生じなければ、～である」は数学的には成り立ちません。（2）を正

しくいいなおすと、次のようになります。

（2）Xを集合と仮定して矛盾が生じなければ、Xは集合であるともいえず、集合ではないともいえない。つまり、何もいえない。

これより、（2）を根拠として「自然数全体の集合は集合である」や「実数全体の集合は集合である」と主張することはできません。

◆ クラス

集合はクラスに拡張されました。

集合論→（拡張）→クラス理論

しかし、そもそもクラスの定義はあいまいです。「集合」をクラスとしたり、「集まり」をクラスとしたり、「集合の集まり」をクラスとしたり、文脈によってまちまちです。

集合ではないクラスを「固有クラス」といいます。たとえば、カントールのパラドックスを発生させる「集合全体の集合」やラッセルのパラドックスを発生させる「自分自

身を要素として含まない集合全体の集合」などが固有クラスです。

　クラスには有限クラスと無限クラスがあります。無限クラスは次のように分類されています。

【無限クラスの分類】
（１）集合ではないクラス＝固有クラス
（２）集合であるクラス＝無限集合

　この場合、無限集合であると仮定して矛盾が生じるクラスを固有クラスと命名し、無限集合であると仮定しても矛盾が生じないクラスはそのまま無限集合としているようです。

　しかし、この分類は正しくはありません。Ｘが集合であると仮定して矛盾が証明されるかどうかで、Ｘを集合と非集合に分けることはできません。

「集合と仮定して矛盾が証明されれば、集合ではない。集合と仮定して矛盾が証明されなければ、集合である」という分けかたは間違った分類である。

　たとえば、現代数学では「自然数全体の集合Ｎは集合で

ある」と仮定しても、矛盾が証明されないと考えられています。「実数全体の集合Rは集合である」と仮定しても、同じく矛盾が証明されないとされています。そのため、集合論では「NもRも集合である」と結論しています。

しかし、もしかしたら本当はNにもRにも矛盾が存在しており、その矛盾を見つけることが現時点で困難なだけかもしれません。

◆　クラスのパラドックス

カントールのパラドックスを引き起こしたのは「集合全体の集合」です。ラッセルのパラドックスを引き起こしたのは「自分自身を要素として含まない集合全体の集合」です。

現代数学では、パラドックスを回避するために、この2つを無限集合から追い出して固有クラスに棚上げしました。これにて一件落着のように思われますが、ここで、次なる疑問が出てきます。

「クラス全体のクラス」はクラスか？　それともクラスではないのか？

「クラス全体のクラス」をＣと置きます。そして、Ｃはクラスであると仮定します。

　Ｃ：クラス全体のクラス

　Ｃは「すべてのクラスを集めたもの」だから、最大のクラスです。そのため、すべてのクラスを含んでいます。つまり、自分自身を含んでいます。

　ＣはＣを含む。

　一方、Ｃが最大のクラスであれば、これを含むいかなるクラスがあってはならないはずです。したがって、ＣはＣを含みません。

　ＣはＣを含まない。

　以上より、「ＣはＣを含み、かつ、ＣはＣを含まない」という矛盾が生じます。この論理構造はカントールのパラドックスと同じです。

　これより、「クラス全体のクラス」をクラスと仮定することによって矛盾が出てきたので、背理法を使えば「Ｃはクラスでない」という結論になります。

では、集合でもないクラスでもない「クラス全体のクラス」を、今後どのように扱ったらいいのでしょうか？

「集合全体の集合」を集合と考えると矛盾が発生します。この矛盾を回避するために、クラスという新しい概念を増設しました。ところが、「クラス全体のクラス」をクラスと考えると、同じように矛盾が生じます。

　そこで、「クラス全体のクラス」をクラスから追い出す目的で、クラスのさらに上位概念であるスーパークラスを作ったとします。そして、「クラス全体のクラス」を固有スーパークラスに移行させます。

　でも、同様の理由で「スーパークラス全体のスーパークラス」からも矛盾が発生します。すると、「スーパークラス全体のスーパークラス」はスーパークラスではないから、今度はこれをさらに上位概念のウルトラスーパークラスに棚上げします。

　これでは、いつまでたっても新概念の増設とその命名作業は終わりません。「何でもかんでも拡張した概念を作り出せばパラドックスを振り切れる」と楽観することはできません。

これは「○○全体の集まり（集合やクラスなど）」を考えるから矛盾が出てくると考えたほうがよいでしょう。「全体」とは「ひとまとめの完結した状態＝実無限」として考えることです。

「全体」は実無限を生み出すキーワードです。実無限を含んでいる矛盾した概念をどんなに拡張しても、矛盾を振り落とすことはできません。

集合をどんなに拡張しても（集合よりも大きなクラスを作っても）実無限を使い続ける限り、カントールのパラドックスはどこまでもついて回る。

◆　命題

数学辞典には、命題の意味がはっきりと記載されていないことが多いです。ここでは、数学の対象物を「命題」と「命題ではないもの（非命題)」の2つに分けてみます。

【数学の対象物の分類】
（1）命題
（2）非命題（命題ではない対象物）

命題とは次のような主張であり、文字にすると肯定文または否定文として書き表せます。そして、命題は正しいか間違っているがすでに決まっています。

　　ＸはＹである。
　　ＸはＹではない。

　なお、「ＸならばＹである」という条件文の形をした命題もあります。いずれにせよ、命題は真か偽のうちのどちらか１つだけ真理値（真や偽という値）を持ちます。

命題は「真の命題」と「偽の命題」に分類される。

　ある公理系を考えたとき、その公理系の（公理と公理の否定以外の）命題は、（公理からの証明が存在する）定理と（公理からの証明が存在しない）定理の否定に分類されます。

　しかし、命題は「公理から証明される命題」と「公理から証明されない命題」には分類されません。また、命題は「矛盾が証明される命題」と「矛盾が証明されない命題」にも分類されません。それは、「証明されない」や「矛盾が証明されない」が、一意性のある日本語ではないからです。

◆ 数学の対象物

Pを数学の対象物（数学が扱うもの）とします。そして、次のようにA，Bを置いて、これらを命題と仮定します。

　A：Pは真である。
　B：Pは偽である。

AとBの真偽の組み合わせは次の4通りです。1は真を表し、0は偽を表しています。

A　B
1　1　　≡Pは真かつ偽である。
1　0　　≡Pは真であって偽ではない。
0　1　　≡Pは真ではなくて偽である。
0　0　　≡Pは真でもなければ偽でもない。

これより、対象物Pに関しては「Pは真である」のときは、次の2つがあることになります。

（1）Pは真である。かつ、Pは偽である。
（2）Pは真である。かつ、Pは偽ではない。

そのため「Pは真である」から直ちに「Pは偽ではない」

とはいえません。

　数学の対象物Pに関しては「Pは真である」を否定しても「Pは偽である」になるとは限らない。

◆　真であって偽ではない

　命題が真か偽のどちらかの真理値しか持たないならば、Pが命題のときは「Pは真であって偽ではない」か、あるいは「Pは真ではなくて偽である」のどちらからになります。

　そこで、「真であって偽ではない命題」を短く「真の命題」と呼び、「真ではなくて偽である命題」を短く「偽の命題」と呼ぶことにします。

　真の命題＝真であって偽ではない命題
　偽の命題＝真ではなくて偽である命題

　これ以外の命題は存在しないと考えたほうが、より単純に真理を追究できるでしょう。また、この考えかたより、次なる結論が得られます。

「真でもあり、かつ、偽でもある命題」は命題ではない。

「真でもない、かつ、偽でもない命題」は命題ではない。

◆　思い込み

　数学にも物理学にもいくつかの思い込みがあると考えられます。たとえば、「真」と聞くとすぐに「真の命題」を思いつきます。「偽」と聞くとすぐに「偽の命題」を連想します。これらによって、次のような思い込みを持ってしまうでしょう。

　　真とは、真の命題のことである。
　　偽とは、偽の命題のことである。

　しかし、真はそのまま真の命題とイコールではないし、偽は必ずしも偽の命題を意味していません。「真」と「真の命題」を区別し、「偽」と「偽の命題」を切り離す必要があります。真は次のように分類されます。

$$
真 \left\{ \begin{array}{l} 真の命題 \\ \\ 真の非命題 \end{array} \right.
$$

「真」と「真の命題」を論理記号で書き分けることはでき

ません。つまり、数学的な真理に関しては、論理式が無力な場合があります。

　また、物理学における検証や反証に関してもいくつかの思い込みがあるようです。

　物理理論が観測や実験によって検証されると、それは正しい理論である。

　この考えかたの根底には、「検証された理論は正しい」という思い込みがあります。しかし、検証された理論の中にも、間違っている理論が含まれていることがあります。次も思い込みです。

　物理理論が観測や実験によって反証されると、それは間違った理論である。

　この考えかたの根底には、「反証された理論は間違っている」という思い込みがあります。反証された理論の中にも、正しい理論が含まれていることがあります。

　物理学での検証や反証に関しての議論には、数式は無力なようです。「検証」を数式で書き表すことはできず、「反証」も数式ではとりあつかえません。

このような数式や論理式の無力さを補ってくれるのが、ずっと古くから存在している言葉です。数学が数千年の歴史を誇るならば、書き言葉はもっと古い歴史を持っています。話し言葉はさらに古い歴史を持っており、おそらく、原始人のころからあるでしょう。

　　無限集合論や非ユークリッド幾何学や相対性理論の矛盾をあぶりだしてくれる「言語の力」をあなどることはできない。

◆　否定関係

Ｐが命題であるとします。このとき、Ｐは真の命題であるか偽の命題であるかのどちらです。

$$\text{命題} \left\{ \begin{array}{l} \text{真の命題} \\ \\ \text{偽の命題} \end{array} \right.$$

真と偽だけの排他的分類は、真と偽の排中律を生み出します。よって、「Ｐは真の命題である」を否定すると、「Ｐは偽の命題である」になります。

これより、Ｐが命題のときは「Ｐは真の命題である」を否定すると「Ｐは真の命題ではない」と同時に「Ｐは偽の命題である」が出てきます。

　数学では、否定は一意に決定しなければならないから、この２つは同じにならなければいけません。ということは、Ｐが命題であるときは下記の関係が成り立ちます。

　Ｐが命題のときは、「Ｐは真ではない」と「Ｐは偽である」は同じである。また、「Ｐは偽ではない」と「Ｐは真である」は同じである。

◆　命題を文にする

　命題を文で表現するときは、主に「○○は××である」という肯定文になります。それだけではなく、「○○は××ではない」という否定文や「○○ならば、××である」という条件文などもあります。

「○○とは××である」という定義文も「○○は××である」とほぼ同じ肯定文なので命題とみなせます。よって、正しい定義は真の命題です。それ以外に、公理や定理も真の命題です。

正しい定義は真の命題である。
公理は真の命題である。
定理は真の命題である。

でも、これを否定する数学も考えられます。たとえば、「定義や公理は命題ではない。命題といえるのは定理からである」という考えもあります。これは「直観で作られる定義や直観で作られる公理は命題ではない。証明されてはじめて命題といえる」という考えかたから成り立っています。

でも、これだと不都合な事態が発生します。それは「定理は証明されるから命題であるが、定理の否定は証明されないから命題ではない」となってしまいます。つまり、「偽の命題はすべて命題ではない」という結論が導き出されてしまいます。よって、定義や公理も命題に含める必要があります。

また、推論規則は命題に対してのみ適用されるのが一般的です。そのため、公理が命題でなければ公理に推論規則が使えなくなります。その結果、定理を導き出す証明がスタートしません。

公理が命題でなければ、公理系が成り立たない。公理系が成り立たなければ、数学も成り立たない。

3段論法を使うと、公理が命題でなければ、数学は消滅します。

◆　両立する

　公理は真の命題として成り立ちます。公理の否定は偽の命題として成り立っています。これらの「～として成り立つ」の「～として」を省略すると、誤解が生じることがあります。

　Ｐと¬Ｐがともに命題の場合、一方は真の命題として成り立ち、他方は偽の命題として成り立っています。つまり、Ｐと¬Ｐは両立します。たとえば、…

「真の命題としてのＰ」と「偽の命題としての¬Ｐ」は両立する。

　文の表現を省略するのは一般的な方法です。しかし、論理を扱う数学では、省略は危険な行為でもあります。とくに「～としての」を省略すると、大きな誤解が発生します。どのように変化していくかを書いてみます。

「真の命題としてのＰ」と「偽の命題としての¬Ｐ」は両立

する。→（真の命題としての）Ｐと（偽の命題としての）
¬Ｐは両立する。

　→Ｐと¬Ｐは両立する。

　普通は、Ｐと¬Ｐは両立するはずはない（肯定と否定は
両立しない）と思っています。

「～としての」という条件を省略すると、命題は容易に矛
盾を導く存在となる。

◆　偽の命題を仮定に持つ理論

　数学が扱う対象物をＰとします。そのとき、Ｐは下記の
いずれかです。

（１）真の命題
（２）偽の命題
（３）非命題（命題ではないもの）

　数学理論を作るときには、まず仮定を設定します。このと
き、「Ｐを仮定する」とは「Ｐを真の命題と仮定する」の略
です。これより、仮定を作る場合は次の３通りがあります。

（１）真の命題を真の命題と仮定する。

（２）偽の命題を真の命題と仮定する。

（３）非命題を真の命題と仮定する。

　もし偽の命題を理論の仮定に置くと、その命題は真としての役割をもつようになります。つまり、その命題は「真であり、なおかつ、偽である」となります。これを短くいうと「真かつ偽」すなわち「矛盾」に変化します。だから、偽の命題を理論の仮定に置いた数学理論は矛盾しています。

偽の命題を仮定に持つ数学理論は矛盾している。

　この対偶も真です。

無矛盾な数学理論は、真の命題だけを仮定に持つ。

　偽の命題を仮定に持つ理論の代表が「実無限からなる無限集合論」です。「平行線公理の否定からなる非ユークリッド幾何学」も「光速度不変の原理からなる相対性理論」も、偽の命題を仮定に持っている矛盾した理論です。

◆ 真でも偽でもよい

　学問は分類から始まりました。分類は、雑多な世界を理路整然とした世界に変える働きがあります。これはカオス（混沌）をコスモス（秩序）に変える偉大な作業です。

　人間のゲノムを完全に解明した生物学は、最初はアリストテレスが生物を「動物と植物に分類」することからスタートしています。

　その後、心臓も肺も持たない細菌が発見されて、さらには結晶化されることもあるウィルスの登場で「動物と植物に分類する」ことが無効化される危険性すらありました。

　分類から始まる学問は、発展するにつれて分類の危機に直面するのは毎度のことでしょう。でも、それによって「もう分類は止めよう。ゴチャマゼの世界に戻そう」としたら、学問は再びカオスに舞い戻ります。つまり、学問が学問であることを放棄します。

　学問の中でもトップレベルで信頼性を確保していたのが数学です。数学は命題化という作業によって白黒をはっきりつける学問の典型でした。「あれは白、これは黒」というシャープな切込みで、命題の真偽を次から次へと解明して

きました。

　ところが、命題には、真と偽の他に「真でも偽でもよい命題」が存在しているという命題の分類を脅かす考えもあります。その例が、平行線公理とされています。これによって、数学は再び、カオスの状態に戻されつつあります。

　さらに、平行線公理をきっかけとして、数学では「真でも偽でもよい命題」がたくさん発見されています。それらが、選択公理や連続体仮説です。

◆　排中律

　分類には「排他的分類」と「非排他的分類」があります。

分類 ｛ 排他的分類（境界がはっきりしている分類）

非排他的分類（境界がはっきりしない分類）

　対象物を「条件を満たす対象物」と「条件を満たさない対象物」に分けるのが分類です。条件をいくつか設定すれば、2つに分類するだけでではなく、3つにも4つにも分類できます。

あるものを 1 つの条件によって 2 つに分ける排他的分類を排中律と呼ぶこともあります。

排中律は、ものを 2 つに分ける排他的分類でもある。

排中律は「**中**間を**排**する法律（ルール）」です。イメージとしては、「白か黒かのどちらかであり、灰色という中間は存在しないような分類」という感じです。数学でこの性質を持つ代表は命題です。

排中律は、論理学でいうところの「論理和」ではなく「排他的論理和」です。よって、排中律の論理式は $P \vee \neg P$ ではなく $P \triangledown \neg P$ になります。真理表は下記のようになります。

P	¬P	P∨¬P	P▽¬P
1	1	1	0
1	0	1	1
0	1	1	1
0	0	0	0

◆ 3つの排中律

ここでは、「証明」を「正しい証明」の意味に限定して用います。

Pを命題とすると「Pは真である」と、その否定「Pは真ではない」は排中律を満たします。

真の排中律 $\left\{\begin{array}{l} \text{Pは真である。} \\ \\ \text{Pは真ではない。} \end{array}\right.$

この2つの間には否定関係が生まれます。

「Pは真である」←否定→「Pは真ではない」

「Pは偽である」と、その否定「Pは偽ではない」も同じく、排中律を満たします。

偽の排中律 $\left\{\begin{array}{l} \text{Pは偽である。} \\ \\ \text{Pは偽ではない。} \end{array}\right.$

この2つの間にも否定関係が生まれます。

「Ｐは偽である」←否定→「Ｐは偽ではない」

　以上は、Ｐの内容がわからなくても成り立ちます。しかし、これだけではいつまでたっても「Ｐは真である」を否定しても「Ｐは偽である」にはなりません。これが成り立つためには、命題を真と偽のみに分類する必要があります。これが、真偽の排他的分類です。

真偽の排中律 $\left\{\begin{array}{l} \text{Ｐは真である。} \\ \\ \text{Ｐは偽である。} \end{array}\right.$

「真」と「偽」は反対語ですが、排中律を用いると否定語にもなります。つまり「真である」と「偽である」には否定関係が生まれます。

「Ｐは真である」←否定→「Ｐは偽である」

　否定の否定は同値になるので、これによって初めて、次のように「Ｐは真ではない」と「Ｐは偽である」が一致し、「Ｐは真である」と「Ｐは偽ではない」が一致します。

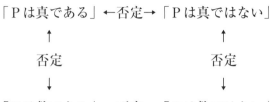

「Pは真である」←否定→「Pは真ではない」

↑ 否定 ↑ 否定

「Pは偽である」←否定→「Pは偽ではない」

　このように、命題の構成には3つの排中律が必要です。

（1）真の排中律
　命題は「真である」か「真ではない」かのどちらかである。
（2）偽の排中律
　命題は「偽である」か「偽ではない」かのどちらかである。
（3）真偽の排中律
　命題は「真である」か「偽である」かのどちらかである。

◆　**実数の排中律**

　実数は、**有理数か無理数かのいずれか**です。これは、実数の排中律です。実数の排中律は「有理数であって無理数である実数」や「有理数でも無理数でもない実数」を数学から追い出す役目を持っています。

　よって、実数 r が有理数でなければ、 r は無理数です。

そのため、実数 r を有理数と仮定して矛盾が証明されたら、背理法によって「r は無理数である」と結論づけることができます。その例が、$\sqrt{2}$ が無理数であることを証明する背理法です。

また、「ある実数 r を無矛盾な数学理論 X に持って行くと有理数になり、その r を別の無矛盾な数学理論 Y に持って行くと無理数になる」ということは起こりません。

命題も、真の命題か偽の命題かのどちらかです。要するに、中間の真理値を有する「真でも偽でもない命題」や「真かつ偽の命題」を排する役目も担っています。これによって、背理法が有効に働くようになります。

ちなみに、無限集合論では小数の排中律が成り立ちません。「1 / 2 は 0.5 という有限小数だから、無限小数ではない」がいえません。1 / 2 は 0.4999… という無限小数でもあるからです。

無限が入り込むと、排中律が成り立たなくなることがある。

無限が関与すると背理法が使えなくなる事態が発生することがあります。ブラウアーはこのことをもって背理法の

危険性を指摘し、数学の一部から背理法を取り除こうとしました。

これに対して、ヒルベルトは「数学者が背理法を使えなくなることは、ボクサーから拳を取り上げるようなものだ」といって猛烈に反対しました。

両者にはそれぞれ言い分があります。ブラウアーの意見も一部正しく、ヒルベルトの意見も一部正しいです。後ほど、ブラウアー問題として提起し、その対処法について述べてみたいと思います。

◆ 似た文

無矛盾な数学理論Ｚと数学の命題Ｐが与えられたとします。このとき、次の（１）は正しい命題といえるでしょう。

（１）「ＺからＰを導き出す正しい証明が存在する」か「ＺからＰを導き出す正しい証明が存在しない」かのいずれかである。

これとよく似た文がいくつか考えられます。

（2）「ＺからＰを導き出す証明が存在する」か「ＺからＰを導き出す証明が存在しない」かのいずれかである。

（3）「ＺからＰが証明される」か「ＺからＰが証明されない」かのいずれかである。

（4）「ＺからＰが証明される」か「Ｚから￢Ｐが証明される」かのいずれかである。

　これらは、それぞれがまったく異なった文です。では、（1）〜（4）を、お互いに区別できるように別々の論理式や記号で書き表すことができるのでしょうか？　たぶん、できないでしょう。

　言葉には限界がありますが、論理式の限界や記号の限界のほうが深刻だと思います。数学上の真理を表現するとき、数学記号は必ずしも日常の言葉より優れているとは限りません。

◆　命題かどうか

　ある主張文が命題であるか命題ではないかを決める明確な基準は存在していません。たとえば、「円内の１点を通る直線は円周と２点で交わる」は、明らかに正しいです。このような簡単な主張は、直観ですぐに真とわかります。し

かし、これが命題であることを証明するのはとても難しいでしょう。

「真であるから真の命題である」とまではいいきれません。「真であっても命題ではない」という命題モドキが数学にも物理学にも存在しています。それが矛盾です。

　公理系では「公理が命題であれば」という暗黙の仮定が置かれています。公理が命題でなければ、それから証明された定理も命題ではないことがあります。

　一般的には「ある主張が命題である」ということを証明することは難しい。

　ゴールドバッハの予想が命題とはいいきれません。私たちは、直観で「命題である」と受け止めているだけです。実際、次なる証明はまだ見つかっていません。

　平行線公理が命題であることの証明
　選択公理が命題であることの証明
　連続体仮説が命題であることの証明
　フェルマーの最終定理が命題であることの証明
　リーマン予想が命題であることの証明

さらに追加するならば、次なる証明もまだ見たことはありません。

　不確定性原理が命題であることの証明
　アインシュタイン方程式が命題であることの証明
　測地線方程式が命題であることの証明
　シュレーディンガー方程式が命題のであることの証明

◆　2つの手続き

　数学では、ある提起された問題を解くときには、次の2つの手続きが必要です。

【手続きその1】
　その問題が命題（真か偽のどちらかの真理値を有する正真正銘の命題）であることを示す。この場合の表現が「示す」であることに注目します。「その問題が命題であることを証明する」ではありません。その理由は、命題かどうかは直観を使って決めなければならないことが多いからです。

【手続きその2】
　その命題が真であるか偽であるかを証明する。

手続きその1と手続きその2は異なった作業です。しかし、実際には手続きその1がクリアされないまま、手続きその2が実行に移されることがほとんどです。

　実際、ポアンカレ予想の解決でも手続きその1が省略されているようです。もし、ポアンカレ予想が命題でなければ、この正体はいったい何なのでしょうか？

◆　F（p）は素数である

　F（p）を次のように置き、pを10進法で書き表した自然数とします。

　F（p）：pは素数である。

　F（p）は、代入するpの値によって真偽が変化します。

　p＝1　「1は素数である」　→　偽の命題
　p＝2　「2は素数である」　→　真の命題
　p＝3　「3は素数である」　→　真の命題
　p＝4　「4は素数である」　→　偽の命題
　　⋮

では、Ｆ（ｐ）は命題でしょうか？　それとも、命題ではないのでしょうか？　答えは２つに分かれます。

　答えその１：Ｆ（ｐ）は命題である。
　答えその２：Ｆ（ｐ）は命題でない。

「Ｆ（ｐ）は命題である」と考える場合は、無意識のうちにｐに具体的な自然数を代入しています。だから、Ｆ（ｐ）はすでに真偽の決定した命題として扱われます。

　一方、「Ｆ（ｐ）は命題でない」と考える場合は、ｐに具体的な自然数を代入しないよう意識しています。つまり、ｐとして抽象的な自然数を考えています。だから、Ｆ（ｐ）の真理値が決定できず、命題ではない状態になります。

　Ｆ（ｐ）は、ｐが具体的な自然数ならば命題である。しかし、ｐが抽象的な自然数ならば命題ではない。

　具体的な自然数は、自然数そのものです。しかし、抽象的な自然数は、自然数としての資質に少し欠けています。このように、どう意識するかという人間の心理によって、Ｆ（ｐ）が命題になったり非命題になったりします。「数学の命題」と「人間の心理」は、切っても切れない関係にあるでしょう。

数学は抽象化に向かって発展していますが、これもある一線を越えてしまうと、非命題を命題として扱い始め、非命題の真偽を求めようとして数学の方向を間違える可能性が出てきます。

◆　記数法

　断定的な主張（「〜である」といいきる、あるいは「〜ではない」といいきることなど）には、命題と非命題があります。

　数字の書き方を記数法といいます。2進法や10進法は記数法であり、10進法では $1 + 1 = 2$ です。

　10進法では、1＋1＝2は真の命題である。

　しかし、2進法の中では0と1しか数字は存在しないので、2という数字は定義されていません。よって、2を含む数式を真偽の確定した命題とみなすことができないため、次の主張は正しくはありません。

　2進法では、1＋1＝2は偽の命題である。

正確に表現するならば次のようになります。

2進法では、1＋1＝2は非命題である。

偽の命題と非命題は似ているので、混同されやすいです。

◆ 命題モドキ

数学には本物の命題が存在していると考えられます。しかし、それと同時に「命題に似ているが、命題ではないもの」も存在しているでしょう。これは、命題の仮面をかぶっているニセモノの命題（すなわち命題モドキ）のことです。私は非命題とも呼んでいます。

命題モドキは非命題（命題以外の数学の対象物）である。そして、これはとてもまぎらわしい存在である。

命題の真偽は永遠に変化しません。しかし、ニセモノの命題としての命題モドキは、このような条件を満たしていなくてもかまいません。

よって、命題モドキの真偽は理論に合わせて変化することがあります。たとえば、「Pは数学理論Xでは真だが、別

の数学理論Yに持って行くと偽になる」というようなPは命題モドキかもしれません。

　ある主張が命題か命題モドキかを明確に見分ける数学的な手法は、今も見つかっていません。そこで、私たちは直観を用いて「これは命題である。これは命題ではない」と判断しています。

　よって、数学から直観を排除すると、ある主張文が命題か命題でないかを判別することが不可能になることもあります。

◆　比較作業

　一般的には、最初に本物があります。それに似せて偽物が作られます。この逆はあまりありません。

　たとえば、先に本物のダイヤモンドがあって、それから偽物のダイヤモンドが作られます。本物の1万円札が最初にあって、それを偽造して偽物の1万円札が世に出回ります。

　正しさも同じと思われます。「正しい」あるいは「正しく

ない」という判断は、「正しいことが先に存在する」という前提で行なわれています。というのは「正しくない」という判断は、その基準となる「正しいもの」と比較して述べられているからです。

「正しくない」は「正しい」の否定です。否定が最初に作られるとは、あまり考えられません。否定が作られるためには、否定する前の状態（つまり、肯定）が不可欠です。

　ソクラテスも、「正しい」「正しくない」という論争は、両者が「正しいものが存在する」という共通の意識を持っていなければできない、と考えていたようです。これこそが、絶対的な真理———肯定する者にも否定する者にも共通している正しいもの———といえるでしょう。

　命題や理論の真偽を見抜くための精神作業は、万人が心の中に抱いている真理との比較作業となります。ところが、真理を記述している理論の存在を否定する立場があります。それは、物理学における次の言葉に要約されます。

　いかなる物理理論も、ただの仮説にすぎない。

　これは「本当に正しい物理理論は存在しない」という主張ともとらえかねません。数学にも同じような言葉が存在

しています。

　いかなる公理も、単なる仮定にすぎない。

　これでは「本物の公理は存在しない」と誤解されかねません。

　真理を述べている命題、真理を述べている理論を根底から否定することは、ある意味ではソクラテスの否定であり、科学の中心をなす絶対的真理の否定です。そして、これは必然的に、ソフィストたちの相対的真理の復活をもたらします。

◆　規範となる正しさ

　ニセモノ（偽物）の１万円札を見つけ出すには、ホンモノ（本物）の１万円札を知らなくてはなりません。ホンモノの１万円札を１度も見たことがない人は、きっとニセモノの１万円札をもらっても「これはニセモノの１万円札である」とは気づかないでしょう。

　ものの価値を見極めるためには、本物と偽物を見分けることも大事です。金貨でも銀貨でも美術品でも骨とう品で

も、たくさんの本物に触れるチャンスを作る必要があります。

本物を見続けることがとても大事である。

　偽物を見ないで本物だけに触れていれば、偽物に出あったときに「何か違う」と違和感をおぼえるといいます。だから、弟子を教育するときには、偽物や質の悪いものを見せたり触らせたりしないみたいです。

「偽物を見て目を腐らせるな」という教えがある。

　これは、「数学における本物の証明」や「物理学における本物の理論」にも言えるかもしれません。

　真偽について紀元前4世紀にソクラテスが同じようなことを述べています。あるものが「間違っている」ということをいうためには、その前に、それとは別の「正しいもの」が存在しなくてはならないと…。なぜならば、「間違っている」という判断は、正しいものとの比較作業だからです。

　偽とは、真に対立する言葉です。真の命題が存在しないのであれば、偽の命題も存在しません。同じように、真実を述べている説が存在しなければ、仮説という言葉も使えま

せん。仮説とは、「真実であるとはっきりいえない説（理論や命題）」のことだからです。「一時的に正しい説＝仮説」が存在するためには、その前に「本当に正しい説」の存在が必要です。

本当に正しい説としての真実が存在しなければ、「仮説かどうか？」という議論は意味を失う。

「あらゆる物理理論は仮説である」ということをいうためには、その前に、規範となる正しい物理理論が存在していなければなりません。今のところ、物理学でその資格を有しているのはニュートン力学でしょう。

ちなみに、「規範」とは判断の基準となる模範や手本のことです。また、「仮説」の反対語は「定説」ですが、これは「真説」とも少し違うようです。今では無限集合論も相対性理論も定説ですが、定説すなわち、その分野における常識が正しいとは限りません。

アインシュタインも「常識とは18才までに身につけた偏見のコレクションのことをいう」と述べています。現代社会において「相対性理論は正しい」は常識です。

現在、ブラックホールが存在するという説の根拠は相対

性理論です。相対性理論が正しくなければ、「ブラックホールは存在する」という説が正しいとは言えなくなるかもしれません。では、あらためて「正しい」とは何でしょうか？

◆　正しい

　小学国語辞典には、「真」という単語は記載されていません。真と同じ意味である「正しい」は次のように出ています。

【正しい】真実である。まちがっていない。

　では、真とは何でしょうか？　偽とは何でしょうか？　真偽と命題はどういう関係にあるのでしょうか？

　ある命題の内容が持っている意味を理解したときに「うなずいて受け入れることができるもの」が真であり、意味を理解したときに「首を横に振って拒絶したくなるもの」が偽である…私にはこれしか思いつきません。

　となると、意味を理解できないものは真偽を問えなくなります。意味を理解することができなければ、正しいとも間違っているとも判断できないからです。

私はゴールドバッハの予想の意味を理解できます。しかし、リーマン予想の意味はさっぱり分かりません。真偽を決めるために、まず、最初にやらなければならないことは、その命題の内容が持つ意味を理解することです。もしそれが理解できないならば、ひょっとしたら非命題かもしれません。

◆　Pが間違っている

　ある主張文をPとします。「Pが間違っている」という場合、次の2つが考えられます。

（1）Pは偽の命題である。
（2）Pは命題ではない。（Pは非命題である）

（1）と（2）の違いは文脈から判断して、適切に見分けなければならないでしょう。その見分ける根拠は、文脈だけではなくPの持っている意味（つまり、Pの内容）も重要です。

　しかし、Pから意味を抜き取ってしまうと、「Pが真の命題なのか？　それとも偽の命題なのか？」が決められなくなるだけではなく、「Pが命題なのか？　それとも非命題

なのか？」すら、決められなくなります。

　命題から意味を抜き取ると、その命題の本質が見えなくなる。

　数学の基本的な単語を無定義にことは、その単語を用いて組み立てられた命題から中身を抜き取って、殻だけの存在にすることです。このような形式的な命題は命題とはいえず、数学が混乱することがあります。

　形式主義によって作られた命題は、命題としての資質に乏しいことがある。

◆　真贋

　真には２つあります。それは「正しいか間違っているか？」という真偽の真と「本物（ホンモノ）か偽物（ニセモノ）か？」という真贋の真です。

　定義は正しいか間違っているかのどちらかです。命題は正しいか間違っているかのどちらかです。仮定は正しいか間違っているかのどちらかです。証明は正しいか間違っているかのどちらかです。結論は正しいか間違っているかの

どちらかです。直観は正しいか間違っているかのどちらか
です。これらをまとめてみます。

　定義は、正しいか間違っているかで分類する。
　命題は、正しいか間違っているかで分類する。
　仮定は、正しいか間違っているかで分類する。
　証明は、正しいか間違っているかで分類する。
　結論は、正しいか間違っているかで分類する。
　直観は、正しいか間違っているかで分類する。

　では、ここに１万円札が１枚あります。この１万円札は
正しいでしょうか？　それとも、間違っているのでしょう
か？　これに対して、「正しい」「間違っている」では答え
ることができません。

**　１万円札は「正しい１万円札」と「間違っている１万円
札」に分類されない。**

　１万円札は「本物」「偽物」で分類します。「この１万円
札は正しい」ではなく「この１万円札は本物である」とい
います。「この１万円札は間違っている」ではなく「この
１万円札は偽物である」といいます。

　ユークリッドの考案した公理には２つの基本的性質があ

ります。１つ目は「真の命題であること」です。２つ目は「他のもっと簡単な真の命題からの証明が存在しないこと」です。

この２つの条件が満たされれば、「公理はお互いに独立している（よって、公理はお互いに証明されない）」という定理が証明されて出てきます。ちなみに、公理Ａと公理Ｂが証明を介して同値ならば、これは同じ公理とみなされます。

これより、公理には真の命題という性質がある以上、公理が正しいのは絶対的な条件となります。つまり、公理は「正しいか？　間違っているか？」では分類されません。公理は、「本物か？　偽物か？」で分類されます。

公理は、本物か偽物かで分類する。

それにしたがって、次も出てきます。

定理は、本物か偽物かで分類する。
公理系は、本物か偽物かで分類する。

ガウスのいっていたように、言葉の使い方は微妙です。そのため、数学が記号のみをあつかう場合、この微妙さを正

確に読み取ることは難しいでしょう。

　たとえば「間違った証明は、証明とは呼ばない」という意見もあります。その場合は「正しい証明」の形容詞である「正しい」を省略して証明と呼んでいます。省略しないで書くと、次のようになります。

「間違った証明は、正しい証明とは呼ばない」

　このような省略語を使うケースは、数学では意外と多いようです。しかし、数学や物理学などの正確性を要求される文では、できるだけ誤解を生むような省略文を避けるほうが無難でしょう。そうしないと、文の解釈が次第に的外れになります。それによって、数学も物理学も間違った方向に進んでしまうこともあります。

◆　本物と偽物

　ここでは、「真」と「正しい」を同じものであるとし、「偽」と「間違っている」も同じものとします。「真」と「偽」は人間の心から完全に独立したものではありません。逆に、人間心理と深く関係していることでしょう。

人間にとっての「真＝正しい」とは「思わず同意してしまうような気持ち」です。人間にとっての「偽＝間違っている」とは「とても同意できないことであり、ＮＯと言いたくなる気持ち」です。

「正しい命題」とは「正しいことの主張」であり「真の命題」ともいいます。「間違った命題」は「正しくないことの主張」であり「偽の命題」とも呼ばれています。

　もともと、命題には「正しい」という意味は含まれてはいません。これは命題だけではなく、「仮定」にも「証明」にも「結論」にも、初めから「正しい」という意味が含まれているわけではありません。

　よって、命題は真と偽に分類され、仮定も真と偽に分類され、証明も真と偽に分類され、結論も真と偽に分類されます。数学理論にも正しいという意味は含まれていないので、「正しい数学理論」と「間違った数学理論」に分類されます。

　ところが「公理」と「定理」と「公理系」には、「正しい」という意味が最初から盛り込まれています。公理はもともと正しいから、「正しい公理」は、正しいが２つも重なることになります。これを重なり語と呼んでいます。

また、公理はもともと正しいから、「間違った公理」は表現としては自己矛盾した単語となります。これを形容矛盾あるいは語義矛盾と呼んでいます。

　これより「正しい公理」という言葉はしつこいし、「間違った公理」は存在しません。

　では、公理が真と偽に分類されなければ、何と何に分類されるのでしょうか？　それは「本物の公理」つまり「正真正銘の公理」と「偽物の公理」つまり「公理モドキ」です。偽物の公理は、本当は公理ではありません。

　公理に対する考え方には「ホンモノの公理」と「ニセモノの公理（公理モドキ）」があるということは、定理にも公理系にもいえます。

　定理に対する考え方には「ホンモノの定理」と「ニセモノの定理」があり、公理系には、「ホンモノの公理系」と「ニセモノの公理系」があります。

　これによって、「偽の命題としての公理」「偽の命題としての定理」「矛盾している公理系」という単語は、いずれも形容矛盾です。接頭語としての形容詞とそれに続く名詞が矛盾しています。

ここで、私たちは次に注意する必要があります。

（１）公理は、本物の公理と偽物の公理には分類されない。
　　　なぜならば、偽物の公理は公理の定義に反するから。
（２）定理は、本物の定理と偽物の定理には分類されない。
　　　なぜならば、偽物の定理は定理の定義に反するから。
（３）公理系は、本物の公理系と偽物の公理系には分類さ
　　　れない。なぜならば、偽物の公理系は公理系の定義
　　　に反するから。

　これら（１）〜（３）は数学記号や論理式では表現でき
ず、記号論理学ではお手上げの状態かもしれません。ちな
みに、次も記載しておきます。

　**無限は、実無限と可能無限に分類されない。なぜならば、
実無限は無限の定義に反するから。**

　この文章も論理式で書き表すことはできません。

◆　**2つの道具**

　正しいことを真、間違っていることを偽といいます。そ
して、真と偽を合わせて真偽といいます。命題の真偽は真

と偽しか存在しません。また、この「正しい」「間違い」という真偽の決定は、最終的には人間の主観にもとづく判断で行なわれます。

　私たち高度知的生命体には、真偽を知るための道具が2つ与えられています。1つは直観です。命題の内容が非常に簡単な場合には、私たちはその真偽を理屈抜きで、正しいか間違っているかを直接に感じとることができます。いえ、観ることができる（洞察することができる）といったほうがよいかもしれません。だから「直感」よりも「直観」という単語を好んで用います。

　真偽を知るために、私たちに与えられたもう1つの道具は証明です。内容が少し複雑になると、もはや直観が正しく働かなくなる傾向があります。ある人が正しいと感じても、別な人は間違っていると感じたりします。この直観の違いによって、数学論争や物理学論争が始まることがあります。

　これらの争いを終結させるときに役に立つのが証明です。具体的に述べると、直観で真と知ることができる簡単な命題をいくつか組み合わせて、最終的に目的とする複雑な命題が真であるか偽であるかを証明によって導き出します。

（1）直観で（理屈ぬきで）真偽を知る。
（2）直観と証明で（理屈で）真偽を知る。

　高度知的生命体（私たち人間）以外の動物は、証明をあまり行なわないようです。

　命題の真偽を決めるために、まず、最初にやらなければならないことは、その命題の内容が持つ意味を理解することです。もし理解できないならば、その原因は2つ考えられます。それは、自分の理解力が足りないこと、もう1つはそれが命題ではない可能性があることです。

◆　直観の分類には2つある

　人間には、真の命題を**直ちに真と観ぬく**ことができる特殊な能力があると考えらます。これを直観と呼んでいます。人間なら誰しもこの先天的な能力を有しており、万人に共通している普遍的な能力と考えられます。

　直観＝真の命題を「正しい」と感じることができる力

　ここでは、直観に正しさを含めてみました。しかし、直観から正しさを抜き取ることもできます。その場合は、分

類方法が異なってきます。

「正しいという意味を含んでいる直観」の場合は、直観を次の2つに分類します。

（1）ホンモノ（正真正銘）の直観
（2）ニセモノ（見せかけ）の直観

「正しいという意味を含んでいない直観」の場合は、直観を次の2つに分類します。

（1）正しい直観（正しいという意味を含ませる）
（2）間違った直観（正しいの反対の意味を含ませる）

◆ AならばB

「数学における直観」と「数学における証明」は、人間の脳内にあるニューロン（神経細胞）のネットワーク上の情報と考えられます。

　論理式であるA→Bは「AならばB」と読みます。もっと詳しくいうと「もしAが真の命題であるならば、Bも真の命題である」となります。

ここで、次のように２つの命題を置きます。Ｂのアインシュタインは相対性理論を作ったアインシュタインです。

　　Ａ：水の分子式はH_2Oである。
　　Ｂ：アインシュタインは男性である。

　水の分子式はH_2OであるからＡは真の命題です。アインシュタインは男性であるからＢも真の命題です。このとき、論理式Ａ→Ｂ（水の分子式がH_2Oであるならば、アインシュタインは男性である）は真の命題になります。

　でも、ＡからＢは証明されないでしょう。おそらく、「水の分子式はH_2Oである」を前提として「アインシュタインは男性である」という結論を証明できる人はいないでしょう。つまり、Ａ→Ｂが真の命題でも、ＡからＢが証明されないことがあります。

　これより、論理式Ａ→Ｂが真の命題であったとしても、これを「ＡからＢが証明される」と読むことはできません。

　一方、命題Ａから命題Ｂが正しく証明されたとき、次の論理式は真になります。

　　Ａ→Ｂ

命題Aから命題Bを導き出すことができる正しい証明が存在するならば、A→Bという論理式は真の命題になる。

　ただし、上記のことは、まだ証明されていません。私たちはこれを直観で受け入れているだけです。やはり、ここでも直観は大切です。このとき、AやBが真の命題である必要はありません。

　XとYを次のように置きます。

　X：命題Aから命題Bが正しく証明される。
　Y：論理式A→Bは真の命題である。

　私たちは、XからYを証明することができません。しかし、このX→Yが真の命題でなければ、数学は証明をスタートさせることができません。よって、数学における直観はとても大切な存在———直観なくして数学なし———です。

◆　直観が必要な理由

　数学において、直観は証明と同等の重要な役割を担っています。車でいうところの両輪です。

直観と証明の組み合わせは大事である。どちらが欠けても、数学はスムースに動かなくなる。

　両輪がなければ車がスムースに走らないように、直観を完全に取り去ったら、証明だけでは数学を回していかなければならなくなります。それは不可能です。

　証明を根底から支えているのは直観です。**数学の証明はすべて直観からスタートしている**といっても過言ではありません。「ある命題を仮定する」という言葉の本当の意味は「ある命題が真であると仮に定める」ことです。

　公理の性質に「他の真の命題から証明されない」というものがあります。この性質を持っている命題が、実は公理以外にも存在しています。それは偽の命題です。偽の命題は、真の命題から正しく証明されることがありません。

　平行線公理は他の公理から証明されない。その理由は、お互いに独立している公理だから。また、平行線公理の否定も公理から証明されない。その理由は、偽の命題だから。

　よって、平行線公理（真の命題）と平行線公理の否定（偽の命題）を証明で区別することはできません。この２つは、直観を使わなければ区別できないのです。

正しい直観を使えば、平行線公理が真の命題で、平行線公理の否定が偽の命題であることは一瞬で判定できる。

　これが、数学に直観が必要な理由です。

◆　前提

　前提とは、前もって正しいと提示する命題です。仮定とは、一時的に正しいと定める命題です。このように、言葉自体に言葉の意味を込めていることを「名は体を表す」といいます。名とは言葉であり、体とは正体（本質）です。

【名は体を表す】
　物や人の名前は、その中身や性質を的確に表すことが多いということ。

　ただし、名が体を表さない紛らわしいケースもあります。その代表が論理学や数学における矛盾律です。矛盾律とは「矛盾が存在しないという法則」です。矛盾が存在しないのならば、「無矛盾律」と命名するのが素直です。実際、私は矛盾律という単語を用いないで、無矛盾律と呼んでいます。

　前提と仮定の意味するところは同じであり、理論の前提

と理論の仮定は同じです。

前提と仮定は同じである。

理論には仮定が必要であり、証明にも仮定は必要です。これより「仮定のない理論」は理論とはいえず、「仮定のない証明」も証明とはいえません。問題は、この「仮定自体には証明が存在するかどうか？」です。

理論の仮定には証明が存在するか？
証明の仮定には証明が存在するか？

これは「**証明の存在しない**仮定で理論を作っても良いのか？」「**証明の存在しない**仮定で証明を始めても良いのか？」という問題を提起します。

◆　偽の仮定

ある命題を理論の仮定に置いたとき、その命題は「**仮に真と定**められた命題」になります。つまり、もともと持っている命題の真偽とは無関係に、自動的に真になります。

命題には、真の命題と偽の命題があります。これより、理

論の仮定として置かれる命題にも真の命題と偽の命題があります。

（1）真の命題を理論の仮定に置く。
（2）偽の命題を理論の仮定に置く。

　仮定として採用された命題が偽の命題の場合、これを短く「偽の仮定」と呼ぶことにします。

　偽の仮定とは、理論の仮定として採用された偽の命題である。

「偽の仮定」をもっとわかりやすくいうと「間違った仮定」です。間違った仮定を持つ理論は間違った理論です。

　ところで、間違った仮定からは間違った結論が出てくることがあるだけではなく、正しい結論が出てくることもあります。そのため、間違った仮定を用いた理論からは多彩な結論（真の命題が結論されたり、偽の命題が結論されたり）がもたらされます。

　多彩な結論が出てくるということは、ある意味ではとても都合の良いことです。なぜならば、自分の欲しい結論が証明されて出てくることがあるからです。

116

これを数学に応用すれば、今まで解けなかった数学上の難問も解けるようになることがあります。そして、物理学に応用すれば、従来の物理理論で説明できなかったさまざまな現象を説明できるようになることがあります。

　しかし、このテクニックは科学においては邪道です。数学や物理学の問題を解くとき、間違った理論を用いることは許されないからです。

　それに対して、正しい理論からは、このような多彩な結論は出てきません。結論として出てくるのは、真の命題のみです。正しい理論内で正しい証明を用いている限り、偽の命題が証明されて出てくることは絶対にありません。

**　正しい理論＝正しい結論のみが出てくる狭い世界**
**　間違った理論＝正しい結論と間違った結論が両方とも出てくる広い世界**

　数学において広い視野を持つことは大切ですが、理論を広げすぎるとやがては矛盾化するので要注意です。

◆ 仮定の分類

　仮定はとても大切です。証明は仮定からスタートし、数学理論は仮定から作られています。ここでは、理論の仮定について考えます。

　数学理論の仮定は「真の命題」と「偽の命題」があります。そこで、数学理論を仮定によって次のように2つに分類します。

（1）真の命題だけを仮定に持っている数学理論
（2）仮定の中に偽の命題が含まれている数学理論

　真の命題だけを仮定に持つ理論からは、正しい証明を用いている限り、偽の命題が結論として導き出されることはありません。

　仮定の中に偽の命題が1個でも混入していると、その理論は矛盾しています。この矛盾した理論の場合、真の命題だけを使って正しい証明を行なっている限り、この理論から正しい結論が出てきます。

**　矛盾した理論でも、正しい仮定と正しい証明を使う限り、正しい結論が出てくる。**

それに対して、偽の命題から証明を始めた場合、たとえそれが正しい証明だったとしても、結論の正しさは保証されません。つまり、真の命題が結論されたり、偽の命題が結論されたりと、多彩な結論が出てきます。

　矛盾した理論において偽の命題である仮定を用いて証明すると、たとえ正しい証明を行なっても、間違った結論が出てくることがある。

◆　仮定と結論

　正しい結論は、正しい仮定と正しい証明に依存しています。

（1）正しい仮定をもとに正しい証明を行なう。
（2）正しい仮定をもとに間違った証明を行なう。
（3）間違った仮定をもとに正しい証明を行なう。
（4）間違った仮定をもとに間違った証明を行なう。

　（1）で出てくる結論は、正しい結論だけです。間違った結論は決して出てきません。これに対して、（2）〜（4）では正しい結論が出てくる場合もあるし、間違った結論が出てくる場合もあります。つまり、結論が一定しないので、信頼できる結論とはいえません。

なお、（3）は背理法の下地になっています。（3）で得
られた結論が「矛盾」であるならば、仮定を否定すること
ができるからです。

　「仮定が間違っているから結論も間違っている」という考
え方は、一般的には正しくはありません。仮定が間違って
いても結論が正しいことはよくあります。

　また「証明が間違っているから結論も間違っている」と
いう考え方も正しくはありません。証明が間違っていても
結論が正しいこともよくあります。ゲーデルの不完全性定
理の証明は間違っていますが、そこから出てきた結論は正
しいです。

◆　仮定してもよい

　仮定とは、一時的に真とおくだけの命題です。だから、**仮
定は真でも偽でもどちらでもかまわない命題**です。よって、
数学ではいかなる命題も仮定に設定することができます。

　ここでは、証明という単語を「正しい証明」の意味に限
定して用います。次の文は背理法です。

命題Ｐから矛盾が証明されれば、Ｐは偽の命題である。

これは正しいと思われます。（実際には正しくはありませんが、ここでは詳しく触れません）これに対して、次は逆と呼ばれています。

命題Ｐから矛盾が証明されなければ、Ｐは真の命題である。

もちろん、「逆は必ずしも真ならず」の論理学の原則にしたがって、これは正しい文ではありません。では、次の文はどうでしょうか？

命題Ｐから矛盾が証明されなければ、Ｐを真の命題とみなしてもよい。

この文はどことなく怪しいです。というのは「みなしてもよい」なら「みなさなくてもよい」からです。さらには「命題Ｐから矛盾が証明されなければ、Ｐを偽の命題とみなしてもよい」ということもいえます。

「仮定してもよい」ならば「仮定しなくてもよい」
「真と仮定してもよい」ならば「偽と仮定してもよい」

結局、「仮定してもよい」という言葉は、数学的には何も

語っていないことと同じです。つまり、次なる考え方が正しいでしょう。

　命題Ｐから矛盾が証明されなければ、Ｐに関しては何も述べることはできない。

◆　仮定は同じ

　直接証明（前件肯定式を用いた証明）でも間接証明（背理法を用いた証明）でも、用いている仮定は同じです。n個の仮定$A_1 \sim A_n$から直接証明された命題Ｐは、背理法で証明されるときも、仮定$A_1 \sim A_n$というn個の仮定から証明されます。

　直接証明では、n個の仮定$A_1 \sim A_n$から命題Ｐが正しく証明されたら「仮定$A_1 \sim A_n$が真ならば、結論Ｐも真である」となります。

　背理法では、n個の仮定$A_1 \sim A_n$に、否定することを目的とする命題￢Ｐを加えて矛盾を証明します。矛盾が正しく証明されたら、「仮定$A_1 \sim A_n$が真ならば、結論Ｐも真である」がいえます。

直接証明であろうと背理法であろうと、命題Ｐを証明するときの仮定は同じである。

　背理法ではＰというたった１つの仮定から矛盾が証明されたのではなく、本当はｎ個の仮定A_1〜A_nから¬Ｐが証明されたのです。この辺は、混同されやすいところでもあります。よって、次なる表現は言葉が足りません。

　命題Ｐから矛盾が証明されたら、Ｐは偽である。

　正確な日本語を使うと次になります。

　A_1〜A_nと¬Ｐから矛盾が証明されたら、A_1〜A_nからＰが証明されたことになる。

　また、この文ではA_1，A_2，A_3，…，A_n，¬Ｐはそれぞれ対等だから、次なることも言えるようになります。

　A_1〜A_nと¬Ｐから矛盾が証明されたら、A_kを除いたA_1〜A_nと¬Ｐから¬A_kが証明されたことになる。

　ｋは１からｎまでの任意の自然数です。

　実際問題として、背理法を「Ｐを仮定して矛盾が証明さ

れたらPは偽である。よって、背理法の仮定はPの1個しか存在しない」と誤解してしまうことがあります。

　おそらく、ヒルベルトはこの誤解によって次のように直接証明よりも背理法を重要視していたと思われます。

　直接証明はあまり信用できない。A_1〜A_nからPが証明されても、A_1〜A_nが真でなければPが真とはいえない。しかし、背理法は信用できる。Pから矛盾が証明されたら、もうこれだけでPが偽と断定できる。

　ここから「真の命題を探す数学」から「偽の命題を探す数学」に移行し、その偽の命題以外を容認する寛容な数学になってきたように感じられます。

　カントールも「数学は自由だ」と述べています。もっとも、カントールの述べた自由な数学は主に無限集合論を意味していますが、全体としてみればもっと**寛容な数学を期待していた**ように思われます。

◆　**仮定と理論**

　真の命題だけを仮定においた場合、でき上がる理論は無

矛盾です。仮定の中に1個でも偽の命題が含まれていれば、矛盾した理論になります。

そのため、理論は「矛盾が存在する理論」か「矛盾が存在しない理論」かのどちらかになります。これは排中律を形成し、「矛盾が存在し、なおかつ、矛盾が存在しない理論」は存在しないと考えられます。

公理系においては、定理は公理から証明されます。そのため、公理を設定しないと証明がスタートしないので、定理が得られません。その結果、公理系も作られません。

公理を設定しないと、公理系が作られない。

これを一般化してみます。公理を拡張した概念が仮定であり、公理系を拡張した概念が数学理論です。

公理→（拡張）→仮定
定理→（拡張）→結論
公理系→（拡張）→数学理論

仮定を設定しないと、数学理論が作られない。

仮定となる命題を集めてこないと、いかなる数学理論も

作ることはできません。つまり、数学理論を構築する前に、すでに仮定としての資格を有する「完成した命題」が存在していなければなりません。

　仮定が先であり、理論は後からついてきます。よって、仮定は理論の影響を受けません。これより、平行線公理の真偽がユークリッド幾何学や非ユークリッド幾何学などの理論によって決まることはありません。逆に、理論が仮定の影響を受けます。数学理論が矛盾しているか矛盾していないかは、仮定によって決まります。

　また、物理理論が正しいか間違っているかも、仮定によって決まります。「ニュートン力と相対性理論のうち、正しいのはどちらか？」を判断する場合、観測結果や実験結果で比較をするのではありません。理論の仮定はどちらが正しいかに注目したほうがよいでしょう。「絶対時間」と「絶対時間の否定」はどちらが物理学的に適切か、それがキーポイントです。

◆　**証明**

　数学には正しい証明も間違った証明も存在します。よって、証明は「正しい証明」と「間違った証明」に分類され

ます。数学における正しい証明の最終目的は、正しい結論を導き出すことにあります。

　背理法は、最終的に正しい結論を導き出す途中の段階で、一時的に間違った結論（これを矛盾と呼んでいます）を下す証明法です。この「（一時的に）間違った結論を下す」という証明を認めなければ、背理法は成り立ちません。そして、この際の「矛盾を導き出す証明自体」も正しくなければなりません。

　正しい証明も間違った証明もともに証明です。この両者にいえることは次でしょう。

証明とは、仮定から結論を導くまでの過程（一連の流れ）である。

「命題Aから命題Bを証明する」とは、「命題Aが真であること」から「命題Bが真であること」を、すじ道を立ててきちんと説明することです。このときのすじ道が不十分であれば、間違った証明となります。

　正しく証明されたときでも「正しく証明された」という表現をいちいち使ったりはしません。というのは、表現がしつこく感じるからです。ただ単に「証明された」と記載

している本がほとんどです。

　この書でも「正しく証明された」を単に「証明された」と記載することがあります。もっと正確に述べるならば、かなりしつこい表現になりますが「正しく証明された」よりも「正しい証明が存在する」がもっとも正しいような気がします。

◆　その証明

　私たちが間違った証明をしたとき「その証明は、証明とはいえない」あるいはもっと強く「その証明は、証明ではない」と拒絶されることがあります。実は、この２つの文は矛盾しています。

「その証明は、証明ではない」という文では、前半に証明であることを認めて、後半で証明であることを否定しています。「その○○は、○○ではない」は多用されますが、会話の中では意外とスルーされることもあります。ちなみに「このうちわは、うちわではない」という発言が問題になったことがあります。

　では「その証明は、証明ではない」を「その証明は、正

しい証明ではない」といいかえたらどうでしょうか？　これだともう少しは正確になりますが、もっと正確に述べると次のようになります。

「その間違った証明は、正しい証明ではない」

　これが一番、正確なような気がします。

「その（間違った）証明は、（正しい）証明ではない」の形容詞を省略すると、「その証明は、証明ではない」が出てきます。ここで証明が２つに分けられていることに気がつきます。

【証明の分類】
（１）正しい証明
（２）間違った証明

　私たちが数学で使っている証明という単語は「正しい証明」の修飾語としての「正しい」を省略したものがほとんどです。これも「間違った証明など用いないであろう」という性善説にのっとっているでしょう。

　もし、証明をより正確に論じる場合は、この「正しい」を省略することは不適切となります。でも、省略しないで

表現すると、とても長い文章になります。

このように、言葉で数学の真実を語ろうとすると、良いところも悪いところもあります。そこで、良識の範囲内で（誤解を生みださないように）表現に妥協するのがよろしいかと思います。

◆　証明の正しい手順

平行線公理に対して、次のように対応するのが正しいと思われます。

【証明の手順】
（1）まず、「平行線公理は命題か？」を問う。
（2）次に、「（もし平行線公理が命題ならば）それは真の命題か？　それとも、偽の命題か？」を問う。

これは、すべての数学的な問題を解くときに必要な手順です。しかし、私たちは手順（1）を省略することが多く、その場合は（2）からスタートします。

では、なぜ手順（1）を省略するのでしょうか？　それは、命題かどうかの証明がとても難しいからです。そこで、

直観を使って命題であると決めつけて、（2）の手順に移っているのが現状です。

　実際、ポアンカレ予想を解くときにも、手順（1）は省略されています。

【ポアンカレ予想を解くときの手順】
（1）「ポアンカレ予想が本当に命題か？　それとも、本当は命題ではないのか？」を示す。
（2）ポアンカレ予想が命題であることが示されたら、次に「ポアンカレ予想は真の命題か？　それとも、偽の命題か？」を示す。

　もし、ポアンカレ予想が命題でなければ、その真偽を深追いするのはあまりよくないと思われます。

◆　狭義の証明

　証明には2種類あります。

【広義の証明】広い意味での証明＝証明を含む論理
　仮定が真の命題であり、仮定から結論を導き出す過程が正しければ、結論も真の命題になる。この構造全体を広い

意味での証明とみなす。

　　広義の証明の論理式：（A∧（A→B））→B

　この広義の証明は前件肯定式そのものです。そして、この考えは大昔から行なわれている伝統的な手法です。普通は、これを論理と呼んでいます。そして、この論理式はトートロジー（恒真命題）です。

【狭義の証明】狭い意味での証明＝証明自体
　仮定から結論を導き出す過程だけのことである。これは、広義の証明の一部を取り出してきた狭い意味での証明である。

　　狭義の証明の論理式：A→B

　狭義の証明はAからBを導き出すすじ道であって、仮定の真偽や結論の真偽を問題にしません。この立場をとる考え方を形式主義と呼んでいます。なお、狭義の証明はトートロジーではありません。

　形式主義では仮定から結論を引き出す流れだけに注目し、仮定という命題の真理値を問題にせず、さらに結論という命題の真理値まで無視しています。つまり、証明の結果と

して出てきた結論は「真でも偽でもよい」というのが形式主義の特徴です。

形式主義では、仮定の真偽も結論の真偽も問わない。

命題の真理値を問題視しないためには、命題から意味を抜き取って「中身のない殻だけの形式上の命題」を作り出す必要があります。そのために行なわれたのが、命題の内容を空虚にする「無定義」という手法です。無定義語の導入は形式主義の中核をなしています。

ちなみに、2人が証明を論じるとき、1人が狭義の証明で話をし、相手が広義の証明を論じているときには、話がこんがらかってしまうでしょう。

狭義の証明と広義の証明が入り混じっていると、会話がまとまらなくなる。

◆ 何から

「証明される命題P」と「矛盾が証明される命題Q」について考えます。

「証明される命題P」という言葉をもう少し正確にいうと、「別の命題から証明される命題P」となります。「Pは証明される立場にある」から、Pは目的語です。

「矛盾が証明される命題Q」という言葉をもう少し正確にいうと、「命題Qから矛盾が証明される」となります。このとき、「命題Qは矛盾を生み出す」という意味で、Qは主語です。

「証明される命題P」…Pの正体は目的語
「矛盾が証明される命題Q」…Qの正体は主語

　PとQは同じような配置（句の末）にありながら、文法法上は大きな違いがあります。このように、数学の真理を追究するためには言語の分析が不可欠です。

　また、数学ではいつも正確な言語を使うようにしないと、うまく命題化されません。「証明」と「矛盾の証明」は「何から？」という仮定を明示して、初めて意味を持つようになります。

　数学で証明を論じるときには、仮定を明らかにする。仮定を明示しない証明は不完全であると思われる。

ただし、公理の場合は証明が存在しないから、仮定の明示は不可能です。

公理を証明する仮定を明示することはできない。

◆　証明の原理

　次の前件肯定式は、証明の原理でもあります。

仮定が正しく、証明も正しいならば、結論も正しい。

　仮定をA、証明をA→B、結論をBと置くならば、論理式は次のようになります。

$$(A \wedge (A \rightarrow B)) \rightarrow B$$

　この論理式はトートロジーです。

A	B	A→B	(A∧(A→B))→B
1	1	1	1
1	0	0	1
0	1	1	1
0	0	1	1

正しい証明を用いている限り、真の命題からは偽の命題は証明されて出てきません。つまり、仮定がすべて真の命題ならば、その数学理論からは矛盾が正しく証明されて出てくることはありません。もちろん、間違った証明を用いれば、矛盾が証明されることがあるでしょう。

　この証明の原理は、数学における絶対的な原理と考えられます。

◆　証明された命題

　一般的には、命題Aから命題Bが証明されたとき、論理式A→Bが真になるとはいいきれません。それに対して、「AからBが**正しく**証明されたとき、A→Bが真の命題である」といえるでしょう。つまり、「証明された命題」と「**正しく証明された命題**」は異なります。

【証明された命題の分類】
（1）正しく証明された命題
（2）間違って証明された命題

「自然数全体の集合と実数全体の集合の間には全単射が存在しない」は、間違って証明された命題です。もっと正確

に述べるならば、これは命題ではありません。

「自然数全体の集合と実数全体の集合の間には全単射が存在しない」は非命題である。

◆ 証明される命題を分ける

証明される命題は3つに分けられます。

（1）真であることが「証明される命題」
（2）偽であることが「証明される命題」
（3）矛盾していることが「証明される命題」

証明される命題は、暗黙のルールとして（1）です。もっと正確に述べると「真であることが、仮定から正しく証明される命題」を、省略して「証明される命題」と呼んでいます。

私たちは無意識のうちに数多くの言葉を省略していますが、省略したこと自体を忘れがちになります。たとえば、次のように…。

「真であることが、正しい仮定から正しく証明される命題」
　　　↓
「真であることが、仮定から正しく証明される命題」
　　　↓
「真であることが、仮定から証明される命題」
　　　↓
「真であることが、証明される命題」
　　　↓
「証明される命題」
　　　↓
「証明可能命題」

　文を書くとき、いちいち「正しい仮定から正しく証明される命題」と正確に記述するより、「証明可能命題」と短く書いた方がすっきりします。これは一種の記号化と同じです。

　言葉：正しい仮定から正しく証明される命題
　記号：証明可能命題

　実は、命題は「証明可能命題」と「証明不能命題」の2つには明確に分類されません。というのは、証明されるかどうかは、個人の数学の能力にも関係してくるからです。

命題の分類 { 証明可能命題

証明不能命題

　上記の分類は非排他的分類です。正しい証明を発見した数学者は「それはすでに証明された命題である」といいますが、まだそれを発見できない数学者には「証明されない命題」に映ります。数学には、このようなあいまいさが随所に残されています。

**　証明される命題とは、主に証明が見つかった命題のことである。では、証明がまだ見つかっていない命題は、証明されない命題といいきることができるのか？**

「証明が可能かどうか」の分類は下記のようになります。
（１）証明することができる命題
（２）証明することができない命題

「証明が発見できるかどうか」の分類は下記です。
（１）証明が見つかっている命題
（２）証明が見つかっていない命題

　この２つを証明の有無で分類し直します。

【証明が存在するかどうかの分類】
（1）証明が存在する命題
（2）証明が存在しない命題

　証明を基準として命題を分類する場合、「証明される
か？　されないか？」という主観的な認識よりも「証明が
存在するか？　存在しないか？」という客観的な分類のほ
うがより適切でしょう。

　数学理論の分類も同じです。「矛盾が証明される理論か？
それとも矛盾が証明されない理論か？」で分類するのでは
なく、「矛盾の証明が存在する理論か？　それとも矛盾の
証明が存在しない理論か？」で分類したほうが良いでしょ
う。

　**数学の命題においては、証明可能かどうかという主観的
な分類ではなく、証明が存在するかどうかという客観的な
分類のほうが好ましい。**

◆　証明される

「命題Ｐが証明される」は、次の２つに分類されます。

（1）真の命題Ｐが証明される。
（2）偽の命題Ｐが証明される。

　ここでの「証明」はすべて「正しい証明」に限定します。また、証明の仮定もすべて真の命題とします。

　すると、（2）はあり得ません。なぜならば、仮定がすべて真の命題で、証明も正しければ、証明される命題は真になるからです。

偽の命題は、正しい仮定と正しい証明からの結論としては出てこない。

　ところで、「真の命題Ｐが証明される」と「偽の命題￢Ｐが証明される」は違います。「証明される」の前には「真であることが」が省略されています。

「証明される」→（正しくは）→「真であることが証明される」

　これより、先ほどの文は次のようになります。

「真の命題Ｐが証明される」→（正しくは）→「真の命題Ｐが真であることが証明される」

「偽の命題￢Ｐが証明される」→（正しくは）→「偽の命題￢Ｐが真であることが証明される」

これより、次なることが言えます。

Ｐが真であることが証明される
＝真の命題Ｐが証明される

￢Ｐが偽であることが証明される
≠偽の命題￢Ｐが証明される

◆　厳密な数学

　公理は究極的な真の命題であり、他の真の命題からの証明は存在しません。もし、公理が証明されるようであれば、その証明に用いた仮定が今度は新たな公理となります。そして、証明された公理は定理に降格されます。これが繰り返されて、最後に行き着いたところで永遠に固定されるでしょう。

　公理は、もっとも究極的な真の命題である。他の真の命題から証明されたら「もっとも究極的な」という条件に違反する。

もし、「真の命題はすべて証明できる」と思い込んでいれば、公理のような「証明できない真の命題の存在」を認めるわけにはいきません。

　実際、ヒルベルトは楽観的に「真の命題はすべて証明される」と思っていたようです。だから、ヒルベルトは自明の理という「直観を用いた公理の存在」を認めませんでした。厳密な数学を構築するために、直観という信頼性のない概念を数学から排除しようとしていたのかもしれません。

　直観は、厳密な数学を組み立てるときに邪魔になる。数学に直観は要らない。証明だけで十分である。

　そして、直観で作られた公理を数学から追い出すため、「公理は単なる仮定にすぎない」という思想を世界中に広めました。これによって、数学は激動的な変化をとげました。

　では、公理はいったい何から証明されるのでしょうか？　それを無理に行なったものの1つが「自分自身から証明される」というものです。

◆ 自分自身から証明される

次の考え方は、正しくはありません。

証明される命題を定理という。公理は自分自身から証明されるから、公理も定理でもある。

そもそも、自分自身から証明される命題にあまり価値はありません。というのは、すべての命題は例外なく自分自身から証明されるからです。

偽の命題も自分自身から証明される。

証明される命題が定理ならば、偽の命題も定理になります。このおかしさの原因は2つあります。

（1）証明された命題を定理と呼んだこと
（2）自分自身から証明されることを証明に含めたこと

まず（1）についてですが、背理法では矛盾が証明されます。証明された命題を定理と呼ぶと、矛盾も定理に含まれることになります。

次に（2）についてですが、証明される根拠から自分自

身を外す必要があります。具体的にいうならば、証明の根拠として「自分以外の他の異なった命題から」という条件をつけるとよいでしょう。

　また「自分自身から証明される命題は真の命題である」も正しくはありません。同じように、「自分自身から矛盾が証明される命題は偽の命題である」という考え方も正しくはありません。

◆　証明されない

「証明されない」という表現で命題を作ることは難しいでしょう。なぜならば、「証明されない」という言葉は、次の２つの意味を含んでいる多義語だからです。

「証明されない」とは
（1）「証明が存在しない」という意味。
（2）「証明が見つからない」という意味。

　もともと証明が存在しないならば、当然の結果として証明されません。一方、証明が見つからなければ、同じく、当然の結果として証明されません。命題Ｐを証明できないとき、このどちらであるかを区別することはなかなかできま

せん。この2つの意味を含むことによって、文の解釈は難しくなります。つまり、命題化が困難になります。

　では、「証明が存在しない」と「証明が見つからない」の相互関係はどうなっているのでしょうか？　まずはこの2つの組み合わせを考えます。「証明が存在する」と「証明が存在しない」の2通りと「証明が見つかる」と「証明が見つからない」の2通りの組み合わせであり、結果として4通りになります。

証明が	見つかった	見つからない
存在する	（1）	（2）
存在しない	（3）	（4）

（1）存在している証明が見つかった。
　　　（これは問題がありません）
（2）存在している証明がまだ見つからない。
　　　（人類の数学能力の不足が原因）
（3）存在しない証明が見つかった。
　　　（明らかな証明ミスといえます）
（4）証明が存在しなので、いまだに見つかっていない。
　　　（これも問題はありません）

　したがって、ある命題に関して、これが「証明される命

題なのか？　それとも、証明されない命題なのか？」という議論をするときには、上の４つの組みあわせを考慮しながら十分な吟味をする必要があります。

◆　宝さがし

「証明されない」と「証明されていない」は、言葉として微妙に異なっています。

（１）証明が存在しないので、これからもずっとその証明が見つからない。
（２）証明が存在するのに、いまだにその証明を見つけられない。

　これは「お宝が存在しないから見つからない」のか、「お宝が存在するのに見つけられないだけなのか」という宝探しに似ています。

　　数学の証明を見つけることは、本質的には宝さがしである。

　たとえば、ゴールドバッハの予想は、現在、肯定も否定もされていません。つまり、証明も反証もされていません。では、ゴールドバッハの予想は（１）なのでしょうか？　そ

れとも（2）なのでしょうか？

　そもそも、ゴールドバッハの予想が「（1）に該当するのか？　それとも（2）に該当するのか？」を区別する数学的手法は確立されていません。

◆　偽の命題は証明されない

　Pを無矛盾な数学理論Zの命題とします。このとき、A，B，Cを次のようにおき、これらがすべて命題であると仮定します

　A：Zの仮定はすべて真の命題である。
　B：PはZの仮定から正しく証明される。
　C：Pは真である。

　Zの仮定がすべて真の命題であって、PがZの仮定から正しく証明されるならば、Pも真です。これを論理式で表すと次のようになります。

　（A∧B）→C

　この論理式は、さらに次のように変形できます。

（A∧B）→C

≡ ¬（A∧B）∨C

≡（¬A∨¬B）∨C

≡ ¬A∨（¬B∨C）

≡ ¬A∨（C∨¬B）

≡（¬A∨C）∨¬B

≡（¬A∨¬¬C）∨¬B

≡ ¬（A∧¬C）∨¬B

≡（A∧¬C）→¬B

ゆえに、（A∧¬C）→¬Bも真です。これは、次のような意味を持っています。

「数学理論Ｚの仮定がすべて真の命題であって、かつ、Ｐが偽の命題である」ならば、ＰはＺの仮定からは正しく証明されることはない。

もちろん、間違って証明されることはあるでしょう。要は、「仮定がすべて真の命題である数学理論からは、偽の命題が正しく証明されて出てくることは絶対にありえない」ということです。これは、次のようにいいなおすことができます。

無矛盾な理論からは、偽の命題が証明されて出てくるこ

とはない。

　もちろん、矛盾が証明されることもありません。

◆　矛盾が証明されない

　矛盾が導かれないケースは３つあります。１つ目は矛盾が存在しないからです。２つ目は、矛盾しているにもかかわらず、その矛盾を導き出す証明が存在しないからです。３つ目は、矛盾が存在し、なおかつ、その証明も存在しているにもかかわらず、それを見つけ出す力が足りないからです。この力不足は、私たち人類側の問題です。

【矛盾が証明されない３つのケース】
（１）矛盾が存在しないから。（矛盾の不存在）
（２）矛盾が存在するにもかかわらず、その証明が存在しないから。（証明の不存在）
（３）矛盾が存在し、その証明も存在するが、それを見つけるだけの力がないから。（証明力の不足）

　矛盾が証明されない場合、その原因は上記の３つのうちのどれかでしょう。

ちなみに、ユークリッド幾何学から矛盾が証明されないのはきっと（1）が原因です。非ユークリッド幾何学から矛盾が証明されないのは（2）が原因です。ゴールドバッハの予想からもゴールドバッハの予想の否定からも矛盾が証明されないのは（3）が原因でしょう。しかし、どれが原因なのかを明らかにする方法は、いまだに数学内では確立されていません。

「矛盾が証明されない」は３つの意味を含んでいる多義表現である。

　そのため、「矛盾が証明されない」という言葉を含む文は、命題をうまく構成できないことがあります。

◆　反証されない

　否定語には十分に注意する必要があります。「命題Ｐが反証されない」には２つの意味があります。

（1）命題￢Ｐが証明されない。（命題￢Ｐが証明されたら、Ｐが反証されたことになります）
（2）命題Ｐから矛盾が証明されない。（命題Ｐから矛盾が証明されたら、Ｐが反証されたことになります）

この場合、（1）はさらに2通りに分類され、（2）は3通りに分類されます。「反証されない」には「反証」という否定的な言葉と「されない」という否定語の組みあわせです。

「反証されない」という言葉は、「証明されない」「矛盾が証明されない」という言葉より、はるかに複雑である。

　これより、科学理論かどうかを判定する方法として「反証可能か？　反証不可能か？」を取り入れると、泥沼の定義になる可能性もあります。

　ユークリッドの作り上げた幾何学からは矛盾が証明されません。その理由は、純粋な公理系だと思われるからです。よって、ユークリッドの公理系は最初から無矛盾であり、公理系の無矛盾性を改めて証明する必要はありません。

　数学理論の中でも特殊な存在である公理系は「無矛盾な公理系」としてしか存在しません。ということは、ある数学理論が矛盾しているとわかった時点で、それはすでに公理系ではないことになります。

　それに対して、ヒルベルトの公理は単なる仮定であり、真でも偽でもどっちでもよい命題です。すなわち、証明され

ても反証されてもかまわない命題です。

　これより、ヒルベルトの作り上げた公理系の公理は偽の命題である可能性があります。つまり、公理系が「無矛盾であるという性質」を最初から失っています。

　もし、矛盾している公理系も存在するのならば「公理系の無矛盾性を証明しよう」というヒルベルトプログラムは、最初から破綻していることになるでしょう。

**　矛盾している公理系が存在するならば、公理系の無矛盾性を証明することは初めから不可能である。**

◆　矛盾が証明されにくい理論

　現在、数学にも物理学にも「矛盾しているにもかかわらず、その矛盾が証明されにくい理論」というものがいくつかあります。

　1つ目は、理論の内部から矛盾が証明されない「矛盾した理論」です。平行線公理の代わりに平行線公理の否定を仮定に持っている非ユークリッド幾何学がこれに当てはまります。

2つ目は、矛盾が証明されないような仮定だけを寄せ集めて作られた「矛盾した理論」です。ＺＦ集合論を代表とする公理的集合論がこれに当てはまります。

　3つ目は、証明された矛盾を強力に押さえ込むことができる強大な論理力を持つ「矛盾した理論」です。相対性理論がこれに当てはまります。己の理論内から発生した矛盾を抑え込むことができる力は、特殊相対性理論から一般相対性理論へとパワーアップしています。

◆　お互いに矛盾している

　Ｐと￢Ｐはお互いに矛盾しています。「命題Ｐは正しい」と「命題￢Ｐは正しい」もお互いに矛盾しています。しかし、真の命題Ｐと偽の命題￢Ｐはお互いに矛盾していません。

　命題Ｐと命題￢Ｐは矛盾しています。これをもっと正確にいうと、「命題Ｐは正しい」と「命題￢Ｐは正しい」はお互いに矛盾しています。

　「命題Ｐは正しい」という仮定を持っている理論と、「命題￢Ｐは正しい」という仮定を持っている理論はお互いに矛

盾しています。このPに平行線公理を代入すると、次なる結論が得られます。

「平行線公理は正しい」という仮定を持っているユークリッド幾何学と、「平行線公理の否定が正しい」という仮定を持っている非ユークリッド幾何学は、お互いに矛盾している。

　これより、ユークリッド幾何学と非ユークリッド幾何学が両方とも無矛盾ということはあり得ません。

　理論Xと理論Yがお互いに矛盾しているにもかかわらず、ともに無矛盾であることはありえない。

◆　結論

「結論」と「定理」は違います。結論とは、仮定から証明されて出てくる命題です。ただし、数学では結論が命題ではないこともあります。

　数学理論では、まず複数の仮定を設定します。その仮定を用いて証明を行ない、出てきた結論を再び仮定に用いて証明を繰り返し、最終的に価値ある結論を作り出します。こ

うして、数学理論の役割が果たされます。

　仮定の中に、他の仮定から証明される命題があってもかまわないし、仮定から矛盾が導かれてもかまいません。

　前者の場合は、仮定から証明される命題だとわかった時点で、仮定から外せばよいでしょう。

　後者の場合は、矛盾が導かれた時点で、その数学理論は矛盾していると判断します。その際、その数学理論の仮定のどれかが偽の命題だから、その偽の命題を取り除けば、新たに無矛盾な数学理論として使えるかもしれません。

◆　結論の真偽

　証明は正しければよいというものではありません。「正しい証明」と「価値ある証明」には多少のズレがあります。まずは「真の結論を導き出す正しい証明」が数学では必要です。

　命題A（仮定）から命題B（結論）が正しく証明されたとき、次の2つのケースがあります。

（1）Aが真の命題である場合

A→Bという命題は真である。よって、命題Bも真である。結論はいつでも真の命題であるから、出てきた結論を信頼することができる。

（2）Aが偽の命題である場合

A→Bという命題は真である。しかし、命題Aが偽である以上は、命題Bは真の命題の場合もあれば、偽の命題の場合もある。よって、証明されて出てきた結論は信頼できない。ちなみに、Aが偽ならばA→Bは常に真です。

これより、**仮定から結論が正しく証明されても、結論が信用できない**ことがあります。

そもそも、数学においては「証明の道筋が正しいかどうか？」ももちろん大事ですが、それに劣らず「最終的な結論が正しいかどうか？」も大事です。最終結論が偽の命題であれば、その証明の途中に誤りがなくても、価値のない証明といわざるをえません。

従来の数学では「真の結論を導き出す証明」が叫ばれていました。しかし、ヒルベルトの形式主義以降においては、仮定の真偽はもちろんのこと、結論の真偽もあまり問わなくなってきたようです。これは数学の存在意義をゆるがす

ことかもしれません。

◆ 理論

　家を建てるとき、基礎から作ります。理論を作るときも、理論の土台となる仮定（前提）を作ります。その上で、さまざまな論理展開をして理論を完成させていきます。

　そのためには、まずは仮定となり得るいくつかの命題を選んでくる必要があります。理論を構築するときには、複数の命題を仮定として置きます。この仮定は何でもかまいません。「正しいと信じている仮定」でも「真か偽かわからない仮定」でも「間違っていると信じている仮定」でも何でもかまいません。

　数学にも物理学にも、どんな命題でも仮定におく自由がある。（数学の自由と物理学の自由）

　命題ではないものを仮定に設定することも自由です。ただ、非命題を仮定におくと話が散漫になるので、ここでは仮定を命題だけにしぼります。

　仮定をすべて命題とします。命題である以上は、すでに

真偽が決定しています。これらの命題を理論の仮定としたのが数学理論であり物理理論です。

そして、理論の仮定に1個でも偽の命題が混入している理論が矛盾した理論です。物理学も同じです。物理理論は矛盾しているか矛盾していないかのどちらかです。

仮定がすべて真の命題…無矛盾な理論
仮定の中に偽の命題が混入している理論…矛盾した理論

次に、これらの仮定から他の命題を証明や証拠によって導き出します。これが理論内での論理展開です。論理展開は、命題同士をつなぐ接着剤のような役割をしています。

数学における論理展開を証明と呼んでいます。これは論理的飛躍をまったく許さない純粋なものと考えられます。しかし、この判断も実際には容易ではありません。

それに対して、物理学における論理展開は、証明と証拠で行なわれます。この証拠とは、現実世界における観測結果や観察結果などです。観察結果や観測結果は確実に正しいとはいいきれないので、どうしてもアバウトな扱いとなります。

アバウトな証拠で論理展開を行なうならば、証明ほどは厳格な論理展開ではありません。証拠をたくさん用いている物理理論は間違っている可能性もあり、実際に消えていった物理理論もあります。

　誕生しては消えていく…これが物理理論の特徴ともいえるので、ある意味、下克上の世界です。そこで、どうせ新しい物理理論を作っても、将来、消えていくかもしれないということで、「すべての物理理論は仮説である」という極論を展開する場合もあります。

　しかし、数学の世界ではそれを模倣して「すべての数学理論は仮説である」といわれることはありません。なぜならば、いったん確立した数学理論がその後に消えていった歴史がなかったからです。

◆　数学理論

　数学理論とは、数学における「いくつかの命題を仮定として設定した論理的な体系」のことです。数学には複数の数学理論があります。

　数学という学問は無矛盾でなければなりません。しかし、

数学理論にはこれは要求されません。つまり、数学内には「無矛盾な数学理論」と「矛盾した数学理論」が入り乱れています。

このとき、矛盾した数学理論を無理に数学から追い出す必要はありません。偽の命題を数学から追い出す必要がないのと同じです。

無矛盾な数学理論のうち、公理のみを仮定に持つ数学理論を公理系と呼んでいます。公理系の代表がユークリッド幾何学でしょう。

数学理論は公理系を含む。

一方、自然数論や実数論や複素数論は数学理論ですが、公理系とまではいいきれないと思います。

数学理論と公理系は別物です。しかし、現代数学では公理系と数学理論をあまり区別していません。それは、公理と仮定を区別しなくなったから、「公理からなる公理系」と「仮定からなる数学理論」を区別できなくなったためと思われます。

◆ 理論を作る

　数学における命題には「真の命題」と「偽の命題」があります。それらの命題をいくつか集めてきて、仮定として設定すれば、数学理論ができ上がります。こうしてでき上がった数学理論には、「無矛盾な理論」と「矛盾した理論」があります。

　＜無矛盾な数学理論の場合＞
　無矛盾な理論の中にある命題を考えます。

（１）　無矛盾な理論の中にある真の命題
（２）　無矛盾な理論の中にある偽の命題

　これらの命題は、１つの数学理論の中に存在している命題です。そして、忘れてはならないのは、この理論の外にある命題です。

（３）　無矛盾な理論の外にある真の命題
（４）　無矛盾な理論の外にある偽の命題

　無矛盾な理論の外に存在している命題は、その理論から独立しています。「理論から独立している」とは、「理論の仮定を用いて証明することも、また、反証することもでき

ない」ということです。

　でも、理論の外にあっても数学の中に存在している限り、「数学における命題」には変わりありません。

　＜矛盾した数学理論の場合＞
　一方、矛盾している数学理論においては、独立という概念には意味がありません。なぜならば、矛盾している理論からは、真の命題も偽の命題も証明されて出てくることがあるからです。

　ここで大切なことは、**矛盾している数学理論においては、正しい証明から偽の命題が結論として出てくることがある**ということです。つまり、「正しい証明」というのは結論が真であることを必ずしも保証してくれません。

「正しい証明から得られた結論は正しい」というのは、一種の先入観です。一番大事なのは、その証明を使っている場所———理論———です。無矛盾な理論内であれば、正しい証明を用いている限り、正しい結論が出てきます。

　間違った理論の中では、正しい証明から間違った結論が出てくることもある。もちろん、正しい結論も出てくることがある。

このように矛盾した理論は、実に多彩な、そして思いがけない結論を出すことができます。それゆえに、「問題解決には持って来いの理論」とも言えます。

そのためか、難問に出会ったとき、それを解決したいために、無意識のうちに矛盾した理論に手を出してしまうことがあるかもしれません。ニュートン力学で解けなかった問題を相対性理論が解いたのは、このようなメカニズムが働いたためと思われます。

◆　理論の縮小

公理系から公理を1つ取り除いたら、その公理がないと証明できない定理が証明できなくなります。つまり、証明能力が落ちます。これより、公理を減らすことによって、公理系はより小さな公理系———貧弱な公理系———になります。

逆に公理を追加すると、証明できる定理の数が増えるので、公理系としてより大きく、強力になります。そのため、公理を増やすと、定理の数も増えます。

これらをまとめると、次なる結論が出てきます。

公理を減らすと証明能力の貧弱な公理系になり、公理を増やすと証明能力の強い公理系になる。しかし、公理を増やし過ぎると証明能力が強くなりすぎて、やがては矛盾まで証明されてしまう。

　これより、「公理系の拡張」と「公理系の矛盾化」は紙一重の差です。これは一般の数学理論あるいは物理理論でもいえることであり、「理論の拡張」は常に「理論の矛盾化」という危険性を伴っています。

　ちなみに、ある公理系が正しいとされているならば、その公理系から公理を１つ取り去った公理系は必要ありません。たとえば、ユークリッド幾何学から平行線公理を取り去った公理系（絶対幾何学）は、あえて考えなくてもよいでしょう。ユークリッド幾何学の中にしっかりと組み込まれているからです。

　ユークリッド幾何学があれば、絶対幾何学は不要である。

◆　理論Zに命題Pを加える

　ある理論Ｚに命題Ｐを加える場合、次の２つがあります。

（1）無矛盾な理論Ｚに命題Ｐを加える。
（2）矛盾した理論Ｚに命題Ｐを加える。

＜無矛盾な数学理論Ｚの場合＞

　無矛盾な数学理論Ｚには、命題Ｐを加えるか、または命題¬Ｐを加えた場合、どちらかは矛盾します。なぜならば、命題Ｐと¬Ｐのうち、どちらかは偽の命題だからです。偽の命題を仮定に持つ理論は矛盾しています。これより、次なる命題が成り立ちます。

　数学理論Ｚが無矛盾ならば、理論Ｚ＋Ｐと理論Ｚ＋¬Ｐののうち、どちらかは矛盾している。

　理論Ｚ＋Ｐとは、理論Ｚに命題Ｐを真として加えた「拡張された理論」のことです。

＜矛盾している数学理論Ｚの場合＞

　それに対して、初めから矛盾している数学理論Ｚに命題Ｐや命題¬Ｐを加えた場合、次の論理が成り立ちます。

　数学理論Ｚが無矛盾ならば、理論Ｚ＋Ｐと理論Ｚ＋¬Ｐはともに無矛盾である。

　まずは、次のように命題Ａ，Ｂ，Ｃを設定します。

Ａ：理論Ｚは無矛盾である。
Ｂ：理論Ｚ＋Ｐは無矛盾である。
Ｃ：理論Ｚ＋￢Ｐは無矛盾である。

ここで、２つのヒデの論理式を使います。

￢Ａ→（Ａ→Ｂ）
￢Ａ→（Ａ→Ｃ）

これは２つともトートロジーです。よって、Ａ，Ｂ，Ｃ
の内容いかんにかかわらず、常に成立します。

￢Ａ→（Ａ→Ｂ）を日本語に直すと、次のようになります。

数学理論Ｚが矛盾していれば、「理論Ｚが無矛盾ならば、理論Ｚ＋Ｐは無矛盾である」が成り立つ。

￢Ａ→（Ａ→Ｃ）を日本語に直すと、次のようになります。

数学理論Ｚが矛盾していれば、「理論Ｚが無矛盾ならば、理論Ｚ＋￢Ｐも無矛盾である」が成り立つ。

この２つを合わせると、次なる結論が出てきます。

数学理論Ｚが矛盾していれば、「数学理論Ｚが無矛盾ならば、理論Ｚ＋Ｐと理論Ｚ＋¬Ｐはともに無矛盾である」が成り立つ。

　このＺにＺＦ集合論を、Ｐに連続体仮説（ＣＨ）を代入すると、ＺＦ集合論が矛盾していれば次は真です。

　ＺＦが無矛盾ならば、ＺＦ＋ＣＨとＺＦ＋¬ＣＨはともに無矛盾である。

　ていねいに表現し直してみます。

　ＺＦ集合論が無矛盾ならば、ＺＦ集合論に連続体仮説を加えても、連続体仮説の否定を加えても無矛盾である。

　これは「ＺＦ集合論が矛盾している」というより大きな仮定で下される結論です。よって、連続体仮説に対する正解は「連続体仮説はＺＦ集合論から独立している」ではなくて「ＺＦ集合論は矛盾している」でしょう。

◆　理論の組合わせ

　Ｘ，Ｙという２つの数学理論があるとき、その組み合わ

せは次の4通りが考えられます。

（1）Xが矛盾している。Yも矛盾している。
（2）Xが矛盾している。Yは矛盾していない。
（3）Xは矛盾していない。Yは矛盾している。
（4）Xは矛盾していない。Yも矛盾していない。

　XとYがお互いに矛盾している場合、（1）～（3）までは可能性としてあります。しかし、（4）の可能性はありません。無矛盾な2つの理論がお互いに矛盾していることがあり得ないからです。

　ニュートン力学は絶対時間と絶対空間を肯定し、光速度不変の原理は絶対時間と絶対空間を両方とも否定しています。これより、相対性理論とニュートン力学はお互いに矛盾しています。ゆえに、**相対性理論とニュートン力学のうち、少なくともどちらか一方は矛盾した理論**です。

　では、ニュートン力学と相対性理論のどちらが矛盾しているのでしょうか？　ニュートン力学からは、どんなに頑張ってもパラドックスがまったく出てきません。それに対して、相対性理論からはたくさんのパラドックスが出てきます。

ちなみに、ユークリッド幾何学と非ユークリッド幾何学はお互いに矛盾しています。しかし、過去の偉大な数学者たちがどんなに頑張っても、非ユークリッド幾何学から矛盾を導き出すことはできませんでした。この場合のメカニズムは、上記と少し異なっています。

◆　両立する理論

「成り立つ」には「真として成り立つ」と「偽として成り立つ」があります。つまり、成り立つことが正しいとは限りません。

　命題Pが成り立つ≠命題Pは真である

　しかし、「真として成り立つ」の「真として」を省略することが多いです。

　現代幾何学では、ユークリッド幾何学も無矛盾であり、非ユークリッド幾何学も無矛盾とされています。でも、ユークリッド幾何学と非ユークリッド幾何学はお互いに矛盾しています。無矛盾な理論同士が矛盾しているのは、どうしてでしょうか？

数学という学問は無矛盾であることが期待され、私たちは「矛盾した数学は本当の数学ではない」と考えています。これより、数学を「無矛盾な数学」と「矛盾した数学」に分類することはできません。

**　数学にはもともと、無矛盾であるという意味が含まれている。**

　一方の、数学理論は「無矛盾な数学理論」と「矛盾した数学理論」に分類されます。つまり、矛盾した数学理論も立派な数学理論です。１つの数学内に、まったく正反対の主張をする数学理論があっても、それはあまり問題ではありません。どちらかが間違っているだけですから。

　仮定Ｅを持っている数学理論と仮定￢Ｅを持っている数学理論は、お互いが正しい理論として両立することがありません。しかし、「無矛盾な理論」と「矛盾した理論」としては立派に両立しています。

**　ある命題Ｅとその否定命題￢Ｅは両方とも成り立つことがある。Ｅが真の命題として成り立つならば、￢Ｅは偽の命題として成り立つ。**

　数学では「正しい」と「成り立つ」の言葉の違いを明確

にして、数学辞典に記載する必要があると思います。そのためには、「真」と「正しい」という基本的な単語を記載する必要があるでしょう。権威ある数学辞典にも、この2語は出ていないようです。

◆　理論の両立

　実数は有理数か無理数のどちらかです。具体的にある実数としてxと指定されたら、その時点でxは有理数か無理数かが決定します。

　たとえば、xとして円周率であるπを割り当てます。このとき、πを有理数と無理数に場合分けして、2つの理論を作ることはできません。

　まだπが無理数であることが証明されていない昔の時代に、「πが有理数だとする理論」と「πが無理数だとする理論」の2つを作っても両立しないでしょう。

　ちなみに、次のような理論の両立はあり得るのでしょうか？

【理論の両立の分類】

（1）無矛盾な理論と無矛盾な理論の両立

（2）無矛盾な理論と矛盾した理論の両立

（3）矛盾した理論と矛盾した理論の両立

　ユークリッド幾何学と非ユークリッド幾何学の両立は、上のどのケースに該当するのでしょうか？

◆　理論の反証

「理論の反証」を「数学理論の反証」と「物理理論の反証」の2つに分けてみます。どうも、この2つは違うようです。

【数学理論の反証】

　数学理論が矛盾していることを証明すること。

【物理理論の反証その1】

　物理理論の中の数式を使った「理論値」と観測や実験で得られた「測定値」に大きな差があることを示すこと。

　もちろん、大きいといっても「どれだけ大きいと、本当に大きいといえるのか？」という疑問が残ります。というのは、物理学ではいたるところに「明確な境界線を引けな

い」という線引き問題があります。つまり、実際には「検証されたのか？　反証されたのか？」の差が紙一重のときもあります。

　差が微妙な場合は「検証か？　反証か？」の判断はできません。それを無理に判断しようとすると、「どちらの判断を下したほうが誰にとって有利になるか？」という別の基準を用いるようになるでしょう。

　物理理論の反証には、その２もあるようです。

【物理理論の反証その２】
　物理理論が矛盾していることを証明すること。

　相対性理論が誕生した直後から、この理論はおかしいという意見が噴出しました。その際、相対性理論を完全に論破できるのは「その１」ではなく「その２」のほうでしょう。実験や観測で相対性理論の自己矛盾を見つけ出すことはできません。

◆　矛盾した理論

　どのような数学理論においても、証明はすべて理論の仮

定からスタートします。そのとき、仮定を真として扱っています。これより次のことが言えます。

数学理論の仮定はすべて真である。

このとき、「命題」という言葉をいっさい使っていません。「理論の仮定はすべて真の命題である」ではありません。

「理論の仮定はすべて真である」と「理論の仮定はすべて真の命題である」は異なっている。

一方、理論の仮定が命題であるならば、それは真か偽かのどちらかです。しかし、仮定がすべて真の命題であるとは限りません。これより、理論を次の2つに分類できます。

（1）仮定として真の命題のみを有する理論
（2）仮定の中に偽の命題が含まれている理論

理論の仮定の中に偽の命題が含まれている場合、それは偽の命題ゆえに偽であると同時に、仮定としては真です。つまり、この仮定は真かつ偽であり、矛盾しています。矛盾を持っている理論は矛盾した理論だから、次なる結論が得られます。

理論の仮定に偽の命題が含まれていれば、その理論は矛盾している。

　この対偶をとります。

　理論が矛盾していなければ、その理論の仮定はすべて真の命題である。

◆　矛盾が証明されない理論

　矛盾している理論にも、矛盾が証明されない理論が含まれています。なぜならば、「矛盾している理論」は、次の2つに分類されるからです。

（1）矛盾が証明される「矛盾している理論」
（2）矛盾が証明されない「矛盾している理論」

　公理Aを含む公理系Zにおいて、「公理Aが真である」ということが他の公理から証明できないならば、「公理の否定￢Aが偽である」ということも他の公理からは証明できません。この理由は、両者が同値だからです。

　　Aは真である≡￢Aは偽である

¬Ａが偽であることが証明できないならば、¬Ａを真と仮定しても矛盾が証明されません。なぜならば、¬Ａを真と仮定して矛盾が証明されれば、背理法によってＡが真であることが証明されたことになるからです。これより、次なる結論が得られます。

　公理Ａが真であることが他の公理から証明されないならば、公理の否定を仮定しても（¬Ａを真と仮定しても）背理法は成立しない。つまり、矛盾が証明されない。

「公理と公理の否定に関しては背理法が使えない」ということは、**背理法は命題の真偽を決める際の証明としては不備がある**ということです。

　¬Ａを真と仮定しても矛盾が証明されないならば、¬Ａを仮定に持つ数学理論を作っても矛盾が出てきません。これより、次なる結論も出てきます。

　公理Ａが真であることが他の公理から証明されないならば、その公理の代わりにその否定¬Ａを仮定に持つ数学理論を作っても、そこからは矛盾が出てこない。

　これを非ユークリッド幾何学に適用してみます。

平行線公理が真であることが他の公理から証明できない
ならば、平行線公理の否定を仮定に持つ非ユークリッド幾
何学を作っても、そこから矛盾が証明されて出てこない。

　これは、非ユークリッド幾何学が無矛盾であることを述
べているのではありません。「理論の仮定から矛盾が証明さ
れないような矛盾した理論が存在している」という驚くべ
き真理が数学に存在することを述べています。

　数学には、理論の内部から矛盾が証明されない「矛盾し
ている理論」が存在する。

　これより、数学基礎論における「矛盾した理論とは、理
論の仮定から矛盾が証明されて出てくる理論である」とい
う定義が間違いであることがわかります。

◆　理論の矛盾

　次の３つの文を区別する必要があります。

（１）理論Ａの中に矛盾が存在する。
（２）理論Ａと理論Ｂの間に矛盾が存在する。
（３）理論Ａと観測結果の間に矛盾が存在する。

ところで、（3）の「理論Aと観測結果の間の矛盾」とは、具体的にいうと理論値と測定値に数字的なギャップがあることです。しかし、このギャップがどれだけ大きいと矛盾と判断されるのか、明確な基準が存在しません。

　また、「理論値と測定値のギャップが大きいと間違った理論とみなして破棄する」「ギャップが小さいと正しい理論として物理学に採用する」という方針が暗黙のうちに出されているようですが、「大きい」と「小さい」を見分ける具体的な線引きが出されていません。よって、両者の判別は不可能です。

　これより、物理理論が正しいか間違っているかを判断する規準が存在しないことになります。これが、**科学理論と非科学理論を明確に分ける境界線が存在しない**という、かの有名な**線引き問題**にもつながっています。

　物理理論と観測結果の乖離（すなわち、理論値と測定値のずれ）は、本質的な矛盾ではありません。これは単なる未解決問題です。「理論の内部の矛盾」と「理論と現象の矛盾」はまったく異質の概念です。

「理論の内部矛盾」は矛盾だが、「理論と現象の間の矛盾」は本当の矛盾ではない。

◆ 論理力

　理論には論理力があります。論理力とは、その理論で証明できる、あるいは説明できる能力のことです。

　一般的には、「Ｐを証明できる理論」は「Ｐを証明できない理論」よりも論理力が強いです。このＰに矛盾を代入してみます。

**　矛盾を証明できる理論は、矛盾を証明できない理論よりも論理力（証明能力あるいは説明能力）が強い。**

　これより、内部矛盾を抱えた数学理論のほうが、無矛盾な数学理論よりも証明する力が強いことになります。これを物理学に適用すると、矛盾を抱えている物理理論は、矛盾していない理論よりも自然現象を説明しやすいといえます。

　逆に、矛盾している数学理論や物理理論の論理力の強さがわかったら、これを論破しようとすることが、いかに困難な仕事かがわかります。

◆　論理力の比較

　ここで、理論の持っている論理力について考えます。数学理論でいう論理力とは「命題の証明能力（証明力）」のことですが、物理理論では「現象の説明能力（説明力）」となります。

　　数学理論の論理力＝証明力（命題を証明できる力）
　　物理理論の論理力＝説明力（現象を説明できる力）

　ここでは、まず数学理論について考えます。一般的に述べると「命題Ｐを証明できる理論」のほうが「命題Ｐを証明できない理論」よりも強い証明力を持っています。

　そこで、２つの命題を組み合わせて、命題Ｐと命題Ｑを証明できるかどうかで分類します。

（１）命題Ｐを証明できず、命題Ｑも証明できない理論
　　　→　証明能力の弱い理論
（２）命題Ｐを証明できないが、命題Ｑを証明できる理論
　　　→　まあまあの証明能力を持った理論
（３）命題Ｐを証明できるが、命題Ｑを証明できない理論
　　　→　まあまあの証明能力を持った理論
（４）命題Ｐを証明でき、命題Ｑも証明できる理論

　　　　→　証明力の強い理論

　この分類は、任意の命題PとQで成り立ちます。そこで、Qに￢Pを代入してみます。

（1）命題Pを証明できず、命題￢Pも証明できない。
　　　　→　証明力の弱い理論（証明も反証もできない理論）
（2）命題Pを証明できないが、命題￢Pを証明できる。
　　　　→　まあまあの証明力を持った理論
（3）命題Pを証明できるが、命題￢Pを証明できない。
　　　　→　まあまあの証明力を持った理論
（4）命題Pを証明でき、命題￢Pも証明できる。
　　　　→　証明力の強い理論（矛盾を証明できる理論）

　これより、「自己矛盾を証明できない理論」と「自己矛盾を証明できる理論」を比較したとき、後者の証明力のほうが強いことになります。

　ということは、矛盾した理論が最も証明力も強く、それゆえに難問を次から次へと解いてくれることになります。つまり、最強の数学理論は矛盾した理論であり、その代表が無限集合論です。

　物理理論も同じであり、矛盾した物理理論が一番よく現

象を説明できることになります。その代表が相対性理論です。

　数学において矛盾した理論は「何でも証明できる潜在能力を有する理論」であり、それゆえに、「理論の王者」でもあるように見えます。

　物理学でいうならば、矛盾した理論は「森羅万象をも説明できる可能性を秘めた万能理論の候補」でもあります。裏を返せば、万能理論らしきものに出会ったら、矛盾した理論かもしれないと疑ったほうが良いでしょう。あまりにもできすぎた理論は、どことなく怪しく感じます。

◆　論理力の異常な強さ

　論理力とは、数学理論の証明能力と物理理論の説明能力を合わせたものです。無矛盾な理論には、己の中でパラドックスを証明できるほどの力はありません。だから、ニュートン力学からは双子のパラドックスのような矛盾が証明されません。

　ニュートン力学は論理力が弱い。しかし、相対性理論はパラドックスをもたらすほどに論理力が強い。

相対性理論にはもう1つの強大な力も備わっています。それが、相対性理論の中で発生したパラドックスを押さえつける力です。発生したパラドックスをすべて無効化するほど、相対性理論の論理力は強大です。双子のパラドックスの回避は、相対性理論の力強さを物語っています。

　その強大な論理力（パラドックスを引き起こす力と、そのパラドックスを押さえつける力）は、相対性理論の矛盾に由来しています。

　実は、数学の歴史でも同じことが起こっていました。素朴集合論からはたくさんのパラドックスが発生し、これが数学の危機を招きました。しかし、パラドックスの真因である実無限に触れず、その代わりにクラスという「無限集合を拡大した実無限からなる新概念」を作り出し、矛盾を乗り切りました。

　そして、再び矛盾が発生することがないように、9個の公理（外延性の公理、空集合の公理、対の公理、和集合の公理、無限公理、冪集合公理、置換公理、正則性公理、選択公理）を投入しました。これがＺＦＣ集合論です。ＺＦＣ集合論ではこれらの公理を駆使して、実無限によって発生するであろうパラドックスを上手に抑え込んでいます。

◆ 公理

　数学では、すでに正しいとされている命題を使って、別な命題の正しさを証明していきます。しかし、最初は何も証明されていないので、数学を証明だけで展開して行こうとすると、最初からつまずきます。

　そこで最初は証明なしで正しいと認められる命題を定める必要があります。この証明なしで正しいと認める命題は、誰が見ても明らかであり単純なものでなければなりません。この性質（最も単純な真の命題）を有する自明の理こそ、公理としてもっともふさわしい命題といえます。

　まず、公理については、次なる定義が適切かと思います。

【公理の定義】
　公理とは、他のいかなる真の命題からの証明も存在しないもっとも単純な真の命題である。

　つまり、公理は究極的な真の命題です。これは自然数を構成する素数のような存在です。よって、公理には次の2つの性質があります。

【公理の性質】

（１）真の命題である。

（２）他の真の命題からの証明が存在しない。

このとき、「証明できない命題」「証明されない命題」というあいまいな表現ではなく「証明が存在しない命題」という強い表現を採用しています。

証明が存在しなければ、証明できない。（または、証明が存在しなければ、証明されない）

これを使うと、「証明が存在しない」という重厚感のある表現を「証明されない」「証明できない」と軽い表現におきかえることが可能になります。しかし、おおもとの定義は「証明されない」ではなく、あくまでも「証明が存在しない」です。

（２）の「他の真の命題からの証明が存在しない」をただ単に「他の命題から証明が存在しない」に変えると間違った定義になります。なぜならば、いくら公理といっても、偽の命題からは証明されると思われるからです。偽の命題には、真の命題（公理を含む）を証明する強力な潜在的証明力があります。

また、「他の真の命題」は「自分以外の他の公理」をも含みます。これによって、公理同士の証明は存在しないことになります。つまり、上記の公理の定義から「公理はお互いに独立している」という定理が証明されて出てきます。

◆　公理は証明される

「公理は証明される」という意見もあります。もし公理が証明されるならば、何から証明されるでしょうか？　その根拠は3つ考えられます。

（1）他の公理から証明される。
（2）定理から証明される。
（3）自分自身から証明される。

（1）について
　公理は他の公理から証明されません。これは、公理の定義から明らかです。よって、（1）は適切ではありません。

（2）について
　定理から証明されるものは再び定理であって、公理は定理からは証明されません。よって、（2）も適切ではありません。

（3）について

　命題Ｐから命題Ｐはいつでも証明されます。偽の命題を
含めた任意の命題が、自分自身から証明されます。つまり、
（3）については何の意味もありません。

　これより、「どのような命題から証明されるか？」とい
う問いに対して「自分自身から証明される」という答えは
ＮＧだと思います。公理は、自分自身以外のいかなる命題
からも証明されません。これより、証明に関しては「自分
自身を除いた他の命題から証明されなければならない」と
いう条件が常に必要でしょう。

◆　証明する必要がない命題

「公理は証明する必要がない命題である」と、よくいわれ
ます。これは本当なのでしょうか？　ある人が平行線公理
を他の４つの公理から証明したら、「何てことをしてくれ
たんだ！　君は必要もないことをしたのだぞ！　余計なこ
とをしてくれるな！」と非難されるのでしょうか？　いい
え、おそらくフィールズ賞級の証明でしょう。

「この宿題はやる必要がない」と先生からいわれても、ま
じめな生徒は自分の課題として仕上げ、宿題をやってから

学校に行きます。でも、先生から叱られることはありません。

「このパーティーでは正装の必要はありません」と招待状に書かれていても、正装して行っても参加を拒否されることはありません。

「必要がない」の本質は「してもよいし、しなくてもよい」と同じです。「公理を証明する必要がない」は「公理を証明してはいけない」ではありません。「公理の証明は存在しない」という意味でもありません。その本質は「証明しても証明しなくても、どっちでもかまわない」です。よって、この言葉は無視してもかまいません。

　つまり、「公理とは証明する必要がない命題である」は、公理に関しては何も述べていないことになります。ましてや、これは公理の定義でもありません。

　公理は、証明する必要がない。
　用語は、定義する必要がない。

　これらは数学における正しい主張ではないと思われます。

◆　公理の否定

　公理とは自明の理であり、直観ですぐに真とわかる簡単な命題です。公理が存在するということは、**真の命題であることが証明できない真の命題が存在する**ということです。

　これは、当然次なることも予想されます。

　偽の命題であることが証明できない偽の命題が存在する。

　もちろん、これは公理の否定のことです。

　公理…真であることが証明できない「真の命題」
　公理の否定…偽であることが証明できない「偽の命題」

　公理が真であることの正しい証明は存在しません。そして、公理の否定が真であることの正しい証明も存在しません。

【公理と公理の否定の性質】
（１）公理は証明できない。
　　　（これは公理の定義から出てきます）
（２）公理の否定は証明できない。
　　　（公理の否定が証明されたら、それは公理ではなく定

理になってしまいます。よって、これも公理の定義
から出てくる性質です）

　これより、公理の証明は不可能であり、反証（公理の否
定を証明すること）も不可能です。

**　公理を導き出す証明が存在せず、公理の否定を導き出す
証明も存在しない。**

　公理の否定が真であることを導き出す証明が存在しない
ならば、公理を偽と仮定しても矛盾が証明されません。つ
まり、公理の否定を仮定に持つ数学理論を作っても矛盾が
証明されません。それが非ユークリッド幾何学です。公理
に平行線公理を代入してみます。

【平行線公理の性質】
（１）平行線公理を真と仮定しても矛盾が証明されない。
（２）平行線公理の否定を真と仮定しても矛盾が証明され
　　　ない。

　（２）より、平行線公理の否定を仮定した非ユークリッド
幾何学からは矛盾が証明されて出てきません。ガウスがど
んなに頑張っても非ユークリッド幾何学から矛盾を証明で
きなかった原因がここにありそうです。これに「矛盾が証

明されない理論は無矛盾である」という間違った定義を加えると、「非ユークリッド幾何学は無矛盾である」という間違った結論が得られます。

実際には、平行線公理が真の命題であれば、平行線公理の否定は偽の命題です。偽の命題を仮定に持つ理論は矛盾しているから、非ユークリッド幾何学は矛盾しています。

◆　単なる偽の命題

公理の性質の1つに「真の命題からの証明が存在しない」というものがあります。この性質を持っている命題が、実は公理以外にも存在しています。それは、偽の命題です。偽の命題は、真の命題から証明されることがありません。

したがって、証明だけを用いている限りは「正真正銘の公理」と「それを否定した単なる偽の命題」の2つを区別することはできません。この2つを区別できるのは直観だけです。

「真の命題である公理」と「偽の命題である公理の否定」を見分けることができるのは直観だけである。

これを具体的に「平行線公理」と「平行線公理の否定」で考えてみます。平行線公理以外の他の４つ公理をすべて真の命題と仮定します。Ｅｇはユークリッド幾何学の略であり、Ｅｋはｋ番目の公理です。

Ｅｇ：E_1，E_2，E_3，E_4，E_5

平行線公理は公理であるがゆえに、いかなる真の命題からの証明が存在しない。（よって、E_5は他の４つの公理から証明されない）

平行線公理の否定は偽の命題であるがゆえに、いかなる真の命題からの証明も存在しない。（よって、￢E_5も他のE_1〜E_4から証明されない）

◆　公理であることは証明されない

公理にはもう１つ重要な性質があります。それは「公理であることが証明されない」というものです。

【公理の特徴】
（１）真の命題である。
（２）真の命題であることの証明が存在しない。

（３）公理であることの証明が存在しない。

「平行線公理が真であることは証明できない」と「平行線公理が公理であることは証明できない」は、意味が違います。

　目の前に「平行線公理」と「平行線公理の否定」の２つを提示されたとき、どちらが正真正銘の公理で、どちらが偽の命題かを証明で決めることは不可能です。

　直観を導入すれば、平行線公理が公理であることは一瞬でわかります。しかし、直観の使用を拒否されたら、もうお手上げの状態になります。

　次のようにＡとＢを置きます。

　Ａ：「平行線公理は真の命題である」は、他の公理から証明されない。
　Ｂ：「平行線公理は公理である」は、他の公理から証明されない。

　命題Ａと命題Ｂは大きく異なっています。でも、表現はとても似ているため、混乱しやすいので要注意です。

平行線公理は証明も反証も存在しない命題です。実は、この証明も今のところ、存在していません。

「平行線公理は証明も反証も存在しない命題である」は、今もって証明されていない。

　おそらく、これからも証明されることはないでしょう。このように、数学の多くは直観から成り立っています。

◆　公理を選ぶ

　公理系の公理を選ぶときには証明は使えません。よって、証明以外の方法で決めなければなりません。この際に必要になってくるのは直観です。

「公理とは、それを導き出す証明が存在しないようなもっとも根源的な真の命題である」と定義します。この「公理の定義」と「公理の選定」は異なります。公理系を作る場合、公理の選び方には2つの方法があります。

（1）順行性の選び方
　何も考えずに公理を選ぶことはできません。まずは、どんな命題を公理に持ってくるかを考えます。そのとき「最

も単純な命題を持ってきたい」と考えるのが普通です。これによって、できるだけ簡単な公理をしらみつぶしに探して選んできます。これは効率の悪い方法ともいえます。

（2）逆行性の選び方

もう一つの方法は、ユークリッドが行なった手法です。定理を導き出す証明について考えます。経験的に正しい定理があります。この定理を導き出す正しい証明の根拠をどんどん探っていくと、最後に最も単純な真の命題に出会います。これを公理とします。

この2つを組み合わせて、微妙に調整しながら適切な数の命題を公理として決めています。これらの人間的な作業は、一種の職人技のような印象も受けます。

◆ 公理は単なる仮定ではない

仮定（仮に真と定める命題、すなわち、一時的に正しいと置かれた命題）は、真の命題のこともあるし、偽の命題のこともあります。しかし、公理は偽の命題であることは許されません。したがって、公理は単なる仮定ではありません。

公理と仮定は完全に一致するのではなく、仮定の特殊な
ケースに公理があります。もちろん、公理は仮定の一種な
ので「公理は仮定である」は正しい命題です。

　しかし「公理は単なる仮定である」という表現を用いる
と「公理と仮定に違いはない＝公理と仮定はまったく同じ
である」という意味になってしまいます。

　公理は仮定を超えた存在です。それは、ある神聖な条件
を備えた仮定です。その神聖な条件とは…

（１）真の命題である。
（２）いかなる他の真の命題からの証明も存在しない。

（１）と（２）より次の（３）も出てきます。

（３）公理同士は、お互いに証明されない。

　この３つの条件より、**公理は特殊な仮定**です。

◆　公理を削除

　公理がただの仮定に過ぎないならば、数学には仮定とい

う単語一語があれば足りるはずです。つまり、公理という単語は必要ありません。

　公理が必要なくなるのであれば、公理から証明される定理という単語も要らなくなります。公理と定理がなくなれば、自動的に公理系という言葉も消滅します。

公理は単なる仮定にすぎない。
　　　　↓
「公理」「定理」「公理系」という単語は必要ない。よって、これらをすべて数学から削除し、その代わりに「仮定」「結論」「数学理論」という言葉を使えば十分である。

　その結果、数学に残されるのは「ただの仮定」と「ただの結論」と「ただの数学理論」だけです。

　もちろん、「仮定は真である」という必要もないし、「仮定同士にはお互いに証明されない」という独立性も必要ありません。こうなると、数学がかなり乱れることになるでしょう。

「公理」「定理」「公理系」の３つの単語は、秩序ある数学を維持するためには絶対に必要である。

「公理」も「定理」も「公理系」も存在しない数学には、あまり魅力を感じないと思われます。

◆　公理の候補

　証明とは、ある命題を根拠として、別の命題を導き出す作業です。このとき、根拠となる命題と証明された命題は、内容が異なっていなければなりません。

　正しい証明とは、正しく導き出すことです。しかし、正しい証明でも間違った証明でも、その根拠が真の命題であるとは限りません。

　正しい証明の中には、最も単純な真の命題を根拠として、別の真の命題を正しく導き出す証明もあります。これが成り立つためには、最も単純な真の命題が存在しなければなりません。それが公理です。

　次のような性質を持つ命題Pは、公理の可能性が高いです。

（1）　Pは簡単な命題である。
（2）　Pを証明できるような「より簡単な命題」が見つか

らない。

　公理は「もっとも単純な真の命題」であるがゆえに、その公理を証明できるような「さらなる単純な真の命題」は存在しません。このような単純な真の命題は、単純であるがゆえにすぐに真であることが理屈抜きで瞬間的にわかります。この直観の存在を認めれば、公理は自明の理となります。

　一方、公理の否定は偽の命題であるがゆえに、やはり正しい証明は存在しません。これより、両方とも「証明の存在しない命題」です。

　公理は、（その定義から）証明の存在しない命題である。
　公理の否定は、（偽の命題であるがゆえに、やはり）証明の存在しない命題である。

　ここで、公理と公理の否定の大きな違いも明記しておきます。

　公理は、正しい証明の存在しない「真の命題」である。
　公理の否定は、正しい証明の存在しない「偽の命題」である。

この２つをまとめると、次が言えるようになります。

「公理」も「公理の否定」も証明されない命題である。

次に、ＡとＢを次のように置きます。

Ａ：公理を証明することはできない。
Ｂ：公理の否定を証明することはできない。

公理を「証明の存在しない自明の理」と定義すると、Ａ
とＢは両方とも真の命題となります。そのため、公理の候
補として具体的な命題Ｐを選んできたとき、Ｐと¬Ｐのう
ち、どちらが本物の公理（真の命題）で、どちらが偽物の
公理（偽の命題）かを、証明で区別することは不可能です。
そこで、最終的には直観が必要になってきます。このとき
の直観は伝家の宝刀です。

【伝家の宝刀】
　家に代々伝わる大切な刀。転じて、いよいよという場合
にのみ使用するもの。切り札。

◆ 伝家の宝刀

正しい論理は次のようになっています。

正しい仮定（真の命題をひろってくる）
　　↓
正しい証明（正しいすじみちで話を展開する）
　　↓
正しい結論（仮定とは異なる新たな真の命題を生み出す）

正しい論理を展開するために、人間は２つの道具を持っています。１つは正しい直観であり、もう１つは正しい証明です。この２つを合わせて正しい論理展開をします。どちらが欠けても正しい結論には到達しないことがあります。

論理ではめったに直観まで必要になるケースはありません。そのケースがあるとしたら、公理を選定するときくらいでしょう。

公理は証明が存在しない命題であり、公理が真であることは直観でしか確認できません。つまり、直観は公理に対して伝家の宝刀として抜かれます。ちなみに、未発見の真理を予想するときにも直観は使われます。

直観をすべて否定すると、正しい直観も使えなくなります。正しい直観は論理の究極的な根拠を提供するものであり、もし、この直観を捨ててしまうと直観が使えなくなるので、すべてを証明する必要が生じます。これは公理にも適用されるので、公理を証明する必要も出てきます。

　また、もう１つの問題も生じます。それは、直観を正当化しない根拠を示す必要が生じてくることです。直観を否定するならば「なぜ、直観を否定するのか？」という質問に対して、きちんとした証明を行なう必要が生じます。直観を否定する根拠を挙げたとしても、それでは終わりません。その根拠も挙げる必要があります。

**　直観を用いて「数学における直観の使用」を否定することは自己矛盾している。**

　ユークリッドは、証明における根拠の無限連鎖を断ち切るために、伝家の宝刀を用いて公理を導入しました。ところが、それから2000年たってから、この公理が無力化されてしまいました。

「公理の無力化」という数学上の戦略によって、公理は単なる仮定に格下げされました。そのため、公理という威厳も失われ、ただの「１つの意見」にすぎなくなったようで

す。その結果、平行線公理は真でも偽でも、どちらでもよい存在となりました。

◆　公理と偽の命題

　公理は「他のいかなる真の命題からの証明も存在しない真の命題」です。この性質を持っている命題が、実は公理以外にも存在しています。それは偽の命題です。偽の命題は、決して他の真の命題から証明されることがありません。

　　公理は、他のいかなる真の命題からも証明されない。
　　偽の命題は、いかなる真の命題からも証明されない。

　極めてよく似たこの性質によって、公理と偽の命題の区別が難しくなります。

「公理」と「偽の命題」の区別は難しい。

　これを平行線公理と平行線公理の否定で考えてみます。

　　平行線公理（公理）は、他の真の命題から証明されない。
すなわち、E_5はE_1〜E_4から証明されない。

平行線公理の否定（偽の命題）は、真の命題から証明されない。すなわち、$\neg E_5$ は $E_1 \sim E_4$ から証明されない。

　ユークリッド幾何学においては、平行線公理は証明できません。その理由は、平行線公理が純粋の公理だからです。一方、平行線公理の否定も証明できません。その理由は、平行線公理の否定が偽の命題だからです。

◆　信頼のない学問

　数学は、ある命題Pに関して「Pと$\neg$Pのうち、どちらが真であって、どちらが偽であるか？」を証明で決めるか、あるいは直観で決めるかの決断力のある学問です。ここでのルールは簡単です。

（1）公理は、正しい直観で決める。
（2）定理は、公理と正しい証明で決める。

　もし、公理が単なる仮定にすぎないのであれば、公理は真とは限らないことになります。また、公理から証明された定理も仮定の域を出ません。つまり、定理も真とは限りません。それならば、数学は「何が正しくて、何が間違っているか？」という議論をまったくしなくなる学問になり

ます。

　数学がこのような信頼のない学問にならないためにも「公理は単なる仮定である」という間違った発想を捨てる必要があります。

◆　内容のない公理

　公理は、ユークリッド幾何学のように「先験的に正しい命題」と考えられていました。しかし、非ユークリッド幾何が出現して以来、この考え方は捨てられて理論の単なる仮定と考えられるようになりました。

　公理系は公理から成り立ちます。公理から証明される命題を定理と呼んでいます。

　公理系：公理→証明→定理

　それに対して、数学理論は仮定から成り立ち、仮定から証明される命題を結論と呼んでいます。

　数学理論：仮定→証明→結論

公理系と数学理論は構造が似ています。でも、使われている用語の意味が大きく異なっています。

ここで、「公理は単なる仮定にすぎない」と考えることにします。すると、次なることが言えるようになります。

公理は、本当は存在していない。存在しているのは仮定である。

定理は、本当は存在していない。存在しているのは結論である。

公理系は、本当は存在していない。存在しているのは数学理論である。

公理の存在を否定するということは、公理から内容を取り除いて抜け殻だけの仮定に降格させることです。

公理…内容がぎっしり詰まった真の命題
仮定…真か偽かわからない表面的な命題

内容のない公理よりも、内容のある公理のほうが実り豊かな公理系ができることでしょう。

中身のない公理は単なる仮定にすぎなくなります。だからこそ、公理から内容を奪ってはならないでしょう。公理

を骨抜きにする大きな要因は、公理を構成している基本的な単語を無定義にすることにあります。

数学用語の無定義化は、公理をただの仮定に降格させる。

◆ 共存可能

「公理」と「公理の否定」は、1つの公理系内で共存可能です。

公理系の中では、公理は「真の命題」として存在し、公理の否定は「偽の命題」として存在している。

よって、公理の否定を公理系から排除することは賢明ではありません。現代数学では、たとえば5つの命題E_1, E_2, E_3, E_4, E_5を公理とする公理系は次のように定義されています。

$$\{E_1, E_2, E_3, E_4, E_5\}$$

これは「公理系とは、公理の集合である」という定義です。この文だと、「公理の否定は公理系内には存在していない」ことになります。しかし、実際には公理系は公理の否

定も扱っています。偽の命題として…。

ここでは、数学の性善説を一時的に捨てる必要があります。「AとBが存在する」という場合、数学ではAもBも真です。しかし「公理と公理の否定が存在する」という場合、公理は真として存在し、公理の否定は偽として存在しています。数学の性善説というルールを違反しているようですが、性善説を守らないほうが真理に近づけることもあります。

同じように、矛盾している数学理論と無矛盾な数学理論は、1つの数学内で共存可能です。

1つの数学内で、無矛盾な数学理論は正しい理論として存在し、矛盾した数学理論は間違った理論として存在している。

よって、矛盾した数学理論を数学からすべて排除したら、かえって数学は健全な状態を保てなくなります。数学には光と影があります。影だけなくすことは不可能であり、光と影はセットで数学内にとどめておいたほうが良いでしょう。

矛盾した数学理論を数学から追い出すのではなく、正し

い理論という仮面をはがすだけで十分でしょう。要は、公理の否定は偽の命題として、矛盾した数学理論は間違った理論として、数学内に永久に保存すべきと考えます。

無限集合論も非ユークリッド幾何学も相対性理論も、矛盾した理論として数学史や物理学史から完全に葬り去ることをせずに、きちんと残しておくほうが後世に役立つと思います。

◆ 単なる

ヒルベルトは「公理は単なる仮定にすぎない」ということを明確に掲げました。「公理は単なる仮定である」と「公理は仮定である」の違いは何でしょうか？ 国語辞典で調べてみます。

【単なる】それだけで他に何もないさま。ただの。
【ただの】特別に変わった点がないこと。普通の。

「公理は単なる仮定である」は「公理は普通の仮定である」という意味であり、公理と仮定に違いはないことになります。つまり、公理は仮定の別名にすぎません。

公理＝仮定

それに対して、「公理は仮定である」という表現では、公理は仮定に含まれます。仮定の一部に公理があることになります。

公理⊂仮定

◆ 公理が単なる仮定ならば

ユークリッドの考案した公理系では、公理は自明の理（誰もが心の底から正しいと認める命題）でした。しかし、非ユークリッド幾何学の導入によって、「公理は単なる仮定にすぎない」という考えかたが主流になりました。

仮定は一時的に真と定めるだけの命題だから、設定される段階では真偽を問いません。そのため、公理が単なる仮定ならば、公理も真偽を問われなくなります。これは、「公理は真でも偽でもかまわない」ということを意味します。

また、公理が単なる仮定にすぎないならば、公理と仮定は同じ意味を持つ単語となります。つまり、「公理」と「仮定」がまったく同じとなって、公理と仮定は言葉として自

由に交換できなければなりません。そこで、実際に交換してみます。

　命題Ｐを公理と仮定します。これは「命題Ｐを公理と公理します」と同じになり、「命題Ｐを仮定と仮定します」という意味でもあり、「命題Ｐを仮定と公理します」とも同じ文とならなければなりません。

　このように、公理が単なる仮定にすぎないならば、公理を仮定といいかえても、仮定を公理といいかえても問題はないことになります。しかし、これによって新たに２つの問題が発生します。

　１つ目の問題は、公理が「単なる仮定」にすぎないならば、定理は「単なる結論」にすぎなくなることです。その結果、定理の真偽も問われなくなります。

　２つ目の問題は、「公理は単なる仮定」「定理は単なる結論」にすぎないならば、公理系は「単なる数学理論」にすぎなくなることです。

　結果的に、公理系は「真でも偽でもかまわない公理」と「真でも偽でもかまわない定理」の寄せ集めとなってしまいます。これによって、公理系が無矛盾か矛盾しているかも

問われなくなります。つまり、公理系は矛盾していようが矛盾していまいがどうでもよいことになります。

この異常事態に対して、ヒルベルトは「公理系の無矛盾性を証明しよう」というヒルベルトプログラムを立ち上げたのではないのでしょうか？

◆ 不要な単語

公理が単なる仮定にすぎないならば、公理と仮定は同義語となります。つまり、数学に「仮定」という単語が1個あれば、公理という単語がなくても数学は困りません。

公理が単なる仮定にすぎないならば、「公理」という単語は数学には不要である。

同じ理由で、「結論」という単語があれば「定理」という単語も不要になります。さらに「数学理論」という単語があれば、「公理系」という単語も数学にはもう必要ありません。

むしろ、同じ意味の言葉が2つあると、数学を混乱させる原因になります。ある人は「公理」「定理」「公理系」を使

い、別の人は「仮定」「結論」「数学理論」を使ったら、数学が混乱するだけです。今後はすべて「仮定」「結論」「数学理論」という言葉で語ったほうが数学の統一性を保てます。

「公理系の無矛盾性を証明しよう」
「では、その証明はどんな仮定から始めたらよいか？」

　このような会話では用語が混乱しています。公理と仮定が同じならば、相互の入れかえが可能なので、次の会話に変更することもできます。

「数学理論の無矛盾性を証明しよう」
「では、その証明はどんな公理から始めたらよいか？」

　公理は単なる仮定にすぎないならば、オッカムのカミソリによって、どちらかの用語を思い切って削除したほうがスッキリします。

　これより、「公理」を排して「仮定」という数学用語だけで数学を統一することが理想です。公理が排除されたら、定理も一緒に排除されます。さらには、「公理系」も排除されて、「数学理論」で数学を統一することができます。

「公理」の排除は、「定理」の排除と「公理系」の排除を招く。

　つまり、公理が単なる仮定ならば、「公理は不要な数学用語」「定理は不要な数学用語」「公理系は不要な数学用語」となって、「公理」「定理」「公理系」というセットは消滅します。これは、数学辞典にも大きな影響を与えます。

◆　数学辞典

「AとはBのことである」が正しいならば、先にBが存在しており、それを用いてAを表現し直したと考えられます。その場合、以前からあるBを優先して、Aという言葉を使用しないで済ませることができます。

　これより「公理は単なる仮定にすぎない＝公理と仮定は同じである」が真理ならば、数学に仮定という用語は必要ですが、公理という単語は不要な存在となります。

　公理と仮定の意味が異なるならば、数学辞典には「公理」と「仮定」の項目を別個の記載にしなければなりません。しかし、同じならば、もはや公理という単語を数学辞典に載せる必要はありません。よって、公理の記載を省略

できるので、「仮定と同じ。仮定を参照のこと」と簡単に終わらせることができます。

　それに伴って、定理と公理系の記載も必要ありません。つまり、数学辞典から公理、定理、公理系の３つの単語を削除できます。あえて記載するならば、次のように表現すればよいでしょう。

【公理】仮定と同じ。→仮定の項目を参照
【定理】結論と同じ。→結論の項目を参照
【公理系】数学理論と同じ。→数学理論の項目を参照

　そして、仮定と結論と数学理論は次のように記載されるでしょう。

【仮定】一時的に真と置くだけの命題であり、真の命題のこともあれば、偽の命題のこともある。
【結論】仮定から証明される命題であり、真の命題こともあれば、偽の命題のこともある。
【数学理論】一時的に真と置かれた仮定から作られる理論であり、矛盾していることもあれば、矛盾していないこともある。

◆ 公理と仮定は異なる

　ユークリッドの時代から、公理と仮定には明確な違いがありました。

【公理】

　あまりにも単純すぎる真の命題。よって、他の真の命題からの証明は存在していない。いわゆる、自明の理である。

　ユークリッドは人間の良識や直観を幾何学の基礎においていたようです。

【仮定】

　一時的に真と置いただけの命題。よって、仮定は真の命題のことも、偽の命題のこともある。すなわち、仮定は真でも偽でもかまわない命題であり、他の命題から証明されても証明されなくてもよい。よって、どんな命題でも仮定に設定することが許される。

　公理と仮定は似て非なるものです。公理は自明の理であり、仮定は自明の理ではありません。公理は数学の根幹をなす真の命題であり、単なる仮定とは違います。そして、もっとも単純であるがゆえに、それ以上の単純な真の命題は存在せず、公理の証明も存在しません。

そのため、公理を選んでくるときは直観で決めなければなりません。この際に必要なのは、健全な直観（真の命題を手に入れることができる正しい直観）です。

◆　自明の理

「自明」を三省堂国語辞典で引いてみます。

【自明】
　議論をしたり考えたりするまでもなく、初めからはっきりしていること。

　この「自明」と「自明の理」は同じものです。そこで、ユークリッド原論の第5公準を再検討します。

「平面上で1本の直線が2本の直線と交わるとき、この2本の直線をのばすと、内角の和が2直角より小さい側において交わる」

　文の内容を考えると、この平行線公準は間違いなく自明の理です。また、これよりももっと簡単な次の第1公準も自明の理です。

「2つの異なる点を結ぶ直線は少なくとも1本あり、なおかつ、1本しか存在しない」

この真の命題を証明することは誰にもできません。その理由は、やはり、あまりにも単純すぎるからです。いいかえると、これを証明できるようなより単純な真の命題を思いつかないからです。

単純すぎて証明が存在しないような当たり前の真の命題…これが公理系の公理として一番ふさわしい条件でしょう。数学に公理が存在する以上、次がいえるようになります。

真の命題がすべて証明できるとは限らない。証明できない真の命題こそが公理としての資格を持っている。

そして、「証明できない真の命題が存在する」ならば、当然、「矛盾が導けない偽の命題も存在する」と予想されます。それが公理の否定です。

公理と公理の否定が存在するならば、真であることも偽であることも証明できない命題は存在します。しかし、真でも偽でもない命題は存在しません。

公理の真偽を決めることは、そんなに難しいことではあ

りません。直観での判断は瞬間的に行なえるとても簡便な方法であり、それゆえに、誰でも平行線公準が正しいことを納得できます。

「公理」と「公理の否定」では、どちらかが「自明の理」であり、他方は「自明の偽」です。つまり、一方は証明抜きで瞬間的に正しいとわかり、他方も一瞬で明らかに間違っているとわかります。だから、子どもやお取り寄せにも容易に真や偽と判断できます。

「自明の理」は「証明の能力を超えた直観」によって得られる真の命題のことです。「円弧は直線ではない」「大円は直線ではない」「低次元生物は実在しない」「4次元空間は実在しない」は、議論するまでもない自明の理でしょう。

◆　独立

　AがBの影響を受けないとき、「AはBから独立している」といいます。AがBの影響を受けるとき、「AはBに依存している」といいます。

　次のように命題を置きます。

A：πは自然数ではない。

B：3角形の内角の和は180度である。

　Aは真であり、Bも真です。したがって、A→Bも真であり、B→Aも真です。しかし、AからBが証明されず、BからもAが証明されません。このような関係を「お互いに独立している」と呼んでいます。独立している性質を独立性といいます。

　ここで問題となるのは「真の命題と真の命題の独立性」「真の命題と偽の命題の独立性」「偽の命題と偽の命題の独立性」です。

　アメリカの数学者であるポール・コーエンは「連続体仮説はＺＦＣ集合論から独立している」ということを証明しました。これは、命題同士の独立ではなく、命題と理論の独立性です。そこで、数学では次のことも定義されなければなりません。

（１）理論と理論の独立性

（２）理論と命題の独立性

　まず、偽の命題からの独立性や矛盾している理論からの独立性は問題外です。というのは、偽の命題や矛盾した理

論からは、どんなことでも証明されてしまう可能性がある
からです。そこで、さらに次の３つの独立性が重要視され
ます。

（１）無矛盾な理論同士の独立性
（２）無矛盾な理論からの真の命題の独立性
（３）真の命題同士の独立性

　ちなみに、偽の命題は無矛盾な理論から独立しています。
それだけではなく、偽の命題はいかなる真の命題からも独
立しています。

◆　公理の独立性

　命題Ａから命題Ｂを導き出す正しい証明が存在しないと
き「ＢはＡから独立している」といいます。そして、Ａが
Ｂからも独立しているとき、「ＡとＢはお互いに独立して
いる」といいます。

　公理には次のような性質があります。

（１）数学における独立性
　公理は、他のいかなる真の命題からの証明も存在しませ

ん。よって、公理自身が真の命題から独立しています。

（2）公理同士の独立性
「公理は、他のいかなる真の命題からの証明も存在しない」
という文の中に含まれている「他のいかなる真の命題」は
「自分自身を除いた他の公理」も含みます。よって、公理は
お互いに証明の存在しない独立した命題です。

　それに対して、「公理は単なる仮定にすぎない」という場
合は、上記のような性質を持ちません。つまり、公理が単
なる仮定ならば、公理は偽の命題であってもかまわないし、
公理同士が独立していなくてもかまいません。

◆　偽の命題の独立性

　命題Aから命題Bを導き出す正しい証明が存在しないと
き、「BはAから独立している」と表現します。そして、A
からBが証明できず、BからAも証明できないとき、「Aと
Bはお互いに独立している」と表現します。

　公理はお互いに独立しているのが理想です。たとえば、
ユークリッド幾何学の5つの公理は、お互いに独立してい
たほうがよいでしょう。ZFC集合論の9個の公理も、お

互いに独立していることが期待されます。

　ところで、真の命題から偽の命題が正しく証明されることはありません。これより、「偽の命題は、いかなる真の命題からも独立している」といえます。たとえば、次のような非ユークリッド幾何学を考えます。

　非ユークリッド幾何学：E_1，E_2，E_3，E_4，$\neg E_5$

　この非ユークリッド幾何学は、平行線公理の代わりに平行線公理の否定$\neg E_5$を仮定として持っています。

　ここで、E_1，E_2，E_3，E_4の４つがすべて真の命題であり、$\neg E_5$だけが偽の命題であるとします。このとき、$\neg E_5$は偽の命題であるがゆえに他の４つの公理（真の命題）から独立しています。つまり、「平行線公理」と「平行線公理の否定」は同じ性質を持っていています。

【「平行線公理」と「平行線公理の否定」の共通した性質】
　いずれも、他の４つの公理から独立している。

　E_1，E_2，E_3，E_4からE_5が証明できないように、E_1，E_2，E_3，E_4からも$\neg E_5$を証明することができない。

以上より、E_1，E_2，E_3，E_4，E_5がすべて生粋の公理の場合、ユークリッド幾何学からも非ユークリッド幾何学からも矛盾が証明されて出てきません。このメカニズムが、ガウスをして「非ユークリッド幾何学は無矛盾である」と思わせた可能性があります。

◆　公理の否定は公理にならない

　公理が自明の理である以上、偽の命題は公理としての資格がありません。よって、公理を否定するときには、「その公理は偽の命題である」という否定のしかたではなく、「それは本当の公理ではない」という必要があります。

【公理の否定のしかた】
（1）その公理は偽の命題である。
（2）それは本物の公理ではない。

　自明の理としての公理を否定する場合、正しい否定方法は後者です。

　公理は公理ゆえに他の公理からは証明されず、公理の否定は偽の命題がゆえにどの公理からも証明されません。

ここで、公理のみを持つ公理系（真の命題だけを仮定した無矛盾な理論）と公理の否定を持つ数学理論（偽の命題を仮定に持つ矛盾した理論）を比較します。

　数学的に価値があるのは公理系のほうです。偽の命題を持つ矛盾した数学理論には、あまり価値はありません。

　数学において肝心なことは、言葉を正確に用いることです。公理を否定したものは、もはや、公理ではありません。つまり、平行線公理の否定を新たな公理とすることは、数学では認められないでしょう。

　　Ａ：平行線公理の否定を公理にする。
　　Ｂ：平行線公理の否定を仮定にする。

　上の２つは言葉としてまったく違います。「公理にする」と「仮定にする」は別物です。でも、「公理は単なる仮定にすぎない」と思い込むと、ＡとＢは同一になります。

　実際には公理と仮定は異なるので、「非ユークリッド幾何学は、平行線公理の否定を**公理**に持つのではなく、平行線公理の否定を**仮定**に持つ」が正しい表現です。公理系の公理を否定した命題が、再び他の公理系の公理になることはありません。

◆　公理と公理の否定

公理は真の命題であるにもかかわらず、その証明が存在しません。公理の否定は偽の命題であるために、やはり、その証明は存在していません。これが、「公理」と「公理の否定」の共有点です。

そのため、ある公理の候補として P を選んできたとき、P と ¬P のうち、いったいどちらが本物の公理で、どちらが偽物の公理かを、証明で判断することはできません。これは、平行線公理にも当てはまります。

「平行線公理」と「平行線公理の否定」を比較したとき、どちらが本当の公理であるかを証明で決めることはできない。

もちろん、証明で決定することができない以上は、背理法で決定することもできません。ここで、直観の出番になります。

正しい数学を根幹から支えているのは「人間としての正しい直観」である。

動物は平行線公理に関する正しい直観を持っていないでしょう。平行線公理に対して直観を用いると「平行線公理

が真の命題であり、平行線公理の否定が偽の命題である」
と瞬間的にわかります。

　これはゆるがない真理であり、過去何千年も人類はこれ
を支持してきました。この絶対的な真理こそ、非ユークリッ
ド幾何学や一般相対性理論などの矛盾した理論の発生を予
防してきました。

　良識的な直観は、数学や物理学が悪い病気に感染しない
―――矛盾した数学や矛盾した物理学に陥らない―――た
めのワクチンの役割を担っていました。

　しかし、これは当然のことですが、直観を使えなくなる
と、平行線公理の真偽を決められなくなります。その結果、
方針を２つに分けなければなりません。

　方針その１：平行線公理も平行線公理の否定も、両方と
も数学から破棄する。
　方針その２：平行線公理も平行線公理の否定も、両方と
も数学内に採用する。

　平行線公理を捨てたら、ユークリッド幾何学は存在でき
ません。それは何としても避けなければなりません。つま
り、方針その１は却下されます。結果的に、平行線公理と

平行線公理の否定をともに数学内に取り入れざるを得なく
なります。

　では、この相矛盾する2つの命題をどうやって導入する
のでしょうか？　もはや、残された道は「場合分けをして
うまく使い分ける」しかありません。

　結果的に、どっちが本当の公理かをあえて決めずに、両
方とも公理として採用するあいまいな数学を作ることにな
ります。それを具体的に平行線公理で行なったのが非ユー
クリッド幾何学の構築であり、それがリーマン幾何学を誕
生させました。さらに、リーマン幾何学を用いて一般相対
性理論が生まれました。

　一般相対性理論が特殊相対性理論よりはるかに難解なの
は、光速度不変の原理という偽の命題を前提に持っている
だけではなく、計算途中にリーマン幾何学という矛盾した
幾何学をも用いているからといえるでしょう。

◆　公理と公理の否定を見分ける

　公理系における命題は、次のように分類されます。

【真の命題の分類】
（１）公理（公理系の他の公理からの証明が存在しない）
（２）定理（公理からの証明が存在する）

【証明が存在しない命題の分類】
（１）公理（公理系の他の公理からの証明が存在しない）
（２）偽の命題（公理系の公理や定理からの証明が存在しない）

　公理は真の命題であり、公理の否定は偽の命題です。よって、公理の否定は公理系の公理からは証明されません。

　公理は他の公理から証明されず、公理の否定はいかなる公理からも証明されません。よって、「公理」と「公理の否定」には「証明が存在しない」という共通点があります。

「証明されない公理」と「証明されない公理の否定」は、いったいどちらが真でどちらが偽の命題かを証明で見分けることは不可能である。

　数学には証明が有効に機能しない「公理という命題」が含まれており、これが公理系を支えています。そして、数学をも支えています。

◆ 直観以外に存在しない

「公理」と「公理の否定」には、次のような共通点があります。

【公理と公理の否定の共通点】
（1）公理は、他のいかなる真の命題からも証明されない。
（2）公理の否定は、他のいかなる真の命題からも証明されない。

　公理の定義から（1）は明らかです。（2）の理由は、「偽の命題は、真の命題から証明されない」にもとづいています。

「公理」も「公理の否定」も証明されない命題であれば、直接証明を使っても背理法を使っても、両者を区別することができません。これより、証明は命題の真偽を決めるさいの絶対的な力を持っていません。少なくとも、公理と公理の否定に関しては、**証明は無力**です。

　つまり、数学は証明だけで語り尽くせるほどの学問ではありません。これより、証明に頼らないで真偽を決める方法も数学には必要です。

ある命題Aが公理の候補に浮上したとします。このとき、Aと￢Aのうち「どちらが本物の公理で、どちらが偽物の公理か？」を見分けるのは正しい直観でしょう。

◆　定理

　定理とは、公理によって「正しいことが証明された命題」です。よって、定理は真の命題でなければなりません。このように、定理という単語にはもともと正しいという意味が込められており、「偽の命題としての定理」や「間違った定理」は存在していません。

　また、定理は数学的な思考の究極の到達点です。「数学者の仕事は定理を証明することである」という極論すらあるみたいです。

　命題を2つに分類する方法はいくつかあります。「真の命題」と「偽の命題」に分ける方法もその1つであり、「公理」と「公理以外の命題」に分けるのもその方法の1つです。

　ただし、実際に1つの命題を選択したとき、それが真の命題か偽の命題かを明確にすることができないこともあり

ます。また、真の命題の場合には、それが公理か公理以外の命題かを明確にすることができないこともあります。

　あらゆる数学理論は仮定から成り立っています。仮定を持っていない数学理論は存在しないでしょう。

「数学理論の特殊な形としての公理系」は仮定として公理を持っています。この違い———「数学理論の仮定」と「公理系の公理」の違い———は、とても重要です。

　数学では「定理は偽の命題であってもかまわない」という考え方は許されないと思います。公理系で正しく証明された定理は絶対的な真理として次の証明に使えます。

　定理を証明するためには、少なくとも２つ以上の公理（それぞれの内容が明らかに異なっており、お互いの証明が存在しない公理）を組み合わせることが必要です。

　つまり、公理系には最低限、２つの公理が必要です。公理をまったく持たない公理系や公理が１個しか存在しない公理系は、公理系に値しないといえるでしょう。

◆ 公理の追加

　ある公理系の中で証明をする場合、公理系内に存在している公理を自由に、そして、いつでもいくつでも使うことができます。もちろん、証明に使わない公理があってもかまいません。

**　定理を証明するとき、使われない公理も存在する。**

　これより、定理を証明するときには、その証明に必要な公理と必要のない公理があります。どのような公理を必要とするかは、定理の内容によって異なります。

　公理の数は少ないよりも多いほうが、証明される命題の数も多くなります。そのため、公理を追加すると公理系がより自由な証明を行なうことができるようになります。その結果、証明能力が前よりも強くなります。これをもって、公理系が大きくなったとみなすことができます。

**　公理の数が増えれば証明される定理も多くなる。**
**　＝公理が増えれば公理系が大きくなる。**
**　＝公理の数を増やすと公理系が拡張する。**

　公理系に公理を追加すればするほど公理系が巨大化し、

それに伴って公理系の証明力も強大化します。

◆ 公理系

　数学にはたくさんの数学理論があります。これら数学理論のうち、仮定として公理のみを持っているのが公理系です。

　ここで、昔からある典型的な公理系を考えます。今日までの長い間、間違いなく公理系として考えられているのはユークリッド幾何学です。それは、E_1，E_2，E_3，E_4，E_5という5つの公理を有しています。

　現代数学では、公理の集合 $\{E_1$，E_2，E_3，E_4，$E_5\}$ を公理系と定義しています。しかし、これは単なる有限集合にすぎません。「有限集合」と「公理系」は異なります。

　系とはシステムのことであり、システムである以上は単なる有限集合ではなく、一連の機能を持った数学理論でなければなりません。証明という機能を持った論理的な体系であり、公理から定理が生まれてくる一連の流れ（証明）も含まれています。

　ピタゴラスの定理は、ユークリッド幾何学の中で証明さ

れて出てくる定理です。これはピタゴラスの定理がユークリッド幾何学の中に定理として含まれているからです。

ところが、この定理は有限集合 ¦E₁, E₂, E₃, E₄, E₅¦ の中には存在しません。もし、公理系の定義を公理の集合 ¦E₁, E₂, E₃, E₄, E₅¦ に限定すると、ピタゴラスの定理はユークリッド幾何学という公理系の中には存在せず、公理系の外に存在することになります。

公理系が持つものは、公理系の「公理」と公理から証明される「定理」などです。しかし、これらだけを公理系の持つものと考えると、否定命題が使えなくなります。否定命題を使用可能にするためには、「公理の否定」と「定理の否定」も加えなくてはなりません。

結局、公理系を構成している命題は「公理」「公理の否定」「定理」「定理の否定」の４種類があります。これらの命題をバラバラに飛び散らないようにつなぎとめているのが「正しい証明」です。つまり、公理系には定理を導き出す「証明」も含まれています。

【公理系を構成するもの】
　定義、命題、公理、公理の否定、定理、定理の否定、正しい証明など。

間違った証明は公理系を構成できません。私たちはここで、間違った思い込みをしてしまうことがあります。それは、次のような疑問を持ってしまうことです。

【公理系に対する疑問】
　公理系が「公理」と「公理の否定」を両方とも持っていたら、この2つは命題としてお互いに矛盾しているから、そのような公理系は矛盾していることになるのではないか？

　この心配はありません。「公理」は真の命題として公理系に含まれており、「公理の否定」は偽の命題として公理系に含まれています。「真の命題としての公理」と「偽の命題としての公理の否定」は、お互いに矛盾はしていません。

◆　演算系

　数学理論と公理系は異なっています。公理系の中でもユークリッド幾何学と自然数論は異なった存在のような気がします。

　というのは、ユークリッド幾何学は自明の理としての公理から成り立っていますが、自然数論は直観的に真とわかる自明の理を置いているのではなく、ルールで成り立って

いるからです。私はこれを公理系ではなく、「演算系」あるいは「計算系」と呼ぶこともあります。

　自明の理からなる「公理系」と、人為的な規則から成り立っている「演算系」は異なった数学理論である。

　もちろん「論理体系は、公理系と演算系に分類される」というのは、私の独断にすぎないかもしれません。次は「系」の定義です。

【系】
　1つの定理から派生的に導かれる命題。多くは利用価値の高い場合に導かれる。

　上記の系の定義は読んでいてもよくわかりません。この文章では「系とは、1つの定理から派生的に導かれる命題である」であるので、修飾語を省くことによって本質を一言で述べると「系は命題である」となってしまいます。命題のことを系と呼ぶのではないと思います。

◆　公理系の包含関係

　数学には、たくさんの理論が存在しています。これを数

学理論と呼んでいます。さらに、数学では「公理系が存在する」と仮定しています。でも、どの数学理論が公理系であり、どの数学理論が公理系でないか、それを判定する基準はまだ確立していません。

　まず、ユークリッド幾何学を公理系と仮定します。今のところ、公理系の最大候補がユークリッド幾何学だからです。そして、他の公理系を語るときには、すべてここから始まります。

　ユークリッド幾何学をＥｇ（Euclidean geometry）と略し、次のように５つの公理を持つとします。E_5は第５公理（平行線公理）です。

　Ｅｇ：E_1，E_2，E_3，E_4，E_5

　ユークリッド幾何学から平行線公理を取り除いた幾何学をＥｇ－E_5とすると、それは４つの公理を持ちます。

　Ｅｇ－E_5：E_1，E_2，E_3，E_4

　この公理系は「絶対幾何学」あるいは「中立幾何学」と呼ばれています。この２つの幾何学の公理を見比べると、「ユークリッド幾何学の公理」は「絶対幾何学の公理」を含

んでいます。

$$\{E_1, E_2, E_3, E_4\} \subset \{E_1, E_2, E_3, E_4, E_5\}$$

これより、次なる結論が出てきます。

ユークリッド幾何学は、「仮定として平行線公理も平行線公理の否定も持っていない絶対幾何学」を含んでいる。

つまり、絶対幾何学はユークリッド幾何学の一部にすぎません。ということは、ユークリッド幾何学があれば絶対幾何学は必要ありません。

絶対幾何学は、幾何学としては不要である。

今度は、ユークリッド幾何学の平行線公理をその否定に変えた非ユークリッド幾何学をｎＥｇ（non-Euclidean geometry）とします。すると、このタイプの非ユークリッド幾何学は以下の５個の仮定を持ちます。

ｎＥｇ：$E_1, E_2, E_3, E_4, \neg E_5$

公理は真の命題だから、$\neg E_5$という偽の命題を持つ非ユークリッド幾何学は公理系ではなく、「ただの矛盾した

幾何学」です。結局、これらをまとめると次のようになります。

（1）まず、ユークリッド幾何学を公理系と仮定する。
（2）平行線公理も平行線公理の否定も仮定として持たない絶対幾何学は公理系である。（ただし、ユークリッド幾何学の一部である）
（3）平行線公理の代わりに平行線公理の否定を仮定に持つ非ユークリッド幾何学は公理系ではなく、ただの矛盾した数学理論である。

さらに、次のような公理系 Z_1, Z_2, Z_3, Z_4, Z_5 を考えます。

$Z_1 : E_1$
$Z_2 : E_1$, E_2
$Z_3 : E_1$, E_2, E_3
$Z_4 : E_1$, E_2, E_3, E_4
$Z_5 : E_1$, E_2, E_3, E_4, E_5

最後の Z_5 が公理系ならば、$Z_2 \sim Z_4$ も公理系です。でも、次なる Z_6 は公理系ではありません。

$Z_6 : E_1$, E_2, E_3, E_4, E_5, $\neg E_5$

この Z_6 は、E_5 と $\neg E_5$ という矛盾した命題を仮定に含んでいます。つまり、矛盾した数学理論です。これらの数学理論の包含関係は次のようになっています。

$$E_1 \subset E_2 \subset E_3 \subset E_4 \subset E_5 \subset E_6$$

つまり、矛盾した数学理論は無矛盾な公理系を含んでいます。これからも、次のような推測が成り立ちます。

無矛盾な公理系を際限なく拡張すると、いつかは矛盾した数学理論になる。

このとき、次なる考え方は誤りです。

無矛盾な公理系を際限なく拡張すると、いつかは矛盾した公理系になる。

なぜならば、**矛盾した公理系は存在しない**からです。

◆ 仮定と公理

仮定とは「**仮**（一時的）に真と**定**めた命題」のことです。これより、仮定とされた命題には、もともと真の命題のこ

242

ともあれば、もともと偽の命題のこともあります。

【仮定の分類】
（１）仮定として採用された「真の命題」
（２）仮定として採用された「偽の命題」

　一方、公理とは「証明を行なう際のもっとも究極的な根拠となる真の命題＝証明の存在しない自明の理」です。これより、公理は決して偽の命題であってはなりません。このように、仮定と公理ではその意味がまったく異なっています。

「仮定」と「公理」は似て非なるものである。

　つまり、「数学理論の仮定」と「公理系の公理」は別物です。また、「仮定からなる体系」としての数学理論と「公理からなる体系」としての公理系も別物です。

「数学理論」と「公理系」は似て非なるものである。

「仮定」は一時的な真にすぎず、偽の命題であるかもしれません。でも、「公理」はいつでもどこでも、常に真の命題です。そのため、平行線公理は平面上だけではなく、球面上や双曲面上でも真の命題です。

◆ ヒデの公理系

　現代数学には公理系には２つあります。１つ目は、ユークリッドの考案した公理系です。

【ユークリッドの公理系】
　公理は自明の理である。ただし、公理系の扱う命題を定義しない。

　２つ目は、ヒルベルトの考案した公理系です。これも、公理系が扱う命題の範囲を明確に定めていません。

【ヒルベルトの公理系】
　公理は自明の理ではない。公理は単なる仮定にすぎない。また、公理系の扱う命題を定義しない。

　そして、３つ目が「ヒデの公理系」です。これは、どの命題まで扱うかをはっきりさせた公理系です。

【ヒデの公理系】
　公理は自明の理である。公理系の扱う命題も定義する。そのため、数学の命題を「公理系内の命題」と「公理系以外の命題」に分類する。

ヒデの公理系では、公理系の扱う命題を次の４つと定義
します。

【公理系の扱う命題】
（１）公理（この命題を証明できるであろうさらなる単純
　　　な真の命題が存在しない真の命題＝究極的な真の命
　　　題＝自明の理）
（２）公理の否定（公理を否定することによって得られる
　　　偽の命題）
（３）定理（公理から正しい証明で導かれる真の命題であ
　　　る。この場合の証明は背理法も認める）
（４）定理の否定（定理を否定することによって得られる
　　　偽の命題）
（５）これら以外の命題は、この公理系の命題ではない。

　この定義によってヒデの公理系には矛盾が存在しません。
その理由は、自動的に矛盾が排除されるからです。

　ヒデの公理系は無矛盾である。

　そして、公理と公理以外の命題（すなわち、定理と定理
の否定）に関しては完全性を有しています。これによって、
次なる結論が出てきます。

ヒデの公理系は完全である。

これによって、公理系に関するヒルベルトプログラムは完了しました。

◆ ヒデの採用則

数学における証明は、常におおもとの仮定（すなわち、より根本的な仮定）から始めます。そして、数学理論を構築する際には、この根本的な真の命題を「理論の仮定」として採用します。

公理系を作るときに、公理としてもっとも根本的で正しそうな命題を採用する手法を**ヒデの採用則**と呼び、背理法でもっとも根本的で怪しそうな仮定を否定することを**ヒデの否定則**と呼ぶことにします。

【ヒデの採用則】
公理系を作るときには、根本的な用語を用いている命題を公理として採用する。

具体的に述べると、公理の候補として複数の同値な命題があるとき、より根本的な命題（意味が単純な言葉を使って

表現している命題）を公理として採用します。そして、それ以外を定理とします。

　AとBを命題とします。AからBが証明され、そして、BからもAが証明されるとき、命題Aと命題Bは同値です。

　では、もしこれらを公理として採用する場合、AとBのうち、いったいどちらを採用したらいいのでしょうか？　このように、公理の候補として複数の同値な命題があるとき、どの命題を公理として採用するか迷うことがあります。

　命題から意味を抜き取って記号化した形式主義では、AとBが同値である場合、どちらが本物の公理かわかりません。両方とも公理であっても良さそうな気がします。しかし、そのようなあいまいさを排除するため、さらに一歩、考えかたを先に進めてみます。

　この2つのうち、どちらが本当の公理なのかを明確化にするためには、やはり命題の意味を考える必要があります。たとえば、ユークリッド幾何学で、次のようにAとBを設定します。

　A：1本の直線Lとその上にない1つの点Pがあるとき、点Pを通って直線Lに平行な直線はただ1本だ

け存在する（いわゆるプレイフェアの平行線公理）

B：3角形の内角の和は2直角である。

AとBは同値とされています。(私は、まだその証明を目にしたことがありませんが…)では、命題Aと命題Bを比較したとき、どちらを公理として採用すべきでしょうか？

まず、どちらが単純かを考えます。文の短さからいえば、Bのほうが短いので、より単純な命題のような印象を受けます。しかし、問題は文の短さではなく、文の持っている内容です。

命題Aには幾何学の根本的な言葉である「点」と「直線」、および、平行線の本質である「平行」という言葉が使われています。しかし、命題Bには「三角形」という図形や「3つの内角の和」や「2直角」など、命題Aよりもさらに複雑な言葉が登場します。

公理としての根本的な命題とは、（文の短さではなく）文の内容を比較したときに、より数学的に原始的な言葉を使っている命題のことです。これより、ヒデの採用則を根拠とするならば、命題Aを公理として採用するのが適切でしょう。

◆ ヒデの否定則

「矛盾が証明されれば、仮定が間違っている」は背理法の一般論です。でも、実際には次のような判断に迷うことがあります。

（1）結論として下された矛盾が、本当の矛盾か？
（2）その矛盾は、本当はどの仮定を否定しているのか？

　証明をするとき、仮定がたったの1個ということはほとんどありません。たいていの証明は複数の仮定を組み合わせて行なわれます。それらの仮定を用いて矛盾が出てきたときに「どの仮定を否定したらいいのか？」を判断する明確な基準が、今の数学には存在していません。今回、その基準を作ってヒデの否定則と呼んでみます。

【ヒデの否定則】
　複数の仮定から矛盾が証明されたとする。これを背理法と解釈するならば、仮定を否定しなければならない。その際、表現がより「根源的」で「怪しい」仮定を否定する。ただし、明らかに正しい仮定を否定してはならない。

　この文章で「根源的」と「怪しい」という2つのキーワードが書かれています。これより、ヒデの否定則を2つに分

けることができます。それは、怪しい仮定を否定する「ヒデの否定則その1」と、根源的な仮定を否定する「ヒデの否定則その2」です。

◆ ヒデの否定則その1

ヒデの否定則その1は、仮定がすべて独立命題の場合です。

【ヒデの否定則その1】
複数の仮定から矛盾が証明されたときは、もっとも怪しそうな仮定を否定する。ただし、明らかに正しい命題を否定してはならない。

たとえば、「Aという仮定」と「Bという仮定」から矛盾が証明されたとします。AとBはお互いに無関係な仮定とします。これを「お互いに独立している」といいます。このとき、この2つの仮定は対等な立場にあるから、次なる論理式が成り立ちます。AとBは交換可能です。

（A∧B）→（Q∧¬Q）
（B∧A）→（Q∧¬Q）

この式は「AとBが真ならば、矛盾も真になる」と読み

ます。この論理式を変形します。

$$(A \land B) \to (Q \land \neg Q)$$
$$\equiv \neg (A \land B) \lor O$$
$$\equiv \neg A \lor \neg B$$

これより、AとBのうちのどちらかを否定すると背理法が成り立ちます。しかし、これだけではどちらを否定するのか？ あるいは両方とも否定するのかの結論が出ません。よって、背理法としては不完全です。

もし、ここで他の証明法でAが真であることが分かったとします。そのとき、仮定Bを否定すると完全な背理法になります。

◆ ヒデの否定則その2

ヒデの否定則にはその2もあります。これは、依存仮定が関与するちょっとやっかいな否定則です。

【ヒデの否定則その2】
複数の仮定から矛盾が正しく証明されたとする。そのときは、依存仮定を否定しない。そして、依存仮定を作り出

した上位の仮定を否定する。ただし、明らかに正しい仮定を否定してはならない。

　Aという仮定で証明を行なっている途中に、さらに（Aに依存する）Bという仮定をもう1つ置きます。そこから矛盾$Q \land \neg Q$が導かれた場合、全体の論理構造は次のようになります。

　$A \rightarrow (B \rightarrow (Q \land \neg Q))$

　これを変形すると、独立仮定と同じように次なる論理式が真になります。

　$\neg A \lor \neg B$

　この命題は、AとBの2つのうち、どれかが偽であれば成立します。つまり、A，Bの2つのうちのどちらか1つを否定すれば矛盾は回避されます。

　しかし、BがAに依存しているとき、おおもとの仮定はAです。この論理構造にヒデの否定則その2を適用すれば、「否定されるのは（Bではなく）Aである」ということになります。Bよりも根源的な仮定Aを否定すれば、その後に仮定Bを考慮する必要はなくなるから、すべてが丸く収ま

252

ります。

　それに対して「Ｂを否定した背理法」は、肝心のＡを見落としているために何かすっきりしない感じを受けます。これが対角線論法に対する「何となく、この背理法は納得できない」という違和感です。カントールの考案した対角線論法に対して、多くの人たちが抵抗を感じてきたのは、このような理由からでしょう。次のようにＡとＢを置きます。

　Ａ：実無限は正しい。
　Ｂ：自然数全体の集合Ｎと実数全体の集合Ｒの間に１対
　　　１が存在する。

「実無限」と「自然数全体の集合Ｎと実数全体の集合Ｒの間の１対１対応」では、実無限のほうが根本的な仮定です。その上、後者は前者に依存しています。だから、対角線論法では「ＮとＲの１対１対応」を否定しないで「実無限」を否定するのが正しいやりかたと解釈します。

　でも、次のような人間心理は理解できます。

　Ａを仮定しても矛盾が証明されない。だから、Ａは否定されない。しかし、Ａと一緒にＢも仮定すると矛盾が証明される。だから、この矛盾はＢに由来している。

これは、最初の仮定Aを否定せずに、直前の仮定Bを否定するやりかたであり、これと同じ考えかたが次です。

「自然数全体の集合N」や「実数全体の集合R」を仮定しても矛盾が証明されない。だから、NやRは否定されない。しかし、NやRと一緒に「集合全体の集合」や「自分自身を要素として含まない集合全体の集合」を仮定すると矛盾が証明される。よって、この矛盾はNやRとは関係なく、「集合全体の集合」や「自分自身を要素として含まない集合全体の集合」自体に由来している。

ちなみに、ヒデの否定則その2を使って否定するとき「もっとも根源的な仮定を否定する」ではありません。根源的であればあるほど良いというものではなく、やはり限度があります。

数学におけるもっとも根源的な仮定は「数学は無矛盾である」です。よって、背理法から矛盾が証明された場合、「数学は矛盾している」という結論を下されたら大変なことになります。いくらなんでも根源的すぎます。人間としての良識を用いて、あるところまで行ったら否定を控えたほうがよいでしょう。

根源的な仮定を否定するにしても、（人間としての良識

をかんがみて）ほどほどにする。

　ただし、哲学はこの限界を知りません。哲学は、すべてを疑うことすらやりかねません。エネルギーに満ちた哲学は人間の常識（ある集団や組織のパラダイム）を疑うだけではなく、人間としての良識（古今東西、老若男女を超えた健全な感じかたや考えかた）さえ、「間違っていないかどうか？」という議論の対象にします。

◆　依存仮定

　ここで、依存仮定のことをもっと詳しく見ていきます。下記のようにＡとＢを置きます。

　　Ａ：Ｐは真の命題である。
　¬Ａ：Ｐは偽の命題である。
　　Ｂ：Ｑは命題である。
　¬Ｂ：Ｑは命題ではない。

　ここで、Ａ→Ｂが真であり、¬Ａ→¬Ｂも真であるとき、「ＱはＰに依存している（ＱはＰの依存仮定である）」と呼ぶことにします。論理式は次のようになります。

A	B	（A→B）∧（￢A→￢B）	A≡B
1	1	1	1
1	0	0	0
0	1	0	0
0	0	1	1

　これより、AとBが同値のときに「Pの依存仮定がQである」となります。

　Aを仮定します。次にAという仮定のもとで、さらにBを仮定します。このとき矛盾が証明されたら、次なる論理式は真の命題となります。

　A→（B→（Q∧￢Q））

　AとBがお互いに独立しているのならば、この2つを入れ替えても問題はありません。しかし、BがAの依存仮定ならば、AとBを入れ替えることはできません。

　「BがAの依存仮定である」とは、「Aが真の命題のときにはBが命題になり、Aが偽の命題のときにはBは命題にはならない」という関係があるものです。このとき、Aは**Bを支配しているより根源的な仮定**です。

依存仮定を考えるときには、仮定の意味を考慮しなければなりません。仮定の意味を考えることによって、依存関係が明らかとなるからです。よって、仮定から意味を取り去った形式的な仮定では、仮定同士の依存関係は不明確となります。

◆　独立仮定

　ＡとＢがお互いに無関係な命題である場合、ＡからＢが証明されず、ＢからＡも証明されません。これを「命題ＡとＢはお互いに独立している」といいます。ヒデの否定則その１は「独立仮定」を想定しています。

　それに対して、ヒデの否定則その２は「依存仮定」を想定しています。Ｂが命題かどうかは、命題Ａの真理値に依存している場合があります。そこで、次のような依存仮定という概念を数学に導入します。

　ヒデの否定則その１…独立仮定
　ヒデの否定則その２…依存仮定

【依存仮定の定義】
　命題Ａが真ならば、Ｂは命題である。命題Ａが偽ならば、

Bは命題ではない。AとBがこのような関係を持っている
とき、「BはAに依存している仮定（BはAの依存仮定）」
と呼ぶことにします。

命題Aが真→Bは命題である
命題Aが偽→Bは命題ではない（Bは非命題である）

◆ 数学理論における仮定

　数学理論における仮定には2つあります。1つは、数学
理論自体の仮定です。もう1つは、その数学理論内で証明
を行なう途中で、改めて置く仮定です。この仮定は、理論
自体の仮定とは異なります。

（1）数学理論の仮定
（2）その数学理論内で、改めて置く仮定（数学理論の仮
　　　定ではない）

　たとえば、無限集合論という数学理論の仮定には実無限
があります。実無限とは「完結する無限」あるいは「完結
した無限」です。もっとわかりやすく言うと「終わりのあ
る無限」「終わる無限」「終わった無限」「終わってしまった
無限」です。もちろん、無限本来の意味は「終わりのない

こと」「終わらないこと」です。

　次に、この無限集合論の中で「自然数全体の集合Nと実数全体の集合Rの間に１対１対応が存在する」と仮定します。これは、集合論自体の仮定ではなく、集合論の中で改めて置いた別の仮定です。これら２つの仮定からカントールの対角線論法によって矛盾が導かれます。

　今までの数学では、カントールの対角線論法を背理法と解釈し、否定してきたのはNとRの間の１対１対応のほうでした。

　でも、対角線論法から出てきた矛盾が、理論自体の仮定である実無限を否定しているのか、それとも、理論内で新たに置いたもう１つの仮定（１対１対応）を否定しているのか、これだけでは結論が出ません。

　つまり、**対角線論法は背理法として不完全**です。この背理法をもっと完全な形に変えるのが、ヒデの否定則その２です。

　（２）は（１）に依存しているので、（２）が非命題のことがあります。つまり、（２）を否定しても「命題を正しく否定している」とは言えないことがあります。

非命題を否定することは、正しい背理法とはいえない。命題を否定して初めて正しい背理法として成立する。

　背理法は「仮定としての命題」を否定する証明法であり、「仮定としての非命題」を否定する証明法ではありません。これより、しっかりと「仮定としての命題」を否定するためには、（2）ではなく（1）のほうを否定すべきでしょう。

　対角線論法は、実無限を否定して初めて「完全な背理法」としてよみがえる。

◆　依存仮定の例

　依存仮定の例は、対角線論法で見られます。

　Ａ：実無限は正しい。
　Ｂ：「自然数全体の集合Ｎ」と「実数全体の集合Ｒ」の間
　　　に１対１対応が存在する。

　ＢはＡの依存仮定（Ａに依存している仮定）です。Ａが真の場合は、「自然数全体の集合Ｎ」も「実数全体の集合Ｒ」も集合になります。その結果、Ｂは命題化します。しかし、Ａが偽の場合は、「自然数全体の集合Ｎ」も「実数全

体の集合Ｒ」も集合にはなり得ないので、Ｂは非命題化します。

　Ａが真ならば、Ｂは命題である。
　Ａが偽ならば、Ｂは非命題である。

　要するに、「ＮとＲの間に１対１対応が存在する」という表現が命題になるか命題にならないかはＡ次第です。

　対角線論法を背理法とみなして仮定を否定する場合は、依存仮定Ｂを否定すると、中途半端な背理法———間違った背理法———になります。しかし、より根源的で怪しい仮定Ａを否定すると、正しい背理法になります。

　そもそも、**非命題の可能性があるＢを否定すること**は論理的とは言えません。**背理法は命題を否定する証明です。**

　カントールの対角線論法から出てくる結論は「実無限は間違っている」である。

「実無限は怪しい」とにらんだ最初の根拠は証明ではなく直観です。アリストテレスもガウスも直観で実無限を怪しいと考えていたようです。私は次のように解釈しています。

無限に関しては、カントールよりもアリストテレスのほうが正しい。次元に関しては、ポアンカレよりもアリストテレスのほうが正しい。幾何学に関しては、ガウスよりもユークリッドのほうが正しい。事象や現象に関しては、アインシュタインよりもプラトンのほうが正しい。時間や空間に関しては、アインシュタインよりもニュートンのほうが正しい。

◆　反対と否定

「入る」の反対は「出る」です。でも、「入る」の否定は「出る」ではありません。「入らない」です。

「死ぬ」の反対は「生まれる」です。でも、「死ぬ」の否定は「生まれる」ではなく「死なない」です。

「縦」と「横」は反対語です。でも、縦の否定は横ではありません。「縦ではない」です。斜めのこともあります。

「真」と「偽」は反対語です。でも、真の否定は偽ではありません。「真」の否定は「真ではない」です。「偽」の否定は「偽ではない」です。

「反対」と「否定」は異なっています。数学では反対はあまり扱いません。数学が扱うのは主に否定です。そして、数学では否定がとても重要であり、否定をきちんと行なわないと背理法もうまく機能しません。

「Ｐは真である」の否定は「Ｐは真ではない」です。すなわち…

「Ｐは真である」の否定は「Ｐは偽である」ではない。

では、いったい、いつになったら「Ｐは真である」の否定が「Ｐは偽である」になるのでしょうか？

◆　否定命題

「真」と「真ではない」は、お互いに否定し合っているので否定語です。「偽」と「偽ではない」もお互いに否定語です。

命題の排中律は、中間を排する律（決まり）です。具体的にいうと、ある命題について「Ｐである」か「Ｐではない」かのどちらかであるという法則です。よって「Ｐである」と「Ｐではない」の中間は存在しません。

Ｐに真を代入すると、命題は「真である」か「真ではない」かのどちらかになります。またＰに偽を代入すると、命題は「偽である」か「偽ではない」かのどちらかです。

【命題の「真」に関する排中律】
　命題は「真である」か「真ではない」かのどちらである。

「真である命題」←（否定）→「真ではない命題」

　これによって、「真の命題」を否定すると「真ではない命題」になり、また「真ではない命題」を否定すると「真の命題」になります。

【命題の「偽」に関する排中律】
　命題は「偽である」か「偽ではない」かのどちらかである。

「偽である」←（否定）→「偽ではない」

　これによって、「偽の命題」を否定すると「偽ではない命題」になり、また「偽ではない命題」を否定すると「偽の命題」になります。

　でも、この２つの排中律からは「真の命題を否定すると、偽の命題になる」という背理法で用いられるテクニックは

出てきません。これが出てくるためには、もう１つの決まりである「命題の排他的な分類」が必要です。

【命題の「真偽」に関する排他的分類】
　命題は「真である」か「偽である」かのどちらかである。

　これは、命題を真と偽の２つだけに分類する方法です。これによって、命題には「真の命題」と「偽の命題」の２種類しか存在しません。よって、真と偽はお互いに否定関係が発生します。

「真である」←（否定）→「偽である」
　　　　「真」←（否定）→「偽」
「真の命題」←（否定）→「偽の命題」

　これらを整理整頓すると、次のような関係が成り立ちます。

「真である」←（否定）→「真ではない」
　　↑
　（否定）
　　↓
「偽である」←（否定）→「偽ではない」

ところで、命題の二重否定はもとの命題に戻ります。つまり、肯定になります。

「Ｐである」→「Ｐではない」→「Ｐである」
　　　　　　否定　　　　　　　　否定

これによって、次なる関係も成立します。

「真ではない」→「真である」→「偽である」
　　　　　　否定　　　　　　　否定

以上より、次なる関係が完成します。

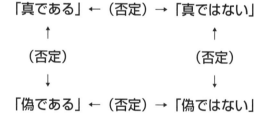

　２つの「命題の真偽に関する排中律」に「命題の排他的分類」が加わることによって「真ではない命題」が「偽の命題」に一致し、「偽ではない命題」も「真の命題」に一致します。

「真ではない命題」は「偽の命題」である。
「偽ではない命題」は「真の命題」である。

◆ 否定されるべき仮定

　背理法において「Ｂから矛盾が証明されるならば、Ｂは偽の命題である」と結論するのは早急でしょう。その理由は、２つあります。

　１つ目は、Ｂから間違って矛盾が証明されているかもしれないからです。２つ目は、実際にはＢ以外の他の命題Ａを否定しなければならない場合があるからです。

　たとえば、カントールが「自然数全体の集合Ｎと実数全体の集合Ｒの間に１対１対応が存在する」という仮定から矛盾を証明しました。これからすぐに「ＮとＲには１対１対応は存在しない」と結論を下すのは早すぎます。

　本当に否定されるべき仮定は別に存在しています。それが実無限です。つまり、数学には次なるケースが存在しています。

　Ｂから矛盾が証明された。しかし、否定されるのはＢで

はなくＡである。

◆　定義

　定義とは、ある概念の内容をわかりやすく、そしてはっきりと言いかえたものです。たとえば、次にように言いかえたとします。

　　Ｐとは、Ｘである。

　これは、「Ｐの定義がＸである」ということです。定義には次の３つの条件が必要だと思います。

　　条件１：内容が同じであること（言いかえ）
　　条件２：内容がはっきりしていること（一義性）
　　条件３：内容が誰でもわかること（理解可能）

　実際には、１つの単語が複数の意味を持つことがあります。この場合も、前記の３条件が大切です。

　多義語は文脈によって単語の意味が異なるから、目にしたときに適切な定義を自分で選択することになります。

わかりづらい定義の1つに「AがBであるとは、…」という表現があります。これは数学独特の定義のようでもあり、他の学問ではあまりお目にかかりません。普通は、Aの定義が理解できて、Bの定義も理解できれば「AがBである」も理解できます。これとはまた意味が異なる「AがBであるとは、…」と定義されると、頭が少し混乱してきます。

　でも、実際には定義は難しいことがあります。プラトンの学園アカデメイアに出入りしていたディオゲネスは、プラトンの授業をひまつぶしと評価し、小馬鹿にしていたようです。

　プラトンが講義で「人間とは羽のない2本足の動物である」と定義すると、ディオゲネスは羽をむしったニワトリを持って教室にあらわれ、「これがプラトンのいう人間だ」と述べたそうです。

　結局、私たちは良識で定義するしかないでしょう。人間の定義も、ニワトリの定義も難しいと思います。点の定義や線の定義、自然数の定義は非常に困難です。しかし、定義をしないと学問はスタートしません。

◆ 定義の大切さ

次は「定義」の定義です。

【定義】
ある概念の内容やある言葉の意味を、他の概念や言葉と区別できるように明確に限定すること。

数学では定義が一番大切です。まずは、基本的な数学用語を定義します。その用語を使って公理を正しく作ります。その公理を組み合わせて、定理を正しく証明します。この一連の流れは公理系を生み出します。

公理系は、定義をスタート地点としています。よって、定義から始まらない公理系は、公理系とはいえないでしょう。しかし、現代数学では次のような定義の乱れが生じているようです。

（1）無定義
（2）あいまいな定義
（3）定義ミス

◆ あいまいな定義

　数学においては、用語の定義はとても大切です。ユークリッドは「定理よりも公準」を「公準よりも公理」を「公理よりも定義」を先に設定しています。

　国語辞典は、言葉の定義を網羅している辞典でもあります。だから、「○○とは、××である」と断定しています。いくつかの意味がある多義語でも、それぞれの意味について個別に断定しています。

断定してこそ、定義といえる。

　多義語でもれのない定義をするためには、たくさんの定義が必要です。広辞苑はほぼ、それを完遂しています。「定義の記載もれがあってはならない」という国語学者たちの執念を感じさせてくれます。

　定義ミスはもちろんのこと、定義もれがあったら次の改定版ではきっと記載されることでしょう。新語が流行って社会に定着すると、その新語の正確な意味も記載されることになります。言葉は生きているといわれるから、常に定義を修正しているようです。

小学生用の国語辞典の記載事項が少なく、広辞苑のそれが多いのはもれの問題です。広辞苑の定義もれが少なく、普通の国語辞典はもれが多いです。逆にいうと、本質的な内容の記載に関しては、余計な定義を省いた小学国語辞典のほうが読みやすく優れていることもあります。

　数学書を読んでいて数学用語の意味がわからなければ、数学辞典を開いて理解します。それでも理解できなければ、哲学辞典や国語辞典で理解します。それでもわからなければ、私は最後の手段として小学生用の国語辞典に頼っています。

　しかし、ヒルベルトの時代から数学用語の無定義が始まりました。それがきっかけとなって、言葉の意味を明確に述べない数学に移行しつつあるような印象を受けます。たとえば、数学では「この単語の定義は難しい」という前書きをおいて、次のような定義が散見されます。

　○○とは、××のようなものである。
　○○とは、たとえば××である。
　○○とは、おおざっぱに言えば××である。

　国語辞典では、このような表現はほとんど用いられていません。「○○とは、××である」と明快に、そして簡潔に

言い切っています。だから、とても心地よく感じます。

　言葉の定義が存在しなかったり、あいまいであったりすると、その言葉を含む文も理解できなくなります。その結果的、あいまいな言葉から構成されている文が本当に真偽を持っている命題かどうかもわからなくなることがあります。

　命題の真偽は数学にとっては命です。これを左右しているのが「命題を構成している言葉のしっかりとしていて、なおかつわかりやすい定義」でしょう。

◆　カオスとコスモス

　数学でも物理学でも、「正しい」や「真」をはっきりと定義していないようです。私は、これらを「思わず肯定したくなる、あるいは同意したくなるような人間の心理」ととらえています。

　数学では、数学用語や数学記号を言葉で完ぺきに定義することは困難です。どんな定義をしても「上手の手から水が漏れる」ように、揚げ足を取られます。これによって、定義での論争が始まるかもしれません。そうなったら、定義

の段階で議論はストップし、その定義を使って作り上げた命題が真かどうかまで踏み込めません。

　これを避けるためには、無定義にしてしまうことが一番手っ取り早い方法でしょう。しかし、いくら何でも**無定義はやりすぎ**です。それは、次のような過激な考え方が出てくるからです。

　点や線や面よりももっと根源的で基本的な用語が「真」や「偽」、「正しい」や「間違っている」そして「命題」という用語である。「線」を無定義にするくらいなら、当然、「真の命題」をも無定義にすべきである。さらに「真」を無定義にし、「偽」を無定義にし、「命題」を無定義にすれば、その結果として「真の命題」と「偽の命題」を無定義にできる。

「真の命題」を無定義にしたら、「真の命題」と「偽の命題」の違いがわからなくなる。それによって、平行線公理が真の命題としても偽の命題としても使えるようになる。つまり、非ユークリッド幾何学が成り立つようになる。

　実際、無定義は非ユークリッド幾何学を支える柱となっています。でも、重要な単語を無定義にするのは賛成できません。

幾何学において、点も線も面も無定義になったら、図形を線と面と立体に分類する行為が骨抜きにされて、再び、混沌とした世界に戻ってしまいます。

　学問は、分類をきっかけとしてカオス（混沌）をコスモス（秩序）に整理整頓するものです。しかし、残念ながら無定義は再び、分類を不明確にして、コスモスをカオスに戻す行為です。

　科学においても、定義はとても重要です。用語を言葉で正しく定義できなければ、命題を言葉で正しく表現できません。言葉を定義しないまま学問を進めると、せっかく築き上げてきた科学の世界が、再び混乱した状態に舞い戻ってしまう危険性もあります。

　ちなみに、カオスとコスモスは反対語です。もともと「カオス（無）」はギリシャ神話に出てくるケイオスという神から、「コスモス（有）」はギリシャ語で秩序や整理を意味する言葉から作られました。現在使われているカオス（混沌）とコスモス（宇宙）は、時代とともに変化した言葉だそうです。

◆　定義ミス

　数学の基本は、用語の正しい定義です。もし定義を間違うと、その後の数学が間違ったまま発展してしまいます。現在、矛盾している理論は、次のように定義されています。

「矛盾している理論」とは、「矛盾が証明されて出てくる理論」である。

　これははっきりいうと定義ミスです。正しい定義は次のようになります。

「矛盾している理論」とは、「矛盾が存在する理論」である。

　正しく定義をすることは、数学では最も大切な作業です。AとBを次のように設定します。

　A：理論Zから矛盾が正しく証明されて出てくる。
　B：理論Zは矛盾している。

　矛盾していることが正しく証明される理論は矛盾した理論です。したがって、Aが真ならばBも真であるといえるので、論理式A→Bは成り立ちます。

それに対して、逆は常に成り立つとは限りません。つまり、矛盾している理論から必ずしも矛盾が証明されるとは限りません。これより、ＡとＢは同値ではありません。

次に、公理を次のように定義します。

【公理の正しい定義】
　公理とは、他のいかなる真の命題からの正しい証明が存在しない真の命題である。

この定義によって、次のような性質を持つ公理を排除できます。

（１）偽の命題としての公理
（２）他の公理や定理から証明される公理

しかし、これだけでは次の公理を排除できません。

（３）自分自身から証明される公理

これを排除するためには、証明の定義に助けてもらう必要があります。

【証明の定義の一部】

　自分自身から証明されるケースを「正しい証明」に含めない。

◆　一意性

　一意とは「たった１つの意味」という意味であり、一意性とは「意味（解釈）や値が１つに確定している性質」です。

　理想をいえば、数学や物理学においては、命題の解釈は１つでなければなりません。これが命題の一意性となり、真偽の決定に役立ちます。

　命題がいくつもの解釈ができると、それぞれの解釈で真偽が異なったり、真偽を持たなかったりして、みんなで納得できるような議論が不可能になることもあります。

　物理量にも一意性が必要です。ある物体やできごとにおける距離、質量、時刻などは大きさすなわち値が１つに確定しています。この値は観測者から独立しています。よって、観測者が１人もいなくても、物理量の値が一意に決定しています。

しかし、観測を始めると事態は一変します。なぜならば、観測機器を使う観測という行為では、必ず単位が設定されているからです。

　単位をつけた数値で物理量を表現するとき、単位のつけかたによって、観測される数値は大きく異なります。つまり、値に一意性がなくなります。また、毎回、測定値には誤差が伴います。この誤差も一意性にとっては邪魔な存在です。

　AとBの2人の観測者を考えます。AとBの間の距離は、AからBまでの距離が100mならば、BからAまでの距離も100mです。これが距離の一意性です。

　物体Xがあります。物体Xの質量はAにとっても、Bにとっても同じ値です。これが質量の一意性です。

　AとBの2人がそれぞれ腕時計をはめています。Aの時計がBの時計より30分進んでいるならば、Bの時計はAの時計より30分遅れています。これが時刻の一意性です。

　距離も質量も時間も、すべての人に共通しているたった1つの量すなわち大きさを持っています。それこそが、観測者に依存しない量―――真の量という真実―――です。

◆　多義記号の王様

　一意性とは、たった１つだけの意味あるいは解釈を持っ
ていることです。数学で「一意性のある命題」を作るために
は、常に「一意性のある単語」を用いたほうがよいでしょ
う。ただし、国語と同じく、数学も１つの単語をいろいろ
な意味で兼用することもあります。そのときには、国語辞
典のように場合分けして、意味の数だけ定義を列挙する必
要が出てきます。

　次のような無限小数は１と同じとされています。

0.999…

最後についている「…」という記号は、無限に書かれた
９の配列であり、無限だから書き切れないので省略せざる
を得ないと考えられています。つまり「…」は、「無限に書
かれている９を省略している」と思われています。

　では、次なる無限小数の「…」も９が無限に続いている
のでしょうか？　πは円周率です。

π =3.141…

この場合の「…」は、その後に続く592…を省略したものとされています。では、592の後に続く…は何を省略したのでしょうか？　それは、その後に続く653…を省略したもとされています。この不規則な繰り返しが無限に続きます。

　ということは「…」という記号は、その場その場で異なった数字を表す**一意性のない記号**です。

「一意性がない」とは「意味が1つに決まっておらず異なった解釈がある」ことです。数学には、一意性のない言葉や記号はいくつかあります。

【一意性のない記号と言葉】
（1）…
（2）無限大
（3）無限小

　中でも「…」という記号は、意味を無限に持っている多義記号の王様です。

◆ 多義語

【多義】一つの言葉に多くの意味があること。

　私たちが日常生活で使う言葉は、ほとんどが多義性を持っています。多義語とは、一つの単語で多数の意味を持つ単語のことです。「買う」を調べても次のように3つの意味がありました。

【買う】
（1）お金を払って品物や権利などを自分のものにする。
（2）自分から進んで引き受ける。
（3）相手の値打ちを高く認める。

「当番を買って出る」「きみの努力を買う」などの表現に出会ったら、（2）や（3）として解釈します。私たちは長年の経験から（1）で意味が通じなければ、文脈から他の意味を推測しています。

　多義語は、どの外国語にもみられる性質であり、これは数学語（数学で使う記号）でも例外はありません。数学は科学かどうかでは議論のあるところですが、国語以上に厳密な論理を必要とされる学問であり、数学語の定義に関しては特別な配慮が必要です。

数学における多義語（多義記号）は異なったいくつかの意味を持つため、その個数だけ場合分けしなければなりません。

　たとえば、「線」の意味が多数あったら、その数だけ数学辞典にもれなく記載し、どの意味で線という単語を使ったのかを明確にしなければ、線という単語を用いている証明自体の信ぴょう性が失われてしまうでしょう。

◆　無定義

　ある単語をはっきりと定義しなければ、その単語を使った文の意味が不明確になり、その単語を含む議論は噛み合わなくなります。こうなると、もはやお互いが共通の真実に近づくことができるような会話ができません。この点からも、**無定義語の導入は数学における誤った方針**です。

　確かに、共通する定義を作ることが難しい場合もあります。１人残らず合意できるような完璧な定義は、なかなかうまくできません。数学や物理学においては、どのような定義をしても、揚げ足を取ろうと思えばいくらでも取れます。どんな定義も突っ込みどころは満載だからです。

それでも、ユークリッドは素直な定義をしました。これは良識的な定義であり、万人にもっとも共通しているがために理解されやすい定義でした。

　もちろん、言葉が完璧な機能を有していない限り、ユークリッドの定義は不完全な定義でした。そもそも、用語の完璧な定義は不可能かもしれません。私たちの使っているどんな言語も、真理を完璧に表現できるとは限りません。

　だからこそ、ユークリッド幾何学は後に、ここを突っ込まれました。「人間的な直観の一種のである良識」を用いて行なう定義は、確実で普遍的な因子とはいえません。

　そこで、「いくらでも突っ込まれる定義なら、初めから作らなければよいのではないか？」と考えられるようになったと推測されます。つまり、定義で論争したくなかったのが無定義語の導入のきっかけだと思われます。

　無定義にすると、定義をしない代わりに暗黙の了解で理解してもらう必要が出てきます。つまり、忖度や腹芸を期待するようになります。

　しかし、実際にはこれは良識的で素直な定義よりもずっと厄介でしょう。定義しなければ、ぼやっと理解するしか

ありません。これによって、数学はその基礎の段階で、万人に共通する認識を持てなくなってしまいます。

　数学で用いる言葉は、どんな言葉もまずは素直に定義していることです。いくら突っ込まれてもいいから、素直な定義してみることが大切かと思います。

◆　ビールジョッキ発言

　ユークリッドは定義をもっとも重視しました。だから、原論における記載は定義から始まります。それに対してヒルベルトは、「点」「直線」「平面」などの基本的な対象を定義しませんでした。このような定義しない数学用語を無定義用語と呼びます。

　　点…無定義用語
　　線…無定義用語
　　面…無定義用語

　それだけでなく、「存在する」「間にある」「合同である」といった基本的な関係にも定義を与えませんでした。

存在する…無定義関係

間にある…無定義関係

合同である…無定義関係

　ヒルベルトの次の発言は有名です。

「点」「直線」それに「平面」という代わりに、いつでも
「テーブル」「イス」それに「ビールジョッキ」と言いかえ
ることができなくてはならない。

　ヒルベルトの作り上げた形式主義にとって、論理式その
ものの意味は重視しません。論理式の内容を気にしないの
だから、上記のような言いかえが可能になります。形式主
義が一番大事にしているのは、論理式の形式的な変形です。

「線」を無定義にすれば、「直線」と「曲線」の区別はなく
なります。つまり、直線をいつでも曲線と言いかえること
ができます。その結果、大円や円弧を直線と言いかえる非
ユークリッド幾何学が構築されます。

　言葉を言いかえたものはモデルを生み出します。ポアン
カレの円板モデルでは、円板の内部に非ユークリッド幾何
学のモデルが作られています。ここでは、「直線」が「弦」
に言いかえられています。このような言いかえを「翻訳」

と呼ぶこともあります。

「直線」を「イス」と言いかえても良いのだから、「直線」を「大円」や「円弧」に言いかえてもよいことになります。

　こうした無定義語の導入によって非ユークリッド幾何学は発展し、最終的にはユークリッド幾何学と対等な地位を確保しています。いえ、現在では非ユークリッド幾何学は、ユークリッド幾何学をしのぐようになっています。

　現代幾何学において、ユークリッド幾何学と非ユークリッド幾何学の立場は逆転した。

　これは、「矛盾している数学理論が無矛盾な数学理論よりも優れている？」ことを表しているかもしれません。

◆　**論理**

　国語辞典には「論理」が次のように定義されています。

【論理】議論を進めていくときの、正しいすじみち

　この定義だと、論理の中に「正しい」という意味が含まれ

ているので、「正しい論理」はしつこく、「間違った論理」は語義矛盾となって使用できなくなります。

そこで、私なりの論理を定義してみました。それは、**仮定からスタートして、すじみちを立てて話の展開を重ね、最終的な結論を導くこと**です。

数学でいうならば、**仮定に証明を加えて結論を導く一連の流れ**をいいます。このとき、証明は論理の一部です。ただし、本書では証明と論理を同じ意味で使用することもあります。

　論理：仮定→証明→結論

ここでは、論理に「正しい」という意味を含ませていません。これより、論理は「正しい論理」と「間違った論理」に分けられます。

正しい論理を行なうために大切なことは、正しい仮定を置くこと、正しい証明を行なうこと、それによって正しい結論を下すことです。

ただ、ここで注意しなければならないことは、間違った仮定を置いて、間違った証明をしても、たまたま正しい結

論が出てくることもあるということです。

　だから「間違った仮定を置くと間違った結論が出てくる」や「間違った証明を行なうと間違った結論が出てくる」という考えかたも、また、間違っています。

　命題としての仮定には「真の命題」と「偽の命題」があります。たとえば、平行線公理が命題である場合は、真か偽のどちらかです。

　もし、平行線公理が真の命題であれば、平行線公理の否定は偽の命題です。このとき、非ユークリッド幾何学は偽の命題から作られた矛盾した幾何学となります。

　矛盾した数学理論から下される命題は、実に多彩です。結論としては「真の結論」も出てくるし、「偽の結論」も出てきます。数学の問題や物理学の難問を解くときには、この性質はとても都合が良い場合もあります。

◆　論理の欠点

　論理は３つの段階からなります。

第1段階：仮定を置く。（仮定）

第2段階：仮定と結論を、筋を通してつなげる。（証明）

第3段階：結論を下す。（結論）

しかし、論理にも欠点があります。論理の欠点は、各段階が完全ではないことです。

第1段階の欠点：仮定が真の命題であるとは限らない。

第2段階の欠点：証明が必ずしも正しいとは限らない。

第3段階の欠点：結論が真の命題であるとは限らない。

物理学であつかう論理は証拠もあつかうので、「証明」は「説明」に変わります。

第1段階の欠点：仮定が真の命題であるとは限らない。

第2段階の欠点：説明が必ずしも正しいとは限らない。

第3段階の欠点：結論が真の命題であるとは限らない。

証拠による説明は証明ほどの綿密さはないので、ときどき物理理論はひっくり返されます。

物理学における証明は「数学的な証明＋物理学的な証拠」にもとづいて行なわれる。

◆ 数学における論理ミス

真の命題を仮定に置いて正しい証明を行なう限り、矛盾が証明されて出てくることはありません。それは数学におけるもっとも基本的な決まりがあるからです。

その決まりは、**真の命題を仮定に置いて正しく証明されて出てきた結論は真の命題である**というものです。

この決まりは偽の命題には適用できないので、**仮定としての偽の命題から正しく証明された結論は、真の命題のこともあれば偽の命題のこともある**となります。

私たちは普通、言葉を省略して文を表現します。それは「真の命題から証明された命題は真である」を、単に「証明された命題は真である」と言ってしまうことです。

ここで、「矛盾が証明される」という表現を考えます。一般的には、「Qが証明される」と「￢Qが証明される」の両方が行なわれるときに、「矛盾が証明される」といいます。

Qが命題であれば真か偽のどちらかしか存在しないので、結局は真の命題以外に偽の命題が証明されたことになります。結論が明らかに矛盾すなわち偽であれば、その原因は

2つしかありません。

（1）仮定ミス（仮定を置いたときにミスがある）
（2）証明ミス（証明の途中にミスが含まれている）

　仮定ミスは、仮定に偽の命題を置いてしまったことに由来しています。仮定に非命題を置いたときにも仮定ミスといえますが、これを考えると話が複雑化するので、一応、仮定ミスは「仮定に非命題を置く」を除外して「仮定に偽の命題を置く」に限定します。

　なお、背理法におけるミスにはこれらに否定ミスが加わります。

（1）仮定ミス（仮定を置いたときにミスがある）
（2）証明ミス（証明の途中にミスが含まれている）
（3）否定ミス（仮定を否定するときにミスをする）

　実は、対角線論法はこの3つにすべてに該当しています。

（1）対角線論法には、仮定の設定ミスがある。
（2）対角線論法には、証明ミスが含まれている。
（3）対角線論法には、仮定の否定ミスがある。

◆ 論理記号

　論理記号とは、数学の命題を記述するために使われる記号です。もちろん、「いかなる数学の命題も、論理記号で書き表せる」とは限りません。むしろ、論理記号の力が及ばない命題のほうがずっと多いでしょう。

　さらに、何を論理記号と認めるのか？　これはとても重要な問題です。次は、朝倉数学辞典に書かれていた論理記号の項目を抜粋してみます。

【論理記号】
　数学の命題を記述するために使われる記号を論理記号と呼ぶ。論理記号を用いて書かれた命題の否定などは、論理記号を機械的におきかえて得られるので、証明において有効なことが多い。論理記号としてよく使われるのは¬, ∧, ∨, ⇒, ∀, ∃がある。また、⇔, ∃！, あるいは∃$_1$も使われる。

　私は、「ならば」の論理記号を⇒の代わりに→を使うことにしています。

　「論理記号とは何か？」を定義するのは国語学者ではないでしょう。もし、国語辞典で定義するなら「これは論理記

号、それは論理記号ではない」と白黒をはっきりさせることが多いです。

　ある記号が論理記号であるか論理記号ではないかを明確に二分できないならば、「この記号は、こういう場面では論理記号だが、別の場面では論理記号ではない」と場合分けすることも必要になります。

　では、自然数1は論理記号でしょうか？　1を含む記号列は論理記号列となるのでしょうか？　実際には、あいまいなケースがたくさんあると思われます。そのとき、本当に命題なのかどうかの判断に迷います。もし1が論理記号でなければ、自然数論では論理記号をほとんど使用できなくなります。

　たとえば、⊥（矛盾）を論理記号として認めるかどうか、A⊢B（AからBが証明される）の⊢を、論理記号として認めるかどうか？　実際には、あいまいなところです。⊢という記号は、実は数学的な命題をうまく構成できません。

　また、nが無数に存在する場合、∀nという記号は「すべてのnについて（実無限）」とも読めるし、「任意のnについて（可能無限）」とも読めます。この2つの意味はまったく異なっています。

つまり、∀という記号は、論理記号としては不適切と考えられます。これによって、述語論理は大きく変わることになるでしょう。

論理記号の羅列（論理記号列）が命題になる場合と命題にならない場合があります。¬∧∨という3つの論理記号の組み合わせは命題ではありません。

命題かどうかの判断は、文法（論理記号の配列）で判断するのでしょうか？　それとも意味（理解できる内容）で判断するのでしょうか？　あるいは、これに変わる第三の方法があるのでしょうか？

◆　**論理式**

論理とは何でしょうか？　論理記号とは何でしょうか？　論理記号列とは何でしょうか？　論理式とは何でしょうか？　論理記号列と論理式の違いは、いったい何でしょうか？

これらは論理学で明確な定義しなければならない問題でしょう。もちろん、数学が論理を扱う以上は、数学辞典にもこれらの定義の記載が必要になります。

論理式は命題の一種と考えられます。ただし、論理式の中に意味不明の論理式もあるでしょうし、そもそも真偽が決定していない論理式は命題ではありません。

　形式主義では、数学的な手法を次の３つの順番に行なっています。

（１）数学理論の複数の仮定をすべて論理式で書き表す。
（２）推論規則に当てはめて、論理式を形式的に変形する。
（３）変形によって得られた論理式を結論とする。

　論理式は万能ではありません。たとえば、「数学という学問には矛盾が存在しない」を論理式で書くことができません。「実数は有理数と無理数に分類される」も、論理式で書くことができません。「直線と曲線は異なる」という命題も論理式で書くことができません。よって、「論理式は日常生活の言葉よりも厳密に命題を表現できる」という考えかたは成り立ちません。

　また、いかなる数学理論であろうと、その仮定をすべて論理式で書き表すことは不可能でしょう。ユークリッド幾何学ですら、定義、公理、公準、定理を完全に論理式で書き表すことはできません。

ところが、例外的にこれがＺＦＣ集合論では実行に移されました。ＺＦＣ集合論とは、次の9つの公理を持っている公理的集合論です。

（1）外延性の公理
　∀A∀B（∀x（x∈A⇔x∈B）⇒A＝B）
（2）空集合の公理
　∃A∀x（x∉A）
（3）対の公理
　∀x∀y∃A∀t（t∈A⇔（t＝x∨t＝y））
（4）和集合の公理
　∀X∃A∀t（t∈A⇔∃x∈X（t∈x））
（5）無限公理（無限集合の公理）
　∃A（φ∈A∧∀x∈A（x∪｛x｝∈A））
（6）べき集合の公理
　∀X∃A∀t（t∈A⇔t⊆X）
（7）置換公理
　∀x∀y∀z（(Ψ（x，y）∧Ψ（x，z））⇒y＝z）
　⇒∀X∃A∀y（y∈A⇔∃x∈XΨ（x，y））
（8）正則性公理
　∀A（A≠φ⇒∃x∈A∀t∈A（t∉x））
（9）選択公理
　∀X（(φ∉X∧∀x∈X∀y∈X（x≠y⇒x∩y＝φ））⇒∃A∀x∈X∃t（x∩A＝｛t｝））

難しい論理式が羅列されています。しかし、とても命題とは言えないような論理式もいくつか含まれています。

◆　ロバチェフスキー

ロシアの数学者ニコライ・イワノビッチ・ロバチェフスキーは「平行線は、無限のかなたで交わる」としました。では、次の3つはどのように違うのでしょうか?

（1）平行線は無限に交わらない。
（2）平行線は無限のかなたで交わる。
（3）平行線は無限のかなたでも交わらない。

ロバチェフスキーの主張は（2）です。では、（1）と（3）は間違いでしょうか?　さらに、この3つの主張を異なった論理式で書くことができるのでしょうか?

フランス出身の数学者であり建築家であったジラール・デザルグは、「平行線とは、その交点が無限遠にある2直線である」「直線とは、中心が無限遠にある円である」「直線の両端は無限遠でつながっている」という無限遠という概念を数学に導入しました。

そこで、「無限遠」を調べると、この用語は数学辞典には載っていません。載っていたのは「無限遠点」でした。また、ウィキペディアには次のように出ています。

　無限遠点とは、限りなく遠いところ（無限遠）にある点のことである。

　もう、この時点で私にはあまり理解できません。私たちは点の存在を認めています。それは「位置の存在」でもあるからであり、この「点」が数学に存在しないとなると、幾何学はまったく成り立ちません。ユークリッド幾何学ですら成り立ちません。

　2つの点をどんどん遠ざけて行きます。しかし、いつまでたっても2点の距離は有限であり、決して無限にはなりません。つまり、2つの点をお互いに無限に遠くに置くことはできません。これより、無限遠は存在しない位置と考えられます。点を無限に遠くに置くことができないのであるならば、無限遠点も存在していないかもしれません。

　現代数学は実無限が中心であり、無限遠点は実無限によって作り出された点です。

無限遠点も無限遠直線も実無限から成り立っている。

◆ ヒデの論理式

まずは簡単な真理表を書きます。

A	B	A→B
1	1	1
1	0	0
0	1	1
0	0	1

　この表からわかることは、Aが偽（0）のときはA→B
は真（1）です。日本語で書くと「Aが偽ならば、A→B
は真である」となります。これを論理式に変換すると次に
なります。

　$\neg A \rightarrow (A \rightarrow B)$

　この論理式を「ヒデの論理式」と呼ぶことにします。実
は、この論理式は数学の世界を変えてしまうほどの衝撃的
な内容を持っています。その内容とは次のようなものです。

Aが偽ならば、A→Bは真である。

これは次と同じです。

もしＡが真でないならば、「Ａが真ならばＢも真である」は正しい。

　では、ヒデの論理式を変形してみましょう。Ｉは恒真命題命題の記号です。

$$\neg A \rightarrow (A \rightarrow B)$$
$$\equiv \neg\neg A \vee (\neg A \vee B)$$
$$\equiv A \vee (\neg A \vee B)$$
$$\equiv (A \vee \neg A) \vee B$$
$$\equiv I \vee B$$
$$\equiv I$$

　これより、ヒデの論理式はトートロジーです。ゆえに、**ヒデの論理式はいつでもどこでも常に正しい**と考えられます。

　また、真理表を作成することによってもヒデの論理式がトートロジーであることを確認できます。

A	B	$\neg A \rightarrow (A \rightarrow B)$
1	1	1
1	0	1
0	1	1
0	0	1

トートロジーは、命題の内容とは無関係に、常に成り立ちます。ということは、Ａの内容とＢの内容は何でもかまわないということです。これより、次が言えます。

もしＡでないならば、「ＡならばＢである」は真である。このとき、ＡとＢの真理値は真でも偽でもかまわない。

まずはＢについて考えます。Ｂは真理値が何でもかまいません。これより、都合の良いＢを持ってきてもいいのです。ということは、Ｂの代わりに￢Ｂを代入してもいいことになります。これより、もっと具体的に次のように表現できます。

もしＡでないならば、「ＡならばＢである」は真であると同時に「Ａならば￢Ｂである」も真である。

◆　**ヒデの論理式とゼノンのパラドックス**

無限の定義は完結しないこと（完了しないこと、終わらないこと、でき上がらないこと）です。これより、無限の行為、無限の作業、無限の操作などは終わることがありません。また、無限の操作が終わってしまった後の結果としてのでき上がった状態というものも存在しません。

ゼノンのパラドックスにおいて、アキレスがカメに追いつこうとカメのいた地点に行きます。そのとき、カメは少し前に進んでいます。この行為は無限に繰り返されます。すると、アキレスがカメに追いつけないというパラドックスが発生します。

　このパラドックスを解決するために、数学は実無限を取り入れました。

【実無限による解決】
　無限が終わらないからアキレスはカメに追いつけない。だったら、無限を終わらせればいい。つまり、実無限（終わる無限、完結する無限）を用いるとパラドックスはすぐに解決できる。

　ここで、終わらない無限を終わったと仮定していることに注目します。このパラドックスを可能無限で解くために、次のような設定をします。

　A：無限（の繰り返し行為）は終わる。
　B：アキレスはカメに追いつく。

　実無限の立場では、A→Bを真の命題とみなしています。しかし、この論理は、実はもっと大きな論理構造の一部に

すぎません。それがヒデの論理式です。

$$\lnot A \to (A \to B)$$

これは、次のような内容を持っています。

　無限の行為が終わらないならば、「無限の行為を終わると仮定すれば、アキレスはカメに追いつける」は真である。

　もちろん、Bの内容は何でもかまわないのだから、次なる解釈も正しいことになります。

　無限の行為が終わらないならば、「無限の行為を終わると仮定すれば、アキレスはカメに追いつけない」

　実無限の世界は矛盾した世界だから、アキレスはカメに追いつけると同時に追いつけません。しかし、実無限に魅了されてしまうと、「追いつける」ほうにばかりに目を向けるので、後者の「追いつけない」というケースを忘れがちになります。

　こうして現在では「アキレスとカメのパラドックスは、極限の概念を用いた無限集合論で解決された」と思われています。

◆ ヒデの論理式と非ユークリッド幾何学

ヒデの論理式とは、次のようなトートロジーです。

$$\neg A \rightarrow (A \rightarrow B)$$

この論理式は次のような意味を持っています。

Aでないならば、「Aであると仮定するとBが成り立つ」

この論理式は、数学や物理学のパラドックスを拾い出すときに有用となります。今度は、ヒデの論理式を使って非ユークリッド幾何学の矛盾をあぶり出してみます。

円弧や大円は直線ではありません。これは、良識的な直観を持ってすれば誰でもわかります。つまり、「円弧を直線とみなす仮定」や「大円を直線とみなす仮定」は間違っている仮定です。ここで、次のように置きます。

A：円弧は直線である。
B：非ユークリッド幾何学が成り立つ。

これをヒデの論理式に代入します。

円弧が直線でないならば、「円弧を直線とする非ユークリッド幾何学が成り立つ」

　￢A→（A→B）が成り立てば、￢A→（A→￢B）も成り立ちます。つまり、次なる命題も真となります。

　円弧が直線でないならば、「円弧を直線とする非ユークリッド幾何学が成り立たない」

　これより、次なる結論が出てきます。

　円弧が直線でないならば、円弧を直線とする非ユークリッド幾何学は「成り立つ」と同時に「成り立たない」

　ここでも、前者ばかりが注目されがちになります。後者には意外性もなく、目新しいものを感じないから興味の対象にはならないでしょう。

◆　形式主義

　数学から直観を完全に排して、命題の内容をあまり考えず、単なる形式的な論理式ととらえる立場が形式主義です。そして、命題を記号の配列である論理式や数式に変換して、

推論規則にしたがって形式的な変形を繰り返すことが証明です。形式主義では、公理は真の命題とは言えず、定理も真の命題とは言えません。

A：仮定
A→B：証明
B：結論

形式主義は証明のみを正しいものとして信用し、仮定の正しさや結論の正しさを認めない。

たしかに、証明を一種の記号ゲームのように扱う形式主義は、方程式を解いたり微分や積分を行なったりするときには、その力を十分に発揮しています。しかし、論理式も数式も命題の一部にすぎず、その範囲を超えた領域では無力となるでしょう。

証明は論理演算という計算の一種ですが、計算は数学の一部でしかありません。証明と同程度に大切なのは仮定の正しさと結論の正しさです。

ユークリッド幾何学では、公理は直観で正しい命題と考えられてきました。しかし、非ユークリッド幾何が出現して以来、この考え方は捨てられてしまいました。形式主義

では、「公理はただの仮定にすぎない」と考えられるようになりました。ただの仮定とは、真であるか偽であるかがよくわからない命題のことです。

◆ 形式主義における命題

ヒルベルトの形式主義では、証明を「推論規則を用いた論理記号列の形式的変形」ととらえています。よって、形式主義における命題とは「論理式」のことです。これより、論理式で書き表せない命題は、形式主義では命題とみなされません。

たとえば、誰にでもわかる真の命題「円内の1点を通る直線は、円周と2点で交わる（これは実無限による文です）」を論理式で書くことができません。よって、これは形式主義では命題ではありません。

正しい数学を築くためには、命題と論理式を別個に考える必要があります。両者を一緒くたに論じることは矛盾の温床となるでしょう。

命題の意味がはっきりしていると、真理値が真か偽のどちらかに決定します。でも、論理記号の配列である論理式

は内容が空虚だから、意味がはっきりしていないことも多いです。これより、真とも偽ともいえない論理式があります。

　だからこそ、論理式という狭い視野で数学を語ることなく、命題としての言葉を大事にする必要があります。次のように（1）と（2）を置いてみます。

（1）数学では、証明以外の手段（すなわち直観）による真偽の決定も行なう。
（2）数学では、直観による真偽の決定を認めない。

　形式主義以前の数学は（1）でした。ヒルベルトは「真の命題は必ず証明できる」と信じていたようで、（2）の考えを持っていたようです。

　もし、このような考えかた（2）を数学に導入する場合、この（2）は証明されるのでしょうか？　もし、（2）の証明が存在しないならば、（2）は直観で置いたことになります。

「数学では、直観による真偽の決定を認めない」は、直観で置かれた仮定である。

「直観を使ってはならない」というルールを直観で置いた場合、このルールは自分にも適用されるので、（2）のルールは無効化されます。これは「貼り紙禁止」という貼り紙と同じです。

「張り紙」禁止という「張り紙」
「直観」禁止という「直観」

　私の直観は多くは外れます。しかし、直観には多くの人に共通している普遍的な直観があります。つまり、古今東西、老若男女に共通した**万人が共有できるような特殊な直観が**存在していると考えられます。

　人間の心の中には、決して「外れることがない直観」が存在している。

　他の公準や公理と同じく、平行線公準はまさにそのような自明の理でしょう。すべての直観を使用禁止にしたら、数学はもたないと思います。

◆　形式的な変形

　証明とは、ある命題から別の命題を導き出して行くすじ

みちのことです。しかし、次のような考え方もあります。

　証明とは、事前に認められた記号の配列すなわち論理式から、事前に認められた推論規則（記号の変形ルール）のみを用いて、ただ単に形式的に論理式を変形していく過程である。

　この考え方は、必ずしも正しいとは言い切れません。証明は、決して形式上の記号変形だけを行なっているわけではないからです。

　実際には、命題の意味を考えながら「意味による式の変形あるいは命題の変更」も頻繁に行なっています。記号を機械的に変形することは証明の一部でしかありません。

　まず、記号で表せない命題は、形式的な変形の対象にはなりません。たとえば「1は自然数である」という命題を論理式で書き表すことができません。この時点で記号配列の変形すなわち証明はアウトになります。

　また、ユークリッドの原論の第1公準「任意の点から任意の点へ直線を1本だけ引くことができる」ですら、論理式では書き表すことができません。よって、ユークリッド幾何学における証明は、論理式の形式的な変形の対象外に

なります。

　形式主義ではユークリッド幾何学をあつかえない。形式主義では、自然数 1 を基本とする自然数論されもあつかえない。

◆　拡張

　数学や物理学では「拡張」や「一般化」によって難問を解こうとする風潮が、ここ数世紀で流行しているようです。ニュートン力学を相対性理論に拡張したのもその例でしょう。

　速度の合成式を見ると、相対性理論における速度の合成式は、ニュートン力学におけるそれを含んでいます。よって、相対性理論はニュートン力学を拡張した理論であると思われています。

　また、ローレンツ変換の速度 v が光速度 c に対して十分に小さいと、ニュートン力学の数式に近づきます。よって、これからも相対性理論はニュートン力学を拡張した理論であると思われています。

しかし、実際には、相対性理論はニュートン力学を拡張した理論ではありません。それは、「数式の拡張」と「理論の拡張」の意味が根本的に違うからです。

　理論同士を全体的に眺めると、相対性理論の前提はニュートン力学の前提を真っ向から否定しています。

**　絶対時間の否定や絶対空間の否定は、ニュートン力学を根本から否定している。**

　よって、相対性理論はニュートン力学を拡張した理論ではありません。

**　相対性理論はニュートン力学を完全否定した理論である。つまり、相対性理論はニュートン力学を拡張した理論ではない。**

　ちなみに、「無限集合の濃度」は「有限集合の要素数」を拡張した概念です。拡張するときの心構えは、「この拡張は正しいのか？　それとも間違っているのか？」を考えることだと思います。

◆ 土地の拡張

　Aという土地がBという土地の一部ならば、AはBに含まれます。また、土地Aを拡張すると土地Bになります。

**「土地Aを拡張すると土地Bになる」と「土地Aは土地B
に含まれる」は同じである。**

　これを理論にも当てはめます。

**「理論Aを拡張すると理論Bになる」と「理論Aは理論B
に含まれる」は同じである。**

　しかし、いくら土地を拡張しても無限の面積を持った土
地にはなりません。よって、次なることが言えます。

　**有限の大きさを持った土地は、無限の大きさを持った土
地の一部ではない。**

　これは、集合にも当てはまります。いくら集合を拡張し
ても無限の要素を持った集合にはなりません。

　有限集合は、無限集合の一部ではない。

これより、｛1，2，3｝という有限集合は、自然数全体の集合の部分集合ではありません。

◆　一般化

拡張を繰り返していき、もうこれ以上拡張はできないという究極の状態になったとき、これを一般化と呼ぶことが多いようです。

拡張も一般化も抽象化をもたらすことがあります。数学と物理学が進んでいる方向も抽象化の傾向があります。

$$1 + 2 + 3 + \cdots + n = (1 / 2) \, n \, (n + 1)$$

上記の式は自然数を順番に加えていく場合の合計式です。一般化されているから、nがどんなに大きな自然数であろうと、計算は可能です。nが奇数でも偶数でも成り立ちます。

この式さえ憶えていれば楽です。「1から10まで足すと55になる」と個別に記憶する必要もありません。非常に強力な式です。

しかし、一般化も自ずと限度があるでしょう。たとえば、図形を多様体に一般化し、ベクトルをテンソルに一般化し、幾何学を高次元幾何学に一般化するのは、少しやりすぎのような気がします。

◆ 抽象化

数学は次第に抽象的になっていく傾向があります。では、抽象的とは何でしょうか？ 小学国語辞典で調べてみます。

【抽象的】
（1）ことなっているものから共通の点をぬき出して、1
　　つにまとめるようす。

xという性質を持っている具体的なAを考えます。Aからxを抜き出すことが抽象（または抽出）です。そして、x以外の性質を捨てるから、これを捨象といいます。抽象（ある性質を抜き出すこと）と捨象（残りの性質を捨て去ること）は同時に行なわれます。

A，B，Cに共通する性質xを抜き出します。これが「同じような性質を抜き出す」ということで「抽象する」といいます。

この抽象作業で得られた x を有する X が、A，B，C の抽象化です。この X を用いれば、A にも B にも C にも当てはまるので、大変便利です。全部をまとめて取り扱うことができることがあるし、その場合は個々についていちいち論じる必要がありません。

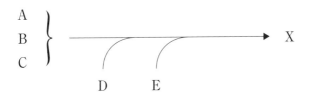

でも、抽象化の危険性は、同じ性質 x を持っている他の D や E も入り込んでくることです。つまり、**抽象化すると余計なものまで抱え込む**ことがあります。この余計なものが A，B，C と矛盾しないとよいのですが、もし矛盾すると、抽象化は矛盾化をもたらします。

抽象化と矛盾化は紙一重のことがある。

また、抽象的にはもう 1 つの意味も記載されています。

【抽象的】
（2）ばくぜんとしていて、意味がはっきりしないようす。

この代表が数学用語の無定義化です。定義をすれば意味が具体的になってはっきりします。しかし、定義をしなければ、意味があいまいになって抽象的になります。

◆　抽象的であるがゆえに

先日、テレビで司会者の質問にゲストが答える場面がありました。その司会者がゲストの答えに対して、次のようにいっていました。

「抽象的であるがゆえに間違いとは言えない」

出題された問いに対して答えるとき、具体的に答える場合と抽象的に答える場合があります。正解を具体的に答えられないとき、抽象的に答えるとその正解を含んでいることが多いので、減点されるとしても少し点数をもらえそうです。

試験問題を出されて解答を書くときも、具体的に書くと間違った個所をどんどん減点されます。しかし、抽象的に回答すると、「あながち間違いとは言えない」という結果を招くので、採点者も減点しづらくなります。

もちろん、「具体的なことは何も書かれていない。抽象的なことばかり答える受験生は、本当は何も理解していなのかもしれない」と疑われることはあります。

　この手法は様々な場面で生かされており、数学や物理学の正解を答えられないときに、学生が活用することもあれば、証明できない命題や説明できない現象を答えるとき、研究者がこれを用いることもあるかもしれません。これは、次のような安易な考えかたを誘発する危険性があります。

　数学や物理学の難問は、抽象化して解けばよい。

　10進法で考えます。「１＋１は２である」は具体的で正しい命題です。２に複素数を代入します。

「１＋１は複素数である」

　これは間違いではありません。抽象化すればするほど、たくさんの概念を含む（複素数はすべての実数を含みます）ようになり、間違う確率が少なくなります。

　ただ、これも度を超すと厄介になります。数学の難問を解くとき、できるだけ抽象的な概念を用いて解こうとすると、うまく行く代わりに最後は抽象数学に陥ります。これは一

見して「数学を発展させると必然的に抽象数学になる」という誤解を生みやすくなります。

　具体的に説明（証明）すると間違えることがありますが、抽象的に説明（証明）すると間違いを指摘されにくくなります。難問を解決するとき、概念を拡張して抽象化し、その難問を解こうとするのは要注意です。

　また、数学用語の無定義化は、抽象化の最たる状態とも考えられます。**直線を無定義にすると、直線は曲線も測地線もすべてを含むようになる**からです。その結果、測地線を直線と勘違いすることも出てくるかもしれません。

◆　矛盾

　矛盾とは「XはYである」という肯定文と「XはYではない」という否定文が同時に正しいことです。Xを省略して「Yである」と「Yではない」が同時に正しいこと、とする場合もあります。

　数学では、「Yである」を真とすると「Yではない」は偽になります。これより、矛盾とは「真かつ偽（正しくて間違っていること）」です。

太郎君が、数学の成績がよく、かつ、物理学の成績もよいならば、次の2つがいえます。

（1）太郎君は、数学の成績がよい。
（2）太郎君は、物理学の成績がよい。

矛盾が真かつ偽ならば、同じように次の2つが言えます。

（1）矛盾は真である。
（2）矛盾は偽である。

よって、ある理論から矛盾が出てきた場合、次の2つがいえます。

（1）矛盾が出てきた以上は、その理論は矛盾している。
（2）その矛盾は偽である。つまり、出てきた矛盾は、本当は正しくはない。よって、理論が矛盾しているとはいえない。

これが、「矛盾は真である」「矛盾は偽である」という「矛盾の性質」から出てくる水掛け論です。その一例が相対性理論で見られます。

（1）相対性理論からはパラドックスが出てくる。よって、

相対性理論は矛盾している。

（2）そのパラドックスは本物のパラドックスではない。相対性理論を詳しく勉強していないから、パラドックスではないにもかかわらずパラドックスだと勘違いしているだけである。

　矛盾している相対性理論の中では、この両方とも正しい主張として存在します。「相対性理論には矛盾が存在する」と「相対性理論には矛盾は存在しない」という水掛け論に陥ることこそが、矛盾が存在していることの1つの証拠でもあります。ニュートン力学では、このような論争は一度も起こっていません。「相対性理論にはパラドックスが存在する」と主張した学者は今までたくさんいましたが、「ニュートン力学にはパラドックスが存在する」と主張した人はいなかったようです。

◆　**矛盾の種類**

　矛盾にはいくつかの種類あります。ここでは、3つのケースについて考えます。

（1）理論の内部矛盾
　理論の内部矛盾とは、理論内に存在している論理的な矛

盾のことです。これは、理論内に「Aである」と「Aではない」が同時に真として存在しています。具体的な理論をあげると、素朴集合論の矛盾、公理的集合論の矛盾、非ユークリッド幾何学の矛盾、特殊相対性理論の矛盾、一般相対性理論の矛盾などです。これらの矛盾は理論内部から証明されることもあれば、証明されないこともあります。証明される場合は、次の背理法を形成します。

（2）背理法
　背理法は、真偽不明の命題Qを真の命題と仮定することによって、もっとわかりやすい別の矛盾を導き出し、その結果、仮定Qを否定する証明法です。背理法が成り立つということは、もともとQは偽の命題だったことになるから、結局は次のようになります。

　背理法とは、偽の命題Qを真の命題と仮定する（すなわち、矛盾した仮定を置く）ことによって、まったく別のわかりやすい矛盾を導き出し、その結果、「命題Qは偽の命題である」と結論する証明法である。

　この場合、「まったく別のわかりやすい矛盾」といってもどの程度までが別なのか、どの程度までがわかりやすいのか、そのはっきりとした境界線がありません。そう考えると、背理法もまた盤石な証明とは言えなくなります。

また、背理法には２つの欠点があります。１つ目の欠点は、自分では偽の命題を仮定に置いたつもりでも、それとは別の偽の命題によって背理法が成立している場合があることです。

　これによって、本当に否定すべき仮定を否定せずに、その代わりに別の仮定を否定してしまうことがあります。つまり、スケープゴートを生んでしまいます。

　対角線論法はその例です。対角線論法は「自然数全体の集合Ｎと実数全体の集合Ｒの間に１対１対応が存在する」という仮定から矛盾が証明された、と思われてきました。しかし、これはそうではありません。

　この仮定の背後に、もう１つの隠された別の仮定としての「実無限」が存在していました。対角線論法から出てくる矛盾が否定していたのは実は「ＮとＲの間の１対１対応」ではなく「実無限」のほうでした。

「ＮとＲの間の全単射」はスケープゴートである。

　２つ目の欠点は水掛け論です。せっかく背理法によって矛盾の存在を証明しても、それに対して矛盾した証明で切り返され、「それは真の矛盾ではない」と反論される場合で

324

す。この論法は、矛盾した理論を正当化するために使われることがあります。

　相対性理論からはたくさんのパラドックスが証明されて出てきます。その理由は相対性理論が矛盾しているからです。しかし、矛盾した理論内では矛盾した証明も使い放題だから、簡単に切り返されてしまいます。その結果、「これらのパラドックスは真のパラドックスではない」という主張までもが、まかり通ってしまいます。

（３）理論と現実のギャップ
　一方、物理学では数学には存在しない特殊な矛盾の概念があります。それは「理論と現実とのギャップ」です。たとえば、ある物理理論で計算した天体の位置が実際に観測した天体の位置とずれているとき、両者に矛盾がある（その物理理論は現実と矛盾している）といいます。

　このとき、次のような間違った思い込みに陥ることがあります。

　現実に観測した天体の位置はまぎれもなく正しい。だから、これと矛盾している物理理論は、間違った物理理論である。

実は、「理論による理論値」と「観測や実験による測定値」のギャップは、本当の矛盾ではありません。2つの数値の間の単なる隔たり———あるいはずれ———にすぎません。このずれを理論で説明できない限り、それは「理論の抱えた未解決問題」となります。決して、「理論の抱えている矛盾」ではありません。

　aとbを異なる数値とします。数値的な矛盾とは、「aである」と「bである」が同時に真になることです。たとえば、物理学で「理論Aで予測した値がaになるけれども、理論Bで予測した値がbになった」という場合です。この場合は、2つの数値が異なっているだけです。しかし、これを「理論同士が矛盾している」と表現する場合もあります。

　しかし、一般的には2つの異なる数値を矛盾しているとは言いません。このようなケースでは、科学では矛盾という単語を使わずに済ませることが普通です。たとえば、「3.00と3.14は矛盾している」という表現を使わず「3.00と3.14は異なる」といいます。

「理論の未解決問題」と「理論の矛盾」は異なる。

　どのような物理理論も未解決問題を抱えています。なぜ

ならば、すべての現象を説明できる万能の物理理論は、今のところ存在しないからです。物理学では、複数の物理理論がお互いの欠点を補う形で共存しています。

　したがって、未解決問題を矛盾と勘違いすると、「すべての物理理論は間違っている」というとんでもない結論が出てきます。「未解決問題を抱えた理論」と「矛盾を抱えた理論」は混同されやすいので注意が必要です。

◆　矛盾を証明できない

「矛盾が証明されない」あるいは「矛盾を証明できない」という表現は、数学でもよく使われています。しかし、この言葉は次の3つの意味を含んでいる多義語です。

（1）矛盾が存在しないので、**矛盾が証明されない**。
（2）矛盾が存在するけれど、その証明が存在しないので、**矛盾が証明されない**。
（3）矛盾が存在し、その証明も存在するけれど、人間サイドの証明力不足が原因で、その証明を見つけることができない。結果的に**矛盾が証明されない**。

　実際、矛盾を証明できない場合、その理由がこれら3つの

どれであるかを判断することは難しいでしょう。たとえば、今日でもゴールドバッハの予想からも、ゴールドバッハの予想の否定からも矛盾が証明されていません。その理由は上記のどれに該当するのか、なかなかわからないでしょう。

　多義語は意味が複数あるため、命題を構成できないこともあります。「非ユークリッド幾何学から矛盾を証明することはできない」は、現代数学では常識です。私は、その原因が（2）に該当すると考えています。

◆　矛盾はない

　現在、「平行線公理を真と仮定したユークリッド幾何学に矛盾はない」「平行線公理を偽と仮定した非ユークリッド幾何学にも矛盾はない」といわれています。この「矛盾はない」には、次の2つの意味があります。

（1）矛盾は（存在し）ない。
（2）矛盾は（証明され）ない。

　カッコの中を省略すれば、両者とも「矛盾はない」になります。これは、言葉を省略すると数学は容易に混乱した状態に陥る実例です。

平行線公理が命題であれば、平行線公理は真の命題か偽の命題かのどちらかです。よって、ユークリッド幾何学と非ユークリッド幾何学では、どちらかは「偽の命題を仮定に有する矛盾した幾何学」です。

　良識的に考えれば、平行線公理は真の命題です。よって、矛盾しているのは非ユークリッド幾何学のほうです。数学を厳密に展開する目的で「証明だけの数学を作ろう」とすると、良識的な考えかたを否定するようになります。その結果、非ユークリッド幾何学が矛盾している根拠が消え失せるので、成り立つようになります。

◆　矛盾の存在と矛盾の証明

「（理論の内部に）矛盾が存在している」と「（理論の内部から）矛盾が証明される」は、その言葉の意味からして異なっています。そこで、これら「存在」と「証明」の組み合わせを考えてみます。

（1）理論の内部に矛盾が存在しないので、その理論の内部から矛盾が証明されない理論
（2）理論の内部に矛盾が存在しないけれども、その理論の内部から矛盾が証明される理論

（３）理論の内部に矛盾が存在するが、その矛盾が理論の
　　　内部から証明されない理論

（４）理論の内部に矛盾が存在し、その矛盾が理論の内部
　　　から証明される理論

（１）と（４）は、ごく当たり前のことですから、特に問題
はありません。（２）の理論は存在しません。ただし、「証
明される」は「正しく証明される」の意味です。

　問題は（３）です。実は、平行線公理を否定した非ユー
クリッド幾何学が、この（３）に該当します。このように、
「矛盾が存在する」と「矛盾が証明される」には、意味上に
大きな差があります。

　しかし、この違いは記号を中心とする数学ではなかなか
わかりません。言葉の微妙な違いによる命題の相違は、日
常生活の言葉を大切にすることによって、ようやく発見す
ることができるからです。

◆　無矛盾

　今のところ、ユークリッド幾何学からは矛盾が証明され
ていません。非ユークリッド幾何学からも矛盾が証明され

ていません。

　現在の数学基礎論は「矛盾が証明されない理論」を「無矛盾な理論」と定義しています。だからユークリッド幾何学も無矛盾であるし、非ユークリッド幾何学も無矛盾であることになります。

　しかし、「平行線公理」と「平行線公理の否定」はお互いに矛盾しています。これより、「平行線公理からなるユークリッド幾何学」と「平行線公理の否定からなる非ユークリッド幾何学」もお互いに矛盾しています。よって、ユークリッド幾何学と非ユークリッド幾何学が同時に無矛盾であるということはあり得ません。少なくとも、どちらかは矛盾しています。

　この２つの幾何学のうち、より信頼性が高いのは大昔から語られてきたユークリッド幾何学です。よって、矛盾しているとしたら非ユークリッド幾何学でしょう。では、どこが間違っていたのでしょうか？　それは「矛盾している理論」の定義です。

　矛盾している理論の定義は「矛盾が証明されない理論」ではありません。「矛盾が存在しない理論」です。なぜならば、「矛盾が証明されない理論」の内容が１つではないから

です。

「矛盾が証明されない」は多義表現である。

　数学理論も物理理論も、ともに無矛盾であることが期待されます。その理由は、私たちが「数学の問題を矛盾した数学理論で解きたくはない」「自然界の現象を矛盾した物理理論で説明したくはない」という姿勢を持っているからです。次は、数学と物理学の理想の姿です。

　数学では、矛盾した数学理論で問題を解いてはいけない。物理学では、矛盾した物理理論で現象を説明してはいけない。

◆　無矛盾な数学理論の命題

　数学理論とその数学理論の扱う命題の関係を明確に定義します。そこで、次のように無矛盾な数学理論の命題を定義することとします。

　無矛盾な数学理論 Z の命題とは、次の4種類である。

（1）数学理論 Z の仮定

（2）（1）の否定

（3）数学理論Zの仮定からの証明が存在する命題

（4）（3）の否定

（3）の「証明」は「正しい証明」に限定します。これらによって作られる命題だけが、この数学理論Zの命題であるとします。（3）と（4）で行なわれる証明は直接証明だけはありません。背理法などの間接証明も含みます。

この定義だと、ある数学理論に関しては、**その数学理論に所属する命題とその数学理論に所属しない命題**があることになります。

【数学の扱う命題の分類】

（ⅰ）無矛盾な数学理論Zに含まれる命題

（ⅱ）無矛盾な数学理論Zに含まれない命題

（ⅰ）（ⅱ）ともに数学内に存在している数学上の命題です。

一方、矛盾した数学理論の命題を定義することはしません。それは、「矛盾した数学理論には命題が1個も存在しない」などの理由で、定義が難しいからです。

矛盾した数学理論に属する命題を定義することは困難で

ある。

◆ 有限である

　有限とは限りが有ることです。無限とは、限りが無いことです。よって、有限と無限は反対語であり、お互いに否定語です。

　しかし、これに「○○は」という主語がつくと事態は一変します。「○○は有限である」を否定すると「○○は有限ではない」になりますが、「○○は無限である」にはなりません。

「○○は有限ではない」 ≠ 「○○は無限である」

　たとえば、1点を通る直線の数は有限ではありません。しかし、これは「1点を通る直線の数は無限である」にはなりません。そもそも、この場合の数は自然数なので、「無限である」という述語をつけると自己矛盾してしまいます。

　無限は数ではないから、「1点を通る直線の数は無限である」は、文の意味を正確に解釈すると自己矛盾に陥っている。

有限ではないことを無限と言いません。また、「有限○○ではない」を「無限○○である」とすることはできません。

　たとえば、「○○は有限集合ではない」を、ただちに「○○は無限集合である」と言いかえることはできません。また、「○○は有限小数ではない」をすぐに「○○は無限小数である」にするとおかしくなってしまいます。

【間違った考え方の実例】
　$\sqrt{2}$ は有限小数ではないから、無限小数である。

◆　有限○○と無限○○

　数学では、数や図形が存在するかしないかを問うこともあります。「存在する」「存在しない」を簡単にいうと、「ある」「ない」です。「ある」と「ない」はお互いに否定関係にあります。これより、有限（限りが有る）と無限（限りが無い）はお互いに否定関係にあります。

　有限を否定すると無限になる。
　無限を否定すると有限になる。

　ここまでは問題はありません。問題となるのは有限○○

や無限○○という合成語を用いたときです。私たちは、「有限と無限はお互いに否定関係にある。だから、有限○○と無限○○もお互いに否定関係にある」と思い込んでしまうことがあります。

たとえば「有限個を否定すると無限個になる」と思い込むこともあります。しかし3個は有限個ですが、3個を否定しても無限個にはなりません。というのは4個かもしれません。

有限個を否定して、再び有限個になることがある。

また「有限集合と無限集合はお互いに否定関係にある。よって、Xが有限集合でなければ、Xは無限集合である」と思い込むことなどです。

しかし、これは正しくはありません。Xが｛1，2，3｝という有限集合ではないからといって、Xが無限集合であることを意味しません。｛1，2，3，4｝という有限集合かもしれません。

有限集合を否定して、再び有限集合になることがある。

また、有限小数の否定が無限小数ではありません。た

えば、1.000という有限小数を否定しても無限小数にはなりません。1.001かもしれません。

　有限小数を否定して、再び有限小数になることがある。

◆　有限と無限では言葉が違う

　数学においては、記号と同じように言葉も大切です。基本的な言葉の使い方を間違えた場合、それを無理に記号化すると、間違いの上に間違いを積み重ねてしまうことにもなりかねません。

　有限と無限では、使われる言葉に若干の違いがあります。無限に関しては「すべて」という単語は適切ではありません。無限に**作られる**対象物 x （無限に**存在する**対象物 x ではありません）については、「すべての x 」とは言わずに「任意の x 」という言葉を使うほうがよいでしょう。

　「すべての○○」は有限のケースに使い、無限を扱うときには「任意の○○」を用いる。

　すべての自然数…有限を論じるときに使う表現
　例）　1から n までの「すべての自然数」

任意の自然数…無限を論じるときに使う表現

例）１よりも大きな「任意の自然数」

◆　モノとコトの比較

　無限とは、果てしなく続くモノではなく、**果てしなく続くコト**です。モノとコトは物事（モノゴト）として一緒に語られることが多いですが、言葉の意味に微妙な違いがあります。

【物事】物と事。もろもろの物や事柄。

　たとえば、｜１｜，｜１，２｜，｜１，２，３，｜，…はモノですが、｜１，２，３，…｜はコトです。両者は「終わったモノ」と「終わらないコト」の違いがあります。

　現代数学では「有限よりも無限のほうが大きい」という考えかたが一般的です。そのため、「すべての自然数の集合」からいつでも「任意の自然数の集合」を取り出せるとされています。たとえば、下記のように…。

　｜１，２，３，４，…｜から｜１，２，３｜を取り出す。

これは、次のような包含関係が成立していると思われているからです。

$$\{1, 2, 3\} \subset \{1, 2, 3, 4, \cdots\}$$

　同じように、無限大の長さの直線からいつでも任意の長さの線分を切り出せると思われています。これも次のような包含関係が成立していると思われているからです。

　　有限長の線 ⊂ 無限長の線

　しかし、「無限は有限よりも大きい」は、正しい考えかたではありません。これより、次が結論されます。

{１，２，３}は自然数全体の集合Ｎの部分集合ではない。

　また、「長さ１の線分」は「無限大の長さを持つ直線」の一部ではありません。

　物事を明確にするために、あえて物事を物（モノ）と事（コト）に分けてみます。有限はモノとして存在し、無限はコトとして存在しています。

　モノとコトは異質であり、同じ土俵に乗せて大きさを比

較することができません。よって、次なる3つの考え方も正しくはありません。

（1）｛1，2，3，4，…｝は｛1，2，3｝よりも大きい。

（2）無限の長さの直線は、長さが有限の線分より長い。

（3）無限小数3.141592…は有限小数3.14よりも大きい。

◆　有限の拡張

現代数学における自然数全体の集合Nを考えます。Nは次のように書かれます。

N＝｛1，2，3，4，5，…｝

この集合は、｛1，2，3｝や｛4，5，6｝などの自然数の有限集合をすべて含んでいます。だから、私たちは無意識のうちに、「有限を拡張すると無限になる」つまり「有限は無限の一部である」と思い込んでいます。しかし、この考えかたそのものが正しくはありません。

有限（限りが有る）と無限（限りが無い）は、お互いに否定関係にあるので、無限は有限を拡張したものではあり

ません。よって、有限集合を拡張しても無限集合にはなりません。

無限集合論は、有限集合論を拡張したものではない。

また、無限小数は有限小数を拡張した数ではありません。

◆　有限と無限の比較

　有限集合同士は、その要素数によって「大きい」「等しい」「小さい」が判断できます。しかし、有限と無限は異質な存在であるがゆえに、この２つの大きさを比較することはできません。

　たとえば、３秒と４リットルは異質であるがゆえに、大きさの比較は不可能です。有限と無限の間にも比較不可能な高い壁が存在しています。

「有限の大きさ」と「無限の大きさ」を比較できない。

　つまり、どちらが大きいとか、どちらが小さいとかは言えません。そのため、「無限集合は有限集合よりも大きい」という考えかたは正しくはありません。

有限集合と無限集合の大きさを比較することができない
ならば、無限集合同士の大きさを比較することはもっとで
きません。

無限集合には、濃度の大きさによる階層など存在しない。

「無限小数の桁数は有限小数のそれよりも多い」という考
えかたも正しいとはいえず、「無限数列の項数は有限数列
の項数よりも多い」が正しいとはいえません。

　もしこれを無理に「いえる」と仮定すると、次の不等式
が成立するようになります。

$n < \infty$　　　　　　n：任意の自然数

$-\infty < x < \infty$　　　　x：任意の実数

　実際には、上の2つの不等式は正しくはありません。

◆　無限にある

「リンゴが3つある」と「リンゴが3つ存在する」は同じ
です。「自然数が無限にある」と「自然数が無限に存在す
る」も同じような印象を受けます。しかし、有限と異なっ

て、無限には２つの解釈が発生します。

無限の解釈その１：
「自然数が無限に存在する」とは「自然数を無限に作り出している最中である」という意味である。これを、可能無限による解釈と呼んでいる。

無限の解釈その２：
「自然数が無限に存在する」とは「自然数を無限個、作り終わった状態になっている」という意味である。これを、実無限による解釈と呼んでいる。

　有限の「ある」の解釈は１つであり、矛盾の発生することは少ないです。しかし、無限の「ある」の解釈は、可能無限に実無限も加わって、１つが２つがに増えるため、矛盾が発生することがあります。

　有限…矛盾が発生することは少ない。
　無限…矛盾が発生しやすくなる。

◆　無限

　無限の定義は、「限りが無い」であり、それをもっと詳し

く述べると「終わりが無い」「行き止まりがない」です。それゆえに「完結しない」「完成しない」「でき上らない」という結果をもたらします。

　自然数は無限に存在しています。これは、自然数を作る作業に終わりがないということです。このように、**終わりがないことや完結しないこと**を無限と呼んでいます。

　無限＝限りが無い
　　　＝終わりがない

　無限の性質＝完結しない
　　　　　　＝完了しない
　　　　　　＝完成しない
　　　　　　＝でき上がらない

　無限についての結論＝完成した状態は存在しない
　　　　　　　　　　＝でき上った状態が存在しない

　よって、すべての自然数をでき上がった状態にすることは不可能です。これより、「すべての自然数を含んでいる無限集合」はでき上がりません。また、小数点以下のすべての桁が決定し終わった「完成した無限小数」も存在しているとはいえません。

無限小数は完成した実数ではない。

これより、「無限小数」と「実数」は一致しません。

◆　名は体を表す

「名は体（たい）を表わす」といいます。

　　たい【体】からだ。身体。ものごとの**本質**。実体。
　　てい【体】外から見た有り様。**みせかけ**の様子。

　原則として、ある概念に名前をつける場合、そのものの
本質をそのままつけるのが素直な命名です。

　人間は昔から、ものごとに応じて（本質を表わすよう
に）名前をつけてきました。無限も同じです。「無限」とい
う名前は「限りが無い」という本質を表しています。つま
り、「終わりが無い」「完了しない」「完結しない」「完成し
ない」という意味です。

「完成しない」ならば「でき上がらない」と考えるのが自
然です。つまり、無限の本質は「完成した状態はあり得な
い」です。

「無限」という言葉から出てくる結果は「完結した状態はあり得ない」「完成した状態は存在しない」である。

　これより、無限小数は完成しないし、無限集合は完成しません。つまり、完成した0.999…という無限小数はあり得ず、完成した自然数全体の集合｛1，2，3，4，…｝は存在しません。

「無限の要素数を含んだ集合」「小数点以下に無限桁を持った小数」などは、無限の定義からしてあり得ない。

　また、無限の長さを持った直線も、無限の広さを持った平面も、無限の大きさを持った空間も完成しないので、幾何学では存在できません。

　無限に関していえるのは「増える」「伸びる」「広がる」「大きくなる」逆に「小さくなる」「減る」などの**終わりがない変化**です。変化し終わると有限になりますが、変化し終わらない限りは無限です。

　また、「数学や論理学や物理学に矛盾が存在しないこと」は無矛盾律（矛盾が存在しないというルール）と命名したほうがよく、これを矛盾律と命名すると「名は体を表わす」に反します。

346

◆ アリストテレス

　無限を考えると、いつもおかしなことが起こります。これは昔からわかっていました。これを解決するために紀元前3世紀にアリストテレスは巧妙な手段を用いました。それは、無限に対する考えかたを「可能無限」と「実無限」の2つに分類したのです。

　可能無限は、限りなく増大して行く過程的な無限（動的な無限）です。それに対して、**実無限は限りなく増大してしまった究極的な無限（静的な無限）**です。

　そしてアリストテレスは、「厄介な問題を引き起こす無限は、すべて実無限から出てくる」ということを見抜きました。アリストテレスが行なったこの可能無限と実無限の分類は、長い間、正統なものとされてきました。

　13世紀の神学者トマス・アキナスは、実無限の存在は不可能であると述べています。19世紀最大の数学者であるガウスは、友人に次のような手紙を送っています。

　「完結されているかのようなあなたの無限の使用（数学における実無限の導入）に、私は猛烈に抗議しなくてはならない。数学の世界では、これは決して許されるものではな

いからだ」

　つまり、ガウスはアリストテレスと同じく「可能無限は問題ないが、実無限には問題がある」と考えていました。しかし、どうして実無限に問題があるのか、2300年もの長い間、誰もその謎を解明できませんでした。

　この場合の「実無限の問題」とは「実無限から発生するパラドックス」のことです。では、どうして実無限からパラドックスが出てくるのでしょうか？

　このメカニズムがよくわからないまま、やがては実無限が次第に勢力を伸ばしてきて、可能無限を数学の隅っこに追いやってしまいました。そして、今では次のような実無限が数学の主流を占めています。

　直線とは、点が無限個集まったものである。（それだけではない。1点を除くすべての図形は点の集合である）

　1つの点も図形ですが、これは1要素集合であり、無限集合ではありません。（要素が1つしか存在しない集合を1要素集合と呼んでいます）

　幾何学と集合論を結びつけるのは、現在ではこの「いか

なる図形も点の集合である」という実無限の概念にあります。可能無限の立場からすれば、図形は点の集合ではありません。また、次なる内容も実無限による主張です。

　実数とは、小数点以下のすべての桁の値が決まってしまった無限小数である。（実数と無限小数の同一視）

　そして、現代数学は無限集合や無限小数などへの依存なくして成り立たない状態にまで陥っています。しかし、あまり実無限に頼りすぎると、そこから脱却するのは容易ではなくなります。

　実無限は、可能無限よりもはるかに多くの証明ができます。そして、可能無限よりも数多くの難問を解決してきました。これは昔から気がついていたことであり、この性質を利用して、やがては現代数学の中心に位置するようになりました。今では「実無限から構成されている無限集合」と「実無限から構成されている無限小数」が数学を支えています。

　一方、現代数学から可能無限が一掃されたわけではありません。いまもなお、「数学の中心に鎮座している実無限」と「隅っこに追いやられた可能無限」が混在しています。

哲学ではこの2つを区別していますが、数学では両者を無限という一語でくくる傾向があります。

　ちなみに、無限は実無限と可能無限には分類されません。なぜならば、実無限は本当の無限ではないからです。

**　無限観（無限に対する考えかた）は実無限と可能無限に分類される。しかし、無限は実無限と可能無限には分類されない。**

◆　2つの無限

　無限の定義は「終わらないこと」「完了しないこと」「完結しないこと」です。この本来の無限を可能無限と呼んでいます。それに対して、完結する無限を実無限といいます。

　では、実際に次の式を用いて、可能無限と実無限を比較してみます。

　　（1／2）＋（1／4）＋（1／8）＋（1／16）＋…＝1

　左辺では、項が無限に増え続けています。この無限を終わらない無限と解釈すると、上の式は次のような意味を持

ちます。

左辺の各項を限りなく足し続けると限りなく1に近づく。

この場合の等号である＝は「等しい」という意味ではなく「限り無く近づく」という意味です。つまり、等号の援用（等号という記号を借りている）といえます。

それに対して、次のように言いかえることができます。

左辺の各項を限りなく足し続けるときに限りなく近づく値は1である。

このように言葉を少し変えるだけで等号が成立するようになります。これは一種の言葉のマジック、あるいは言葉のあや（文章などの表現の技巧）ともいえます。

それに対して、左辺の無限を終わる無限と解釈すると、上の式は次のような意味を持つようになります。

左辺の項をすべて足し合わせると1になる。

現代数学は実無限から成り立っている実無限数学であり、「左辺の項をすべて足し合わせると、最終的に左辺が右辺に

等しくなる」を主として採用しています。

◆　無限観

「無限」と「無限観」は異なります。無限観は無限に対する考えかたです。私の無限観は実に単純です。

「いくら繰り返しても、決して終わらないコト（変化）」が無限である。

　このタイプの無限を（実無限と区別するために）可能無限あるいは仮無限と呼んでいます。それに対して、次なるものが実無限と呼ばれているものです。

「無限に繰り返した結果、とうとう最後に手に入れることができたモノ」が実無限である。

　別の言いかたをすると、無限という決して終わらないはずのコトを無理に終わらせたモノが実無限です。

　可能無限は終わらないからモノ扱いはされません。しかし、実無限は実体のあるモノとして扱われます。

可能無限…決して終わらないコト
実無限…もう終わってしまったモノ

可能無限はコトであり、実無限はモノである。

　終わらない無限を終わったと仮定する（最後の対象がないにもかかわらず、最後の対象があると仮定する）のが実無限の正体であり、そのため、実無限を数学に取り入れるとパラドックスがたくさん発生します。素朴集合論からもたくさんのパラドックスが出てきました。

　そして、何ごとも終わらせるためには、最後の段階を必要とします。**最後が訪れた瞬間に無限が終わったといえる**からです。

　無限集合でいうならば、無限集合を完成させるためには集合内に投入した最後の要素としての「最終要素」が必要です。

　また、無限小数でいうならば末尾の桁に書き終わった最後の数字です。無限小数を完成させるためには「最終桁を書き終えること」が必要です。

　でも、実無限では、これら（最後の要素や最後の桁）を

はっきりさせることはできません。

◆ 可能無限

ここで、改めて無限と有限を調べてみます。

【有限】限度・限界のある**もの**。
【無限】限りがない**こと**。どこまでも続く**こと**。

無限とはその字のごとく、**限りの無い**ことです。限りがないとは、終わりがない、完了しない、完結しない、それゆえに完成しないことです。可能無限とは、このタイプの無限のことであり、可能無限は無限本来の正しい無限です。

これに対して、実無限とは「終わった無限」「完了した無限」「完結した無限」そして「完成した無限」です。

可能無限は「無限に続く変化」を認めますが、無限そのものが実体として存在することを認めていません。たとえば、0.999…と無限に9が増えていくことを認めますが、9が1つ増えるごとに、それぞれが有限小数です。無限の桁数をもった0.999…という無限小数は認めません。

【可能無限では、下記の無限数列を認める】
　0.9,　0.99,　0.999,　0.9999,　…

【可能無限では、下記の無限小数を認めない】
　0.999…

　直線も同じであり、可能無限の幾何学では直線の長さは常に有限であり、無限の長さを持った直線を直線とは認めていません。可能無限の認めるところは、直線を無限に伸ばすという操作です。これは、ユークリッドの書いた原論でしっかり確認することができます。

　ところが、実無限の幾何学では「最初から無限の長さを持った直線が存在する」ことを認めています。これは、「直線を伸ばす」という無限の操作が完了した直線であり、終わらない無限を終わったとしている「矛盾した直線」です。

　両端が存在しない無限長の直線は矛盾した直線であるがゆえに、正しい数学では直線として認められない。

◆　**実無限**

　実無限とは、「無限に作られる」あるいは「無限に存在す

る」ものを、１つのまとまりとみなす考えかたです。実無限の歴史は古く、紀元前にまでさかのぼります。

　古代ギリシャ時代では、実無限は矛盾の温床として忌み嫌われていました。実際、ユークリッドは原論から実無限を徹底的に排除しています。可能無限による原論を世に送り出して、ユークリッド幾何学は構築されました。その後、可能無限が数千年にわたる数学の歴史を作り出しています。

　その間、実無限はくすぶり続けていただけでした。しかし、現代数学は実無限一色です。そのきっかけを作ったのがカントールであり、それを前面に打ち出したのがヒルベルト、その後継者がフォン・ノイマンやゲーデルでした。数学史をみてみると、本格的な実無限は１世紀ちょっとしか歴史はありません。

　フランスの数学者ポアンカレは次のように言っています。

「実無限は存在しない。私にとってはこの問題には疑問の余地はない」

「存在」は数学においても重要な問題です。私は次のように考えています。

実無限は（正しい概念としては）存在しない。しかし、実無限は（間違った概念）として存在する。

　カッコ内を省略すると「実無限は存在しないが、実無限は存在する」となり、矛盾した内容に変わります。言葉の省略は現代数学と現代物理学にも大きな影響を与えているかもしれません。

　数学は「実無限とはこういう意味である」という明確な定義を避けています。権威ある分厚い数学辞典でも、「無限とは何か？」「実無限とは何か？」「可能無限とは何か？」を明確に示していません。

　実無限と可能無限は微妙に異なっています。しかし、今の数学では、その違いを明らかにすることはできません。なぜならば、実無限と可能無限を別々の数学記号で表したり、別々の論理式で表したりすることが不可能だからです。

　実無限と可能無限を区別できるのは、今のところ、言語（日本では日本語）だけでしょう。そのため、無限の謎に迫るためには、数学記号や論理記号や論理式から一時的に離れることも必要になります。

　そこで、可能無限と実無限の言葉の相違を比べてみます。

可能無限では「無限に大きくなる」という変化、あるいは動的な表現を用います。実無限では「無限に大きい」という停止状態、あるいは静的な表現を用います。これは「無限に大きくなる」という可能無限が終わった状態です。この無限に大きいことを昔から「無限大（∞）」と呼んで、数学でも頻繁に使用しています。

　自然数に関しても、可能無限と実無限では大きく異なります。自然数を１，２，３，４と増やしていく場合、可能無限では「無限に増える」という変化、あるいは動的な表現を用います。

　でも、実無限では「無限に増えてしまった」という停止状態、あるいは静的な表現を用います。これは「無限に増える」という可能無限が終わった状態です。この無限に増えてしまったことを昔から「無限個」と呼んで、数学書でも頻繁に使用しています。

　実無限は、可能無限がすっかり終わった状態である。

　では、線の上に乗っている点の数を、可能無限と実無限の表現で比較してみます。

【可能無限による表現】
　数直線上の異なる2点間には点が無限に存在する。
【実無限による表現】
　数直線上の異なる2点間には無限個の点が存在する。

　このように、可能無限と実無限は、日本語が微妙に異なっています。「個」が入るか入らないかによって、意味ががらりと変わります。「無限に」は可能無限ですが、「無限個」は実無限です。

　無限そのものを1つの完結した存在（終わってしまった無限）として認めることが実無限の立場です。完結した存在としての無限とは、短くいうと「完結した無限」です。本来、「完結しない無限」が数学における真理です。それを完結するとみなした「間違った仮定」が実無限です。

◆　忌み嫌われていた実無限

　実無限とは「無限が完結したもの」です。「完結した無限」としての実無限には語義矛盾があり、初めから自己矛盾を抱えている存在です。そのため、古代ギリシャ時代から実無限は忌み嫌われていました。

無限大は実無限の代表です。ユークリッドは、己の作った幾何学に実無限を取り入れませんでした。ユークリッドと同じような時期に活躍したアリストテレスは「実無限はおかしい」と考えていました。

　それにもかかわらず、数学に無限大が導入され、∞という記号が数学に定着しました。無限大に続いて無限小や無限小数の導入と、目まぐるしく数学の歴史は変わり始めました。無限大と無限小という２つの実無限はじわりじわりと数学に浸透し、可能無限を次第に数学の隅っこに追いやります。

　そして、あることがきっかけとなって実無限は数学の首座を占めました。そのきっかけとはカントールの対角線論法です。これによって、無限集合論が誕生しました。

対角線論法がなければ、無限集合論は生まれなかった。

　対角線論法は無限集合論の要です。対角線論法を失うと、無限集合論は存続が難しくなります。

◆　もし無限が終わったら

次は無限数列 ｜n｜ です。

｜n｜ ＝ 1，2，3，4，…

無限数列 ｜n｜ は、いつまでたっても終わらないので可能無限です。

それに対して自然数全体の集合Nは、この各項をひとまとめにして含んでいます。両脇を ｜　｜ というカッコでくくったのがその意味です。

N ＝ ｜1，2，3，4，…｜

自然数全体の集合Nの解釈には2つあります。

（1）Nを可能無限として扱う。
（2）Nを実無限として扱う。

（1）の場合は「自然数全体の集合」は「自然数という概念」と同じ意味です。しかし、（2）の場合はまったく事情が異なります。実無限では無限をいったん終了させています。つまり、「終わるはずのない無限が、もし終わったら

…」と仮定しています。この仮定自体が正しくはありません。

◆　矛盾した無限

N＝｛1，2，3，4，…｝

このNは、自然数全体の無限集合です。実無限は完結した無限だから、無限にある要素をすべて作り終えなければなりません。そして、空集合に1から順番にすべての自然数を放り込むという操作を終わらせないと、完結した自然数全体の集合Nはでき上りません。

でも、無限であれば最後の要素は存在せず、完結した実無限であれば最後の要素が存在しなければなりません。つまり、実無限による自然数全体の集合は矛盾した無限集合です。

【無限集合の二面性】
（1）無限集合には（無限であるがゆえに）最後の要素はない。
（2）無限集合には（終わってしまった集合であるがゆえに）最後の要素がある。

ここで、次なる言葉を検討します。

　実無限とは、矛盾した無限である。

　言葉は重要であり、この文の形容詞を余計なもの（本質にかかわらないもの）と考えて省略すると、「実無限とは、無限である」となって、実無限は無限の仲間入りをしてしまいます。そのため、より正確な表現を心がけるようにすると、省くのは「矛盾した」ではなく「無限」のほうだと分かります。

**　実無限は矛盾している。**

　これがもっとも本質に近いといえるでしょう。ただし、次の内容を論理式で書き表すことはとても困難でしょう。

「実無限は矛盾した無限である」は語義矛盾に陥る可能性があるから、「実無限は矛盾している」とシンプルに表現したほうがよい。

　これは、形式主義による命題表現の限界を示しています。

◆ 実無限から構成されているもの

現在、実無限から構成されているものはいくつかあります。

これらは実無限がないと存在できないもの、あるいは認められないものと考えられます。

無限長の長さを持つ直線、無限個の要素を持つ集合、小数点以下に無限桁を持つ小数などは、すべて「終わった無限としての実無限」から成り立っています。もし数学から実無限を排除するならば、これらの概念を今後、使わないで数学を展開する必要がありそうです。

◆　数学辞典と物理学辞典

　実無限にもとづいて構築されている現代数学は、実無限をどのように定義しているのでしょうか？

　数学小辞典（共立出版）には「実無限」の項目がありません。「可能無限」の項目もありません。それだけではなく、「無限」の項目もありません。「ム」の項目はいきなり「無限遠直線（実無限で作られる概念）」から始まっています。

　岩波数学辞典第4版（岩波書店）にも、「無限」「可能無限」「実無限」の項目は存在せず、この3語を特に区別しないで用いられています。

　朝倉数学辞典（朝倉書店）にも、同様に「無限」「可能無限」「実無限」の項目はありません。「可算無限と非可算無限」という項目はありますが、これも実無限で語られています。

　現代数学小辞典（ブルーバックス）にも、「可能無限」「実無限」の項目は記載されておらず、「無限とは何か？」についても論じられていません。

　これは、物理学辞典にいえることです。物理学のいたると

ころでも無限が登場するので、物理学は無限と無縁な学問ではありません。ちなみに、新物理学小辞典（ブルーバックス）には無限の項目はありません。ペンギン物理学辞典（朝倉書店）にも「無限」「実無限」「可能無限」の記載はありませんでした。

　量子論を数学的に支えているのは無限次元のヒルベルト空間だとされています。この無限次元は、可能無限でしょうか？　それとも、実無限でしょうか？

◆　可算と非可算

「自然数には、自然数の番号がつけられる」というのは正確な表現ではありません。すべての自然数ができ上らない以上、すべての自然数に番号を完璧につけ終わることはあり得ないからです。

「数えることができる」と「並べることができる」は同じです。そこで、「数えることができる」だけに絞って話を展開して行きたいと思います。「数えることができる」つまり「数えられる」は、2つの意味を含んでいます。1つ目の意味は「数え続けることができる」です。

【数えられる＝数え（続け）ることができる】
　自然数は1から順番に無限に数え続けることができます。この解釈だと「自然数は数えられる」となります。

「自然数は数えられる」は真の命題である。

　2つ目の意味は「数え終えることができる」です。

【数えられる＝数え（終え）ることができる】
　すべての自然数を数え終えることはできません。この解釈だと「自然数は数えられない」となります。

「自然数は数えられない」は真の命題である。

　しかし、これを強引に数え終えることができると解釈したのが実無限です。

　実無限を用いると「自然数全体の集合N」は可算集合となり、「実数全体の集合R」は非可算集合となります。実無限では、可算集合も非可算集合も別個の存在として認めています。それに対して、可能無限では可算と非可算の違いはありません。

　次は現代数学の考え方です。

自然数はいくつあるか？→可算無限個

有理数はいくつあるか？→可算無限個

無理数はいくつある？→非可算無限個

実数はいくつあるのか？→非可算無限個

有理数と無理数ではどちらが多いか？→無理数

実無限の世界では、無限集合を可算集合と非可算集合に分類することができます。しかし、実無限そのものが矛盾しているため「有理数よりも無理数のほうが多い」という考えかたも正しくはありません。

また、実無限を用いた区間縮小法と対角線論法も数学的な証明としては正しい証明とは言えません。よって、対角線論法を用いているゲーデルの不完全性定理の証明も無効化されます。

◆　通過

長さ1の線分上には、無限の点が存在しています。つまり、無限個の点が存在しています。

上記の文章の前半はよいとして、後半は正しくはありません。というのは、「無限に点が存在する」と「無限個の点

が存在する」は意味が異なるからです。

　無限に存在する…可能無限（存在し終わらない）
　無限個存在する…実無限（存在し終わっている）

　記号を優先する数学では、この違いを明らかにすることはできません。つまり、言葉を使わなければ、可能無限と実無限の違いを明らかにできません。この場合は記号よりも言葉の方が優れています。

　では、長さ1の線分上の端から端まで点Pが通過する場合を考えます。通過し終わったとき、次の2つが想定されます。

　Pは線分上の任意の点を通過した…可能無限
　Pは線分上のすべての点を通過した…実無限

　可能無限と実無限の言葉の使いかたは微妙に違います。「任意の点」は可能無限による表現であり、「すべての点」は実無限による表現です。そして、可能無限と実無限には次のような違いが見られます。

　完結しない無限＝可能無限
　完結している無限＝実無限

「無矛盾な可能無限」と「矛盾した実無限」の違いを明確に示すことができるのは、やはり正しい言語の使いかたです。つまり、無限集合論の矛盾を理解するためには、難しい論理式を駆使することよりも、正しい日本語を用いることのほうが大事です。

◆　不適切な無限

　カントールは、可能無限を「不適切な無限」と呼びました。もしかしたら、完成しない無限は中途半端であり歯切れが悪く、とても満足できない印象を受けたのかもしれません。

　カントールにとっての適切な無限、つまり理想的な無限は、あくまでも完成した無限です。おそらく、完成した状態の無限だけが本当の無限———真無限———だと信じていたような気がします。

【カントールの無限思想】
　実無限…真無限＝本当の無限
　可能無限…仮無限＝仮の姿をしたうその無限

　この考えかたはヒルベルトに受け継がれ、さらにはフォ

370

ン・ノイマンに受け継がれ、そしてゲーデルに受け継がれて今日まで続いています。

でも、言葉の正しい定義からすれば、本当の無限は可能無限のほうです。「完結しないものは完結しない」「完成しなければ、完成した状態にはなり得ない」は永遠の真理でしょう。

◆　無限そのもの

無限とは、限りが無いことです。何の限りかというと「変化すること」であり、具体的にいうと「増加する」あるいは「減少する」などの変化に限りが無いことです。

無限とは「変化に終わらないこと」「変化が完結しないこと」である。

ところで、「可能無限は、無限そのものを扱っていない（可能無限は無限そのものから逃げている）」と評価されることがあります。では、「無限そのもの」とはいったい何でしょうか？

【そのもの】

　名詞または形容動詞の語幹の下に付けて、上の語の意味を強調する気持ちを表す語。まぎれもなくそのようであること。それ自身。

「そのもの」は直前の語を強めていますが、強めるだけでなく、意味が少し変わることがあります。無限とは完結しないコトです。しかし、「無限そのモノ」はコトとしての無限を「実体を持つモノ扱い」にしています。

「そのもの」は、コトのモノ化作用がある。

「可能無限では、無限そのものを認めていない」というご指摘はその通りであり、可能無限は**無限そのモノ**を認めていません。しかし、**無限そのコト**は認めています。

◆　有限と無限の合成物

「有限」という単語を分解してみます。

　　有限＝有＋限
　　　　＝「限り」が「有る」
　　　　＝終わりが有る

＝完了する

　　　＝完結する

次に、「無限」という単語を分解してみます。

無限＝無＋限

　　　＝「限り」が「無い」

　　　＝終わりが無い

　　　＝完了しない

　　　＝完結しない

有限は完結しますが、無限は完結しません。では、この2つを合体します。

有限＋無限＝限りが有る＋無限

　　　　　　＝完結する＋無限

　　　　　　＝完結する無限

　　　　　　＝実無限

これからわかることは、実無限とは「有限と無限を合体させたもの」だということです。

実無限の正体は、有限と無限の合成物である。

◆ 無限は有限を含まない

　有限（限りが有る）と無限（限りが無い）はお互いがお互いを否定し合う関係です。そのため、無限が有限を含むことはありません。自分が否定している相手を自分の中に含めると、自分自身が矛盾してしまうからです。これより、次なることが言えます。

**　無限集合は有限集合を含まない。**

　無限集合が有限集合を含まなければ、理論としても含みません。

**　無限集合論は有限集合論を含まない。**

　ＢがＡを含まないならば、Ａを拡張してもＢにはなりません。

**　有限集合論を拡張しても無限集合論にはならない。**

　有限と無限は異なる概念であり、連続的に移行できるような仲の良い間柄ではありません。よって、有限を拡張しても無限にスムーズに移行することはありません。

有限と無限の間には、決して越えることができない高い壁が存在している。

　このことは、「宇宙の大きさは有限か無限か？」を議論するときの参考になるかもしれません。

◆　有限個と無限個

　可能無限とは、変化が無限に続く「普通の無限」のことです。これに対して実無限とは、この無限の変化が完全に終了し、停止した状態を指します。

　1から始まって、それに1を足し続けることで新たな自然数を作り出し、結果的に自然数をどんどん増やしていくことができます。でも、作ることができるのは常に有限個すなわち自然数個の自然数のみです。

　1個ずつ増やす方法では、無限個の自然数を作ることはできません。ということは、無限個の自然数が存在している状態は数学的にはあり得ません。これより、次なる主張も正しくはありません。

　自然数は無限個存在している。（＝自然数の総数は無限個

である）

　無限個の自然数が存在するためには、その前に無限個の自然数を作り終える必要があります。これが「終わってしまった無限」としての実無限です。

◆　モノとコト

「ものごと」は、「もの」と「こと」を合わせた言葉です。国語辞典には次のように載っています。

【ものごと】ものとことがら

　次に、「もの」と「こと」を調べてみます。

【もの】人が目やひふなどを感覚で感じる物体や物質

　最初に記載されていたのは上記です。そのほかに「何かをするときの対象」や「いろいろなことがら」なども記載されています。

　では、「こと」はどうでしょうか？　いろいろな意味がありますが、数学でもっとも使われそうな意味は次です。

【こと】
　世の中にあらわれることがら・できごと・ありさま

　どうやら、「こと」とは「できごと」のことのようです。

【できごと】
　社会や身のまわりに起こる事柄。また、ふいに起こった事件・事故。

　これは、「もの」とは少し意味が違うようです。

　数学では、扱う対象をすべてものとして考えます。無限集合もものであり、無限小数もものとして扱われます。そこで新たな視点に立って、数学における対象物をモノとコトに分けて考えてみます。あえてカタカナで書いてみます。

　数学におけるモノとは変化しないモノであり、有限の対象物はモノとして扱います。

　3という自然数はモノであり、$3 + 4i$という複素数もモノであり、$y = x^2$という関数もモノであり、方程式もモノです。

　コトとはできごと、すなわち変化であり、特に無限を扱

うときに用います。そもそも無限とは、「繰り返しによる変化が終わらないコト」です。

　モノ…存在（恒常的に不変）
　コト…変化（特に、終わらない変化は無限）

　有限集合はその要素がすべて確定し、要素の数も必ず自然数として決定しています。よって、有限集合はモノです。

　一方、有限集合の要素数をどんどん増やすと、集合が膨張して行きます。たとえば、自然数全体の集合を作ろうとしても自然数をすべて作り終えることができない以上、いつまでたっても完成しない「未完の状態」です。いくら加えても、次に加えられる自然数が、まだ無限に残っています。つまり、…

「無限集合はモノではなくコトである」

　数学では、モノとコトが物事として混在しているようです。それは、モノとしての有限集合とコトとしての無限集合を、両方とも一括して集合というモノ扱いにしているからです。

　ここで、無限を実無限に限定してみます。すると、実無

限は完結している無限だから、「未完の集合」が「完成した集合」に変化します。

　つまり、可能無限では自然数全体の集合は完成しないにもかかわらず、実無限の世界ではこれが完成した集合になります。

　　終わらないコト…可能無限
　　終わらないコトが終わってしまったモノ…実無限

　実無限とは「変化し続けるコトが変化し終わったモノ」です。「実無限化した無限の対象物はモノ化したコト」といえそうです。実際、自然数全体の集合は、数学的には「実体を伴っているモノ」として扱われています。

　目を物理学に転じて、石の自然落下を考えます。**石は変化しないモノ**として扱われ、**落下は（モノではなく）変化するコト**として扱われます。落下した石が壊れたら、コトとしての落下は終り、石は破壊という新しいコトが始まります。

　数学でも物理学でも、物事をモノとコトに分類して考えると、今までのもつれていた糸がほどけるようになるかもしれません。これは、**物事の理解を分類から始めようとし**

たアリストテレスの考えかたを参考にさせていただきました。

◆ 可能無限と実無限の混在

アリストテレスは可能無限を正しいとみなし、実無限を怪しい存在（おかしなことが起こる無限）とみなしました。その後、カントールが可能無限（正）に対して実無限を主張し始めたので、これがアンチテーゼ（反）となります。

そして、現在では1つの数学内に可能無限と実無限が両方とも存在しています。このような可能無限と実無限の混在は、ヘーゲルの弁証法がきっかけになっているかもしれません。

可能無限…テーゼ（正）…アリストテレス
実無限……アンチテーゼ（反）…カントール
両者の混在…ジンテーゼ（合）…現代数学

ユークリッド幾何学と非ユークリッド幾何学の関係もその可能性があります。

ユークリッド幾何学……テーゼ

非ユークリッド幾何学…アンチテーゼ
両者の混在…ジンテーゼ

◆ 完了

　証明に関しては「証明されるか（証明が完了するか）？　証明されないか（証明が完了しないか）？」の問題ではなく「証明が存在するか？　証明が存在しないか？」の問題で考えます。

　有限に関しては「存在」で考える。

　それに対して、１対１対応は「存在するかしないか？」の問題ではなく「完了するかしないか？」の問題です。「Ｎ（自然数全体の集合）とＲ（実数全体の集合）の間に１対１対応が存在するか存在しないか？」は、本当は問題ではありません。本質的な問題は、「ＮとＲの間の１対１対応が完了するか完了しないか？」です。ＮとＲの間の１対１対応は完了しません。これにて一件落着となるでしょう。

　無限に関しては「完了」で考える。

◆　完結

　実無限を一言で述べると、**完結する無限**です。「完結する」とは、すっかり物事が終わってしまうことです。それに対して、まだ完結していないことが「未完」です。未完は、「今はまだ完結していないが、いずれ完結するかもしれない」という意味を含んでいることもあります。

　一方、**絶対に完結しないこと**を「終わりがない」「限りが無い」という意味で**無限**と呼んでいます。無限はいつまでたっても完結しないことです。何が完結しないのかというと、「無限の繰り返し行為」「無限の繰り返し行動」「無限の繰り返し操作」「無限の繰り返し作業」などが完結しません。

　有限と無限の本質的な違いは、最後があるかないかです。「最後があるために完結するモノ」を有限と命名し、「最後がないために、いつまでたっても完結しないコト」を無限と命名しています。

　最後のものがある→完結する→モノとしての有限

　最後のものがない→完結しない→コトとしての無限

　有限か無限かは「完結するかどうか？」「最後があるか

どうか？」で決まります。連続テレビドラマでいうならば、最終回があれば完結しています。最終回がなければ未完のままです。

これより、「完結する無限あるいは完結した無限」としての実無限は、「完結する以上は最後があるけれども、無限である以上は最後がない」という矛盾した内容を含んでいます。それがゆえに、実無限を用いた素朴集合論からはたくさんパラドックスが発生しました。

前世期の数学では、このパラドックスを解決するために、公理化という方法を採用しました。その結果としてできたのがＺＦ集合論やＢＧ集合論です。

しかし、公理化によってこれらのパラドックスを回避する際、実無限にはまったく手をつけていません。そして、表面的に矛盾が導かれないような公理のみを寄せ集めて、新しい集合論が作られました。これが素朴集合論から公理的集合論への公理化の流れです。

当時は、集合論の公理化が素朴集合論のパラドックスを回避する唯一の手段でした。しかし、こうして作られた現在のＺＦＣ集合論などの公理的集合論は、実無限の上に成り立っている以上は矛盾していると言わざるを得ません。

◆ 無限大

「東京」と「東京大」では意味が違います。東京は地名ですが、東京大は大学名です。このように、「大」の一語がつくかつかないかで意味ががらりと変わる単語はいっぱいあります。「無限」と「無限大」にも、これと同じような大きな違いがあります。

　数学で頻繁に使われている数学記号としての∞は、「無限」とは読まずに「無限大」と読みます。数学では記号をできるだけ正確に使う必要があると同時に、言葉もできるだけ正確に使う必要があります。

　たとえば「無限大は、いかなる自然数よりも大きい」「無限大は、いかなる実数よりも大きい」という考えかたがあります。「いかなる自然数nよりも大きい」「いかなる実数xよりも大きい」を数学の記号で書くならば、次のようになります。

　n＜∞　（nは任意の自然数）
　x＜∞　（xは任意の実数）

　しかし、a＜bという不等式が成り立つためには、aもbも実数でなければなりません。虚数や複素数には不等号

が使えません。

　ちなみに、任意の２つの大きさが比較可能なものを数（すう）と命名したら、虚数や複素数は数ではないことになります。

　∞が数でなければ、それは実数でもないし、自然数でもありません。つまり、∞は不等号の記号である「＜」を使える条件を満たしておりません。そのため、∞は不等号の右側に入れることができません。もちろん、左側にも…。

　これより、変数 x が任意の実数の値を取ることができる関数があるとき、その変域を　$-\infty < x < +\infty$　と記載することは正しくはありません。

　無限と無限大の本質的な違いは次のようになります。

　無限＝限りが無い＝限り無いコト
　無限大＝無限の大きさ＝限り無く大きいモノ

「無限」は誰にでも容易に理解できます。しかし、「限り無く大きいモノ」を理解しようとしても、なかなか理解できません。おそらく、無限大という言葉を正しく理解できる人は少ないでしょう。ちなみに、無限小という言葉を理解

できる人はもっと少ないと思います。

　だからこそ、数学辞典に記載されている無限大の項目には、みんなが納得できるような定義がはっきりと書かれていません。「無限大という言葉を理解できない」「∞という記号を理解できない」という私たちの心理状態を、どう説明したら良いのでしょうか？

　その理由は、「無限の大きさ」は大きさを持っていないからでしょう。

**　無限の大きさには大きさがない。**

　ちなみに、ブラックホールの中心には「密度が無限大」「４次元時空の曲率が無限大」となる特異点が存在します。しかし、無限大は数学でも物理学でも正しい考えかたとしては存在できないと思います。すると、特異点も存在しないことになります。

　特異点が存在しないならば、結局はブラックホールも存在しない可能性があります。なぜならば、「いかなるブラックホールも特異点を持つ」ということが定説になっているからです。

◆ 無限大とは何か

無限大にははっきりとした定義がありません。数学のテキストなどで「無限大とは、限りなく大きな値である」と出ています。では、値とは何でしょうか？

また、あるテキストには「無限大とは、限りなく大きな数である」と書かれています。では、数とは何でしょうか？

別なテキストには「無限大とは、限りなく大きいという概念である」と出ています。すると、n→∞という記号は、自然数がどんどん大きくなることではなく、「限りなく大きいという概念に近づく」ことでしょうか？　「自然数がある概念に限りなく近づく」では、文として意味が通じません。

もう1つの考え方があります。それは「無限大とは何かというような細かいことはどうでもよい」とすることです。これは、無限大を無定義語として扱うことであり、無限大に対して疑問を持ってはいけないということです。

そこで、数学から離れて、小学国語辞典を開いてみると、次のように記載されています。

【無限】終りがないこと。

【無限大】限りなく大きいこと。

　無限大を記号化したものが∞です。∞という記号は、無限大と読みますが、無限とは読みません。ここで、次の3つを比較します。

　　A：限り無く大きくなるコト。

　　B：限りなく大きくなったモノ。

　　C：限りなく大きいモノ。

　Aは可能無限であり「変化」を現わしています。Bは実無限であり、この変化が最後まで行なわれて「無限が終わったモノ」です。Cも実無限であり、「大きくなるという変化が落ち着いた状態」です。そして、∞の意味を深く考えてみると、おそらくBとCのことでしょう。

◆　言葉のあや

　ドイツの数学者ガウスは「無限大は**言葉のあや**であり、無限大なるものが存在するわけではない。数学者たるもの、決してこれをまともに扱ってはならない」と、知人に手紙を送っていたそうです。言葉のあやとは、言葉の巧みな言

い回しのことです。

「自然数を無限に作り出せる」という表現は可能無限です。
「自然数が無限個存在している」となると実無限になります。
**ちょっとした言葉の使いかた次第で、可能無限になったり
実無限になったりする**ので、言葉を慎重に選ぶ必要があり
ます。この意味で、ガウスの忠告は後世の数学に対するも
のであったと考えられます。

　しかし、このガウスの忠告は生かされませんでした。同
じくドイツの数学者カントールは、真正面から無限大を扱
い、数学に取り入れました。そして、ガウスがもっとも恐
れていた「実無限で作られた無限集合論」が、現代数学の
中心にすえられました。

◆　無限大の定義

　朝倉数学辞典には無限大の定義が載っていません。岩波
数学辞典第4版には「無限大とは…」という定義が載って
おらず、「＋∞を正の無限大といい、－∞を負の無限大とい
う」という読みかたが出ているだけです。

　数学小辞典第2版（共立出版）には、無限大は

（1）便宜上の数としての無限大
（2）極限状態としての無限大
の2つが出ています。両者ともに「無限大という概念があると便利だから」という印象を受けます。ブルーバックスの現代数学小事典には、無限大の定義はありません。

無限大を次のように定義している本もあります。

無限大とは、限り無く大きな値である。

この定義は「値」がわからないと理解できません。そこで、値を調べてみます。

【値】数の大きさ

これだと「無限大とは、限り無く大きな数である」となるような気がします。本質から離れた形容詞を省略すると「無限大とは数である」となります。しかし、無限大は数ではありません。

もっとも、無限大を数に取り入れる数学も発展してきていますが、数の拡張にも制限が必要でしょう。限り無い拡張は、やがては矛盾を生み出します。

いずれにしても無限大そのものが理解不能なのが現状のようです。無限大を定義することは困難であるというよりも、不可能であるといったほうが正確かもしれません。というのは、もし無限大が存在しなければ、うまく定義することができないからです。

◆　無限小

　イングランドの数学者ジョン・ウォリスが∞（無限大）という記号を考案し、これを数学に導入しました。それからというもの、無限大は数学にしっかりと根を下ろしています。無限集合論を支えているのも、この無限大です。

　∞を証明に取り入れると、無限を表現しやすいことは確かです。これをきっかけとして、今までは有限を扱っていた数学は、本格的に無限に手を出し始めました。

　微分積分学を構築する際にも、無限大と対極的な位置にある無限小も役に立つことがわかりました。無限小とは、無限に小さいものです。でも、無限大も無限小も、**実無限から作られた自己矛盾した概念**です。

　「大」は「小」よりも大きいのが普通です。でも、「無限

大」は「無限小」より大きいとは言い切れません。なぜならば、数学においては無限大の大きさは不明であるし、無限小の大きさも不明だからです。大きさが不明なもの同士の大小を判断することは困難です。よって、次なる不等式は成り立ちません。

無限小＜無限大

◆　無限小を認めるか認めないか

無限小を利用して真理を発見したとき、その経緯を証明自体にすることはできません。

無限小を用いて真理を発見したとき、その真理の証明として、発見した過程をそのまま証明にしてはならない。

例えば、半径 r の球の体積が（4／3）πr^3 であることが無限小を使ってわかったとします。これを、次のように述べることは正しくはありません。

無限小を使えば、半径 r の球の体積が（4／3）πr^3 になることが証明される。

無限小はあいまいな概念であり、あいまいな仮定から証明された結果は正しいとは言い切れないからです。

　数学では「無限小を認める立場」と「無限小を認めない立場」があります。どちらの立場を支持するかは、人によって、あるいは目的によって異なるでしょう。

　無限小は微分積分学を構築する際のきっかけにもなっています。だから、真理を予想する場合には積極的に使っても良いでしょう。

　しかし、無限小という言葉自体は矛盾しているから、発見された真理が本当の真理であることを証明するときには、使うことはできません。これはアルキメデスの考えかたと同じです。アルキメデスは無限小の概念を応用した取り尽し法でさまざまな真理を発見しました。しかし、無限小を使わないで証明しています。数学的な発見を目的とした無限小の利用は認められますが、無限小を使った証明を認めることはできません。

　数学における発見…無限小をおおいに使うべし。
　数学における証明…無限小を使ってはならない。

　矛盾した概念や矛盾した理論は、「これは矛盾した概念

である」「これは矛盾した理論である」と自覚しながら、発見的道具として使うことには問題はありません。

　こう考えると、無限集合論も非ユークリッド幾何学も相対性理論も、数学的真理や物理学的真理を発見する道具としては使用可能になります。ただ、発見されたことが本当の真理かどうかを確認あるいは証明するためには、これらの矛盾した理論を使うことはできません。

　たとえば、相対性理論を使って重力波を予想したり、ビッグバンを予想したり、ブラックホールを予言したりするのはかまいません。でも「相対性理論が正しいから重力波が伝わる」「相対性理論が正しいからビッグバンが起こった」「相対性理論が正しいからブラックホールが生まれた」という使いかたは無効となります。物理学では、**矛盾した理論でこの宇宙の仕組みを説明することは非科学的である**とされているからです。

◆　サンタクロース

　幼い子どもたちにサンタクロースがいることを説明し、プレゼントを介して一家全員で楽しむことは良いことだと思います。もうすぐ天国に旅立つ人に対して神様がいるこ

とを説明し、安心してもらうことは良いことだと思います。高校生に無限小を教えて微分積分学を説明し、数学に興味を持ってもらうことは良いことだと思います。中学生に無限小数の説明をして、循環小数を分数に変換させることは良いことだと思います。これらはすべて、人間社会に良い結果をもたらす良い行ないでしょう。

日常生活における多少の詭弁は歓迎いたします。詭弁は人間関係の潤滑剤ともなり、笑いを誘ったり、それによって病気が実際に治ったりすることもあります。

これらの説明は納得しやすいアバウトな説明ですが、厳密な意味での証明ではありません。「サンタクロースや神様を用いた説明」と、「サンタクロースや神様が存在する証明」は異なります。「無限小や無限小数を用いたわかりやすい説明」と、「無限小や無限小数を用いた数学的な証明」は異なります。私たちは、数学や物理学の分野でこの2つを混ぜて論じることもあります。

しかし、数学における証明や物理学における説明が論理的飛躍で成り立っていることは問題があります。無限集合論によって成り立っている現代数学、相対性理論によって成り立っている現代物理学には、その可能性があるかもしれません。

「無限小や無限小数は必ずしも正しいとはいえない」という十分な自覚をもって、わかりやすい手段の範疇で使う分にはそれほど実害はありません。でも、「無限小や無限小数を使って、数世紀にわたる数学上の未解決問題を解決する」となると、それにはストップをかける必要がありそうです。

　　無限小や無限小数によるわかりやすい説明…ＯＫ
　　無限小や無限小数による証明…正しいとは限らない

　証明は、説明とは比較にならないほど、非常に厳しい存在です。数学が物理学よりも安定しているのは、「数学的証明」と「物理学的説明」の信頼度の差にあるような気がします。よって、明らかに怪しいとわかる証明は、数学でもできるだけ避けたほうが良いでしょう。

◆　大きさの比較

　無限を額面通りにとらえると「無限に大きいモノ」であり、「無限に大きいコト」です。では、この２つのどちらが正しいのでしょうか？

「無限に大きいモノ」と「無限に大きいコト」という日本

語には大きな違いがあります。しかし、モノとコトを一緒にモノゴト（物事）として扱うと、違いが見えてきません。

　これは実無限（モノ）と可能無限（コト）を区別しないで無限（モノゴト）という一語で論じる今の数学に通じるものがあります。ＺＦ集合論における無限公理では実無限と可能無限が入り混じっています。

　無限大は数ではないのだから、πという実数と∞の大きさは比較できません。よって、π＜∞のように比較するのは正しくはありません。これより、任意の実数 x に対して、次なる不等式も成り立ちません。

　$-\infty < x < \infty$

◆　無限個

「無限個」という単語は無限集合論のテキストに頻繁に登場します。１個，２個，３個，…と自然数を１個ずつ増やす方法は、数学的にも認められています。しかし、このやり方では無限個には決してたどり着きません。つまり「自然数が無限個存在する」という表現は、可能無限ではあり得ないことです。

1から順番に1つずつ自然数を作り出す地道な方法では、無限個という個数は決して現れてこない。

　1個ずつ増やしながら無限個に到達することがなければ、無限個に行き着く（無限個をゲットする）ためには、他にどのようは方法があるのでしょうか？　それは、**いっぺんに増やし終われば一瞬で無限個に到達します**。

　無限個の存在を主張するためには、この方法を採用する必要があります。1個、2個、3個、…という地道な手続きを一気に飛び越えたやり方は実無限と呼ばれています。要は、**決して終わらない無限の操作を一瞬にして全部終わらせること**です。

「自然数全体の集合」というのは、まさに「自然数が無限個存在する集まり」であり、**すべての自然数を完璧に作り終えて、なおかつ、それらを1つ残らず集め終えた集合**です。よって「無限個」という単語を含む文は、数学では実無限の表現になるでしょう。

◆　素数の個数

　素数とは、1と自分自身の2つしか約数が存在しない数

です。ここで、次の証明に使われている用語を検討します。この背理法には間違いがあります。

「素数は無限個存在する」の証明
　素数の個数が有限であると仮定する。そのとき、すべての素数を掛け合わせた数に1を足した自然数は、どの素数で割っても1余るので割り切れない。すなわちそれ自体が素数である。これは、すべての素数以外に別の素数が存在することになり仮定と矛盾する。よって仮定は間違っており、素数の個数は無限であることが示された。

　ここでの仮定は「素数の個数は有限である」です。それならば、結論は仮定を否定して「素数の個数は有限ではない」でなければなりません。

　それが、いつの間にか「素数の個数は無限である」に変えられています。さらに、最終的には証明の冒頭に示されたように「素数は無限個存在する」に置きかえられています。このように言葉を少しずつ変えていくと、真実からも少しずつ遠ざかってしまうでしょう。

（1）素数の個数は**有限ではない**。
　　　　　↓
（2）素数の個数は**無限である**。

$\downarrow$

（3）素数の個数は無限**にある**。

$\downarrow$

（4）素数の個数は無限**に存在する**。

$\downarrow$

（5）素数の個数は無限**個存在する**。

　この背理法では、正しい結論は（2）までかなと思います。「で」と「に」の違いはとても大きいです。その理由は、下記のように無限の解釈が異なっているからです。

（1）の文…有限の否定

（2）の文…可能無限

（3）の文…実無限（可能無限としての解釈も可能）

（4）の文…実無限（可能無限としての解釈も可能）

（5）の文…実無限

　有限の否定は可能無限です。よって、（1）と（2）は正しいでしょう。注目するのは（2）と（3）の違いです。「で」が「に」に変えられています。このたった一語が可能無限を実無限に近づけてしまいます。

◆ 有限個ではない

「限りが有る」を否定すると「限りが無い」になります。つまり、「有限」を否定すると「無限」になります。一方、「○○である」を否定すると「○○ではない」になります。これより、「個である」を否定すると「個ではない」になります。以上より、私たちは次のような錯覚に陥ります。

「有限」「個ではない」＝「無限」「個である」
　∴有限個ではない＝無限個である

　ＡとＢを次のように置きます。￢ＡはＡの否定文です。

　　Ａ：自然数の総数は有限個（いわゆる自然数個）である。
￢Ａ：自然数の総数は有限個ではない。
　　Ｂ：自然数の総数は無限個である。

　自然数はいくらでも作られるので、Ａは偽であり、￢Ａが真です。「有限個である」を否定すると「有限個ではない」になります。しかし、それは決して「無限個である」にはなりません。

　有限個ではない≠無限個である

その理由は、総数が有限個と無限個に分類されないかです。

否定の否定は真偽がもとにもどります。「Ｐである」を否定すると「Ｐではない」となり、これを否定すると「Ｐである」に戻ります。しかし、たとえ否定が２つあっても、否定する対象が異なれば真偽はもとに戻りません。

　¬Ａ：自然数の数は<u>有限</u>個では<u>ない</u>。
　　Ｂ：自然数の数は<u>無限</u>個で<u>ある</u>。

Ｂは¬Ａを２か所否定していますが、¬Ａの否定の否定（すなわち¬Ａの肯定）ではありません。よって、¬ＡとＢは同値ではありません。

これより、「自然数の数は有限個である」と仮定した背理法によって矛盾が証明されても「自然数の数は無限個である」と結論することは誤りです。

◆　否定の否定

１／２は有限桁の小数です。

$$1 / 2 = 0.5$$

しかし、1／3は有限桁の小数ではありません。このとき「だから、1／3は無限桁の小数（無限小数）である」といえるのでしょうか？　AとBを次のようにおきます。

A：1／3は有限桁の小数ではない。
B：1／3は無限桁の小数である。

実は、AとBは同値ではありません。AからBは証明されず、BからAも証明されません。

A：1／3は<u>有限</u>桁の小数では<u>ない</u>。
B：1／3は<u>無限</u>桁の小数で<u>ある</u>。

Aを否定して、もう一度否定すると、もとのAに戻ります。Aを否定すると￢Aになり、￢Aを否定するとAに戻ります。否定の否定は肯定を意味するからです。

しかし、単語の場合と異なって、文では少し複雑になります。文中の2つを否定したからといって、もとの命題にはならないのが一般的です。

具体的にいうと、Aの文中の「有限」を否定して「無

限」にし、Aの「ない」を否定して「ある」にしています。否定する場所が異なるから、正確にいうと否定の否定ではありません。これより、AとBはまったく異なった文です。次も検討してみます。

C：すべての自然数を作る操作は<u>有限</u>回で<u>終わらない</u>。
D：すべての自然数を作る操作は<u>無限</u>回で<u>終わる</u>。

E：ネイピア数 e を計算するアルゴリズムは、<u>有限</u>回で<u>終わらない</u>。
F：ネイピア数 e を計算するアルゴリズムは、<u>無限</u>回で<u>終わる</u>。

CやEも正しい文です。しかし、文の中身を異なる2か所で否定したからといって、もとの文に戻りません。だから、DやEは正しい文ではありません。

では、次の文はどうでしょうか？　Nは自然数全体の集合です。

G：Nに含まれる自然数は、<u>有限</u>個では<u>ない</u>。
H：Nに含まれる自然数は、<u>無限</u>個で<u>ある</u>。

やはり、GとHは同値ではありません。ちなみに、すべ

ての自然数を作る操作は有限回で終わりませんが、任意の
自然数を作る操作は有限回で終わります。

◆　無限回

　可能無限では「無限の操作は決して終わらない。よって、
無限回の操作は認められない」という立場をとっています。
実際問題として、無限回行なうことは不可能です。無限に
は終わりがないのだから、無限回行ない切った状態を作り
出すことはできません。

　可能無限の数学においては、無限回は正しい回数ではな
く、無限個も正しい個数ではありません。しかし、実無限
が中心の数学では「実数は無限回の操作で作り出すことが
できる」という考え方が主流です。

　無理数にも値はあります。その値は、無限のアルゴリズ
ムを持っていても到達できないことがあります。そもそも、
「アルゴリズムは有限回で終わらなければならない」とい
う規定があります。有限回で解を得られなければ、そのア
ルゴリズムには解はありません。0.999…という「9を1
つずつ増やす」というアルゴリズムでは、有限回では1に
決して到達できません。つまり、このアルゴリズムは解な

しです。

◆　無限桁

　自然数を1から順番にnまで作った場合、この時点では、最大の自然数はnです。このとき、nの次の自然数は議論の対象外です。つまり、「最大の自然数はnである」ということまでしか言えません。

　しかし、「任意のnに対して、n＋1も自然数である」と定めると、最大の自然数には上限がなくなります。「nが自然数ならば、n＋1も自然数である」というドミノ倒しのような帰納的定義は、現在のスパコンでも表示できない自然数も扱うことができます。

　1を加えるという操作によっていくらでも大きな自然数を作り出すことができますが、このような帰納的定義でも「無限桁の自然数」を作り出すことは不可能です。可能無限で作り出せる自然数はつねに有限桁のみです。しかし、実無限では無限桁の自然数を「無限大」と呼んで数学的思考の対象にしています。

　無限大（無限桁の自然数）を扱う実無限の世界では、そ

れはいかなる有限桁の自然数よりも大きい。

　これを、 n ＜∞という不等式で表します。 n はすべての自然数です。しかし、可能無限ではこの不等式は使えません。

◆　集合

「集合」と「集まり」を小学国語辞典で調べてみます。

【集合】 １か所に集まること。また、集めること。
【集まり】 集まること。集まったまとまり。

　集合とは、何らかの条件を満たす要素を集め合わせたものです。「集」め「合」わせたから「集合」です。

　集合とは、要素を集め終わったものである。

「集合」と「集まり」は同じです。集合はものの集まりであり、集まりはものの集合です。

　しかし、数学はこの２つを別なものとして扱いました。集合のみを数学の専門用語とし、日常用語である集まりから

分離させました。その結果、次のような分類になります。

集まり $\left\{\begin{array}{l}\text{集合である集まり}\\[1em]\text{集合ではない集まり}\end{array}\right.$

この分類からすると、集合は集まりの一部であり、集合を拡張すると集まりになります。

「自然数全体の集合」や「実数全体の集合」からは、すぐには矛盾が出てきません。だから、これらは「集合である集まり」に属します。

それに対して「集合全体の集合」からはカントールのパラドックスが出てきます。「自分自身を含まない集合全体の集合」からはラッセルのパラドックスが出てきます。そこで、これらは「集合ではない集まり」に属させます。これからわかることは、集合として矛盾が出てきたら、順次、「集合」から「集合ではない集まり」に移動させます。

パラドックスが見つからなければ「集合である」として扱う。パラドックスが見つかれば「集合ではない」として扱う。

一方、集合を拡張した集まりはクラス（類）という扱いになります。このクラスは数学の専門用語です。ではクラス（専門用語）と集まり（日常用語）の違いは何でしょうか？

　実際問題として、集合と集まりの違いはありません。一方では、物理学は正反対のことをしているようです。それは、事象（自然界に存在する事実）と現象（頭の中で作り上げた事実モドキ）はまったく違うのに、同じようなものとみなしたことです。「集合」と「集まり」は意味が同じですが、「事象」と「現象」は意味が異なっています。

◆　集まり

　集まりと集合は同じです。小学生用の国語辞典で調べても同じと出ており、何度考えても、さらに10年も20年も考えても、やはり「集合」と「集まり」は意味が同じです。

　素朴集合論からパラドックスがたくさん発生しました。「すべての集合の集合」からはカントールのパラドックスが、「自分自身を要素として含まない集合全体の集合」からは、ラッセルのパラドックスが出てきました。

どちらのパラドックスも公理的集合論からは出てきません。その理由は、「パラドックスの回避」という目的で作られた理論だからです。

矛盾が発生しないように特別に作られた公理的集合論は、ある意味、恣意的な数学理論といえます。数学の歴史を振り返っても、公理的集合論以外に「矛盾を回避する目的で作られた数学理論」は存在しないと考えられます。

◆　**無限集合**

自然数は１，２，３，４，…というように作られます。「自然数は無限に存在する」という言葉の意味は、この増加が止まらないことを意味しています。

集合も同じです。自然数を要素とする集合を考える場合、｛１｝，｛１，２｝，｛１，２，３｝，｛１，２，３，４｝，…というように要素が１個ずつ増えていきます。この要素数の増加が止まらないとき、これを「自然数を要素とする集合は無限に存在する」といいます。

自然数が無限に作られ続ける限り、空集合という空袋の中に自然数をすべて入れるという作業も完了しません。つ

まり、無限集合は完成しません。

　それに対して、集合論で採用している「自然数全体の集合」としての｛１，２，３，…｝は、すべての自然数を作り出すことができないはずなのに、「すべての自然数を含み終わった集合」として完成しています。

　無限を「限りが無いこと＝終わりがないこと＝完成しないこと」と素直に解釈すると、無限集合そのものはいつまでたっても完成しません。つまり、「完成した無限集合」は存在しません。

　１００年以上にわたって「無限集合は集合である」とされてきました。そして、「どの集合も、有限集合と無限集合のいずれかに分類される」とされてきました。これからの時代は、このような思考を１つ１つ正していく必要がありそうです。

　無限集合は集合ではない。よって、有限集合は無限集合に含まれない。また、集合を有限集合と無限集合に分類することもできない。

　有限はモノであり、無限はコトである。よって、両者は質的に異なっており、有限（モノ）がスムーズに無限（コト）

につながっているわけではない。これより、有限の拡張が
無限ではない。

　線は始点から終点までスムーズにつながっています。し
かし、有限から無限にスムーズにつながっていることはあ
りません。

◆　合成語

　単語は単純語と合成語にわけて考えます。さらに合成語
は複合語、畳語、派生語の３つに分かれます。

　単純語とは、これ以上小さな単位にわけることのできな
い単語です。「コーヒー」を「コー」と「ヒー」に分けるこ
とはできません。

　合成語は、２つ以上の語が結合してできている単語です。
合成語の１つに複合語があります。複合語は、異なった単
純語が２つ以上組み合わされた単語です。カレーライスは
「カレー」と「ライス」に分けられる複合語です。

　無限集合は無限と集合の複合語です。私たちはこの合成
語を聞いたとき、カレーライスと同様に即座に理解するこ

とができます。実際、無限集合は中学生ころからも十分に理解可能です。

　しかし、私は40歳を過ぎてから、対角線論法を契機として無限集合という複合語がまったく理解できなくなりました。「無限の集合」という言葉の「の」を省略して「無限集合」と命名したのでしょうか？

「Ａという単純語」と「Ｂという単純語」を結合させて「ＡＢという複合語」を作ることができます。これでほとんど問題ないのですが、ＡＢがＡやＢとは似ても似つかないものもあります。

　海と猫をくっつけると海猫になりますが、これは海でもないし猫でもありません。海猫は鳥です。無限集合は無限と集合をくっつけたものですが、これは無限でもなければ集合でもありません。

　ものごとの本質を知るためには、合成語は危険な存在でもあります。このようなときには、合成語を分解して、もとの意味を探っていくといいかもしれません。海猫は「海にいて、猫のような声で鳴く鳥」でしょう。これならば、誤解は少ないです。

では、無限集合はどのように分解し、どのように組み立て直せばいいのでしょうか？　普通は、無限集合を「要素が無限に含まれている集合」とさかのぼって考えます。すると、合成語では見えてこなかったものが見え始めます。

　合成語を分解しなければ、「自然数全体の集合Nは無限集合である」でおしまいです。Nを聞いた瞬間にわかった心理になります。この後は、Nという記号だけを使って論理展開をしていきます。

　しかし、無限集合の中の代表格である自然数全体の集合Nを詳しく日本語で分析すると「自然数が全部それこそ１つ残らず含まれている集合」です。この日常語の定義に対して、大きな疑問が生じます。

記号化されたNからは疑問は生まれない。しかし、記号化する前の言葉である「自然数が全部それこそ１つ残らず含まれている集合」からは重大な疑念が発生する。

　無限集合という複合語を作る前まで話を戻すことが、隠されていた数学的真理を発見する手がかりになります。これは、記号化する前まで時間を巻き戻すめんどうくさい作業でもあります。

◆　無限集合の定義

　無限集合の定義は「無限個の要素を持つ集合」です。では、無限個とは何でしょうか？　その前に、「個」とは何でしょうか？　「そんな小さなことはどうでよい」と叱られそうですが、わからないことは基本に戻って調べてみます。

【個】
（１）ひとつ。ひとり。「個人」「別個」
（２）物を数えるときに用いる語。「個数」

　次に「無限個」を調べます。ところが、国語辞典には無限個は出ていません。数学辞典で調べても、無限個は記載されていません。

　数学の本には頻繁に「無限個」が登場しますが、無限個のはっきりとした定義が存在しないようです。そのため、「無限と無限個はどのように違うのか？」ということを調べようとしても、この違いが記載されている数学書が見当たりません。

　ここで、可能無限による無限集合の定義と実無限による無限集合の定義を記載してみます。

【可能無限による無限集合】
　集合の要素が無限に増え続けること（現在進行形）

【実無限による無限集合】
　無限個の要素を持っている集合（現在完了形）

　可能無限による無限集合は、要素が無限に増えつつある膨張という変化です。これは、ある定まった静止状態ではなく、無限に要素が増加する変化自体を意味しています。

**　無限集合という用語は「変化」というできことに対して命名されている。**

$$\{1\} \rightarrow \{1, 2\} \rightarrow \{1, 2, 3\} \rightarrow \cdots$$

　この「移り変わり行く有限集合の要素数の増加という変化」が無限集合です。無限集合という名前が付けられていますが、その正体は集合ではありません。

**　可能無限による無限集合は集合ではない。**

　それに対して、実無限による無限集合は次です。

$$\{1, 2, 3, \cdots\}$$

これは「要素数の増加が完了した1つの集合」を意味しています。無限が終わった状態の要素数を「無限個の要素数」と呼んでいます。

◆　無限集合の作り方

自然数の集合を作ります。たとえば、1から5までの自然数を集めて集合を作ることを考えます。そのためには、まず袋を用意します

{　}

これが袋です。袋の中には何も入っていません。これを空集合といいます。最初に1を探してきて、袋に入れます。

{ 1 }

次に、2を探してきて袋に入れます。

{ 1， 2 }

同じ作業を繰り返し、5まで入れました。

｛1，2，3，4，5｝

　こうしてでき上がったのが｛1，2，3，4，5｝という有限集合です。5を袋に入れた時点で作業は完結し、要素数が5個の有限集合が完成しました。このように、有限集合とは、完成した状態の集合のことです。

　では、同じやり方で無限集合も作ってみましょう。無限集合の中でもっとも基本的なのは自然数全体の集合です。では、6を探してきて、先ほどの袋の中に入れます。ついでに7も入れます。さらに8も入れます。こうして10まで入れてみましょう。

｛1，2，3，4，5，…，10｝

　しかし、いつまでたっても自然数全体の集合はできません。いつまでたっても完成しないと、普通はイライラしてきます。そこで、最後の手段として自然数を全部かき集めて、一気に袋の中に入れてしまいましょう。こうしてでき上がったのが、次なる自然数全体の集合Nです。

｛1，2，3，4，5，…｝

「自然数を全部かき集めて、それらすべてを一瞬に袋の中

に入れる」ということは、この時点で「自然数を１つ１つ地道に袋の中に入れるという無限の作業」を完結させています。つまり、「完結する無限＝実無限」を使っています。

　現在の公理的集合論における「自然数全体の集合」は「すべての自然数を１つ残らず集め終わった集合」のことです。

「実数全体の集合Ｒ」も同じです。これも「すべての実数を１つ残らず完全に集め終わった集合」のことです。両者ともに完結した無限で作り出した無限集合です。

　ところが、実無限は矛盾しているので、自然数全体の集合も実数全体の集合も、ともに矛盾した概念です。そして、「完結した無限集合Ｎ（矛盾した概念）」と「完結した無限集合Ｒ（矛盾した概念）」の間に１対１対応を仮定して、さらにもう１つの矛盾を導き出したのがカントールの対角線論法です

　その矛盾とは、１対１対応が存在する———無限集合同士の間で１つ１つの要素が過不足なく完全に対応し、この対応から漏れている要素は存在しない———という仮定を置くと、この対応から漏れた実数が実際に作り出せるという矛盾です。

しかし、カントールの対角線論法から出てきた矛盾が、実無限に由来しているのか、集合Nに由来しているのか、集合Rに由来しているのか、あるいはNとRの間の1対1対応に由来しているのか、はっきりしません。つまり、対角線論法が次のどれを否定するのか、決まりません。

（１）実無限（完結する無限）
（２）自然数全体の集合N（完結した無限集合）
（３）実数全体の集合R（完結した無限集合）
（４）NとRの間の1対1対応（完結した1対1対応）

　そして、矛盾が発生した以上は、これらのうちのどれかを否定しなければ事態はおさまりません。カントールは4番目のNとRの間の1対1対応を否定しました。それが現代数学の無限集合論の誕生のきっかけとなりました。

　しかし、これは表面的な解決に過ぎません。対角線論法が本当に否定しているのは実無限です。実無限を否定したら、その後に続くNやRや1対1対応がすべて否定されます。つまり、実無限の否定のほうがより根本的な解決法といえます。

◆ 袋の口を閉じる

　実無限を用いて自然数全体の集合を作るときには、特殊な作業が必要です。自然数を１からどんどん順番に空袋 ϕ に詰め込みます。そして、最後の自然数を放り込んだ直後に、その袋の口を閉めます。これ以上、要素を増やさないためです。これが「無限を完結させる」の意味です。

　自然数全体の集合を完結させる目的は、自然数以外の要素が集合内に入らないようにするためであり、完結してこそ初めて集合も完成します。こうしてでき上がった無限集合が「完結する無限を用いた自然数全体の集合」です。

　このように、完結する無限で自然数全体の集合を作ろうとすると、その集合の中に入れる最後の自然数を認めないわけにはいきません。そのとき、次のような矛盾が出てきます。

【自然数全体の集合の矛盾】
　自然数は無限に作れるから、最後に入れる自然数は存在しない。しかし、完成した集合であるから、最後に入れた自然数が存在しなければならない。

　素朴集合論からは、カントールのパラドックスやラッセ

ルのパラドックスという矛盾が出てきました。しかし、それ以前に、自然数をすべて集めた集合（自然数全体の集合）から、すでにパラドックスが発生していたと言えるでしょう。

◆　包含関係

　無限集合論には包含関係を意味する⊂という論理記号があります。A⊂Bは「AはBに含まれる」「BはAを含む」と読みます。無限集合論の命運はこのような包含関係にかかっています。

　では、包含とは何でしょうか？　含むとは何でしょうか？　この２語は数学辞典には載っていません。小学国語辞典には「含む」が次のように出ています。「包含」は出ていませんでした。

【含む】
（１）中にもっている。
（２）口の中に入れてそのままにしておく。
（３）（ことばやたいどに）あるようすがあらわれている。
（４）考えに入れる。また、おぼえている。

数学で使われる意味は（1）でしょう。学研国語大辞典には「包含」が次のように記載されています。類語は「含有」です。

【包含】なかにつつみふくむこと。

　数学における包含関係とは、お互いが相手を含むか含まないかという関係のことです。現在、次の包含関係は当たり前のように語られています。

$$\{1,\ 2,\ 3\} \subset \{1,\ 2,\ 3,\ 4,\ \cdots\}$$

　これは、「自然数全体の集合は、有限集合$\{1,\ 2,\ 3\}$を含む」という意味です。無限集合はその部分集合を含むということに疑問を呈する人はいないようです。

　しかし、その無限集合が初めから存在していなかったらどうでしょうか？　上記の包含関係は成立しないことになります。つまり、いかなる有限集合も無限集合には含まれません。

**　いかなる有限集合も、無限集合の部分集合ではない。**

◆ 部分集合

「Aという概念」を拡張して「Bという概念」になるならば、AはBの一部となります。自然数を拡張すると有理数になります。このとき、自然数は有理数の一部です。実数を拡張すると複素数になります。だから、実数は複素数の一部です。

　では、Aを拡張してもBにならないならどうでしょうか？　そのとき、AはBの一部であるとは言えないでしょう。実数を拡張しても虚数にはなりません。ゆえに、実数は虚数の一部ではありません。

　自然数を1，2，3，…といくら大きくしても、決して∞にはなりません。よって、自然数は無限大の一部ではありません。

　有限集合の要素数（自然数）をいくら増やしても、無限集合（要素数は∞）にはなりません。有限集合をいくら拡張しても無限集合にはならないから、次なることも結論されます。

　有限集合は、無限集合の一部ではない。

具体的に言うと次になります。

｛１，２，３｝という有限集合は、自然数全体の集合｛１，２，３，…｝の部分集合ではない。

　そもそも、自然数全体の集合Ｎは、矛盾した概念である実無限から作られた完結した無限集合です。よって、正しい数学では無限集合は存在せず、｜１，２，３｜という有限集合が「存在しない自然数全体の集合Ｎの部分集合になる」ということはあり得ません。

◆　無限集合は有限集合を含まない

　数学において有限集合は存在しますが、実無限を使った無限集合は正しい概念としては存在しません。「存在しない無限集合」は「存在する有限集合」を含むとはあまり考えられません。よって、無限集合は有限集合を含まず、結果的に無限集合論は有限集合論を含みません。

有限集合論は無限集合論の一部ではない。

　無限集合が有限集合を含まないのならば、次なることは言えなくなります。

$$\{1, 2, 3\} \subset \{1, 2, 3, 4, 5, \cdots\}$$

ここで「無限集合が正しい概念として存在する」と仮定します。矛盾した仮定からは何でも言えるので、「有限集合は無限集合に含まれる」ということも言えるようになります。それだけではありません。矛盾した無限集合論では、次なる2つの内容はともに真となります。

（1）無限集合は有限集合を含む。
（2）無限集合は有限集合を含まない。

有限集合と無限集合は作りかたが違います。有限集合は要素を1つずつ増やして作れますが、無限集合はこのやり方では決して作れません。空集合に無限個の要素をいっぺんに投入しないとでき上りません。その際、実無限（無限の操作を一瞬で終わらせる）が必要になってきます。

◆ 濃度

集合の濃度とは、集合の要素の**個数を拡張した概念**です。有限集合では要素の個数がそのまま濃度になります。しかし、無限集合の要素の個数は無限個です。

$$\text{集合の濃度} \begin{cases} \text{有限集合の要素数…自然数} \\ \\ \text{無限集合の要素数…無限個} \end{cases}$$

集合論によると「自然数を全部かき集めた集合Ｎ」と「実数を全部かき集めた集合Ｒ」には、大きさの違いがあります。Ｒの要素数は、Ｎのそれよりも多いとされ、これを「集合Ｒの濃度は集合Ｎの濃度よりも大きい」といいます。

でも、集合の実際の大きさに違うがあるのではなく、**大きさに似たものに違いがある**ということです。数には大きさがありますが、数に似たものには大きさがあるかどうかはわかりません。

ここで改めて表現し直してみます。

「すべての自然数を含む集合」の濃度と「すべての実数を含む集合」の濃度に、大きさの違いに似たものがある。

「要素数」を拡張すれば、次のように「濃度」になります。

有限集合の要素数 　　　　　　　　　　　　 集合の濃度

無限集合の要素数

有限集合の要素数は個数（0を含む自然数）です。無限集合の要素数は∞であり、これは自然数ではありません。そこで、無限集合論ではこの2つを合体させるため、要素数を拡張した濃度という概念を新設しました。

有限集合の要素数（正統）＋無限集合の要素数（異端）

↓

集合の濃度（統合）

この拡張は、一種のアウフヘーベンとも考えられます。

◆ もっとも小さい無限濃度

自然数を拡張すると整数になります。一方、自然数を拡張すると濃度になります。濃度には有限の濃度（自然数）と無限の濃度（無限大）があります。

無限大にも階層があります。濃度は低いほうから数えます。すべての自然数を含む集合の濃度を $\aleph_0$（アレフ・ヌル）と呼んでいます。そして、すべての実数を含む集合の濃度を $\aleph_1$（アレフ・ワン）と呼んでいます。$\aleph$ という記号はヘブライ文字です。

２つの濃度が異なっていることは、カントールの対角線論法やカントールの区間縮小法でわかりました。すると、次の式が成立します。

$$\aleph_0 < \aleph_1$$

　すべての自然数からなる集合Nの濃度$\aleph_0$は、最も小さな濃度といわれています。現在「$\aleph_0$よりも小さな濃度は存在しない」と思われていますが、これには証明はありません。

「自然数全体の集合Nの濃度が、無限集合の中でもっとも小さな濃度である」ということはまだ証明されていない。

　もしかしたら、さらに小さな濃度があるかも知れません。ここで、２つの濃度問題が発生します。

　濃度問題その１：$\aleph_0$と$\aleph_1$の間に中間の濃度は存在するか？
　濃度問題その２：$\aleph_0$よりも小さな濃度は存在するか？

　無限集合論では（１）を連続体問題としてクローズアップしてきましたが、あまり（２）を問題にしたことはないようです。「$\aleph_0$がもっとも小さな無限濃度である」は、直

観で当たり前と判断されているのでしょうか？　もし数学における直観を認めないのであれば、濃度問題その２も解決しなければならないでしょう。

◆　可算集合と非可算集合

「数える」という行為は２つあります。

$$
数える \left\{
\begin{array}{l}
数え（続け）る \\
\\
数え（終え）る
\end{array}
\right.
$$

　無限に作り出せる自然数を、無限に数え続けることができます。しかし、数え終えることができません。同じように、無限に作り出せる実数を、無限に数え続けることができます。しかし、数え終えることができません。このように、「数える」という行為に関しては自然数と実数には違いがありません。

　しかし、カントールは自然数に関しては「数え続けることができる」で解釈し、実数に関しては「数え終えることができない」で解釈していたようです。

【カントールの考え方】

　すべての自然数を数え（続け）ることができる。しかし、すべての実数を数え（終え）ることはできない。

　カッコを省略すると、次になります。

【カントールの考え方】

　すべての自然数を数えることができる。よって、自然数全体の集合Nは可算集合である。しかし、すべての実数を数えることはできない。よって、実数全体の集合Rは非可算集合である。

　そのため、無限集合は可算集合（数えられる要素を持つ無限集合）と非可算集合（数えられない要素を持つ無限集合）に分類されるようになりました。これが、無限の階層構造として定着しています。

◆　自然数全体の集合

　自然数全体の集合Nに含まれていない自然数は、1個も存在しません。これは、Nがすべての自然数を完全に含み終わっているからです。つまり、終わらない無限の操作（1個1個含んでいく無限の操作）を終わらせた集合です。

「無限に作られる自然数をすべて含み終わっている」は、「無限が終わった＝実無限」ということであり、これによって、自然数全体の集合が実無限にもとづく集合であることがわかります。

　自然数は、1から順番にいくらでも作り出せます。でも、すべての自然数を作り出すことはできません。可能無限では常に有限個の自然数しか作ることができず、すべての自然数を作り終わった状態はあり得ません。

「任意の自然数を作り出すことができる」と「すべての自然数を作り出すことができる」は、言葉としては似ているが、意味はまったく異なっている。

　カントールは「集合全体の集合」を集合と仮定すると矛盾が出てくることを証明しました。一方「自然数全体の集合」を集合と仮定しても矛盾を証明することができませんでした。そこで、カントールは自然数全体の集合は存在することを認めたのだと思います。

　しかし、自然数全体の集合を集合と仮定しても矛盾が出てこないからといって、「自然数全体の集合は集合である」とまでは言い切れません。

可能無限では、自然数を無限に増やすことができます。しかし、「無限に増え切った状態」を作り出すことはできません。つまり、「自然数が無限に存在している状態」を作り出すことはできません。これより、可能無限による数学では「無限個の自然数を含んでいる自然数全体の集合」は存在しません。

◆　最後に含み終えた自然数

「自然数全体の集合」をもっとわかりやすく説明すると「自然数を全部、それこそ1つ残らず集め終わった集合」です。これより、次はみんな同じ集合です。

「すべての自然数の集合」
「すべての自然数を集めた集合」
「すべての自然数を集め終った集合」
「すべての自然数を含み終わった集合」
「自然数全体の集合」

　ところで、「自然数全体の集合は、すべての自然数を含み終えている」ということは、最後に含み終えた自然数が存在するはずです。では、その自然数とは何でしょうか？

もちろん自然数は無数にあるから、最後に含み終わった自然数は存在しません。しかし、完結する無限で集合を作る場合、いったん完結させなければ自然数全体の集合を作り出せません。つまり、最後に含んだ自然数の存在を認める必要があります。ここに「自然数全体の集合」が抱えている本質的な矛盾が存在します。

　自然数全体の集合は、自然数をすべて含み終わっている。しかし、自然数全体の集合には「最後に含み終えた自然数」が存在しない。

◆　アナロジー

　ここで、1つのアナロジーを提示します。アナロジーを日本語でいうと「類推」です。これは、2つの間に類似点があることを根拠にして、一方がある性質をもつ場合に他方もそれと同じ性質をもつであろうと推測することです。

　では、まずはオリジナルから入ります。

【オリジナル】
　1は自然数である。
　1＋2＝3は自然数である。

1＋2＋3＝6は自然数である。

　　　　⋮

　1＋2＋3＋ … ＋n＝（1／2）n（n＋1）は自然数である。

　しかし、1＋2＋3＋4＋…＝∞は自然数ではない。もし∞を自然数と仮定するとパラドックスが発生する。

　次にアナロジーに移ります。

【アナロジー】

｜1｜は集合である。

｜1｜∪｜2｜＝｜1，2｜は集合である。

｜1｜∪｜2｜∪｜3｜＝｜1，2，3｜は集合である。

　　　　⋮

｜1｜∪｜2｜∪｜3｜∪ … ∪｜n｜＝｜1，2，3，…，n｜は集合である。

　しかし｛1｝∪｛2｝∪｛3｝∪…＝｛1，2，3，…｝＝Nは集合ではない。もしNを集合と仮定するとパラドックスが発生する。

◆ 無限集合の矛盾

次は、無限集合論が矛盾していることの簡単な証明です。

無限集合は実無限から成り立っている。実無限は矛盾している。よって、無限集合も矛盾している。

———証明終わり

これから、次なる2つも結論されます。

自然数全体の集合は実無限から成り立っています。実無限は矛盾しています。よって、自然数全体の集合も矛盾しています。

実数全体の集合は実無限から成り立っています。実無限は矛盾しています。よって、実数全体の集合も矛盾しています。

パラドックスが出てくるのはだいたい実無限からです。それに対して、可能無限からはパラドックスは1つも出てきません。また、パラドックスが出てくるのは決まって無限集合からです。有限集合からは、いかなるパラドックスも証明されて出てきません。

◆ 数列

　列には、数列、集合列、図形列などがあります。数列には、数を並べ終わったモノ（項数が自然数の有限数列）と数を限り無く並べ続けていくコト（項数が限り無く増え続ける無限数列）があります。

　　有限数列の例：a_1, a_2, a_3
　　無限数列の例：b_1, b_2, b_3, b_4, $\cdots$

　ここでは、aとbともに実数のみを考えてみます。すると、上記は有限実数列と無限実数列です。この場合の「有限」「無限」は実数を修飾しているのではなく、列を修飾しています。この点がとても大切です。無限○○××と書かれたとき、無限は○○にかかっているのか、それとも××にかかっているのか、大きな違いが生じるからです。

　ここで、無限集合列と無限小数列について考えてみます。

【無限集合列の２つの解釈例】
（１）無限集合の列：自然数全体の集合，有理数全体の集合，実数全体の集合
　　　各項は無限集合であり、項数は３個です。
（２）無限の集合列：$\{1\}$, $\{1, 2\}$, $\{1, 2, 3\}$, $\cdots$

各項は有限集合であり、項数は無限です。

【無限小数列の2つの解釈例】
（3）無限小数の列：0.111…，0.222…，0.333…
　各項は無限小数であり、項数は3個です。
（4）無限の小数列：0.1，0.11，0.111，…
　各項は有限小数であり、項数は無限です。

　どの言葉がどれにかかるのか、数学での議論を始める前に確認する必要があります。

　また、「○○××」と書いた場合、ただ単に「○○の××」と解釈すると間違えることもあります。「海猫」は「海の猫」ではありません。「海猿」は「海の猿」ではありません。同じように「無限集合」は「無限の集合」ではありません。「無限小数」は「無限の小数」ではありません。「無限数列」は「無限の数列」ではありません。これらは、もっとずっと深い意味を持っています。

◆　けんか数列

　AさんとBさんが極限値のことでけんかをしています。Aさんが α_1 という極限値を持つ無限小数を作ろうとして

います。a_1 は 0 と 1 の間にあります。

　まず、0.A_1 という小数点以下 1 桁の有限小数を作りました。A_1 は 0 から 9 までの整数です。すると、けんか相手の B さんは a_1 を作らせまいとして a_1 に収束しないような B_1 を A_1 の後ろにつけました。

　0.$A_1 B_1$

　この小数が a_1 に収束しないとわかった A さんは、すぐにあきらめました。今度は a_2 に収束する無限小数を作ろうとして B_1 の後ろに A_2 をつけました。

　0.$A_1 B_1 A_2$

　すると、けんか相手の B さんは a_2 を作らせまいとして a_2 に収束しないような B_2 を末尾につけました。

　0.$A_1 B_1 A_2 B_2$

　ここで、作られた有限小数を縦書きにしてみます。これは有限数列です。

　0.A_1

$0.A_1B_1$

$0.A_1B_1A_2$

$0.A_1B_1A_2B_2$

さらに、このけんかが無限に繰り返されると、次のような有限小数の無限数列ができます。これを「けんか数列」と呼ぶことにします。各項は1を超えることがありません。

$0.A_1$

$0.A_1B_1$

$0.A_1B_1A_2$

$0.A_1B_1A_2B_2$

$0.A_1B_1A_2B_2A_3$

$0.A_1B_1A_2B_2A_3B_3$

$\vdots$

このけんか数列は「上に有界な単調増加数列」です。よって、ある値に向かって収束します。その収束先が次なる極限値です。これを「けんか小数」と呼ぶことにします。

$0.A_1B_1A_2B_2A_3B_3A_4B_4\cdots$

しかし、これは極限値ではないと思われます。なぜならば、BさんはAさんが作ろうとする極限値を永遠に邪魔し

続けるからです。

　上に有界な単調増加数列である「けんか数列」は、「けんか小数」に収束しない。

　これに対処する方法はいくつかあります。

（1）　無限集合論は間違っているとみなす。
（2）　無限小数は存在しないと考える。
（3）「上に有界な単調増加数列は極限値を持つ」という定理が間違いであると考える。
（4）　けんか数列は数列ではないと考える。

◆　思いつき数列

　けんか数列は、けんかしている2人による「収束させるぞ」「収束させないぞ」という永遠の戦いでした。今度は、1人の心の中に潜む気まぐれな数学を描いてみます。気まぐれとは、そのときどきの思いつきや気分で行動することです。

　思いついた0から9までの整数を適当に、しかも無限に書き続けると、次のような無限数列ができます。

N_1，N_2，N_3，N_4，$\cdots$

　これから次のような有限小数の無限数列を作ります。思いつきによって適当な整数を並べ続けるから、これを「思いつき数列」と命名します。

0.N_1
0.$N_1 N_2$
0.$N_1 N_2 N_3$
0.$N_1 N_2 N_3 N_4$
　　　$\vdots$

　思いつき数列は、上に有界な単調増加の無限数列です。よって、この数列は次のような極限値に収束します。

0.$N_1 N_2 N_3 N_4 \cdots$

　しかし、昨日作った思いつき数列と、今日になって作る思いつき数列は、異なった無限数列になるのが普通です。つまり、思いつき数列には一意性がありません。再現性もまったくありません。これは、「次の項が気分次第で決まる」という収束しない性質を有しています。予測できない次項が次から次へと続くような数列は、とても数列とはいえないでしょう。

思いついた整数によって作られた「思いつき数列」は、数学における本当の数列ではない。

　よって、この思いつき数列には「上に有界な単調増加数列は収束する」という定理が適用されません。なお、ここでは「上に有界な単調増加数列は収束する」を公理ではなく、定理としてあつかっています。

◆　サイコロ数列

　サイコロをm回ふると、出た目は次のような有限数列になります。N_mは、m回目に出た目です。

$$N_1,\ N_2,\ N_3,\ \cdots,\ N_m$$

　このままサイコロを無限にふり続けると、次のような無限数列ができます。

$$N_1,\ N_2,\ N_3,\ \cdots,\ N_m,\ \cdots$$

　これから次なる新しい無限数列を作ります。これを「サイコロ数列」と呼ぶことにします。

$$0.N_1, \quad 0.N_1 N_2, \quad 0.N_1 N_2 N_3, \cdots$$

各項は 0.7 を超えません。おまけに、上に有界な単調増加数列です。よって、このサイコロ数列は次なる「サイコロ小数」に収束します。サイコロ小数はサイコロを無限にふって作る無限小数です。

$$0.N_1 N_2 N_3 N_4 \cdots$$

しかし、サイコロ数列は**単なる形式上の無限数列**であって、実際には数列ではありません。

サイコロ数列は非数列である。

よって、このサイコロ数列には「上に有界な単調増加数列は収束する」という定理が使えません。

◆ サイコロ数列と$\varepsilon-\delta$論法

数列とは「数を並べたモノ」あるいは「限り無く数を並べて行くコト」をいいます。

有限数列＝数を並べ終わったモノ

無限数列＝数を並べ続けるという行為が完了しないコト

　ここで、サイコロを無限にころがして出た目を書いていく無限数列を作ります。

　N_1，N_2，N_3，N_4，$\cdots$

　これから、次なる有限小数の無限数列を作り、これを「サイコロ数列」と呼ぶことにします。

　$0.N_1$
　$0.N_1 N_2$
　$0.N_1 N_2 N_3$
　$0.N_1 N_2 N_3 N_4$
　　　$\vdots$

　サイコロ数列は上に有界な単調増加数列であるため、次のような極限値 d を持ちます。

　$d = 0.N_1 N_2 N_3 N_4 \cdots$

　もし、実際にサイコロ数列がサイコロ小数 d に収束するならば、$\varepsilon - \delta$ 論法でそれを証明する必要があります。しかし、おそらくそれは不可能でしょう。というのは、サイ

コロ数列は数列ではないからです。

　もし、収束することが実際に $\varepsilon - \delta$ 論法で証明されれば、次なることも考慮しなければなりません。

　もしかしたら、$\varepsilon - \delta$ 論法は間違っているかもしれない。

　難解な相対性理論や難解な $\varepsilon - \delta$ 論法は、いま一度、疑ってみるだけの価値はありそうです。実際、「$\varepsilon - \delta$ 論法が正しい」という証明は存在していないようです。

　サイコロ数列は、正真正銘の数列ではありません。にもかかわらず、今の数学では数列に含まれています。その理由は、「数列の定義がゆるいから」と考えられます。

　数列の定義がゆるいと、数列ではない無限配列を無限数列に含めてしまう。

　これより、無限数列と紛らわしい無限配列を含まないように、無限数列を適切に制限する必要がありそうです。

◆　無限数列

　無限数列とは、数をいつまでも並べ続けることです。表現は進行形であり、並べ終わることがありません。

　無限数列とは、項を限り無く並べ続けるコトであり、無限に作り出された項をすべて並べ終わったモノではない。

　本来の無限は変化が終わらないことす。よって、無限数列とは項数の増加が止まらないことです。

【無限数列】
　項が無限に増え続ける変化を無限数列と呼ぶ。よって、本当に存在するのは有限数列のみである。

　　$a_1,\ a_2,\ a_3,\ a_4,\ \cdots$

　無限数列＝無限に数が列を作り続けるコト
　　　　　＝変化につけられた名前

　それに対して、実無限の数学では「**無限が完成した数列**」を**無限数列**と呼んでいます。よって、「すでに終わった無限」こそが「実無限」の正体でしょう。

◆ 形式上の無限数列

「形式上の無限数列（実は単なる無限配列）」と「本当の無限数列」は異なります。数列というからには、次の項がきちんと決まらなければなりません。**数列の重要な条件は、次項が一意に決定すること**です。

数学に自由を与えすぎると、次項がその場その場で偶然に決まるような一意性のない配列まで数列に含めてしまいます。

このことを考えると、無限の配列には「無限数列」と「無限数列以外の無限配列」があります。

$$
無限配列
\begin{cases}
無限数列 \\
\\
無限数列以外の無限配列
\end{cases}
$$

「本当の無限数列」と「無限数列以外の単なる無限配列」を比較するために、ここでは$\sqrt{2}$を持ち出します。

【$\sqrt{2}$から作る無限数列】
 1，4，1，4，2，1，…

【サイコロで作る単なる無限配列】

N_1，N_2，N_3，N_4，N_5，…

$\sqrt{2}$ から作る無限数列では、各項にゆらぎは生じません。次項としての自然数は一意に決定します。だから、誰が何回作ってもまったく同じ無限数列ができます。

ただ、私がここで「無限数列ができる」といっているのは便宜上の表現であり、「有限数列をいくらでも長くのばすことができる」というのが正確な表現です。

それに対して、サイコロから作る無限配列では、次に来る自然数は1から6までのどれかが偶然に決まるので、毎回、次項を書くときにゆらぎが生じます。そのため、次にくる自然数は一意に決定しません。

サイコロをふる人が違えばまったく別の無限配列になります。同じ人がサイコロをふっても、2回目の配列は最初とはまったく異なった無限配列になります。

また、無限の操作を終わらせることは誰にもできません。つまり、$\sqrt{2}$ から作る無限数列も完成しないし、サイコロをふって作る無限配列も完成しません。

よって、これらの自然数をくっつけた小数である 1.4142…も完成しないし、0.$N_1N_2N_3N_4$…も完成しません。

しかも、ここでこの2つには決定的な違いがあります。1.414…は小数点以下の桁数が1つ増えるごとに、$\sqrt{2}$に近づいて行き、その極限値は$\sqrt{2}$です。

それに対して、サイコロ小数の0.$N_1N_2N_3$…では、1桁1桁が1/6という確率によってその場その場で急に決まるようなあいまいな配列であるため、極限値が存在しません。

サイコロ小数の末尾の桁を1つ追加するたびに、毎回、ゆらぎが生じてしまう。そのため、サイコロ小数はサイコロ数列の極限値とはいえない。

◆ ○○列は○○ではない

数列は数を並べたものです。この数の代わりに別のものを並べてみます。

ミカン，リンゴ，ナシ，カキ，イチゴ

これは、果物を1列に並べた果物列です。この果物列は果物ではありません。

　一般的には、「○○を1列に並べた○○の列」あるいは「○○を1列に並べ続ける○○の列」は○○ではありません。これより、次なる結論が得られます。

　図形の列（図形列）は、図形ではない。
　自然数の列（自然数列）は、自然数ではない。
　有理数の列（有理数列）は、有理数ではない。
　実数の列（実数列）は、実数ではない。
　数の列（数列）は、数ではない。

　数を1列に並べる数列（数を1列に並べ終わった数列、または、数を1列に限り無く並び続ける数列）が数ではない以上、有理数を1列に並べる有理数列は数ではありません。よって、有理コーシー列は実数ではありません。

◆　無限級数

朝倉数学辞典には次のように記載されています。

「数列 $\{a_n\}$ に対して $a_1 + a_2 + a_3 + \cdots$ のようにあら

わした記号を無限級数という」

　この文章を何回も読んでみました。これから読み取る限り、この「＋」という記号には「足す」という加算の意味はまったくありません。

　無限級数は、無限数列の各項を「＋」という無定義記号で形式的につなげたものです。「＋」が無定義ならば、無限級数自体も無定義式となります。無定義式には意味がないので、「＋」でなくても「×」でも「÷」でも「△」でもかまいません。

　　無限級数：$a_1 \times a_2 \times a_3 \times \cdots$
　　無限級数：$a_1 \div a_2 \div a_3 \div \cdots$
　　無限級数：$a_1 \triangle a_2 \triangle a_3 \triangle \cdots$

　上の形式的な式はすべて成り立ちます。現代数学では、無限級数は無限数列の極限値ではありません。しかし、無限級数の和は無限数列の極限値です。このギャップはどこから来ているのでしょうか？

　無限級数を$a_1 \triangle a_2 \triangle a_3 \triangle \cdots$と表すと、無限級数の和を作れません。でも、無限級数を$a_1 + a_2 + a_3 + \cdots$と表すと、無限級数の和を何となく作れます。よって、記号を

＋にしたのは、**あるときは和という意味から離れ、あるときは和という意味を持たせたいからと**考えられます。

和という意味を持たない＝＋は形式的な記号にすぎない
和という意味にしたい＝＋に足し算の意味を持たせたい

このような使い分けは便利ですが、反面、矛盾を生み出す温床となります。この使い分けを避けるためには、足し算を連想させないように、無限級数の記号を思い切って次のように変更したほうが良いでしょう。

$a_1 \triangle a_2 \triangle a_3 \triangle \cdots$

これは、足し算を封じ込める工夫です。まぎらわしい連想は誤解の原因となります。そして、無限級数の和を計算するときには、△を＋にもどせばよいと思います。

◆　**任意**

無限を扱うとき、「任意の」と「すべての」という２種類の言葉があります。この２つは、意味が異なっており、使いかたも異なります。

「任意の自然数」とは、無数の自然数の中からたった１つだけ自由に選んできた自然数のことです。もちろん、複数を選んでくることも可能です。３つ選んできた場合は、「任意の３個の自然数」となります。

それに対して「すべての自然数」は、無数の自然数を１つ残らず選び出してきたものです。

「任意の」と「すべての」は似て非なる言葉である。

したがって、これらの言葉を含む文や命題の意味も異なってきます。たとえば、「任意の自然数を n と置く」と「すべての自然数を n と置く」は意味が異なります。

また、「自然数全体の集合Ｎから任意の自然数 n を取り除いた集合」はＮ－｜n｜いう差集合です。一方、「自然数全体の集合Ｎからすべての自然数を取り除いた集合」は空集合 φ です。Ｎ－｜n｜と φ という２つの集合は異なっています。

任意の自然数を取り除く ≠ すべての自然数を取り除く

ペアノの公理を使って自然数を作り出す場合、任意の自然数を作り出すことができます。しかし、無限の操作は終

わることがないので、すべての自然数を作り出すことはできません。

任意の自然数を作り出す ≠ すべての自然数を作り出す。

「任意の自然数」と「すべての自然数」にはこれほど大きな違いがあるにもかかわらず、数学で表現しようとすると、たった1個の記号しか存在していません。それが∀という記号です。

 ∀n，（n∈N） Nは自然数全体の集合

 これは「任意の自然数について」とも読むし、「すべての自然数について」とも読みます。このように、日常語では区別できるのに、数学語では「任意」と「すべて」を区別することができません。これによって、現代数学には誤解がいくつか生まれているようです。

 日常生活の言葉———日本語———を大切にするならば「任意の自然数」と「すべての自然数」の明らかな違いがわかります。しかし、言葉を記号化して証明を行なう数学では、逆にこの違いがわからなくなっています。そのために、∀nという全称記号を兼用するようになります。

∀ｎという記号は「任意の自然数」と「すべての自然数」という異なった２つの意味を持っている多義記号である。

◆　同義

ここで、国語辞典で「任意」を引いてみます。

【任意】
　特別な選び方をしないこと。（あらゆる場合、すべての場合というのと同義にも用いることもある）

どうしてカッコ書きがしてあるのでしょうか？　もしカッコがなければ、任意の解釈は１つだから命題が構成できます。しかし、カッコがあるということは、もう１つの解釈があるということです。つまり、任意の解釈は２つ存在しています。

「任意」の解釈（１）本来の「任意」
　　　　　　　（２）「すべて」という意味の任意

「任意」という言葉が、「もともとの意味である任意」と「すべてという意味での任意」の２つの意味を有しているならば、これは相手である「すべて」にも言えるはずです。

つまり、「すべて」の解釈も、「本来のすべて」という意味と、本来のすべてという意味ではない「任意という意味でのすべて」です。

「すべて」の解釈（１）本来の「すべて」
　　　　　　　　（２）「任意」という意味のすべて

「すべて」という項目を国語辞典で調べても、「任意と同義に用いることもある」とは書かれていません。任意をすべてと同義に用いてもかまわないのならば、逆に、すべてを任意と同義に用いてもかまわないはずのような気もしますが、国語辞典ではそのようには扱っていないようです。

　本来の言葉の使いかたに戻りますが、「任意の～」は**残りを許す**けれども、「すべての～」は**残りを許さない**ということです。これが、両者の本質的な違いだと思います。そして、これは可能無限と実無限の本質的な違いでもあります。

　このことに注意しながら、無限集合を考察してみます。「任意の自然数を含む集合」と「すべての自然数を含む集合」を比較します。

「任意の自然数を含む集合」とは、１つ１つの自然数を含む集合であり、要素が無限に増え続ける動的な集合になり

ます。

それに対して、「すべての自然数を含む集合」は、この含むという1つ1つの作業が完了し、完全に含み終わってしまった静的な集合になります。

これより、「任意の自然数を含む集合（変化し続けるコト）」と「すべての自然数を含む集合（変化が停止してしまったモノ）」は異なります。

そして、後者（すべて）からたくさんのパラドックスが発生しました。しかし、前者（任意）からは矛盾は発生していません。

◆　すべての

直径1の円Cを考えます。3以上の自然数nに対して、次の不等式は成立すると考えられます。

　f（n）＜π（円周率）＜g（n）

　f（n）：Cに内接する正n角形の周長
　g（n）：Cに外接する正n角形の周長

このとき、nを大きくすればするほど、上記の不等式によってπの存在範囲を小さくすることができます。

しかし、いくらnを大きくしても、決してπの正確な値を得ることはできません。したがって、「この不等式からπの正確な値が得られた」と解釈するのは正しくはありません。「πの存在する正確な範囲が得られた」だけです。

πの存在する範囲が得られた ≠ πの値が得られた

πを無限小数に直すとき、小数点以下の整数配列においては、値の求まった桁と値の求まっていない桁が常に混在しています。その境を縦のバーで区切ってみます。

π = 3.141592……|……

現在、πの小数以下の桁数は22兆桁まで判明しています。さらに詳しく計算する作業が続いており、縦のバーは右側に1桁ずつ移動し続けます。しかし、22兆桁までわかっていても、まだ判明していない桁は無限に残っています。つまり、判明していない桁数が一向に減るようすはありません。

πの判明した桁数…必ず有限桁である

πの判明しない桁…無限に残っている

∞－n＝∞という式が、これを如実に語っています。これより、すべての桁の値を求める計算は不可能です。

無限に行なわれる計算では、途中で得られる値はすべてπの近似値です。πの小数第n位の値は、nがどんなに大きくても計算は可能です。

小数点以下のすべての桁を計算することはできなくても、任意の桁はいずれ計算によって判明する。

しかし、πの値そのもの（無限小数化に完全に成功したπ）を、10進法を用いた小数で完璧に表示することはできません。必ず、記載を途中で放棄せざるを得なくなって、その後の数値は「…」という記号で書かざるを得なくなります。

そもそも「すべての桁を計算する」と「任意の桁を計算する」は違う意味を持っています。

「任意の○○」と「すべての○○」は、意味が異なる。

現代数学における∀nP（n）という記号は、「任意のn

について条件Pを満たす」とも読むし、「すべてのnについて条件Pを満たす」とも読みます。つまり、この２つの言葉の違いを区別していません。**たった１つの全称記号∀を「すべての」と「任意の」という２つの異なった意味で兼用することは、数学における大きな問題**でしょう。

「任意のnについてPである」を∀ n P（n）と書くならば、「すべてのnについてPである」はそれとは異なった∀∀n P（n）というような新しい記号を導入すべきかもしれません。しかし、数学記号の増産は混乱を招きます。

　このようなあいまいな意味持った全称記号を回避するのであれば、**無限に関しては「すべての自然数」を禁句にして、「任意の自然数」に統一すれば良い**でしょう。そうすれば、新記号を導入しなくて済みます。ちなみに、有限に関しては「すべての」と「任意の」は同じ意味です。

　　有限に関する数学…「すべての」と「任意の」は同じ
　　無限に関する数学…「すべての」と「任意の」は違う

　この言葉の取り扱いを間違えると、無限を扱う数学が理解不能に陥ることでしょう。

◆ 数学的帰納法と日本語

下記の数学的帰納法は正しくはありません。

自然数nに関する命題P（n）が次の2つの条件をみたすとする。
（1）P（1）は真である。
（2）任意のnに対して、P（n）が真ならばP（$n+1$）も真である。
（3）（1）と（2）を満たすとき、すべてのnに対して命題P（n）は真である。

どこが間違っているのかというと、「任意のn」と「すべてのn」が混在していることです。つまり、表現の統一性がありません。この文章の最後の一文（3）を次のように訂正する必要があります。

（1）と（2）を満たすとき、任意のnに対して命題P（n）は真である。

◆ 分ける

数学で「分ける」という場合、2つの意味があります。

（1）分類する。

（2）場合分けする。

分類する場合も次の2つの意味があります。

（ⅰ）排他的な分類

（ⅱ）非排他的な分類

排他的分類は「排中律の成り立つ分類」であり、非排他的分類は「排中律が成り立たない分類」です。

実数は有理数と無理数に排他的分類されます。排中律が成り立つから「1は有理数だから無理数ではない」という背理法が成り立ちます。

実数の排他的分類 $\left\{ \begin{array}{l} 有理数 \\ \\ 無理数 \end{array} \right.$

でも、実数を有限小数と無限小数に分けるのは非排他的分類です。よって排中律が成り立たないので「1は有限小数だから無限小数ではない」ということが言えません。

$$\text{実数の非排他的分類}\left\{\begin{array}{l}\text{有限小数}\\[2em]\text{無限小数}\end{array}\right.$$

◆　分類

　分類には「排他的分類」と「非排他的分類」があります。現代数学においては、排他的分類の代表が集合であり、非排他的分類の代表が小数です。

【集合の排他的分類】
　集合は「有限集合」と「無限集合」に排他的に分類される。よって、集合Ｘが有限集合であると同時に無限集合であることはない。

【小数の非排他的分類】
　小数は「有限小数」と「無限小数」に排他的に分類されない。小数 x は有限小数でありながら無限小数のこともある。

　ある対象をＡとＢに分類するとします。たとえば、実数を有理数と無理数に分類します。すると、実数はこの２つしか存在せず、「有理数でも無理数でもない実数」は存在し

ません。この排他的な分類方法は、たとえば、ある数 r が
実数の場合は、次のような否定関係を産み出します。

「r が有理数でなければ、 r は無理数である」
「r が無理数でなければ、 r は有理数である」

　これが背理法を基礎にあります。

　$\sqrt{2}$ が無理数であることの証明の１つに背理法がありま
す。「$\sqrt{2}$ が有理数である」と仮定して矛盾を導き出す方法
です。矛盾が出てきたら「$\sqrt{2}$ が有理数である」を否定す
ることができます。このとき、有理数でも無理数でもない
実数が存在していたら、「$\sqrt{2}$ は無理数である」という結論
を下すことができません。実数を２つに分類することこそ、
実数に背理法が使えるようになります。

　これは命題も同じであり、あらゆる命題は「真あるいは
偽」のどちらかに分類されます。これが認められないと、背
理法は使えなくなります。

　**命題は、「真の命題」と「偽の命題」に排他的分類される。
よって「真であり偽でもある命題」や「真でもないし偽で
もない命題」は存在しない。**

これより、平行線公理が命題であれば、真か偽のどちらかの真理値を1つだけ持っています。つまり、ユークリッド幾何学と非ユークリッド幾何学は両立できず、**少なくとも片方は偽の命題を仮定に持っている矛盾した幾何学**です。よって、数学にユークリッド幾何学を取り入れるなら、非ユークリッド幾何学を破棄しなければなりません。

◆ 排他的な分類

命題は「Pである」か「Pではない」かのどちらかが正しい、というのは命題の排中律です。これは一般的な排中律であるため、Pに真や偽を代入することができます。

命題は、「真である」か「真ではない」かのどちらかである。命題は、「偽である」か「偽ではない」かのどちらかである。

この排中律によって、次なる否定関係が成り立ちます。

「真である」←（否定）→「真ではない」
「偽である」←（否定）→「偽ではない」

これだけでは、「真である」を否定しても「偽である」に

はなりません。なぜかというと、「真である」と「偽である」は排中律ではないからです。

　では、いったいいつになったら、「真である」の否定が「偽である」になるのでしょうか？　そのために必要なのは、命題の真偽が「真」と「偽」のというたった2つに排他的分類をされることです。

　排他的分類とは、命題を「真の命題」と「偽の命題」の2つだけに分類し、いかなる命題もどちらか一方に属するというものです。分類されたものが重なり合ったり、分類されたものがどちらにも属さなかったりという状態がない「理想的な分類」「けじめのある分類」のことです。

　これより、新たな否定関係が作られます。それと同時に、新たな肯定関係も作られます。

　真である≡偽ではない
　偽である≡真ではない

「真である」←（否定）→「真ではない」
　　　↑　　　　　　　　　　↑
　（否定）　　　　　　　（否定）
　　　↓　　　　　　　　　　↓
「偽である」←（否定）→「偽ではない」

　命題を真と偽だけに分けることによって、初めて真の命題を否定すると偽の命題になり、偽の命題を否定すると真の命題になります。そして、これが背理法に活用されます。

「命題Pを真と仮定して矛盾が生じる。よって、命題Pは真ではない」は、まだ、未熟な背理法です。「命題Pを真と仮定して矛盾が生じる。よって、命題Pは偽である」となったのが成熟した背理法と言えるでしょう。

◆　非排他的な分類

　実数の排他的分類とは、「実数は、AであるかBであるかのどちらか一方のみに分類される」というものです。しかし、実数は有限小数と無限小数にきちんと排他的分類されません。

　実際、1という実数は、1.000という有限小数にも分類

されるし、0.999…という無限小数にも分類されます。

　無限集合論では、集合は有限集合と無限集合にきちんと分類されるのに、どうして、実数は有限小数と無限小数にきちんと分類されないのでしょうか？

　有限とは「限りが有ること」であり、無限とは「限りが無いこと」であって、それゆえにお互いに排他的です。ある対象物が有限であれば、無限ではありません。逆に、無限であれば有限ではありません。

ある数列が有限数列であれば、無限数列ではない。
ある集合が有限集合であれば、無限集合ではない。

　しかし、実数にはこれが当てはまりません。

　ある実数が有限小数であるのに、無限小数でもある。

　このようなおかしなことが起こるのは、**実数と無限小数を同一視している**ことが原因でしょう。実数と無限小数は、本当はまったく異なった存在かもしれません。

　実数 ≠ 無限小数

これから、次なることが推測されます。

$\pi \neq 3.141592\cdots$
$1 \neq 0.999\cdots$

◆ 場合分け

　数学では分け方が2つあります。それは、「分類」と「場合分け」です。では、どのようなケースで分類し、どのようなケースで場合分けするのでしょうか？

　生物は動物と植物に分類されます。チワワは動物か植物のどちらかに分類されます。チワワを「動物の場合」と「植物の場合」に場合分けすることはできません。

　実数は、有理数と無理数のどちらかに分類されます。実数を「有理数の場合」と「無理数の場合」に場合分けすることはできません。

　命題は、真の命題か偽の命題かのどちらかに分類されます。命題を、「真の命題の場合」と「偽の命題の場合」に場合分けすることはできません。

平行線公理は命題です。したがって、平行線公理は、真の命題か偽の命題かのどちらか一方のみに分類されます。よって、平行線公理を「真の命題」と「偽の命題」に場合分けすることはできません。

◆ 分類から場合分けへ

次は、平行線公理に対するユークリッド幾何学と非ユークリッド幾何学の考えかたの違いです。

【ユークリッド幾何学の考え方】
平行線公理は真と偽に分類される。内容から判断して、平行線公理は明らかに真の命題である。（人間の直観の導入）

【非ユークリッド幾何学の考え方】
平行線公理は真と偽に場合分けされる。命題の内容から真偽を判断することはしない。（人間の直観の排除）

直観は、命題の真偽にダイレクトに到達する能力です。直観を排除することは、数学における「自明の理（理屈では説明のつかない真の命題）」の存在を否定することになります。

ごく当たり前の真の命題を「真である」と言えなくなると、もはや最後の手段として「真である」と「偽である」に場合分けするしかありません。これは、**分類から場合分けへのシフト**と考えられます。

　非ユークリッド幾何学の誕生は「命題は真か偽のどちらかに分類される」から「命題は真と偽に場合分けされる」へのシフトによって誕生しました。

　平行線公理が命題であるならば、真か偽のどちらかです。つまり、平行線公理と平行線公理の否定は、どちらかが偽の命題です。

　偽の命題を仮定に持つ数学理論は矛盾しているので、ユークリッド幾何学と非ユークリッド幾何学のうち、どちらかは矛盾した幾何学です。でも、どちらが矛盾しているのかを証明で決めることができません。

　だからこそ、直観が必要になってきます。もし、数学から直観をすべて閉め出すと、平行線公理の真偽が決められなくなります。そこで、最終的手段として**分類することをあきらめて、真と偽に場合分けするしかなくなること**になります。これが、**分類から場合分けへと変化していく数学史上の大きな流れ**です。

平行線公理を、真か偽のどちらかに分類する。

　　↓

　直観を導入すれば、平行線公理は真の命題に分類される。

　　↓

　数学における直観の使用が禁止されれば、平行線公理を真の命題に分類することができない。

　　↓

　そのときは、平行線公理を「真の命題」と「偽の命題」に場合分けするしかなくなる。

　　↓

　その結果、「平行線公理を真とするユークリッド幾何学」と「平行線公理を偽とする非ユークリッド幾何学」ができ上がる。

　　↓

　非ユークリッド幾何学の1つであるリーマン幾何学が一般相対性理論の構築に使われた。

　一般相対性理論が成り立つには非ユークリッド幾何学は不可欠です。それゆえに、**非ユークリッド幾何学が矛盾していれば一般相対性理論も矛盾している**ことになります。

◆ 命題の場合分け

「数学における公理や定理は、必ずしも真理ではない」という考えかたがあります。その理由は、「間違った公理や間違った定理が存在しているからである」という考え方にもとづいていると思います。

公理が真理でなければ、公理は真と偽に場合分けされるでしょう。定理が真理でなければ、定理は真と偽に場合分けされるでしょう。これより、次のような考えかたに進む可能性があります。

命題はすべて真と偽に場合分けされる。

しかし、もともとは次のような場合分けを行なうことはできません。

（１）真の命題を、真と偽に場合分けする。
（２）偽の命題を、真と偽に場合分けする。

結局、**命題を場合分けすることはできない**ので、命題は真の命題になったり偽の命題になったりはしません。

真偽の決定している命題は、もはや真と偽に場合分けす

ることができない。

　ちなみに、ある言明（主張）の真偽が決定しているとき
に、それを命題と呼んでいます。真偽が決定していなけれ
ばそれは非命題です。

◆　真でも偽でもかまわない

「命題を真と偽に分類する」と「命題を真と偽に場合分け
をする」は異なります。

【命題の分類】
　命題は真か偽のどちらかである。よって、いかなる命題
も真か偽のどちらかに分類される。

【命題の場合分け】
　命題は真でも偽でもどちらでもかまわない。だから、命
題を真と偽に場合分けをする。

　公理に対して命題の場合分けを適用すると、次のような
ことが考えられます。

　平行線公理は真でも偽でもかまわない。

選択公理は真でも偽でもかまわない。

　仮説に対して命題の場合分けを適用すると、次のような事態が考えられます。

　連続体仮説は真でも偽でもかまわない。
　$V = L$ は真でも偽でもかまわない。

　予想に関して命題の場合分けを適用すると、次のようなことも考えられます。

　リーマン予想は真でも偽でもかまわない。
　$P \neq NP$ 予想は真でも偽でもかまわない。

◆　同値には2つある

　同値には「証明を介した同値」と「証明を介さない同値」があります。

（1）証明を介した同値
　命題 A と B があるとし、A から B が証明され、B から A も証明されるとき、A と B は同値です。

A	B	A→B	B→A	A≡B	A▽B
1	1	1	1	1	0
1	0	0	1	0	1
0	1	1	0	0	1
0	0	1	1	1	0

　AからBが証明されるならば、A→Bは真です。つまり、A→Bの真理値は1です。BからAも証明されるとき、B→Aも真です。このとき、A→Bの真理値も1です。この2つが1になるのは、上記の真理表でAとBの真理値が等しいときです。

（2）証明を介さない同値
　AからBが証明されず、BからAも証明されないとします。AとBが2つとも真であれば、この2つの命題は同値です。AとBが両方とも偽であれば、やはりこの2つの命題は同値です。

　「アインシュタインは男性である」と「ヒュパティアは女性である」は、ともに真の命題です。お互いに証明されなくても、この2つの命題は同値です。

　「窒素の元素記号はHである」と「太陽は惑星である」はともに偽の命題です。よって、この2つの命題は同値です。

この場合、両方とも偽の命題だから、お互いに証明される
かもしれません。偽の命題からは、どんな命題も証明され
る可能性があるからです。

◆　記号

　記号という言葉を小学国語辞典で調べてみます。

【記号】
　あることがらの意味や内容をあらわすしるし

　これより、記号には（多くの人が理解できるような）意
味や内容があります。記号によく似た言葉に模様がありま
す。

【模様】
　かざりのために使う、色々な形や絵

　この模様は記号と違って、（多くの人に共通している）意
味も内容もあまりありません。

　近年、数学は命題の扱う範囲を広げるために、命題から
意味を抜き取る作業がさかんに行なわれているようです。

数学では、命題は記号で表される場合が多いです。単一の記号で表す場合もあれば、数式や論理式で表す場合もあります。

　数式や論理式も意味が含まれている記号ですが、これらから意味を奪うと、記号をただの模様に格下げすることにつながります。

　記号にはもともと意味がある。「記号の定義をあいまいにする」あるいは「記号から意味を抜き取る」と、記号は単なる模様に変化する。

　模様にはあまり意味がないから、抽象的な存在です。記号の模様化は、抽象数学を作り出すことになるでしょう。

◆　模様

　模様を２つに分けます。

【模様の分類】
（１）自然にできあがった模様
（２）人によって作られた模様

意味のない模様の代表は、自然にできた模様です。私たちも自然界を見渡すと、さまざまな模様を見ることができます。

　意味のある模様とは意図的に作られたものであり、模様を描いた人の心が含まれています。芸術作品はその１つです。

　一方、人間が明確な意味を込めて作ったのが記号です。記号の代表は書き言葉です。私たちの祖先は長い年月のうちに話し言葉を開発し、さらに長い年月をかけて書き言葉を開発してきました。

　さらに数学の世界では数学者たちが苦労に苦労を重ねて、数学記号を生み出しました。加減乗除や微分積分学など、記号なくして数学は成り立ちません。

　どの数学記号にも、明確な定義（意味を簡潔に述べた言語）がなければならないでしょう。しかし、実際には意味のあいまいな∞のような記号が闊歩しています。これは、本質的には記号というよりは模様に近い存在です。

　ヒルベルトの形式主義では、記号から意味を抜き取っています。これは、（意味のある）記号を（意味のない）模様

に変えることに相当します。

形式主義は、記号の模様化をもたらしているとも考えられる。

◆ 記号の思い込み

0.999…を1と定義します。

$$0.999… = 1 \quad \text{———} \quad ①$$

このとき、下記の等式②は成り立ちません。

$$1 + 0.999… = 1.999… \quad \text{———} \quad ②$$

なぜならば、②の右辺に書かれている1.999…がまだ、定義されていないからです。

0.999…を1と定義した段階で、私たちは知らずに「1.999…が2と定義された」と解釈する習性を持っているようです。

「0.999…という記号の定義がなされただけで、1.999…

という記号の定義もなされている」という思い込みは危険である。

◆ 分割できない最小記号

　アルファベットにはd（デー）という記号があります。この記号は、dという「ひとかたまり」で1つの記号をなしています。

　ところで、dという筆記体のアルファベットは、c（シー）とl（エル）を続けて書いた筆記体に似ています。しかし、いくら記号が似ているからといって、dを用いて計算するときに$d = c + l$のように、1文字であるdを縦割りして、dをcとlの2つに分割して計算することは許されません。

　dは、cとlを組み合わせたものではない。つまり、dは、cとlを足し合わせたものではない。

　$d \neq c + l$

　同じように、1.999…という記号が1つの実数を表しているのであれば、これもdと同じように「ひとかたまりの記号」つまり「もう、これ以上分割することができない最小

の記号」のはずです。そのため、1.999…を 1 ＋ 0.999…
の２つに分割することはできません。

　1.999…は、１と0.999…を組み合わせたものではな
い。つまり、1.999…は、１と0.999…を足し合わせた
ものではない。

　1.999…≠ 1 ＋ 0.999…

　これより、次なる式も正しくはありません。

　0.999…＝ 0.9 ＋ 0.09 ＋ 0.009 ＋ 0.0009 ＋ …

　上記のように、分割できない最小記号0.999…を、さら
に無数の記号に分割することはできません。

　また、記号は１文字である必要はありません。有限の個
数であれば何文字でも許されます。たとえば、１にｏｎｅ
という別の記号を割り当てたとします。この場合、１つの
記号が３文字から成り立っています。でも、この３文字は
次のように分割できません。

　ｏｎｅ＝100 × ｏ ＋ 10 × ｎ ＋ ｅ
　ｏｎｅ＝ｏ ＋ ｎ ＋ ｅ

この3文字がｏｎｅの順序で並んで、初めて1を表すからです。

　同じく、0.999…は「0」と「.」と「9」と「9」と「9」と「…」を組み合わせた6文字からなる一塊の記号です。1にｏｎｅという別の記号を割り当てたときと同じです。

　　　1 ＝ ｏｎｅ
　　　1 ＝ 0.999…

　記号をきちんと決めた以上は、もはや、その記号を勝手に変えることはできません。ｏｎｅをｏ＋ｎｅに分割することができないように、0.999…を0.9＋0.099…に分割することは許されないでしょう。

◆　記号の重視

「数学理論に矛盾が存在している」とは、その数学理論の中に $Q \land \lnot Q$（これは本来は偽の命題）が真として存在していることです。

　数学理論においては、その仮定は真と規定されています。たとえ、その仮定が偽の命題であったとしてもです。

（１）数学理論に矛盾が存在していること。
（２）「数学理論に矛盾が存在する」という証明が存在していること。

　上記の（１）と（２）は違います。記号論理学の発展は記号の重視を招き、その結果、抽象的な無限集合論や非ユークリッド幾何学や相対性理論などが台頭してきました。この３つの理論の共通点は、言葉よりも記号や数式や論理式を重視していることです。

　式や記号を重視すると、それに伴って言葉の軽視が起こり始めることがあります。言葉づかいなどの細かいことにあまりこだわらなくなります。その極端な例が用語の無定義です。実際、数学は「点を定義しない」「線を定義しない」という方向に進んでいます。

**　記号の重視は相対的に言葉の軽視を招く。言葉の軽視は結果的に定義の軽視を招く。定義を軽視する極端な例が無定義である。**

　数学用語の無定義は、数学を意味のない学問に変えてしまう可能性があります。そのような状況に陥ったときには、言葉の使いかたに気をつかう数千年前の哲学に戻るのも良いかもしれません。「故きを温ね新しきを知る」の精神です。

壁に突き当たったら原点（今から2300年前のユークリッドの原論あるいは、それ以前の言葉を慎重に扱う哲学）に帰る。

◆　言葉になおす

「xは任意の実数である」という日常語を数学語に変換できるのでしょうか？　これを数学で式になおすと次になります。

$$- \infty < x < + \infty$$

ところが$+\infty$も$-\infty$もあいまいな意味の記号であり、この不等式を受け入ることはできないでしょう。では、これを別の記号で表現できるのでしょうか？

xを実数として、$x \in R$とすればよさそうですが、Rという「実数全体の集合」は実無限で作られた集合であり、正しい集合とはいえません。よって、この記号も使えません。

$$- \infty < x < + \infty \quad \cdots \quad 使用不可$$
$$x \in R \qquad\qquad \cdots \quad 使用不可$$

$-\infty < x < +\infty$ も使えず、$x \in R$ も使えないとなると、結局、「x は任意の実数である」という内容の主張は、「x は任意の実数である」と素直な言葉で書くしかありません。

　私たちの生活における表現方法としては言葉がもっとも正確性に優れており、それゆえに、数学や物理学においても大事にすべき存在かと思います。数学と物理学における記号や論理式や数式を使った命題をすべて、今一度、言葉になおして表現してみるのも良いかもしれません。

◆　点点点の違い

　1から順番に自然数を書いてみます。

　　1，2，3，…，n，…

　n 番目の自然数 n は一般項です。この数列には、n の前に「…（点点点）」があり、n の後ろにも「…（点点点）」があります。では、この「…」という記号を具体的に埋めることができるのでしょうか？

　　＜n の前の…について＞
　n が具体的に分かっている自然数ならば、「…」を使わず

に1とnの間に存在している自然数をすべて書き出すことができます。

しかし、nは抽象的な自然数であるため、nの左側に存在する自然数を「…」という記号を使って書かざるを得ません。つまり、「…」を具体的な自然数ですべて埋め尽くすことはできません。

＜nの後ろの…について＞

nの右側にある「…」は、これとまったく意味が異なります。nより先の自然数をすべて書くことはできないのは、nよりも大きな自然数を無限に作ることができるからです。つまり、これは**あきらめの記号**でもあります。

【前者の…（点点点）】

nが抽象的な自然数だから、「…」を具体的な自然数で完全に埋めることができない。

【後者の…（点点点）】

無限の操作が終わらないから、「…」を具体的な自然数で完全に埋めることができない。

結果としては「…」を具体的な自然数ですべて埋め尽すことができません。しかし、その理由がまったく異なって

います。

◆　省略

　省略を国語辞典で調べると、次のように出ています。

【省略】物事や文章などの一部をはぶくこと。
【省く】取り除く

　これより、「省略」とは「取り除くこと」であり「やらないこと」です。ここで、π の小数化について考えます。現在、π の小数化は次のように考えられています。

$$\pi = 3.14\cdots$$

　小数点以下の整数配列は無限に続きます。ここで、小数第 3 位より先の桁を省略、すなわち取り除くと次のようになります。

$$\pi = 3.14$$

　これは「無限桁の記載を省略すると有限桁になる」ということを意味しています。省略する場合は、「どこからどこ

まで省略するのか？」という明確な意思表示が大事です。

　次の2つを比較します。

（1）　πの小数第3位以下の桁の記載を省略すると、次に
　　　なる。　　　　3.14…
（2）　πの小数第3位以下の桁の記載を省略すると、次に
　　　なる。　　　　3.14

　（1）と（2）はどちらが国語的に正しいのでしょうか？
省略は「記載を省略する」つまり「記載をしない」ことで
す。これより、（1）は間違いであり、（2）が正しいです。

　3.14…は、πを表す無限小数の小数第3位より先の桁
を省略したものではない。

◆　点点点は省略ではない

　1，2，3，4，…　という自然数の数列を書いた場合、
「…」は記号の一種です。無限に関する記述で一番お目にか
かるのは、おそらくこの記号でしょう。

　しかし、これは数学辞典には載っていません。つまり、

「…」は数学記号として分類されていません。ということは「…」は数学記号でもなく、論理記号でもないようです。

　その理由は、「…」という記号が、その場その場で異なった読みかたをしなければならない多義性を伴う特殊な記号だからです。

$$1 = 0.999\cdots$$
$$\pi = 3.141\cdots$$
$$\sqrt{2} = 1.414\cdots$$

　これらで使われている「…」という記号は、それぞれまったく別個の整数配列です。このように、数学で頻繁に使われている記号「…」が表わしている整数の配列は、前後の文脈で判断しなければならないため、一種の無定義記号のようです。

　多義記号は、度をすぎると無定義記号になる。無数の意味を持った記号は、意味のない記号と同じような存在になることがある。

　$1 = 0.999\cdots$　という記載で、「…」は「小数第4位以降の記載を省略した記号」と言われることがあります。しかし、省略とは「省く」こと、つまり「やらない」ことで

す。「やらない」ことは、すなわち「書かない」ことです。言葉を正確に使うならば、小数第4位以降の記載を省略したら0.999…ではなく、0.999になります。

　　1＝0.999…の「…」は無限の記載を省略したのではない。

　では、いったい何の記号かというと**最後の桁まで書き終わった心理状態を表す記号**です。ここで、無限の作業が完結したという実無限の考えかたに陥っています。

　では「…」という記号を使わないで、0.999…という無限小数を書き表すことはできるのでしょうか？　たとえば、0.999…の代わりに次のように表現したとします。

$$\sum_{n=1}^{\infty} \frac{9}{10^{n}}$$

　この記号は「0.999…と同じである」と言い切れるのでしょうか？　これは無限和と呼ばれているものですが、ここでは∞という実無限の記号が使われているため、これ全体も正しい記号とはいえません。また、このシグマ記号を詳しく見ていくと次になります。

$$0.9 + 0.09 + 0.009 + 0.0009 + \cdots$$

結局、「…」という実無限の記号が∞という実無限の記号に化けただけです。消したつもりの「…」という記号が再び顔を出してくるので、**表から見えないように∞で蓋をしただけ**ともいえます。

ある記号から「…」を消すために別の記号である∞を使っても、内容には「…」が含まれたままである。

外見を変えても本質は変わっていません。「…」という記号は「記載がすべて終わったつもり」という実無限の気持ちを表現しています。

省略という行為は、有限の場合は「やらない操作」を意味していますが、実無限の場合は「やらない操作をやり切った心理」を意味しているようです。

ちなみに、0.999…を可能無限で解釈すると、「最終桁まで書き終わったつもり」を意味せず、無限に続いていく変化それ自体を表現しています。このとき、1 = 0.999…とイコールでつなげることはできません。

可能無限では 1 ≠ 0.999…である。

それに対して、実無限では 1 = 0.999… です。カントール以降の数学は実無限から成り立っているから、世界中の学校における数学の教育現場でも、1 = 0.999… という等式をすべての子どもたちに教えているようです。

◆　実数

　実数は有理数と無理数を合わせたものです。有理数の定義は整数比で表せる実数であり、無理数は整数比で表せない実数です。しかし、これを次のように間違って書かれてしまうこともあります。

　有理数は循環する無限小数であり、無理数は循環しない無限小数である。よって、実数とは「循環する無限小数」と「循環しない無限小数」を合わせた無限小数である。すなわち、実数とは無限小数のことである。

　現代数学を支えているのは、この**実数と無限小数の同一視**です。

　円周率 π を小数に変換することを考えます。π の小数第 n 位の値は、n がどんなに大きくても原理的には計算可能です。しかし、π の値そのものを、10 進法を用いた小数で

完璧に表示することはできません。ここでは、π の値そのものとは、π を小数に完璧に直し終わった無限小数の意味です。

　無限小数化するとき、必ず、記載を途中で放棄せざるを得なくなって、その後の数値は下記のように「…」という記号で表すしかなくなります。

　$\pi = 3.14\cdots$

　実数 π（円周長と直径の比）と無限小数 π（小数点以下の桁を完璧に表現し終わった小数）は異なった存在である。

　これによって推測できることは次です。

　実数と無限小数は違う。

「実数には実無限が必要である」というのは誤解でしょう。実数と無限小数は異なりますので、正しい言いかたをすると次のようになります

　実数には実無限は必要ない。しかし、無限小数には実無限が必要である。

◆ 実数は無限数列ではない

実数と数列は異なっています。よって、「実数は無限数列そのものである」という考えかたは正しくはありません。

実数の代表は何といっても 1 でしょう。もし実数が無限数列ならば、1 という実数はどんな無限数列で定義されているのでしょうか？

$$1 = 1,\ 1,\ 1,\ 1,\ \cdots$$
$$1 = 0.9,\ 0.99,\ 0.999,\ 0.9999,\ \cdots$$
$$1 = 1,\ 0.9,\ 1,\ 0.99,\ 1,\ 0.999,\ 1,\ 0.9999,\ \cdots$$
$$\vdots$$

無限集合論によると、1 の定義は上のように無限個存在します。問題は、1 を定義するのに、1 を使っていることです。特に、1 = 1, 1, 1, 1, …では、1 の定義に無限個の 1 を使っています。これは、数学における次のルールに違反しています。

Pを用いてPを定義してはならない。

◆ 有理数

次の考え方は正しくはありません。

有理数であっても有限小数で表わせない数がある。1／3
は有限小数では表わせない。

1／3は有限小数では表わせます。いえ、すべての有理数
は、有限小数で表わすことができます。たとえば、n／m
という有理数は、m進法で書くと有限小数になります。10
進法の1／3は、3進法に直すと0.1という有限小数にな
ります。それに対して、無理数ではこのようなm進法が存
在しません。

つまり、どんな記数法を採用しても、無理数は有限小数
で書き表すことができません。これより、無理数は無理数
のまま直接、記号で表現するしかありません。

**πはπ（あるいはこれに代わる記号）としか表現できな
い。**

よって、次のように書くのは、正しい表現方法とは言え
ません。

$$\pi = 3.14159\cdots$$

$\sqrt{2}$ も同じであり、$\sqrt{2}$（あるいはこれに代わる記号）と
しか表せません。$\sqrt{2} = 1.41421\cdots$の右辺は、厳密にいう
と正しい表記ではありません。

◆　p進法

　実数には、もともとそれ固有の大きさがあります。この
実数の大きさを数字で表すことができる———数値化でき
る———場合と、できない場合があります。

　数値化とは数字で書き表すことです。数値化には、整数の
比で表現するのも１つの方法です。もう１つの方法は、有
限桁の小数表示です。

　有理数はすべて数値化できます。それはｎ／ｍという整
数の比で表すことです。ちなみに、有理数ｎ／ｍは、ｍ進
法で表すと有限小数になります。１／３は有理数ですが、
0.333…となって有限小数では表せません。でも、３進法
で表すと0.1となって有限小数になります。

　　数値化できる実数とは、「整数比で表すことができる」か

「有限小数で表すことができる」実数である。

　なお、「表す」とは「表現し終わる」という意味です。「書き終わる」といっても良いでしょう。**終わらせるのはけじめをつけるためです。**

　どの有理数も、適切な2以上のpを用いたp進法で有限小数に直すことができます。それに対して、無理数は**いかなるp進法を用いても、有限小数に直せない実数**です。

【整数比から見た実数の分類】
　有理数＝整数比で表せる実数
　無理数＝整数比で表せない実数

【有限小数から見た実数の分類】
　有理数＝「有限小数で表せるp進法」が存在する実数
　無理数＝「有限小数で表せるp進法」が存在しない実数

　ここで、次のような問題が生じます。

「整数比でも有限小数でも表せない無理数は、無限小数で表せるのか？」

　次なる円周率πの数値化を考えます。

$\pi = 3.1415\cdots$

これは π の数値化に成功した表現でしょうか？ 「数値化がうまく行った」とは「小数化が完成した」という意味でもあります。

ここで、2つの無限観を比較します。

【可能無限】
　π の数値化は、すべての桁の値が完全に決まらない以上、うまく行っていない。無理数は、無限小数でも書き表せない。

【実無限】
　π の数値化は、任意の桁の値が完全に決まるから、うまく行っている。無理数は、無限小数で完ぺきに書き表せる。

◆　p進法で表せる実数

現在、無限小数を否定する人はほとんどいません。その理由は、「無限小数が否定されると有理数までもが否定される」と考えられているからかもしれません。

1／3は0.333…という無限小数である。よって、無限小数を否定すると、1／3が否定される。それどころか、すべての有理数の存在まで否定されてしまう。

　しかし、上記の考えかたは正しくはありません。1／3は10進法では0.333…となるので有限小数ではありませんが、3進法で表すと0.1という有限小数になります。

　いかなる有理数も、ｐ進法（ｐは2以上）で有限小数になおすことができます。ｎ／ｍという有理数は、ｍ進法を使うと有限小数になります。

　それに対して、いかなる無理数も、有限小数にできるようなｐ進法は存在しません。つまり、有理数と無理数の違いは、有限小数で書き表すことができるｐ進法（ｐは2以上の自然数）が存在するかしないかの違いでもあります。

　これによって、有理数は「整数比で書き表せる実数」であると同時に「有限小数で書き表せるｐ進法が存在する実数」でもあります。

◆ 無理数を表す

　次のようにA，B，C，D，Eを置きます。それぞれ、真の命題でしょうか？　それとも、偽の命題でしょうか？

　A：無理数を整数比で表すことができる。
　B：無理数を整数比で表すことができない。

　C：無理数を有限小数で表すことができる。
　D：無理数を有限小数で表すことができない。

　E：無理数を無限小数で表すことができる。
　F：無理数を無限小数で表すことができない。

　特にここで問題となるのは、EとFはどちらか正しいかでしょう。

　πには固有の大きさがあります。しかし、どんなp進法（pは2以上の自然数）を用いても、πを数値化することはできません。

　ここで、π（n）を、10進法で表わした小数第n位までのπの近似値（小数第n＋1位以下を切り捨てる）とします。すると、次のような無限数列｛π（n）｝になります。

3，3.1，3.14，3.141，3.1415，…

この無限数列は各項が値です。しかし、この無限数列そのものは数ではないので、値を持っていません。つまり、次なる結論が正しいです。

数列 {π（n）} は数ではない。

実数には、有理数と無理数があります。有理数は整数の比で表現できます。しかし、どんな整数を組み合わせても、無理数を表現することはできません。それゆえに、無理数πの値を数字で表現すること（いわゆる数値化）は不可能です。つまり、円周率πを無限小数で書き表すことはできません。

π ≠ 3.1415…

それを無理にしようとしても、必ず近似値で終わります。無理数は、有限小数でも無限小数でも書き表すことはできません。πのような記号で表すことしかできません。

無理数を数字で表すことはできない。

◆ 無理数を数値化できない

　無理数を記号で表現することができます。例えば、円周率のπやネイピア数のeなどです。しかし、これらを数字で表現することはできません。つまり、無理数の数値化は不可能です。

　π＝3.141…も、e＝2.718…も、本物の数値化ではありません。なぜならば、小数点以下には整数が完全に配列し終わっていないからです。

記号は完結していなければならない。

　可能無限では、無理数の小数化は桁が１つ１つ順に決定して行くので、完全な配列終了は不可能です。これを完全に配列が終了したと考えると、完全な無限小数ができ上がります。これが実無限（完成した無限）の発想です。

【可能無限では】
　無限が完成することはない。よって、0.999…が１に完全に等しくなることはない。

【実無限では】
　無限が完成する。そのとき、0.999…は１と完全に等し

くなる。

　有理数はn／mという整数の比で表されます。しかし、無理数を整数の比で表すことはできません。では、無理数を小数で表示できるのでしょうか？

　可能無限を考えるならば、無理数を整数の比や小数で表示することはできません。つまり、無理数を数字で表現することは不可能であり、記号で書くことしかできません。

　たとえば、$\pi = 3.141\cdots$という書き方は不完全であり、完全な書き方は$\pi = 3.141 + \alpha$です。「$\cdots$」という記号の意味はあいまいですが、$+ \alpha$と書けば、このあいまいさが消えてなくなります。

　そもそも、無限小数で使われている「$\cdots$」という記号の定義は存在しません。また、数学辞典にも「$\cdots$は数学記号である」とも明記されていません。つまり、これは数学では無定義記号と解釈されます。よって、$\pi = 3.1415\cdots$は等式とは言えないでしょう。

◆ 無理数は数ではない

「無理数は数（すう）ではない」という数学を構築することもできるかもしれません。その場合は、「無理数は数ではなく量である」という古代の思想を復活させる必要があります。

　　量…アナログ（連続的に変化する大きさ）
　　数…デジタル（離散的に変化する大きさ）

　線の長さや面積や体積はアナログです。アナログは連続的に変化させることができます。一方、自然数はデジタルです。そのため、「自然数から作られる整数」および「整数比として表される有理数」も連続性がないので、デジタルです。自然数からなる有限小数もデジタルであり、離散的に変化します。

　ピタゴラスの時代は、線の長さはアナログでした。つまり、$\sqrt{2}$ は数ではなく量でした。よって、$\sqrt{2}$ **は無理数ではなく無理量**として扱われていました。これは、物理学では**物理量という言葉での名残**があります。物理数とは言いません。

　物理学では基本的には近似値しか扱わないから、有限小

数さえあればこと足ります。つまり、物理学における大きさとしての物理量は、量よりも数に近い存在になっています。

　そして、連続性という観点から見たとき、アナログはデジタルよりも扱う範囲が大きく、その分、優れた概念といえます。

　　数（デジタル）⊂量（アナログ）

　デジタル表示をアナログ表示になおすことはできますが、アナログをデジタルで表すことが不可能なこともあります。

　ただし、コンピューターはデジタルなので、ＩＴの世界ではアナログよりもデジタルのほうが実用性は高いです。社会的な便利さという立場から眺めるとデジタルのほうが優れています。

　これより、無理数のもとは無理量であり、実数のもとは実量であったということになりそうです。

$$
実量 \left\{
\begin{array}{l}
有理量（整数で表せる量）＝有理数 \\
\\
無理量（整数で表せない量）
\end{array}
\right.
$$

しかし、時代とともに「量」を「数」で統一しようとする動きがあり、「数ではない無理量」が「無理数」に変わりました。これとともに、次のような分類になったと考えられます。

$$
実数 \left\{ \begin{array}{l} 有理数 \\ \\ 無理数 \end{array} \right.
$$

　そのとき、「整数では表せない無理量」が「整数で表せる無理数」に変わる必要があります。この変身を可能にしたのが無限小数です。

　こうして、「無限小数を使えば、いかなる無理量も無理数に変換できる」という考えかたが広まります。実無限を導入すると、無限小数は次のように整数で完璧に表せることになります。N_0は無限小数の整数部分です。

$$
N_0 . N_1 N_2 N_3 N_4 \cdots
$$

　もし、無限小数を捨てて無理数を無理量にもどすとなると、無理数以外に虚数、複素数、四元数、八元数などが数ではなくなります。このとき、現在の「数（すう）の分類」が大きく変わることになります。

◆ 実数の定義

　カントールが対角線論法を数学に導入してからは、実無限が中心の数学に塗り替えられました。では、多くの人が実無限を支持する理由は何でしょうか？　それは「実数とは無限小数である。無限小数の定義に実無限は不可欠である」と思われているからかもしれません。

$$r = N_0.N_1 N_2 N_3 N_4 \cdots$$

　上記の左辺は実数 r です。右辺はそれに等しい無限小数です。今では、「いかなる実数も無限小数に変換できる」と思われています。N_0 は実数 r を無限小数になおしたときの整数部分で、N_k は小数第 k 位の整数です。たとえば次のように円周率 π を無限小数に変換します。

$$\pi = 3.1415 \cdots$$

　右辺の最後の記号である「…」は、**小数点以下のすべての桁において整数が決まっている**という記号であり、実無限による解釈です。

　この等式が成り立つならば、実無限を否定することは右辺を否定することです。それは、必然的にイコールでつな

がった左辺をも否定してしまいます。つまり、**実無限を否定すると、πの存在も否定される**ことになります。πだけではありません。

$$\sqrt{2} = 1.4142\cdots$$

実無限による無限小数を否定すると、$\sqrt{2}$の存在まで否定されます。それだけではありません。

$$1 / 3 = 0.3333\cdots$$

実無限の無限小数を否定すると、$1 / 3$も否定されます。実無限を否定すると、有理数もすべて否定されてしまいます。それだけは終わりません。

$$1 = 0.9999\cdots$$

実無限の無限小数を否定すると、右辺の否定は左辺の否定を招き、1の存在まで否定されてしまいます。つまり、**実無限を否定すると自然数まで否定される**ことになります。これより、**実無限が否定されることによって、ありとあらゆる数が否定される**ことになります。

これより、「実無限の否定」は「数そのもの否定」と思わ

れたようです。だから、無限集合を否定する数学者はたくさんいましたが、実無限を否定した数学者は少なかったようです。

　でも、やはり実無限は否定されるべきです。数学が健全な姿をとりもどすために真っ先にやるべきことは、実無限の間違いを認識することです。ただし、数学的な新発見の目的には、矛盾した実無限の使用はありです。

　実無限を証明に使ってはならない。しかし、実無限を使って数学的な真理を予想したり、発見したりする手段として使用することは差し支えない。

　これは、過去の歴史でも無限小がそのような扱いを受けていたことがありました。

　無限小を使って証明してはならない。しかし、無限小を使って新たな真理を見つけ出すことはかまわない。

　この違いは、真理を発見するのは直観が主であり、証明するのは論理が主だからです。

◆ 金太郎あめ

　リンゴを２つに切り分けると、切断面は２つできます。「片方だけ切断面ができて、もう片方には切断面がない」という事態は起こりません。

　金太郎あめをどこで切っても、同じような金太郎の顔が出てきます。したがって、金太郎あめを切断して左右に開いたとき、その断面を次の３つに分類することはできません。

【金太郎あめの切断】
（１）左側の金太郎飴の断面には金太郎の顔が見られるが、右側の金太郎飴の断面には金太郎の顔が見られない。
（２）左側の金太郎飴の断面にも、右側の金太郎飴の断面にも、金太郎の顔が見られない。
（３）左側の金太郎飴の断面には金太郎の顔が見られないが、右側の金太郎飴の断面には金太郎の顔が見られる。

　金太郎の顔は、どの切断面でも見られます。その理由は、ユークリッドがすでに見抜いています。**立体を２つにスパッと切り分けると、どの切断部位も平面になる**と述べています。

これは線でも成り立ちます。**1本の直線を2本に切断したとき、どの切断部位にも端が存在し、その端は点である**ということです。

　もともと直線は有限の長さを持っています。1本の直線が2本に切断されたとき、左側の線にも断端としての点が存在し、右側の線にも断端としての点が存在しています。

　点は線の端であるため、1本の直線を切断したときの端は、次のように4個になります。

　それに対して、下記は範囲の分けかたであり、直線の切断ではありません。範囲には端がなくてもかまいません。

◆　数直線の切断

　実無限の数学では、直線は「長さが無限大のまっすぐな線」だから、両端はありません。しかし、可能無限の数学では、次のように直線には両端があります。

　直線をいくらでものばすことができますが、それでも両端はあります。そのため、数直線を任意の点で2本に切断した直線もそれぞれ両端があります。

　デデキントの切断では実無限の数直線を扱います。だから、直線の両端が点ではないどころか、初めから存在していません。

　これを任意の点で2つに切断すると次のどちらかになるとされています。

　有理数だけからなる有理数直線の切断は、次のケースも考えられています。

でも、このようなことは起こりません。というのは、次は線ではないからです。

　　◯─────…

　線は、有限の長さを持っていなければなりません。線の長さは実数の大きさに相当するから、無限大の長さを持っている線を認めることは、∞という値を持った実数の存在を認めることになってしまうからです。

　ちなみに、有理数からなる有理数直線は線ではありません。いたるところで切れているから、線の絶対的な条件である連続性がありません。

◆　デデキントの切断

　デデキントは図形と集合を同一視し、「実数からなる実数直線」以外に「有理数からなる有理数直線」を考えていたみたいです。

　「範囲を2つに分ける」と「直線を2本に分ける」は異なった作業です。実数を2つの範囲に分けることは可能です。でも、直線をデデキントの方法で2つに切断すること

はできません。

　ユークリッドは「直線の端は点である」といっているので、数直線をデデキントの提案したような方法で切断することは不可能です。１本の直線をある点で切ると２本に分かれますが、その切断部位は再び点になって直線にくっついてきます。

　実数を２つの範囲に分けます。たとえば、次のように０よりも小さな範囲Ａと０以上の範囲Ｂに分けます。

　Ａ＜０，　０≦Ｂ

　ここまでは問題ありません。しかし、上記の方法で次のように数直線を切ることはできません。

　なぜならば、…──○　も　●──…　も、線ではないからです。「線には両端がなくてはならず、その両端は点である」という図形としてのユークリッドの決まりがあります。デデキントの切断は、この図形の基本に反してい

ます。

　集合の場合は切断とは呼ばず、分割といいます。｛太郎君、花子さん、一郎君、モモちゃん｝という集合を分割すれば、たとえば、｛太郎君、花子さん｝と｛一郎君、モモちゃん｝に分割したら、共通要素はありません。

　でも、図形は違います。線を切断（この場合は分割という言葉も使えます）するときにも、切断部位には必ず点がついてきます。１本の線を考えます。

　この線を真ん中で切断したら、次になります。

　図形を切断したり、図形を分割したりする場合、その切断部位や分割部位が消えることはありません。

　線を切断したら、切断部位は点として残ります。面を切断したら、切断部位は線として残ります。立体を切断したら、切断部位は面として残ります。切断部位は残るのが図形の特徴です。

デデキント切断では、この「図形の切断」と「集合の分割」を混同して、有理数直線上で「有理数全体の集合を2つに切断する」というハイブリッドな切断を考えました。

だから、切断部位をどちらに含めるかで分類しています。さらに、切断した部位に何もないところが無理数であると定義しています。そもそも、無限集合論が正しくない以上、実数を定義するときにデデキントの切断を用いることも問題でしょう。

◆　無限小数の作り方

無限小数は、もともとは割り算から作られました。1を3で割ると、分数では1／3になります。一方、1を3で割ると、小数では割り切れずに0.333…と、3がずっと続きます。それを無理に等しいとおくと、次なる等式が作られます。

1／3＝0.333…

しかし、これをもっと詳しく考えてみます。1を3で割ると、まず0.3になってあまりが0.1になります。

1 / 3 ＝ 0.3 あまり 0.1

　このあまりを 3 で割ると、今度はあまりが 0.01 になります。

　1 / 3 ＝ 0.33 あまり 0.01

　このあまりをさらに 3 で割ると、あまりは 0.001 になります。

　1 / 3 ＝ 0.333 あまり 0.001

　以後、同様の操作が無限に繰り返されます。でも、これだといつも有限小数が作られ、あまりも必ず出てきます。

　このやり方では、無限小数は決して手に入れることができません。ここまでが可能無限です。可能無限の数学の世界では、無限小数は作れません。

可能無限による数学には、無限小数は存在しない。

　ここで、実無限が登場します。実無限とは「終わらない無限を終わったと仮定すること」すなわち「終わらない無限を無理に終わらせること」です。仮定そのものが矛盾し

ています。

　上記の割り算は決して終わることがないにもかかわらず、実無限では「仮に、終わったらどうなるか？」という問いに答えます。このように、実無限では「割り算が終わった＝割り切れた＝あまりがゼロになった」とみなします。それが次なる式です。

　　1／3＝0.333…あまり0

　あまりが0なのだから、1が3で完全に割り切れました。答えは0.333…です。あまり0は記載を省略してもよいという決まりなので0.333…（1を3で割り切れた数）という無限小数は作られました。

　　1／3＝0.333…

　実無限の数学の世界では、上記の等式が成り立ちます。したがって、無限小数を否定することは1／3を否定することであり、ひいては実数そのものを否定することにつながります。だから、「実無限を数学から追放することができない」と考えられました。それが、ヒルベルトの次なる言葉です。

なんぴとも、カントールの作り上げた楽園（実無限から
なるの無限小数の数学）から、われわれを追放することは
できない。

　この言葉をもっと具体的に言いかえると、「なんぴとも、
数学から無限小数を取り除くことはできない」ということ
です。

　**ヒルベルトは「数学から実無限を排除することは絶対に
できない」と考えていた。**

　これ以降、ヒルベルトのリーダーシップによって実無限
数学が構築されていったことは周知の事実です。

◆　無限小数を捨てる

　無限小数という概念は、**終わらない無限を終わったと仮
定している実無限による発想**から生まれました。

　実無限を放棄したら、無限小数も放棄せざるを得ません。
過去の人たちが実無限を放棄しなかった理由がここにある
と思います。実無限を捨てることは、無限小数を捨てるこ
とにつながります。

ところが、無限小数が導入される前には、「実無限を捨てよう」と主張をしていた人も何人かおりました。それが、アリストテレスであり、トマス・アキナスであり、そしてガウスでした。

　ガウスの時代には、まだ、無限小数がなかったと思います。もし、ガウスの時代に無限小数ができ上がっていたならば、「実無限を捨てることは、無限小数を捨てることである」となって、ガウスもいやいやながら実無限を受け入れていたかもしれません。

　実無限を捨てることは無限小数を捨てることにつながります。これは数学ではとても勇気のある行動であり、生半可な知識で捨てられるような代物ではないと思います。

　無限小数の値が一意に決定するためには、小数点以下のすべての桁が書き終わっていなければなりません。つまり、無限小数は実無限そのものの発想です。

「πは無限小数である」と思い込むと「無限小数を捨てるとなると、πも捨てなければならない」という考え方に陥ります。でも、実際にはπは無限小数ではないから、その心配はありません。

$$\pi = 3.141592\cdots$$

左辺は実数ですが、右辺は無限小数です。間にある等号は「同一である」という意味ではなく、「こんなものと考えてもよいかな」という軽い意味であり、等号の援用にすぎません。よって、無限小数を捨てても実数を捨てることにはなりません。

実数としてのπは存在します。しかし、それを小数で表示しようとしても不可能です。小数点以下の整数が完ぺきに展開し尽くされた無限小数としてのπは存在しません。

実数としてのπは存在するが、無限小数としてのπは存在しない。

◆ **1＝0.999…の証明**

今では 1 ＝ 0.999… という等式は常識になっています。これには有名な証明が知られており、それを下に書き出してみます。まず、0.999…を d と置きます。

$$d = 0.999\cdots \quad\text{———}\quad ①$$

両辺を１０倍します。

１０ｄ＝9.999…　――――　②

②の両辺から①の両辺をそれぞれ引きます。このとき、小数点以下は同じだから取り去ります。

９ｄ＝9　――――　③

両辺を９で割ります。

ｄ＝1

よって、１＝0.999…です。

この証明は本当に正しいのでしょうか？　実は、完ぺきと思われるこの証明にも２つの間違いがあります。１つ目は①から②に変形できません。２つ目は②から③に変形できません。

【①から②に変形できない理由】
　１０倍するので、左辺をｄから１０ｄにするのはかまいません。問題は右辺です。0.999…を１０倍すると１０×0.999…になるけれど、9.999…にはなりません。

それを理解していただくために、まずは有限小数について考えます。0.999という有限小数を10倍する場合、次のように小数点を1つ右にずらします。

　　0.999 × 10 = 9.990

　この場合、小数第3位（最後の桁）の9が0に変化していることに注目します。この変化がないと、10を掛けたことにはなりません。

【有限小数の10倍】
（1）小数点の位置を右に1桁ずらす。
（2）もとの小数の最後の桁を0にする。

　この2つの手順を終えたときに、有限小数を10倍したことになります。それに対して、次なる式はどうでしょうか？

　　0.999… × 10 = 9.999…

　小数点を1個分だけ右側に移動しています。しかし、最後の桁が存在しないため、最後の桁を9から0に変えることができません。これは10倍するという掛け算にとっては致命的な欠陥でしょう。

これより、無限小数の場合、小数点を1桁だけ右側に移動するだけでは10を掛けたことになりません。つまり、①から②に移るときにミスがあります。

【②から③に変形できない理由】

　左辺の変形は問題ありません。10ｄからｄを引くと9ｄになります。しかし、②の右辺から③の右辺を引くことはできません。0.999…と9.999…はそれぞれが分割できない記号であり、下のような変形は認められていません。

$$9.999\cdots - 0.999\cdots$$
$$=（9 + 0.999\cdots）- 0.999\cdots$$
$$= 9 +（0.999\cdots - 0.999\cdots）$$
$$= 9 + 0$$
$$= 9$$

　計算の途中で間違いが2か所もあるので、この証明は無効です。

　1＝0.999…　は成り立たない。

◆ 9の数

　ｂｅ（動詞）とｂｅｅ（名詞）は意味が違います。ｅが
１個か２個かで意味が大きく変わります。英語がつづりに
厳しいならば、数学では記号の記載に関して、それ以上に
厳しく接したほうが良いでしょう。

　0.9と0.99と0.999と0.9999は、すべて異なっていま
す。それならば、0.999…と0.9999…も異なっているは
ずです。A，Bを次のようにおきます。

　　A：9が3個の0.999…は1である。
　　B：9が4個の0.9999…は1である。

　Aが真だからといって、Bまでもが真であると考えるの
は早急です。

　0.9…と0.99…と0.999…と0.9999…は、それぞれ記
号がすべて異なっています。記号が異なれば、意味も異なっ
ていることが多いです。それなのに、この中で0.999…だ
けが1に一致するというのはなんとなく納得ができません。

　　$1 = 0.999…$

「0.9…と 0.99…と 0.999…と 0.9999…がすべて同じである」ということを主張するためには、それなりの根拠あるいは証明が必要になってきます。しかし、無限集合論にはその根拠や証明が見当たりません。

◆　*d=c+1*

0.999…という記号の意味を可能無限で考えます。可能無限では 9 という数字は 1 つずつ増えていきます。その結果、9 が 1 つ増えるたびに、その値は少しずつ増加していきます。結局、**0.999…という記号は、可能無限では次なる無限数列を意味**しています。

0.9，0.99，0.999，…

しかし、いつまでたっても、0.999…という「9 が無限個並んだ無限小数」には到達しません。9 を 1 つずつ加え続けるという作業では、0.999…という無限小数は、上記の無限数列には永久に現われてきません。

可能無限で 0.999…を作り出すことができないため、「可能無限においては 0.999…は数としては存在していない」といえます。

次に、実無限で考えます。実無限では、0.999…という記号は、9が無限個すでに完ぺきに並び終えています。つまり、無限が完了しています。この状態が実無限（完了した無限）です。

　しかし、この記号を勝手に0.999…＝0.9 + 0.099…というように、0.9と0.099…の2つに分割することはできません。

　これは、筆記体が似ているからといってd（ディー）をc（シー）とl（エル）に分割するのと同じような作業です。

$d = c + l$

　確かに、見た目はcとlを足し合わせるとdになります。

　0.999…という記号は、見た目は0.9と0.099…を足し合わせたものに似ています。

0.999…＝0.9 + 0.099…

　しかし、数学では0.999…のような「分割できないひとかたまりの記号」を勝手に2つに分けることは禁じられて

います。

◆ 記号の制限

　記号の定義はきちんと決まっています。たとえば、本という意味を表わすのにbookという記号があります。これを、勝手にoを1個減らしたり増やしたりして、bokやboookに変えることはできません。

　特に、数学では記号の扱いに厳しいので、いったん決めた記号は、そのまま変えずに使用しなければなりません。たとえば、0.999…という記号を決めた場合、これ自体が「変形してはならないひとかたまりの記号」です。したがって、これを勝手に0.99…や0.9999…にすり替えることはできません。

　たとえば、$d = 0.999\cdots$ と置いたとき $10\,d = 9.999\cdots$ と変形することは認められていません。この時点では9.999…は、まだ定義されていない記号だからです。よって、何の断りもなく勝手に新記号を導入することが問題視されます。

【記号の制限】

　数学は厳しい学問であり、a を定義したからといって、ま
だ定義されていない b （a と異なる記号）を導入してはな
らない。

◆　0.999…の定義

　0.999…の本当の定義は何でしょうか？　次のような定
義もあります。

【0.999…の定義】
　0.999…とは、数列 0.9，0.99，0.999，…の極限値で
ある。

　一方、0.9，0.99，0.999，…の極限値は 1 です。する
と、この定義は回りくどいので、もっと素直に表現すると
次になります。

【0.999…の定義】
　0.999…とは、1 である。

　0.999…を 1 と定義したならば、これはこれで一塊の記
号となり、勝手に 0.9 + 0.09 + 0.009 + … などに分解す

ることはできなくなります。

　0.999…と無限に9を増やして行く行為が完結し、9の無限の配列ができ上がったと仮定しているのが実無限です。つまり、次なる式は実無限による定義です。

　0.999…＝1

　では、「0.999…と9を無限に増やしていくと、最後は本当に1に一致するのかどうか？」という疑問は出てきます。可能無限では、無限には「最後」という概念が存在しないから、一致しません。しかし、実無限では一致します。現代数学は実無限を主に採用しているから、左辺と右辺は一致すると考えられています。

　可能無限では、無限であるがゆえに最後の9は存在しないから、0.999…＝1という等式は成立しない。

　実無限では、無限であるにもかかわらず最後の9があるから、等式が成り立つ。

◆ 0.999…の解釈

　0.999…には2つの解釈があります。それは、可能無限による解釈と実無限による解釈です。

　可能無限による解釈では、9を1つ追加するごとに値が増えて行くので、0.999…という記号は固定した値を持ちません。つまり、定数でもなければ、数でもありません。

【可能無限の立場】0.999…は数ではない。

　次に、実無限で解釈します。実無限とは完結した無限だから、9を1ずつ追加するという作業がすべて終わっています。つまり、最後に書き加えた9が存在しています。決して終わることのない無限の作業が終わっているから、0.999…は矛盾した定数です。

　では、矛盾した定数としての0.999…は、1に等しいでしょうか？　それとも、1に等しくはないのでしょうか？答えは両方です。

　矛盾した存在は、一般的に述べるならばどんな解釈も可能になるので、1に等しいと扱ってもかまいませんし、1に等しくはないと扱ってもかまいません。つまり、次なる

ことも言えるようになります。

【実無限の立場】0.999…は1である。

◆ 0.999…のマジック

次のような考え方もあります。

*無限小数は、数列の極限値である。たとえば、0.999…
は次なる数列 $\{a_n\}$ の極限値である*

$$\{a_n\} = 0.9,\ 0.99,\ 0.999,\ \cdots$$

*一方、この数列の極限値は1である。これより、次が証
明された。*

$$0.999\cdots = 1$$

この証明は何となくおかしいです。数列 $\{a_n\}$ の極限
値は1です。したがって、0.999…を「数列 $\{a_n\}$ の極限
値である」と定義すれば、0.999…を「1である」と定義
したことになります。つまり、これは証明されたのではな
く、1を0.999…に置きかえただけの言葉のマジックです。

0.999…＝１も１／２＋１／４＋１／８＋…＝１も、たった１つの理由から説明できます。それが実無限です。よって、現代数学においては次のような等式が成立します。

　0.999…＝1
　1／2＋1／4＋1／8＋…＝1

　もちろん、これには「実無限が正しければ」という仮定が必要です。

　現在、数学の教育現場で「１＝0.999…」を理解できない子どもたちを、どう教育するかで問題になっているようです。ここで、ちょっとした発想の転換をしてみます。

　実無限は矛盾している。よって、実無限からなる等式である１＝0.999…は間違っている。

◆　S＝－１

　１＋２＋４＋８＋16＋…と無限に加えていくと、どうなるのでしょうか？　常識では∞になると思われるので、次なる等式で書かれます。

$$1 + 2 + 4 + 8 + 16 + \cdots = \infty$$

では、これが本当かどうか、実際に計算してみましょう。これをSと置きます。

$$S = 1 + 2 + 4 + 8 + 16 + \cdots$$

このSを次のように変形します。

$$S = 1 + 2 + 4 + 8 + 16 + \cdots$$
$$= 1 + 2 \ (1 + 2 + 4 + 8 + 16 + \cdots)$$

カッコの中はSと同じです。だから、これにSを代入します。

$$S = 1 + 2S$$

この方程式を解くとSは－1になります。よって、次式が成り立ちます。

$$1 + 2 + 4 + 8 + 16 + \cdots = -1$$

この等式を証明したのは、レオンハルト・オイラーです。これから言えることは、「…」という記号は曲者だというこ

とです。

　0.999…＝１の証明のときの「…」の部分をごっそり引くのも、Ｓ＝－１の証明のときの「…」の部分をごっそり入れかえるのも問題があります。これらのおかしさは実無限に由来しています。

　ゼータ関数でも、次のような納得できない等式がいっぱい出てきます。

$$1 + 1 + 1 + 1 + 1 + \cdots = -1/2$$
$$1 + 2 + 3 + 4 + 5 + \cdots = -1/12$$
$$1^2 + 2^2 + 3^2 + 4^2 + 5^2 + \cdots = 0$$
$$1^3 + 2^3 + 3^3 + 4^3 + 5^3 + \cdots = 1/120$$

　これらのメカニズムも**実無限に起因している**かもしれません。

◆　**ブラウアー問題**

　数学の世界では、命題の排中律を認めない考えがたもあります。オランダの数学者ライツェン・エヒベルトゥス・ヤン・ブラウアーは排中律の成り立たない具体的な命題を１

つ提示しました。ここではそれを少し変えて、ブラウアー問題と呼ぶことにします。

　まずは、円周率 π を無限小数で表わします。

　$\pi = 3.141592\cdots$

【ブラウアー問題】
　π の小数点以下の整数配列の中に、0 が連続して 10^{10} 個並んでいるところが存在するか？　それとも存在しないか？

　無限小数を「完成された実数」として認めるならば、小数点以下の整数配列はすべてわかっているはずです。よって、これを命題として扱わなければならず、「0 が連続して 10^{10} 個並んでいるところが存在する」は真か偽のどちらかになります。

　小数点以下の桁を1つ1つ調べていって、目的の整数配列が見つかれば真の命題です。しかし、本当に存在しない場合は、この地道な方法では証明できません。つまり、これは真か偽かを決められない命題です。これこそが、ブラウアーが排中律を認めなかった理由でしょう。

有限での排中律は認めます。しかし、無限ではいつでも排中律が成り立つとは限りません。よって、無限小数に関する問題の場合、数学から排中律を取り除こうというのがブラウアーの提案のようでした。

　これに対して、ヒルベルトは「排中律がなくなれば背理法が使えなくなる。これはボクサーから拳を奪うようなものである」と猛反対しました。

　でも、無限小数に関しての排中律を否定するのではなく、**無限小数そのものを否定したらよいと思います。**

◆　非命題と排中律

　平行線公理はユークリッド幾何学では真です。そして、非ユークリッド幾何学では偽です。この言葉の使いかたに間違いはないでしょう。

　平行線公理は、ユークリッド幾何学では真である。
　平行線公理は、非ユークリッド幾何学では偽である。

　なぜならば、「命題」という単語をまったく使っていないからです。命題は真か偽のどちらかに分類されます。しか

し、命題ではない主張（あるいは断言）にはこの分類が適用されるとは限りません。

命題では排中律が成り立つ。
非命題（命題ではない主張）では排中律が成り立つとは限らない。

主張には命題と非命題があります。非命題は、命題と違ってわりと自由です。よって、非命題には「真であって偽でもある非命題」や「真でも偽でもない非命題」が存在してもかまいません。

ブラウアー問題では排中律が使えません。その理由は、ブラウアー問題が非命題であるからです。

ブラウアー問題は命題ではない。よって、排中律がうまく働かない。

◆　実無限における排中律

ブラウアーは「有限では排中律が成り立つが、無限では成り立たない場合がある」と無限における排中律の使用を戒めていました。これに対して、ヒルベルトは「排中律を

否定すれば背理法が使えなくなる」と反対しました。

　２人の述べていることはそれぞれが一部正しくて、一部が間違っていると思います。有限でも無限でも、命題を扱う限り排中律は成立します。この意味で、まず、ブラウアーは間違っています。

　　有限でも可能無限でも、排中律は成立する。

　それに対して、ヒルベルトの間違いは実無限にも排中律を使おうとしたことです。実無限は矛盾した概念だから排中律がうまくは働かず、結果的に背理法は十分に機能しなくなります。

　　実無限では、排中律が成り立たないことがある。

◆　ブラウアーとヒルベルトの戦い

　有限と無限では「すべての」の意味するところが異なります。ブラウアーは「無限では、排中律は成立しない」と考えていました。ヒルベルトは「無限でも排中律は成立する」と述べました。

これがブラウアーの直観主義（無限における排中律の拒否）とヒルベルトの形式主義（無限における排中律の許容）の戦いであり、結果的にヒルベルトの形式主義が勝利しました。でも、ブラウアーの直観主義は、完全に負けたのではありません。直観主義と形式主義は、いまだに決着はついていません。

　数学では真理が勝利するとは限りません。おかしな定理やおかしな理論が勝利して生き残ることも多々あります。ブラウアーとヒルベルトの戦いのころには、すでに実無限が無限の中心に据えられていました。つまり、2人は「実無限における排中律」で戦っていたのです。

　ブラウアー：実無限では、排中律は成り立たない。
　ヒルベルト：実無限でも、排中律は成り立つ。

　一方、実無限は矛盾した無限だから、実無限を仮定すると「排中律は成り立つ」と「排中律は成り立たない」が両方とも成り立つようになります。

　これによって、ブラウアーの「実無限では、排中律は成り立たない」は正しい意見であり、ヒルベルトの「実無限でも、排中律は成り立つ」も正しい意見でした。

「実無限が正しいならば、排中律は成り立たない」も「実無限が正しいならば、排中律は成り立たつ」も、実無限が矛盾していればともに真となります。これは、次の真理表からもわかります。

A	B	¬B	A→B	A→¬B
1	1	0	1	0
1	0	1	0	1
0	1	0	1	1
0	0	1	1	1

　Aが偽のときには、A→BもA→¬Bもともに真です。これを論理式で表したのが次です。

¬A→ ((A→B) ∧ (A→¬B))

これはヒデの論理式の一種です。

A	B	¬A→ ((A→B) ∧ (A→¬B))
1	1	1
1	0	1
0	1	1
0	0	1

真理表でもおわかりのように、これは恒真命題になっています。つまり、ヒデの論理式は真理を表わしており、AやBにどんな命題を代入しても、ヒデの論理式は常に成り立ちます。

◆　ブラウアー問題の可能無限解釈

　ブラウアーは、円周率πの完結した無限小数展開―――つまり、無限小数の実在―――を認めていたようです。その完結した無限の数字の配列の中に、「０がn個連続して続いている箇所があるのか？　それともないのか？」を命題として取り上げました。π（n）を次のように置きます。

　π（n）：０がn個連続する箇所が存在する。

　nは自然数であれば、何でもかまいません。無限の数字配列の中に、これが存在することをどうやって証明するか？　あるいは、存在しないことをどうやって証明するか？　という問題です。

　可能無限の立場ならば、このような問題は発生しません。その理由は、小数点以下無限桁の完ぺきな数字配列が存在しないからです。そのため、可能無限では「πの小数第ｍ

位までの近似値（これは有限小数です）の中には、0がn個連続して続いている箇所があるかないか？」になります。

　ここで、実無限による問題提起と可能無限による問題提起を比較します。

【ブラウアー問題の実無限解釈】
　πを完ぺきに無限小数に展開し終えた場合、小数点以下の無限桁の中に、0がn個連続して続いている箇所があるかないか？

【ブラウアー問題の可能無限解釈】
　πの近似値を小数第m位まで求めた場合、その中に0がn個連続して続いている箇所があるかないか？

　ブラウアーは実無限の解釈でブラウアー問題を解決しようとしました。しかし、非存在を証明する方法を思いつきませんでした。その結果、「ブラウアー問題を解決できるか解決できないかのどちらかである」という排中律を捨てました。

　でも、もともと実無限は間違っているのだから、**ブラウアー問題は初めから数学では存在していない問題**といえるでしょう。

πは、常に有限桁までしか小数展開はできません。だから、命題として扱うためには、下記のように修正を加える必要があります。n＜mとします。

「πの小数展開を小数第m位まで行なったとき、その中に0がn個続く箇所が存在する」

小数第m位までなら、そしてn個であるならば、排中律は常に成り立ちます。

◆ 対角線論法

対角線論法は実無限を用いた背理法です。対角線論法を用いると矛盾が証明されますが、否定する命題を間違えてしまったら、背理法が正しく成立しません。

対角線論法では、矛盾を生み出したおおもとである「実無限」を否定せず、実無限から派生した副次的な「自然数全体の集合Nと実数全体の集合Rの間の1対1対応」を否定しています。

これより、対角線論法の仮定には「実無限は正しい」と「自然数全体の集合Nと実数全体の集合Rの間に1対1対

応が存在する」の2つがあります。ここで、カントールは前者を否定せず、後者を否定しました。対角線論法の最大の間違いは「否定すべきではない仮定を否定した」の一語に尽きます。

　対角線論法は、本当は実無限を否定している背理法です。背理法は、否定する命題を正しく否定して、初めて「正しい背理法」と呼ばれるようになります。

　対角線論法は、間違った背理法である。よって、対角線論法を用いたゲーデルの不完全性定理の証明も間違っている。

◆　シンプルでエレガント

　素朴集合論では、「自然数全体の集合Nと実数全体の集合Rの間に1対1対応が存在する」と仮定して矛盾が生じています。これまでの数学では、この1対1対応を否定しておしまいでした。しかし、本当は1対1対応の前に「実無限」というもう1つの仮定が隠されていました。

　第1仮定：実無限（は正しい）
　第2仮定：NとRの間に1対1対応が存在する。

対角線論法における矛盾は、この２つの仮定から証明されています。そこで、「実無限」と「ＮとＲの１対１対応」を比較すると、より根源的で怪しい仮定は実無限のほうです。

　なぜならば、ＮもＲも実無限にもとづく集合であり、実無限が否定されれば、自動的にＮとＲの存在（無限集合の存在）も否定されるからです。

　したがって、ヒデの否定則を対角線論法に適用すれば、「否定すべき仮定は１対１対応ではなく実無限のほうである」ということになります。

　もし、第１仮定を否定せずに、第２仮定のみを否定したとします。現代数学がまさにその状態です。この場合、数学がむやみやたらと複雑になるだけです。

**　数学はシンプル（単純）でエレガント（洗練されて美しい）なほうが良い。**

　数学や物理学は時代とともに常にこの方向に行くとは限りません。相対性理論は単純でしょうか？　それとも複雑でしょうか？　「絶対空間や絶対時間」と「４次元時空」では、いったい、どちらのほうが単純で美しいでしょうか？

◆　スケープゴート

　数学において、背理法はとても役に立つ証明法です。しかし、せっかく背理法を使って証明しても、否定する仮定を間違えたら大変なことになります。

　間違った背理法の典型例は対角線論法です。対角線論法では「自然数全体の集合Ｎと実数全体の集合Ｒの間に１対１対応が存在する」という仮定から矛盾を導き出しています。現代数学では、この１対１対応が否定されています。

　しかし、対角線論法から出てきた矛盾が否定すべき仮定は、実は１対１対応ではありません。数学は隠された真実を見つけ出す学問でもあります。では、隠された真実とは何か？　それが実無限です。

　対角線論法が否定すべき仮定は、「１対１対応」の裏に隠された「実無限」という仮定のほうでした。

「自然数全体の集合Ｎと実数全体の集合Ｒの１対１対応」はスケープゴートである。

　無限集合論から実無限をうまく抽出できないと、実無限の代わりに１対１対応を否定せざるを得なかったと考えら

れます。

　では、どうして実無限の抽出と排除に失敗したのでしょうか？　その理由は「実無限を否定すると、無限小数さらには無限集合の存在までもが否定される」いう不安があったからと考えられます。

　確かに、実数を無限小数と同一視すると、**実無限が否定されると実数が使えなくなる**のは事実です。でも、この心配は要りません。なぜならば、無限小数は実数ではないからです。

　実数と無限小数はまったく異なっている。

◆　対角線論法と区間縮小法

　カントールは、1891年に対角線論法を発表していますが、それに先立って区間縮小法を世に出しています。両方とも「自然数全体の集合Ｎと実数全体の集合Ｒの間に１対１対応が存在しない」という結論を出すための証明です。

　ここで、次のように命題あるいは仮定を置きます。区間縮小法は「無限小数を使わない証明」であり、対角線論法

は「無限小数を使った証明」です。対角線論法のほうがエレガントな証明と高く評価されています。

A：実無限（の概念は正しい）
B：無限小数は実数である。
C：自然数全体の集合Nと実数全体の集合Rの間に1対1対応が存在する。

ここで、対角線論法と区間縮小法の論理構造を比較します。

対角線論法：A →（B →（C →（Q ∧ ¬ Q)))
区間縮小法：A →（C →（Q ∧ ¬ Q))

対角線論法ではまず、実無限を仮定しています。そして、その実無限を使って無限小数を実数とみなしています。その上で、NとRの間の1対1対応を仮定し、矛盾を導き出しています。

それに対して、区間縮小法では無限小数を扱っていません。そのため、その論理構造にはBが含まれていません。カントールは両証明において、いずれも仮定Cを否定しています。しかし、正しい否定は仮定Aになるでしょう。

◆ 対角線数列

　次の表は、カントールの作り出した対角線論法の表の一例です。0＜x＜1の範囲にある無限小数xをすべて次のように並べられたと仮定します。この表を「対角表」と名づけます。N_{ij}はx_iの小数第j位の整数です。

$$x_1 = 0.N_{11}N_{12}N_{13}N_{14}\cdots$$
$$x_2 = 0.N_{21}N_{22}N_{23}N_{24}\cdots$$
$$x_3 = 0.N_{31}N_{32}N_{33}N_{34}\cdots$$
$$x_4 = 0.N_{41}N_{42}N_{43}N_{44}\cdots$$
$$\vdots$$

　この対角表の左上から右下に向かう対角線に注目します。この対角線上には次なる整数が並んでいます。

$$N_{11}, \quad N_{22}, \quad N_{33}, \quad N_{44}, \quad \cdots$$

　これらの整数をつなげて有限小数を作り、次のような数列を作ります。これを「対角線数列」と名づけます。ここでは縦に書いてみました。

$$0.N_{11}$$
$$0.N_{11}N_{22}$$

$0.\mathrm{N}_{11}\mathrm{N}_{22}\mathrm{N}_{33}$

$0.\mathrm{N}_{11}\mathrm{N}_{22}\mathrm{N}_{33}\mathrm{N}_{44}$

$$\vdots$$

さらにこれから、次のような無限小数を作ります。これを「対角線小数」と呼ぶことにし、記号でdと書いてみます。

$$d = 0.\mathrm{N}_{11}\mathrm{N}_{22}\mathrm{N}_{33}\mathrm{N}_{44}\cdots$$

ところで、xをある規則で置いたならば、その規則を満たさない実数を置くことができず、すべての実数を置くことができなくなります。

すべての実数を並べるためには、実数をランダムに置く必要がある。

これより、対角表のx_1は適当に置いた数です。つまり、N_{11}は0から9までの10個のうちのどれかであり、$1/10$の確率で決定します。

x_2以降も同様です。そして、一般的にx_nは適当に置いたn番目の無限小数です。N_{nn}は0から9までの10個のうちのどれかであり、場当たり的に$1/10$の確率で決定し

ます。

　これより、N_{nn} は π の小数化における整数配列や $\sqrt{2}$ の小数化における整数配列のような「決まった整数配列」ではなく、その場その場で、10分の1の確率で決定していきます。よって、対角線数列の各項である有限小数は、いつも末尾の桁の値がふらふらしています。

　このような「ゆらぎをともなう対角線数列」は数列ではありません。数列でなければ、これは極限値を持ちません。つまり、対角線小数 d は対角線数列の極限値ではありません。

　カントールの作り出した「対角線上の整数を集めた対角線小数」は見かけの極限値である。

◆　カントール小数

　対角線小数 d の各桁をカントールの手技にならって、偶数を1に変換し、奇数を2に変換します。変換後の新たな無限小数を「カントール小数 c」と呼ぶことにします。

$$d = 0.N_{11}N_{22}N_{33}N_{44}\cdots$$

$$c = 0.C_1C_2C_3C_4\cdots$$

カントール小数 c は、対角表に書かれた無限小数のどれとも一致しません。

$$x_1 \neq c$$
$$x_2 \neq c$$
$$x_3 \neq c$$
$$x_4 \neq c$$
$$\vdots$$

その理由は、x_n と c は小数第 n 位の数字が異なるからです。要は、「すべての x_n と異なるように c を作ったから、c はすべての x_n と異なる」という内容です。以上が、カントールの対角線論法の骨子です。

ところで、これは無限の桁（無限小数）と無限の行（無限数列）を書いていく作業だから、実際には対角表は完成しません。

よって、この表の左上から右下に向かう対角線小数 d も完成しません。その結果、この表に存在しないというカントール小数 c も作り出すことができません。

可能無限の数学では対角表を作り上げることはできない。そのため、「作り上げることができない対角線小数d」も「作り上げることができないカントール小数c」も存在していない。

◆　関数

　物理実験でｘｙ平面を使う場合、ｘ軸の単位とｙ軸の単位は異なります。この場合、ｘ座標をｙ座標に変換する点を（ｘ，ｙ）で表示します。そして、その関数 $y = f(x)$ を探し出すことができれば、関数は存在することになります。

　一方、数学ではｙがｘとともに変化する場合、ｙは関数である場合と関数ではない場合があります。ｘが決まってもｙがゆらぐようならば、「ｙはｘにしたがって値が決定するが、ｙはｘの関数ではない」となるでしょう。

$$
y \text{は} x \text{にしたがって決まる}
\begin{cases}
y \text{は} x \text{の関数である} \\
\\
y \text{は} x \text{の関数ではない}
\end{cases}
$$

　ｘが決まっても「ｙがそのときどきによって値がゆらげ

ば、yはxの非関数である」となります。

　関数では、値が一意に決定しなければならない。同様に、数列では次項が一意に決定しなければならない。

　これより、値がふらふらゆれ動くような関数は関数とはいえず、同じく、次項がふらふら変動するような数列は数列とはいえないでしょう。

　数学は拡張という手法によって扱う範囲をどんどん広げていますが、これもある限界を超えると「非関数を関数に含める」「非数列を数列に含める」という状態になる危険性があります。非ユークリッド幾何学ではすでに、「非直線を直線に含める」という方法が採用されています。

◆　ゆらぎ

　πという円周率を小数に直そうとすると、3.141592…といつまでも続き、決して終わることはありません。このときの整数配列は一意に決定しています。つまり、ある数字の次に来る数字は、必ず1つだけ決定します。不確実性という意味でのゆらぎは、πの桁にはいっさいありません。

ゆらぐというのは、このような数字の配列に一意性がなく、次にくる数字がその場その場の状況で、偶然に決まるようなことです。たとえば、次なる有限小数を考えます

　0.38457

　この小数の最後の桁に、さらに桁を1個つぎ足す場合、その次の桁がゆらいでいる場合は、次の10通りの可能性があります。

　0.384570
　0.384571
　0.384572
　0.384573
　0.384574
　0.384575
　0.384576
　0.384577
　0.384578
　0.384579

　これらは最後の桁はゆらいだために起こった数値の違いです。これ以降は、まったく違った小数になります。ゆらぐということは「再現性がない」ことであり、その結果「収

束しない」ことを意味しています。

　これより、サイコロをころがして出た目を次から次へと書くことによって無限小数を作ろうとする場合、小数点以下の整数配列がどんどん伸びていきますが、ある１つの実数には収束しません。

　Ａ君がサイコロを振って出た目を無限小数化する場合と、Ｂ君がサイコロを振って出た目を無限小数化する場合とでは、まったく違う整数配列になります。つまり、サイコロを振って出た目を無限に書いていく場合、これは無限数列ではありません。
　同じ人物でも、別の機会にサイコロを振って出た目を無限小数化する場合、前回の無限小数化とは異なった配列になります。

　無限配列 ≠ 無限数列

　サイコロを振って出た目をN_1，N_2，N_3，N_4，…と無限に書いて行くと、見た目は無限数列に似ている。しかし、実際にはゆらぎを伴っているため、そもそも数列ではない。

◆　もれた実数

　対角線論法では、自然数全体の集合Nと実数全体の集合Rの間に1対1対応が存在しないことを証明しています。しかし、そのためには最低限1つの「1対1対応から漏れた実数」を作り出す必要があります。しかし、実際には具体的な実数をただ1個ですら作ることができません。

　これは、対角線論法で作り出す無限小数がゆらいでいるために起こる「得体の知れない実数」つまり「値のない実数」だからです。

　カントールが「自然数全体の集合Nと実数全体の集合Rの間に1対1対応が存在する」と仮定して「そこからもれた実数」を作り出したが、これは実際には存在していない。

　対角線論法では、適当な無限小数を上から順に下に並べて書き、左上から右下に向かう対角線上の数字を選んできます。その結果、各数字は偶然による確率で決まります。これは、サイコロをころがして作る数列と同じです。

　数値が偶然に決まるような場合には値の不規則なゆらぎが発生し、収束という概念が使えなくなります。その結果、1つの確定した極限値を持たなくなります。つまり、対角

線論法においては「上に有界な単調増加数列は収束する」という基本的な定理が使えません。

◆ ゆらぎは収束を否定する

対角線論法において、無限小数を表の上から下にどんどん書き加えていく場合、対角線上の整数が無限数列を作ると思われがちです。しかし、そうはなりません。

対角線上で次にくる整数は、100%あらかじめ決まっているわけではなく、1桁ごとに10分の1の確率で偶然に決まります。つまり、0から9までの数字のどれかが行き当たりばったりで決まるため、常に数字がゆれ動きます。このゆらぎの存在が、極限値への収束を否定しています。

ゆらぎとは、**予測することができない不規則な変化**です。これは、**極限値も予測できない**ことを意味しています。つまり、ゆらぎのある無限配列（無限数列とはちょっと違います）は収束しないため、極限値を持ちません。

対角線論法では、対角線上の数字を集めて実数を作り出そうとしても、それは収束しないので実数にはなりません。これより、「上に有界な単調増加数列は収束する」という定

理が使えません。

　この定理が使えるためには、次の３つの条件が必要です。誤解のないように言葉を選んで、「数列」ではなく「配列」という言葉を使います。数列は数学の専門用語ですが、それを含む配列は日常用語です。

（１）　上に有界な配列であること。
（２）　単調に増加する配列であること。
（３）　次項が偶然に決まるような配列ではないこと。

　小数点以下の無限配列が収束するためには、（１）と（２）だけでは不十分であり、（３）も必要です。この３条件を満たしたときに数列といえるようになると思います。

◆　大数の法則

　大数（たいすう）の法則とは、ある試行を何回も行えば、確率は一定値に近づくという法則です。例えば、サイコロをたくさんふれば、１の目の出る確率は次第に６分の１に近づきます。しかし、収束するわけではありません。「近づく」と「収束する」は異なっていると考えられます。

数学では「無限に近づく」は収束として表現されますが、実際にサイコロをふったときの確率としては、1万回振ったときよりも1億回振ったときの確率が1／6に近いとは限りません。なぜならば、実際の試行では常にゆらぎがあるからです。

ゆらぎがあるならば、1／6に収束はしない。

　次なる主張は実無限による大数の法則です。

　確率 p の確率事象を∞回行なうと、その平均発生率が p となる確率は 1 となる。

　ちなみに、次なる実無限も参考にあげておきます。

　円に内接する正∞角形を作ると、それは円に一致する。
　円に外接する正∞角形を作ると、それは円に一致する。

　線分を∞回分割すると、点になる。
　点を∞個集めると、線分になる。

　これらにはすべて、**実無限による論理的な飛躍**が隠されています。そもそも、「無限回行なう」ことも不可能であり、「正∞角形を作る」ことも不可能であり、「∞回分割する」

ことも不可能であり、「∞個集める」ことも不可能です。

　サイコロを1億回振ったときと10億回振ったときの「1の目が出る割合」は、後者のほうが確実により1/6に近いとは言い切れないと思います。実際に、実験してみてたった1回でも例外があれば大数の法則は否定されてしまいます。

　大数の法則は、直観によって設定されたアバウトな法則です。数学でも物理学でも、原理や法則の多くは人間の直観が用いられています。物理学で観測や実験結果から原理を作る場合の帰納法も直観です。直観の存在を受け入れないと、原理や法則は成り立たなくなります。

◆　ゆれ動く対角線小数

　対角線上で次に来る数字は0から9までの10個のうちの1個です。だから、次の桁の数字が確定する確率は1/10です。よって、対角線小数は確率でゆれ動きます。

　対角線論法ではどうして次の数が1/10の確率で決まるのかというと、次の行にくる無限小数が不規則に並べられるからです。アットランダムに並べられるので、次の行に並

べられる無限小数も、また対角線上の次に来る整数もまったく予測できません。

　小数点以下の各桁の数値が、一桁ごとに確率でふらふら変化する場合、それは本当に実数なのでしょうか？　対角線論法でもバラつきがあるため、対角線上の数字を集めてきて無限小数を作ろうとしても、それは1つの実数には収束はしません。

◆　ランダム

　ランダムには次の2通りがあります。

（1）円周率πの小数表示における小数点以下の整数配列
　　　（＝本当の無限数列）
（2）サイコロをころがして出た目を小数点以下に無限につけ加えていく整数配列（＝無限数列ではない無限配列）

　たとえば、πの小数第n位の整数を考えます。πを小数化する場合、その整数配列には規則性がないにもかかわらず、πの小数第n位の整数は一意に決定します。何回計算しようと、まったく同じ整数にたどり着きます。翌日に計

算しても、同じ整数が出てきます。1週間後に計算しても、1年後に計算しても、πの小数第n位の整数は、いつも同じ整数です。つまり、再現性のあるランダムです。

一方、サイコロをころがして出た目を無限に書いていく整数配列では、n回目をころがしたときの整数は一意には決定しません。翌日にサイコロを振ったときには、n回目の整数は違った整数が出てくるのが普通です。つまり、再現性がありません。

（1）は再現性のあるランダム
（2）は再現性のないランダム

このように、計算で決めるランダムには再現性があるので、配列に明らかな規則性がなくても数列を構成できます。

しかし、確率で適当に決める場合（たとえば、サイコロをころがして出た目を無限に並べる、あるいは、その場で思いついた適当な数を無限に並べるなど）は、ランダムでありながら再現性もまったくなく、数列を構成できません。

対角線論法で無限小数を上から下に1行ずつ並べていくとき、頭の中で思いついた無限小数を適当に無限に並べています。これによって、対角線上には整数がランダムに並

びますが、その肝心の整数 N_{nn} は確率的に決まるがゆえに、これは無限数列ではない無限配列です。

N_{11}，N_{22}，N_{33}，…は数列ではない。

◆ ゲーデルの不完全性定理

ゲーデルの不完全性定理は間違っています。しかし「不完全性定理が間違っている」の意味を次の2つに分けて考える必要があります。

（1）不完全性定理の証明が間違っている。
（2）不完全性定理の結論が間違っている。

まず、カントールの対角線論法は間違った背理法です。その理由は、この背理法が否定しているのは「自然数全体の集合Nと実数全体の集合Rの間の1対1対応」ではなく、実無限のほうだからです。

ゲーデルの不完全性定理の証明には、カントールの対角線論法が使われています。カントールの間違った背理法を使っているならば、ゲーデルの行なった証明は間違いであると言わざるを得ないでしょう。

しかし、ゲーデルの下した結論は間違ってはいません。つまり、ゲーデルは間違った証明で正しい結論を下したことになります。

◆　4つの数学

　ここで、ヒデの否定則にしたがって、対角線論法の構造をもっと詳しく見ていきます。対角線論法は、次のような論理式になっています。

　A→（B→（C→（D→（Q∧¬Q))))

　A：実無限は正しい。
　B：無限集合は集合である。
　C：無限小数は実数である。
　D：自然数全体の集合Nと実数全体の集合Rの間に1対
　　　1対応が存在する。

　Aを仮定し、AのもとでBを仮定し、BのもとでCを仮定し、CのもとでDを仮定し、そのDから矛盾Q∧¬Qが出てきます。

　具体的にいうと、実無限が正しければ無限集合が作られ

ます。（実無限が間違っていれば、実無限からなる無限集合
は数学内には存在できません）無限集合が存在すれば、無限
集合から無限小数が作られます。（無限集合が存在しなけ
れば、無限小数も存在できません）無限小数が存在すれば、
「ＮとＲの間に１対１対応が存在する」と仮定して矛盾が導
き出されます。（無限小数が存在しなければ、何も矛盾は出
てきません）

第１仮定→（第２仮定→（第３仮定→（第４仮定→矛盾）））
　Ａ　　　　　Ｂ　　　　　Ｃ　　　　　Ｄ

　この場合、どの仮定を否定しても背理法になります。し
かし、どれを否定するかによって、異なった４つの背理法
ができ上がります。それをもとにして、４つの異なった数
学を作り出すこともできます。

　第４数学：第４仮定Ｄを否定する。
　これは現在の数学です。実無限を認め、無限集合を認め、
無限小数を認めますが、最後の「ＮとＲの間にある１対１
対応」だけを認めません。

　第３数学：第３仮定Ｃを否定する。
　これは、実無限を認め、無限集合を認めますが、無限小
数を実数として認めません。無限小数が否定されれば、「Ｎ

とRの間に1対1対応が存在する」という第4仮定は無意味となります。

第2数学：第2仮定Bを否定する。

これは実無限を認めますが、無限集合を認めません。無限集合が否定されれば、無限小数も「NとRの間に1対1対応が存在する」もナンセンスとなります。

第1数学：第1仮定Aを否定する。

これは、実無限を認めない数学です。そのため、無限集合も無限小数も「NとRの間にある1対1対応」もすべて考える必要はなくなります。

ここでは「Dが成り立つためには、Cが真の命題であることが必要である（DはCの依存仮定である）」「Cが成り立つためには、Bが真の命題であることが必要である（CはBの依存仮定である）」「Bが成り立つためには、Aが真の命題であることが必要である（BはAの依存仮定である）」という関係になっています。DはCに依存し、CはBに依存し、BはAに依存しています。

対角線論法を大きな視野から眺めてみると、このような依存仮定の連鎖になっているので、否定するなら連鎖のおおもととなっている一番怪しい第1仮定Aを否定し、第1

数学を選択すべきでしょう。

　第1数学以外の数学（第2数学から第4数学まで）は、中途半端な否定による不完全な背理法による数学ができます。

　第1数学…完全な背理法による数学
　第2数学…不完全な背理法による数学
　第3数学…不完全な背理法による数学
　第4数学…不完全な背理法による数学

◆　前件肯定式と数学

　Aが真の命題であり、かつ「AならばBである」も真の命題であるならば、Bも真の命題です。これを論理式で書くと、次のようになります。

$$(A \land (A \to B)) \to B$$

　これを前件肯定式と呼んでいます。前件肯定式は数学の基本をなしています。というのは、数学の証明は必ずこの前件肯定式のAからスタートするからです。このAを仮定と呼んでいます。

公理系では、公理Aから証明をスタートさせ、Bという定理を導き出します。AからBが導出されたときの道筋であるA→Bを証明と呼んでいます。この証明が正しければ、A→Bは真の命題です。

　　A：公理
　　A→B：公理から定理を導き出す証明
　　B：定理

この論理式は次のような意味を持っています。

　公理（A）が正しく、かつ、証明（A→B）も正しければ、定理（B）も正しい。

　つまり、**定理の正しさは公理の正しさと証明の正しさに依存**しています。公理が偽の命題か、あるいは証明が間違っていれば、定理の正しさは保証されません。

　なお、この前件肯定式は絶対に崩れることがありません。なぜならば、これはトートロジーだからです。

A	B	A→B	(A∧(A→B))→B
1	1	1	1
1	0	0	1
0	1	1	1
0	0	1	1

　そのため、いつでもどこでも成り立ちます。これより、どの無矛盾な数学理論内でも安心して利用することができます。ただし、矛盾した理論内では成り立たないこともあるでしょう。

◆　背理法

　無矛盾な公理系 Z に命題 P を仮定として加えると、より大きな Z ＋ P という数学理論になります。そこから矛盾が正しく証明されたときに、命題 P を否定する証明が背理法です。

　そのときの結論は「公理系 Z において、命題 P は偽である」というものです。また、これをもってして「公理系 Z の仮定から命題 ¬P が証明された」と解釈します。つまり、命題 ¬P は公理系 Z における定理です。

しかし、私たちが考えている数学理論が本当の公理系かどうかはわかりません。そこで、この公理系Ｚを数学理論Ｚに拡張すると、次のように一般化されます。

　数学理論Ｚに命題Ｐを仮定として加えると、それは数学理論Ｚ＋Ｐに拡張する。そこから矛盾が正しく証明されたときは、数学理論Ｚがもともと矛盾しているか、あるいは、新たに加えたＰが偽の命題である。（その両方のこともある）

◆　数学理論における背理法

　無矛盾な公理系に「偽の命題」を新たな仮定としてつけ加えると、その公理系は矛盾した数学理論に変化します。そのとき、その矛盾した数学理論から「矛盾が証明される場合」と「矛盾が証明されない場合」があります。矛盾が証明される場合、それは背理法となります。

　無矛盾な公理系にある命題を仮定として加えたとき矛盾が正しく証明されるならば、加えた仮定はその公理系内においては偽の命題である。

　上記を公理系から数学理論に拡張します。公理系は無矛

盾ですが、数学理論は矛盾していることがあるので、次のような表現になります。

　数学理論にある命題を真と仮定して加えたときに矛盾が正しく証明されるならば、その数学理論の仮定のいずれかが偽の命題であるか、あるいは新たにつけ加えた仮定が偽の命題である。

　数学理論の仮定に1個でも偽の命題が含まれていればその数学理論は矛盾しているから、上記は次のように言い変えることもできます。

　ある数学理論にある命題を真として加えたとき矛盾が正しく証明されるならば、その数学理論がもともと矛盾しているか、あるいは新たにつけ加えた命題が偽である。

　これを素朴集合論で使われている対角線論法に当てはめると、次のようになります。

　素朴集合論に「自然数全体の集合Nと実数全体の集合Rの間に1対1対応が存在する」を真の命題として加えたとき矛盾が正しく証明されるならば、素朴集合論がもともと矛盾しているか、あるいは、NとRの間には1対1対応が存在しない。

◆ 背理法には2つある

背理法を2つに分けて比較してみます。

【背理法その1】
$(A \land B) \rightarrow (Q \land \lnot Q)$

A，Bはそれぞれ（お互いに依存性のない）独立した命題であり、2つの仮定を置いて矛盾が証明された背理法です。

これに対して、次はAという命題のもとでBという依存仮定を置いた背理法です。「Bが依存仮定である」とは、Aが真の命題のときにBが命題となり、Aが偽の命題のときにはBが命題ではないことです。

【背理法その2】
$A \rightarrow (B \rightarrow (Q \land \lnot Q))$

この2つの論理式は同値です。証明は次のようになっています。

$(A \land B) \rightarrow (Q \land \lnot Q)$
$\equiv \lnot (A \land B) \lor O$　　　　　Oは恒偽命題

$\equiv \neg （A \wedge B）$

$\equiv \neg A \vee \neg B$

$A \rightarrow （B \rightarrow （Q \wedge \neg Q））$

$\equiv \neg A \vee （\neg B \vee O）$

$\equiv \neg A \vee \neg B$

しかし、論理式の形式的な構造は同じでも、この２つの
背理法は意味が大きく異なっています。

　Ａ，Ｂという２つの独立した仮定を置いて矛盾が証明さ
れると、（Ａ∧Ｂ）→（Ｑ∧¬Ｑ）という論理式が真の命題
になります。この場合の結論である¬Ａ∨¬Ｂが真なので、
どちらか１つの仮定を否定すると、背理法という形が保て
ます。でも、どちらの仮定を否定するかが決定できないの
で、不完全な背理法です。

　それに対して、Ａという仮定のもとでＡに依存する仮定
Ｂを置いて矛盾が証明されたとき、Ａ→（Ｂ→（Ｑ∧¬Ｑ））
という論理式が真の命題になります。これより、同じよう
に¬Ａ∨¬Ｂが真なので、どれか１つの仮定を否定すると
この背理法もある程度は満足されます。

　でも、ここでヒデの否定則を用いると、仮定Ｂは命題Ａ

に依存しているので、仮定Ｂを否定しても、根本的な矛盾
の排除にはつながりません。命題Ａを否定したときにのみ、
初めて矛盾を完全に排除できる正しい背理法になります。

◆　仮定が否定されない

　背理法の仮定には２種類あります。

（１）理論の仮定
（２）理論内で新たに置いた仮定（これは、理論の仮定と
　　　は異なります）

　対角線論法では、次の２種類の仮定が置かれています。

（１）実無限は正しい。（無限集合論という理論の仮定）
（２）自然数全体の集合Ｎと実数全体の集合Ｒの間に１対
　　　１対応が存在する。（無限集合論の内部で新たに置か
　　　れた第２の仮定）

　対角線論法から矛盾が証明されたので、仮定を否定しな
ければなりません。でも、不幸なことに「実無限は正しい」
という仮定は否定されませんでした。これより、「矛盾が導
かれても、否定すべき仮定が否定されないことがある」と

いうことがわかります。

これを避けるために必要になってくるのがヒデの否定則です。ヒデの否定則は、直前の「NとRの間の1対1対応」を否定しないで、それを飛び越えておおもとの間違いである「実無限」を否定する法則です。

ヒデの否定則は依存仮定を飛び越える。

◆ 背理法の本当の仮定

公理系で背理法を使う場合を考えます。背理法では、公理系 Z に真偽不明の命題￢P を加えて新たな数学理論 Z ＋￢P を作り出し、そこから矛盾を証明します。

矛盾が正しく出てきたら、その原因は Z ＋￢P にあります。公理は真の命題だから、否定はできません。よって、否定されるのは￢P であることがわかります。これより、P が真の命題です。

このときの最終結論は、「公理から命題Pが証明された」となります。結局、背理法は「公理から定理Pを導き出す証明」です。ここでも、「公理も定理も真の命題である」が

生かされています

　　直接証明： Z → P

　　背理法：（Z ∧ ¬ P）→（Q ∧ ¬ Q）

　背理法の論理式は¬ P →（Q ∧ ¬ Q）ではありません。これは、背理法の一部を次のように書き出したにすぎません。

（Z ∧ ¬P）→（Q ∧ ¬Q）

**　背理法の本当の仮定は¬ PではなくZである。**

　結局、直接証明でPを証明するときの仮定はZであり、背理法でPを証明するときの仮定もZです。

**　直接証明と背理法では、命題Pを証明するときの仮定はまったく同じである。**

◆　**背理法の一般形**

　背理法は、ある命題Pが真であることを証明するために、Pの否定である¬ Pを仮定することから始まります。その

結果、矛盾が出てきたら、仮定である￢Pを否定して、「P
が真である」という結論を下します。背理法は、数学にお
いてはなくてはならない存在です。

　背理法には「公理系で用いる背理法」と「数学理論で用
いる背理法」があります。後者のほうがより広い背理法で
あり、前者を含んでいます。ここでは、もっとも広い背理
法である後者について述べたいと思います。

　次のようなn個の仮定E_1，E_2，E_3，…，E_nを有する
数学理論Zを考えてみます。左側に理論の記号を書き、右
側にその仮定を列挙してみました。

　　Z：E_1，E_2，E_3，…，E_n

　Zの仮定からQが証明され、かつ￢Qも証明されたとし
ます。これは、矛盾（$Q \wedge \neg Q$）が証明された、あるいは、
パラドックスが出てきたことを意味しています。すると、
次なる2つの論理式は真です。証明にn個の仮定をすべて
使ったとします。

　　$(E_1 \wedge E_2 \wedge E_3 \wedge \cdots \wedge E_n) \to Q$
　　$(E_1 \wedge E_2 \wedge E_3 \wedge \cdots \wedge E_n) \to \neg Q$

ここで$E_1 \wedge E_2 \wedge E_3 \wedge \cdots \wedge E_n$をEと置きます。すると、論理式は次のように簡単になります。

E→Q
E→￢Q

　これらがともに真であるから、次の論理式も真です。

（E→Q）∧（E→￢Q）

　これを変形してみます。

（E→Q）∧（E→￢Q）
　≡（￢E∨Q）∧（￢E∨￢Q）
　≡￢E∨（Q∧￢Q）
　≡￢E∨O
　≡￢E
　≡￢（$E_1 \wedge E_2 \wedge E_3 \wedge \cdots \wedge E_n$）
　≡￢E_1∨￢E_2∨￢E_3∨$\cdots$∨￢E_n

　Oは恒偽命題の論理記号です。これは、他の命題の真理値とは無関係に常に偽になる命題です。

Q	¬Q	Q∧¬Q	O
1	0	0	0
0	1	0	0

$$\therefore Q \wedge \neg Q \equiv O$$

この結論は、$\neg E_1$，$\neg E_2$，$\neg E_3$，…，$\neg E_n$ のどれかが真になれば成り立ちます。つまり、E_1，E_2，E_3，…，E_n のうちのいずれかは偽です。これより、次なることが言えます。

n個の仮定 E_1，E_2，E_3，…，E_n を持つ数学理論から矛盾が証明された場合、それらのどれかを否定することができる。（ただし、そのうちのどれを否定できるかはこの背理法だけでは判断できない）

これが、背理法の一般形です。しかし、「どれかを否定することができる」という表現は弱すぎます。もっと、強い表現に直さなければなりません。これより、上記は下記に改められます。

n個の仮定 E_1，E_2，E_3，…，E_n から矛盾が証明されて出てきた場合、少なくとも、それらのどれかを否定しなければならない。

数学理論から矛盾が証明されたら、その数学理論は間違っています。同じく、相対性理論からパラドックスが証明されたら、相対性理論は間違っています。

◆　証明を2つに分ける

　証明を2つに分けます。

（1）真の命題から証明する。
（2）偽の命題から証明する。

　実際には、「～から証明する」とは「～を仮定に設定して正しく証明する」ということです。「仮定する」とは「正しいと仮定する」の省略形です。これより、（1）と（2）は次のように言い直すことができます。

（1）真の命題を正しいと仮定して証明する。
（2）偽の命題を正しいと仮定して証明する。

　（1）はちょっとしつこい表現ですが問題ありません。しかし、（2）は偽の命題を正しいとみなして証明しているので、初めから矛盾しています。これから別の矛盾が正しく証明される場合、背理法として成立します。つまり、背理

法は最初に矛盾した仮定を置いて、まったく別のもっとわかりやすい矛盾を導き出す証明法です。

　一例をあげると、$\sqrt{2}$ は無理数です。背理法では、これを有理数と仮定します。この時点で、本当は「$\sqrt{2}$ は有理数であると同時に無理数である」という矛盾を仮定していることになります。この矛盾から「n / m は既約分数であると同時に既約分数ではない」というわかりやすい矛盾を導き出しています。

◆　間違った背理法

　背理法には「正しい背理法」と「間違った背理法」があります。正しい背理法は正しい証明の１つです。しかし、実際の場面で背理法を使うとなると、間違った背理法を使ってしまうことがあります。

　カントールの対角線論法は間違った背理法の１つです。対角線論法は長い間、次なる論理式と思われてきました。

　B→（Q∧¬Q）

　B：自然数全体の集合Ｎと実数全体の集合Ｒの間の１対

１対応が存在する。

　Ｑ∧￢Ｑ：矛盾

　言葉になおすと、「自然数全体の集合Ｎと実数全体の集合Ｒの間に１対１対応が存在すると仮定するならば、矛盾が生じる」となります。この論理式を変形します。

　Ｂ→（Ｑ∧￢Ｑ）
　≡￢Ｂ∨Ｏ
　≡￢Ｂ

　Ｏ（オー）は恒偽命題です。出てきた結論は￢Ｂであり、これを言葉に直すと「ＮとＲの間に１対１対応が存在しない」です。

　要するに、「ＮとＲの間に１対１対応が存在すると仮定すると矛盾が生じる。よって、ＮとＲの間に１対１対応が存在しない」という論理です。

　今までの数学は、これを正当な背理法として高い評価を与えてきました。そして、対角線論法をもとにした無限集合論が作られました。

でも、背理法の標準的な形である「Bを真の命題と仮定して矛盾が生じれば、Bは偽の命題である」が必ずしも正しくはありませんでした。私たちは、背理法についても次のように意識を改める必要があります。

「Bを真と仮定して矛盾が生じれば、Bは偽である」という背理法は、必ずしも正しくはない。実は、Bの背後に隠れているAを否定していることがある。

　背理法では、思いがけない落とし穴にはまることがあります。「Bから矛盾が導かれるならば、（Bではなく）Aが否定される」という背理法も存在しています。それが次なる事例です。

　「NとRの間に1対1対応が存在する」から矛盾が導かれるならば、（1対1対応ではなく）無限小数が否定される。

　「NとRの間に1対1対応が存在する」から矛盾が導かれるならば、（1対1対応ではなく）無限集合が否定される。

　「NとRの間に1対1対応が存在する」から矛盾が導かれるならば、（1対1対応ではなく）実無限が否定される。

◆　怪しい背理法

　気をつけなければいけない背理法が2つあります。1つ目は「無限が終わった」という仮定を持つ背理法です。もう1つは「矛盾が存在する」という仮定を持つ背理法です。

（1）「無限が終わった」という仮定
「無限が終わった」と仮定して矛盾が出てきたら、結論は「やはり、無限は終わらない」です。「無限が終わった」いう仮定は「実無限は正しい」と同じです。つまり「実無限は正しい」を仮定して矛盾が出てきたら、「実無限は間違っている」と否定するだけです。

　しかし、実際の数学ではこれは巧妙に隠されています。ラッセルのパラドックスでは「自分自身を要素として含まない集合の集合は、集合ではない」という結論を下していますが、これは背理法で証明されています。そのときに用いた「自分自身を要素として含まない集合の集合」そのものが、「無限が終わった」という仮定で作られた集合です。

（2）「矛盾が存在する」という仮定
「矛盾が存在する」と仮定して矛盾が出てきたら、結論は「矛盾は存在しない」でしょうか？　もし、これが認められるならば、数学の無矛盾性や物理学の無矛盾性は一発で解

決です。

「数学に矛盾が存在すると仮定する。すると矛盾が出てくる。よって仮定を否定し、数学は無矛盾である」
「物理学に矛盾が存在すると仮定する。すると矛盾が出てくる。よって仮定を否定し、物理学は無矛盾である」

　いくら何でもこのような背理法は認められません。矛盾が存在すると仮定したら、矛盾が生じるのは当然です。また、無限が終わった（＝完結する無限＝実無限）としたら、矛盾が出てくるのは当然です。私たちは、**決して終わらないものに対して無限と命名をしたのですから。**

◆　背理法の矛盾

　背理法がうまく成立すると矛盾が出てきます。だからといって、次のような背理法は成り立ちません。

「背理法は正しい証明である」と仮定する。ところが、背理法を使うと矛盾が出てくる。よって、仮定を否定することができる。つまり、背理法は正しい証明ではない。

　背理法を用いるときには、**設定する個々の仮定を明確に**

し、それによって否定する仮定を間違えないようにすることが大切です。それを間違えると、このようなとんでもない結論が出てきます。

実は、カントールが対角線論法を用いたときに、否定すべき命題を間違えてしまいました。カントールは対角線論法において「自然数全体の集合と実数全体の集合の間における１対１対応」を否定しました。これは、数学史上最大のミスと言えるかもしれません。対角線論法が否定すべき仮定は、それよりも根本的な実無限のほうでした。

◆ 中途半端な背理法

仮定Ａと仮定Ｂを考えます。「Ａが真の命題の場合、Ｂは命題になる。Ａが偽の命題の場合、Ｂは命題ではない」という関係があるとき、「ＢはＡの依存仮定である」と呼ぶことにします。

依存仮定を考えた場合、背理法には「根本的な背理法」と「中途半端な背理法」があることになります。Ａという仮定のもとでＢを仮定して矛盾が導かれたとします。これは入れ子構造です。Ａの中にＢが入っています。

たとえば、「実無限が正しい＝Ａ」という仮定のもとで、「自然数全体の集合Ｎと実数全体の集合Ｒの間に１対１対応が存在する＝Ｂ」と仮定します。すると、全体の背理法は次のような入れ子構造になります。「Ａが真である」という仮定のもとで「Ｂも真である」が仮定されています

$$A \rightarrow (B \rightarrow (Q \wedge \neg Q))$$

このとき、命題Ａを否定するのが根本的な背理法です。それに対して、依存仮定Ｂを否定するのが中途半端な背理法です。カントールの対角線論法は中途半端な背理法です。

ここで、たとえ話を入れてみます。事件を起こした共犯者が３人逮捕されました。彼らは、E_1とE_2とE_3です。検察は「３人のうちの誰が主犯かわからないが、これにて裁判は打ち切り」と、事件の真相の解明を終わらせたりはしません。必ず「３人のうちの主犯は誰か？」まで追及することが多いようです。

背理法も同じです。矛盾を発生させた仮定がE_1とE_2とE_3の３つの可能性がある場合、「３つのうちのどれかが偽の命題である。これ以上の詮索はしない」として、それで背理法を終わらせません。

背理法では、矛盾を引き起こした仮定にそれぞれ異なった重みをつける。（責任の所在を明らかにする）

　E_1，E_2，E_3という３つの仮定から矛盾が証明されたとき、E_1を否定する背理法、E_2を否定する背理法、E_3を否定する背理法の３つがあります。

　数学では、このうちの「どれが本当に否定すべき仮定か？」まで突き止めるのが理想です。中途半端に終わらせたらスッキリ感が味わえないまま、尻切れトンボになってしまいます。これは、背理法という証明を途中で放棄したことになります。

　カントールの対角線論法では「自然数全体の集合Nと実数全体の集合Rの間の１対１対応」を否定して背理法を切り上げています。これは、背理法を完成させる途中であきらめた状態と言えるかもしれません。-

◆　公理的集合論

　素朴集合論からたくさんのパラドックスが発生し、数学の危機を招きました。これをきっかけとして、パラドックスを回避する目的で、公理的集合論が作られました。おそ

らく、矛盾を取り除くために作られた数学理論は、長い数学の歴史上、公理的集合論のみでしょう。

公理的集合論は、パラドックスを抑え込むことだけに特化した特殊な理論である。

その具体的な方法は、「パラドックスが発生しないように」という明確な意図を保ちながら、試行錯誤的に公理を取捨選択して構築したことです。

有限集合からは矛盾は生じません。しかし、無限集合からは容易に矛盾が生じます。その理由は、無限集合の構成に実無限が使われているからです。この実無限をそのまま残して、別のやりかたで矛盾を回避できないかと考えられたのが公理的集合論です。

公理的集合論は、実無限の矛盾をそのままにして、表面的に矛盾が証明できないような公理を選んで、特別に作られました。

そもそも、公理的集合論の母体は素朴集合論です。そして、素朴集合論のパラドックスは「完結する無限」という実無限が原因です。そのため、実無限を排除しない限り、素朴集合論からも公理的集合論からも矛盾を取り除くことはで

きません。

　でも、実無限を排除したら、素朴集合論そのものが消えてなくなります。もちろん、ＺＦ集合論やＢＧ集合論などの公理的集合論も消滅せざるを得ないでしょう。

　次は、公理的集合論が矛盾していることのもっとも簡単な証明です。

　実無限は矛盾している。公理的集合論は実無限から成り立っている。よって、公理的集合論は矛盾している。証明終わり。

◆　連続体仮説の独立性

　1900年、パリで開かれた第2回国際数学者会議において、ヒルベルトは有名な23問題を提起しました。その筆頭におかれたのが連続体仮説であり、これより連続体仮説はその時代におけるもっとも重要な問題といえます。

　その後、クルト・ゲーデルは「ＺＦ集合論からは連続体仮説の否定は証明できない」ということを示しました。さらにポール・コーエンは強制法と呼ばれる新しい手法を用

いて「ＺＦ集合論から連続体仮説を証明することはできない」ということを示しました。

これらの結果からＺＦ集合論に連続体仮説を加えても、またはその否定を加えても矛盾は発生しない、つまり連続体仮説のＺＦ集合論からの独立性が示され、連続体仮説はいちおう解決しました。コーエンはこの業績により、フィールズ賞を受賞しています。

ところで、これらの結果は**ＺＦ集合論の無矛盾性を前提に証明**されています。はたして、ＺＦ集合論は本当に無矛盾なのでしょうか？

◆　ＺＦ集合論は矛盾している

ＺＦ集合論には次のような８つの公理があります。

Z_1＝外延性公理
Z_2＝空集合の公理
Z_3＝対の公理
Z_4＝和集合の公理
Z_5＝無限公理（無限集合の公理）
Z_6＝べき集合の公理

Z_7＝置換公理

Z_8＝正則性公理

これらの論理積をＺＦと表すことにします。

$$ZF = Z_1 \wedge Z_2 \wedge Z_3 \wedge Z_4 \wedge Z_5 \wedge Z_6 \wedge Z_7 \wedge Z_8$$

「ＺＦ集合論が無矛盾である」と「ＺＦ集合論の仮定はすべて真の命題である」は同値です。だから、ＺＦ集合論の８つの仮定を上のように論理積を作ってＺＦと置くならば、「ＺＦ集合論は無矛盾である」を論理式でＺＦと書くことができます。

　　ＺＦ：ＺＦ集合論は無矛盾である。

　ここで、選択公理を命題と仮定し、ＡＣと置きます。「ＺＦ集合論に選択公理を真として加えても無矛盾である」を論理式になおすと、ＺＦ∧ＡＣとなります。

「ＺＦ集合論が無矛盾ならば、ＺＦ集合論に選択公理を加えても無矛盾である」がゲーデルによって証明されました。これを論理式で書くと次になります。

　　$ZF \rightarrow (ZF \wedge AC)$

この論理式を変形します。Ⅰは恒真命題の論理記号です。

$ZF \rightarrow (ZF \land AC)$
$\equiv \neg ZF \lor (ZF \land AC)$
$\equiv (\neg ZF \lor ZF) \land (\neg ZF \lor AC)$
$\equiv Ⅰ \land (\neg ZF \lor AC)$
$\equiv \neg ZF \lor AC$ ——————— ①

一方、「ＺＦ集合論が無矛盾ならば、ＺＦ集合論に選択公理の否定を加えても無矛盾である」がコーエンによって証明されました。これより、次なる論理式も真です。

$ZF \rightarrow (ZF \land \neg AC)$

この論理式を変形します。

$ZF \rightarrow (ZF \land \neg AC)$
$\equiv \neg ZF \lor (ZF \land \neg AC)$
$\equiv (\neg ZF \lor ZF) \land (\neg ZF \lor \neg AC)$
$\equiv Ⅰ \land (\neg ZF \lor \neg AC)$
$\equiv \neg ZF \lor \neg AC$ ——— — ②

①と②が真ならば、その論理積も真になります。

（¬ＺＦ∨ＡＣ）∧（¬ＺＦ∨¬ＡＣ）

　この論理式を変形します。Oは恒偽命題の論理記号です。

（¬ＺＦ∨ＡＣ）∧（¬ＺＦ∨¬ＡＣ）
　≡¬ＺＦ∨（ＡＣ∧¬ＡＣ）
　≡¬ＺＦ∨O
　≡¬ＺＦ

　最終的に出てきた結論は¬ＺＦであり、これは「ＺＦは偽の命題である」と読みます。つまり、ＺＦ集合論は矛盾しています。

　ゲーデルとコーエンの証明を組み合わせると「選択公理はＺＦ集合論から独立している」ではなく「ＺＦ集合論は矛盾している」という結論が出てくる。

　ＺＦ集合論が矛盾していれば、それに選択公理を加えたＺＦＣ集合論も矛盾しています。

◆　もしZF集合論が無矛盾ならば

　ＺＦ集合論が矛盾していれば、下記の命題は真になりま

す。ここでPは命題であるとは限りません。ＺＦ＋Pはイメージ的に表現したものであり、論理式ではＺＦ∧Pとなります。

ＺＦ集合論が無矛盾であれば、ＺＦ集合論にPを加えた理論（ＺＦ＋P）も無矛盾である。

これを示すためには、ヒデの論理式が有効です。まずは、ＸとＹを次のように置きます。

Ｘ：ＺＦ集合論は無矛盾である。
Ｙ：ＺＦ集合論にPを加えた理論は無矛盾である。

このとき、¬Ｘ→（Ｘ→Ｙ）というヒデの論理式を考え、真理表を作ってみます。

Ｘ	Ｙ	Ｘ→Ｙ	¬Ｘ→（Ｘ→Ｙ）
1	1	1	1
1	0	0	1
0	1	1	1
0	0	1	1

これより、¬Ｘ→（Ｘ→Ｙ）は恒真命題（トートロジー）ゆえに常に真です。これは、次のような意味を持っ

ています。

　ＺＦ集合論が矛盾しているならば、「もしＺＦ集合論が無矛盾ならば、ＺＦ集合論にＰを加えた理論も無矛盾である」は真である。

　トートロジーの中に含まれているＰの内容は何でもかまいません。Ｐに一般性があるということは、Ｐを￢Ｐに変えても成り立つということです。一般的にいうならば、次なる結論が出てきます。

　ＺＦ集合論が矛盾しているならば、「もしＺＦ集合論が無矛盾ならば、ＺＦ集合論にＰを加えた理論も無矛盾である」も真となり、「もしＺＦ集合論が無矛盾ならば、ＺＦ集合論にＰの否定を加えた理論も無矛盾である」も真となる。

　つまり、ＺＦ集合論が矛盾していれば、無矛盾と仮定されたＺＦ集合論に選択公理を加えようが、その否定を加えようが無矛盾です。それだけではありません。連続体仮説を加えようが、その否定を加えようが無矛盾です。

　これよりＺＦ集合論が矛盾していれば、下記の２つの文も真になります。

「ＺＦＣ集合論が無矛盾であれば、これにＶ＝Ｌを加えた理論も無矛盾である」

「ＺＦＣ集合論が無矛盾であれば、これにＶ≠Ｌを加えた理論も無矛盾である」

◆ ZFC集合論の公理

　ＺＦＣ集合論とは、次の９つの公理を持っている公理的集合論です。

（１）外延性の公理
　∀Ａ∀Ｂ（∀ｘ（ｘ∈Ａ⇔ｘ∈Ｂ）⇒Ａ＝Ｂ）
（２）空集合の公理
　∃Ａ∀ｘ（ｘ∉Ａ）
（３）対の公理
　∀ｘ∀ｙ∃Ａ∀ｔ（ｔ∈Ａ⇔（ｔ＝ｘ∨ｔ＝ｙ））
（４）和集合の公理
　∀Ｘ∃Ａ∀ｔ（ｔ∈Ａ⇔∃ｘ∈Ｘ（ｔ∈ｘ））
（５）無限公理（無限集合の公理）
　∃Ａ（φ∈Ａ∧∀ｘ∈Ａ（ｘ∪｛ｘ｝∈Ａ））
（６）べき集合の公理
　∀Ｘ∃Ａ∀ｔ（ｔ∈Ａ⇔ｔ⊆Ｘ）

（７） 置換公理

$\forall x \forall y \forall z \ ((\Psi \ (x, \ y) \land \Psi \ (x, \ z)) \Rightarrow y = z)$
$\Rightarrow \forall X \exists A \forall y \ (y \in A \Leftrightarrow \exists x \in X \Psi \ (x, \ y))$

（８） 正則性公理

$\forall A \ (A \neq \phi \Rightarrow \exists x \in A \forall t \in A \ (t \notin x))$

（９） 選択公理

$\forall X \ ((\phi \notin X \land \forall x \in X \forall y \in X \ (x \neq y \Rightarrow x \cap y = \phi)) \Rightarrow \exists A \forall x \in X \exists t \ (x \cap A = \{t\}))$

　ＺＦＣ集合論においては、カントールの対角線論法が成り立ちます。これは、「自然数全体の集合Nと実数全体の集合Rの間には１対１対応が存在しない」が**証明された定理として存在している**ことです。

　形式主義では、定理を論理式で表現し、その定理を公理の論理式から形式的な変形を施して得ることができなければなりません。

【形式主義による証明】

（１） 公理を論理式で表現する。

（２） 定理を論理式で表現する。

（３） 推論規則にしたがって、公理の論理式に形式的な変形だけを加えるだけで定理の論理式を導き出す。（意味を考慮した論理展開をしない）

では、「自然数全体の集合Ｎと実数全体の集合Ｒの間には１対１対応が存在しない」という定理を論理式で書き表し、それを上記の９つの公理から推論規則を使った形式的な変形だけで作り上げることができるのでしょうか？

◆　無限公理

無限集合論には、最初に自然数全体の集合としての $\{1，2，3，4，\cdots\}$ の存在が必要です。というのは、これが存在しないと無限集合論はまったく成り立たないからです。

しかし、自然数全体の集合を空集合から作ることはできません。たとえば、空集合という袋の中に、自然数を１から順番に入れていくとします。このとき、次のように要素の数を限りなく増やして行くことができます。

$$\{1\}，\{1，2\}，\{1，2，3\}，\{1，2，3，4\} \cdots$$

要素数を増やすことによって次第に大きな有限集合が作られます。しかし、**どんなに増やしても得られるのは有限集合のみ**です。上の集合列には $\{1，2，3，4，\cdots\}$ という無限集合は永久に現れてきません。

「要素の数を限り無く増やしていく」という無限の操作は完結しないから、「自然数全体の集合（自然数をすべて完璧に含み終わった集合）」を作り上げることはできない。

　それでも自然数全体の集合を作りたいのであれば、「有限集合の要素を増やす」という操作とはまったく関係ない別の方法を用いなければなりません。

　そこで、無限集合論では「無限集合は最初から存在している。よって問答無用である」とみなすための特別な公理を設けました。これが無限公理です。無限公理では次のように自然数全体の集合を定義しています。

【無限公理】
　次のような性質を有する集合Nが存在する。
（1）　1はNの要素である。
（2）　nがNの要素であれば、n＋1もNの要素である。

　無限公理は数学的帰納法ではありません。そして、要素は帰納的定義ですが、無限公理はNの帰納的定義でもありません。この文章をどう読んでも、要素数が1つずつ増えていく「膨張する集合」にしか受け取れません。

　無限公理の文章を丁寧に読みこんでいくと、これでは自

然数全体の集合は作れない。

その理由は、(1)と(2)の組み合わせは可能無限だからです。

そこで、次にこの無限公理を可能無限ではなく、実無限で解釈します。具体的にいうと、この膨張を一瞬して完了させます。この完了させた結果として「自然数全体の集合（自然数をすべて含み終わった集合）」の存在が初めて主張できます。

つまり、自然数全体の集合というもっとも簡単な無限集合ですら、実無限を必要としています。実無限は「完了した無限」です。「無限に作られていく要素を、すべて含み終わることが完了した集合」が無限集合です。それゆえに、数学から実無限を排除すれば、現在の無限集合論は無限公理とともに消滅してしまいます。

◆　無限公理と帰納的包含

帰納的定義とは、まず、最初の場合を定義します。次に、あるものがその定義を満たすとき、さらにそのものから1つ進めたものもその定義を満たすものとします。このよう

な方法で行なう定義が、帰納的定義です。

　自然数を作る場合も、次のような帰納的定義が行なわれ
ています。

（1）　1は自然数である。
（2）　nが自然数ならば、nに1を加えたものも自然数で
　　　ある。
（3）　以上のようにして作られるもののみが自然数である。

　これが、自然数の帰納的定義であり、（3）によって**他の
方法で自然数を作ることを禁止**しています。そうしないと、
あるときは帰納的定義で自然数を作り、また別なときは別
の方法で自然数を作るというダブルスタンダードに陥りま
す。

　帰納的定義が可能無限によるものであれば、この定義は
完結しません。よって、自然数を全部作り終えることはあ
りません。

　無限公理は、すべての自然数を集めた集合が無限集合と
して存在することを主張しています。この無限公理には、い
ろいろな表現があります。

$$\exists x \ (\phi \in x \land \forall y \ (y \in x \to y' \in x))$$
$$\exists x \ (\phi \in x \land \forall y \ (y \in x \to \{y\} \in x))$$
$$\exists x \ (\phi \in x \land \forall y \ (y \in x \to y \cup \{y\} \in x))$$

　上記の1行目の論理式について検討します。1行目は次の3つの意味を持っています。ϕ'はϕを1つ進めたものです。この場合のϕは空集合であり、ϕ'は1要素集合です。

（1）　xが存在する。
（2）　xはϕを含む。
（3）　xがϕを含むならば、ϕ'をも含む。

　無限公理では、まずxの存在を決めつけています。これだけで十分だと思いますが、その後に（2）と（3）をつけ加えています。（3）が「ϕがxの要素ならば、ϕ'もxの要素である」という帰納的包含です。もちろん、この帰納的包含には終わりがないので、可能無限による考えかたです。

　無限公理に含まれている帰納的包含を使えば、無限集合とは**要素がどんどん増えて行く膨張する集合（完成しない集合）**になります。つまり、この無限公理では**自然数をすべて完璧に含み終わった無限集合（＝すべての自然数を含**

んでいる無限集合）を作ることはできないことになります。

　そこで、（1）の「xが存在する」が必要になってきます。
これは、可能無限を実無限に変える魔法の言葉です。これ
によって、でき上らないはずの集合が完成した集合として
存在すると主張しています。

　論理式を離れて言葉で思考すると、無限公理は矛盾して
いる。

◆　無限公理とアナロジー

　　自然数Nは1よりも大きい。
　　自然数Nは2よりも大きい。
　　自然数Nは3よりも大きい。
　　　　　⋮
　　そういう自然数Nが存在する。

　これは、すべての自然数よりも大きい自然数Nが存在す
るという論理です。この結論は間違いです。すべての自然
数よりも大きな自然数Nは存在しません。

　同様の論理を使えば、次の結論も間違いではないので

しょうか？

　　集合Nは1を含む。
　　集合Nは2を含む。
　　集合Nは3を含む。
　　　　　　　⋮
　　そういう集合Nが存在する。

　これは、すべての自然数を含む集合Nが存在するという無限公理です。「すべての自然数よりも大きな自然数が存在しない」のならば、まったく同じ論理で、「すべての自然数を含む集合が存在しない」という結論も出てきます。

◆　言語トリック

　論理式は明快な意味を持っているようで、実はあいまいな場合もあります。たとえば、無限公理（無限集合の公理）です。自然数全体の集合Nは、この公理がないと存在できません。

【無限公理の論理式】
　$\exists x . \{ \ \} \in x \ \& \ (\forall y . \ y \in x \Rightarrow y \cup \{ y \} \in x)$

これを正しい日本語に訳せるのでしょうか？　無理に翻訳すると、「｜　｜∈x＆（∀y．　y∈x⇒y∪｜y｜∈x）を満たすような集合xが存在する」となります。問題は、「〜のような」という語句の使い方です。

　実は、「〜のような」という表現はとても便利な言い回しです。英語ではこれをsuch thatと書き、省略形はs．t．です。この記号が出てきたら要注意でしょう。

　私たちは複雑な命題は言語で思考します。平行線公理のような単純な命題は言語を使わずに、図を用いてその真偽を直観で判断できます。しかし、ちょっと複雑な定理となると直観がうまく働かなくなる傾向があるので、言語を使ってしっかりと論理展開をしていきます。

　そして、最後の段階で数学記号や論理式に翻訳して、披露します。だから、最後の表現方法である論理式に言語トリックが含まれていても、非常に発見しにくいです。論理式を正しい日本語に翻訳し直さなければ、言語トリックは記号の裏に隠されたままです。

◆　無限足公理

　無限集合は、次のような無限公理から作ることができるのでしょうか？

【無限公理】
　次のような性質を有する集合が存在する。
（１）その集合には少なくとも１個の要素がある。
（２）その集合にｎ個の要素であれば、さらにもう１個の
　　　要素もある。

　もし無限公理から無限集合が作れるというのであれば、同じやり方で「無限足公理」を使って、無数の足を持ったモンスターが作れます。

【無限足（むげんあし）公理】
　次のような性質を有する動物が存在する。
（１）その動物には少なくとも１本の足がある。
（２）その動物にｎ本の足があれば、さらにもう１本の足
　　　もある。

　普通は、動物の足の数は自然数です。人間の足の数は２本で、昆虫の足の数は６本であり、タコの足の数は８本です。ムカデやゲジゲジはもっと足の数が多いですが、それ

でも有限本です。無限本の足を持った動物は存在していません。

しかし、無限足公理を用いると、無限本の足を持ったモンスターを作ることができます。でも、その際に用いるこの無限足公理は、どことなくおかしいと思います。この無限足公理がおかしければ、同じ論法を使っている無限公理もおかしいでしょう。

実は、この無限公理の一部である（1）と（2）の組み合わせは帰納的包含です。これは帰納的定義とは異なった帰納的手技であり、可能無限を用いた包含だから、自然数を無限に含み続けることができても、無限個の自然数を完璧に含み終えることはできません。

無限公理を実無限で解釈しなければ、無限集合を作ることはできない。

無限集合は公理的集合論を支える要です。つまり、公理的集合論は実無限によって成り立っています。ここで、もう一度、公理的集合論を別の角度から見てみましょう。いったい、無限公理のどこに実無限が紛れ込んでいるのでしょうか？

【無限公理】
（1）その集合には少なくとも1個の要素がある。→有限
（2）その集合にn個の要素があれば、さらにもう1個の
　　　要素もある。→可能無限
　以上のような性質を有する集合が存在する。→実無限

（1）（2）の手順は可能無限ですが、「そういう集合が存
在する」という最後の決めつけが可能無限を終わらせた実
無限です。これがsuch thatという手技です。

　これより、**無限公理は可能無限と実無限から成り立つこ**
とが理解できます。このように日本語で考えると、無限公
理の誤りがわかりますが、難しい論理式で提示されたらも
うスルーしてしまうかもしれません。

◆　ダブルスタンダード

　Xが「Aであるか？　Aではないか？」という分類をす
るとき、次のように証明によって分類することはできませ
ん。

【証明による分類】
（1）「XはAである」が証明されれば、XはAである。

（2）「XはAである」が証明されなければ、XはAではない。

　なぜならば、これは次の分類と同じだからです。

【証明の発見による分類】
（1）「XはAである」という証明が見つかれば、XはAである。
（2）「XはAである」という証明が見つからなければ、XはAではない。

　前者の（1）は問題ないけれど、後者の（2）は問題があります。なぜならば、「証明が見つからない」という場合は、次の2通りがあるからです。

【「証明が見つからない」の分類】
（ⅰ）証明が存在するけれども、それをいまだに発見できない。（この場合、未来になって証明されるかもしれません）
（ⅱ）証明が存在しないので、それを発見できない。（この場合、永久に証明されません）

　この2つには大きな差があります。だから、「証明が見つからない」という表現は1つの意味だけではないので、こ

614

の表現を含む文は命題とはみなされません。

　もちろん、「証明が見つからない」という表現が（ⅱ）を指していることが明らかな場合は、命題を構成できるでしょう。しかし、実際には（ⅰ）か（ⅱ）を見極めることは困難です。

　では、Ｘが「Ａであるか？　Ａではないか」を分類したいとき、背理法を用いて次のように分類したらどうでしょうか？

【背理法による分類】
（１）「ＸがＡである」と仮定したときに矛盾が証明されれ
　　　ば、ＸはＡではない。
（２）「ＸがＡである」と仮定したときに矛盾が証明されな
　　　ければ、ＸはＡである。

　これは、やはり分類法としては不完全です。「矛盾を証明することができない」という文が、「矛盾が存在しない」や「矛盾が見つからない」などの複数の意味を持っているからです。実際には３つの意味があります。

【「矛盾が証明されない」の分類】
（１）矛盾が存在しない。

（2）矛盾が存在するにもかかわらず、その証明が存在しない。

（3）矛盾が存在し、その証明も存在するが、それを見つけるだけの力がない。

◆ アキレスとカメ

　アキレスとカメが競争します。アキレスは足が速いので、ハンディをつけてカメよりも少し後ろから同時にスタートしました。まず、アキレスはカメのいたスタート地点に着きます。そのとき、カメは少し前に進んでいます。次に、またアキレスはその地点に着きます。すると、カメは再び少し前に進んでいます。これは無限に繰り返されます。

　無限が終わらない以上は、いつまでたってもアキレスはカメに追い着けません。しかし、実際にはアキレスはカメに追い着けます。これがアキレスとカメのパラドックスです。

　長い間、このパラドックスは解決されませんでした。そこで、次のような実無限的な発想が起こってきました。

　無限が終わらないからアキレスはカメに追い着けない。

じゃあ、答えは簡単である。無限を終わらせればよい。

　このような発想———終わる無限———を実無限と呼んでいます。終わらない無限を終わったと仮定する実無限を数学に導入すれば、アキレスは次のように簡単にカメに追い着くことができます。

　無限が終わった瞬間に、アキレスはカメに追い着く。

　このように実無限を用いると、解決不可能であった難問があっという間に解決します。実無限は実に便利な考え方です。

　これは、矛盾した理論がいかに数学の難問を解くことができるかという**矛盾した理論の並外れた問題解決能力**を物語っています。

　でも、可能無限でもパラドックスは解決できます。アキレスとカメの位置関係は次の3つのうちのどれかです。

（1）アキレスはまだカメに追い着いていない。
（2）アキレスがカメに追い着いた。
（3）アキレスがカメを追い抜いている。

ゼノンがこのパラドックスを提示したとき、彼は「アキレスがカメにまだ追い着いていない」という条件（1）を意図的に隠したのかもしれません。アキレスとカメのパラドックスは条件（1）のもとで、全体の論理構造が次のようになっています。

　アキレスがまだカメに追い着いていないとき、「アキレスがカメのいた地点に着くと、カメはさらに先に進んでいる」というプロセスは無限に続く。よって、アキレスはカメに追い着くことはできない。

　要するに「アキレスがまだカメに追い着いていないなら、アキレスはカメに追い着くことはできない」というごく当たり前のことを述べているにすぎません。

　では「アキレスがカメに追いついたときには、この無限プロセスが終わっているのではないか？」という疑問を抱くかもしれません。しかし、それは条件（1）の範囲を超えた問題です。つまり、数学では次の議論をしないのが普通です。

　アキレスがカメに追い着いたとき、この無限のプロセスは終わっているかどうか？
　アキレスがカメを追い抜いているとき、この無限のプロ

セスは終わっているかどうか？

◆　選択公理

　選択公理の独立性はコーエンによって証明されました。その選択公理とは、次のような内容です。

【選択公理】
　無数の集合X_1, X_2, X_3, X_4, …があるとき、それぞれの集合から1つずつ要素を選び出してきて、それらを要素とする新しい集合Yを作ることができる。

　一見、当たり前のことを言っているように思えます。しかし、この公理を認めると「1つの球を有限個に分割してバラバラにし、今度はそれぞれをうまく寄せ集めると、もとの球と同じ体積の球を2つ作ることができる」という良識ではとても考えられない結論が出てきます。これがバナッハ・タルスキーのパラドックスです。

　このパラドックスは、もともとは選択公理を否定するための背理法として提出されました。つまり、「選択公理が真の命題であると仮定するならば、バナッハ・タルスキーのパラドックスという矛盾が出てくる。したがって、選択公

理は偽の命題である」という結論を期待していました。

　しかし、一方では選択公理はとても便利な公理でした。もし、この公理が失われると、公理的集合論におけるたくさんの定理が証明されなくなるそうです。

　つまり、選択公理を認めるとパラドックスが発生するが、それを認めないと今度は多くの定理を失います。一種のジレンマです。

　そこで、公理的集合論は究極の選択に迫られました。

（１）　選択公理を潔く捨てて、貧弱な公理的集合論（証明
　　　　能力の低い公理的集合論）で満足するか？
（２）　選択公理を思い切って採用し、バナッハ・タルス
　　　　キーのパラドックスに目をつぶる（見て見ぬふりを
　　　　する）か？

　結局、後者が選択されました。その結果、このパラドックスは定理に昇格し、バナッハ・タルスキーの定理と呼ばれるようになりました。

　この現象は物理学でも起こっています。相対性理論では、年令の異なる双子が出会えます。つまり、これは「時刻の

異なる２つの物体が衝突できる」ことと同じであり、明らかな矛盾すなわちパラドックスです。しかし、これを定理に昇格させると浦島効果になります。

◆　連続体仮説

　ＺＦ集合論を数学理論と仮定し、連続体仮設を命題であると仮定します。さらに、下記のようにＡ，Ｂ，Ｃを設定し、これらもすべて命題であると仮定します。

　Ａ：ＺＦ集合論は無矛盾である。
　Ｂ：ＺＦ集合論に連続体仮説を加えた理論は無矛盾である。
　Ｃ：ＺＦ集合論に連続体仮説の否定を加えた理論は無矛盾である。

　ここで、Ｂが真の命題であるとします。すると、無矛盾な数学理論の命題はすべて真の命題だから、ＺＦ集合論の仮定と連続体仮説がすべて真の命題になります。

　次に、Ｃが真の命題であるとします。すると、ＺＦ集合論の仮定と連続体仮説の否定がすべて真の命題になります。

これより、ＢとＣが同時に真になると、連続体仮説は真かつ偽の命題ということになり、矛盾が発生します。

　これは背理法を形成しているから、ＢとＣが同時に真になることはありません。これより、次なる論理式は真です。

　Ｂ∧Ｃ≡Ｏ（Ｏは恒偽命題の論理記号です）

　一方、連続体仮説はＺＦ集合論から独立していることが証明されました。具体的に述べると、Ａ→ＢとＡ→Ｃが証明されました。

　Ａ→Ｂ：もしＺＦ集合論が無矛盾ならば、ＺＦ集合論に
　　　　　連続体仮説を加えても無矛盾である。
　Ａ→Ｃ：もしＺＦ集合論が無矛盾ならば、ＺＦ集合論に
　　　　　連続体仮説の否定を加えても無矛盾である。

　Ａ→ＢとＡ→Ｃが証明されたということは、この２つはともに真の命題であるということです。すると、次の論理式も真になります。

　（Ａ→Ｂ）∧（Ａ→Ｃ）

　この論理式を変形してみます。

$（A \rightarrow B）\wedge（A \rightarrow C）$

$\equiv （\neg A \vee B）\wedge（\neg A \vee C）$

$\equiv \neg A \vee （B \wedge C）$

$\equiv \neg A \vee O$

$\equiv \neg A$

　結論として、¬Aも真になりました。そして、¬Aは次のような意味を持っています。

ＺＦ集合論は矛盾している。

　ＺＦ集合論が矛盾していれば、そこにどんな仮定を加えても矛盾しているので、選択公理を加えても矛盾していることになります。これより、次なる結論も出てきます。

ＺＦＣ集合論は矛盾している。

　ＺＦ集合論もＺＦＣ集合論も矛盾していれば、次なる結論も推測されます。

公理的集合論はすべて矛盾している。

◆　連続体仮説は命題ではない

　次のようにＡ，Ｂ，Ｃ，Ｄ，Ｅを設定して、これらが命題であると仮定します。ＺＦとはＺＦ集合論のことであり、ＣＨは連続体仮説です。

　　Ａ：ＣＨは命題である。
　　Ｂ：ＺＦは無矛盾である。
　　Ｃ：ＺＦ＋ＣＨは無矛盾である。
　　Ｄ：ＺＦ＋￢ＣＨは無矛盾である。
　　Ｅ：ＣＨはＺＦから独立している。

　まず、命題Ａは真である（連続体仮説ＣＨが命題である）と仮定します。ＣＨが命題ならば、それは真か偽かのどちらかです。

　次に、ＣＨが真の命題であると仮定すると、￢ＣＨは偽の命題になります。このとき、ＺＦ＋ＣＨとＺＦ＋￢ＣＨのうち後者が偽の命題を理論の仮定として持っているので、後者は矛盾しています。したがって、ＺＦ＋ＣＨとＺＦ＋￢ＣＨが両者ともに無矛盾ということはあり得ません。

　さらに、ＣＨが偽の命題であると仮定します。このとき、

624

ＺＦ＋ＣＨとＺＦ＋￢ＣＨのうち前者が偽の命題を理論の仮定として持っているので、前者は矛盾しています。したがって、ＺＦ＋ＣＨとＺＦ＋￢ＣＨが両者とも無矛盾ということはありません。

以上より、連続体仮説が命題であるならばＺＦ＋ＣＨとＺＦ＋￢ＣＨが両方とも無矛盾ということはあり得ません。つまり、次なる論理式は真です。

$$A \rightarrow \neg (C \land D)$$

よって、この対偶も真です。

$$(C \land D) \rightarrow \neg A$$

これより、ＺＦ＋ＣＨとＺＦ＋￢ＣＨが両者ともに無矛盾ならば、連続体仮説は命題ではありません。

一方、Ｂ→ＣとＢ→Ｄは証明されています。両者の証明がともに正しいと仮定すれば、両者の論理積としての次なる論理式も真になります。

$$(B \rightarrow C) \land (B \rightarrow D)$$

これを変形します。

（B→C）∧（B→D）
　≡（¬B∨C）∧（¬B∨D）
　≡¬B∨（C∧D）
　≡B→（C∧D）

よって、B→（C∧D）も真です。これより、この
B→（C∧D）と先ほどの（C∧D）→¬Aとはともに真に
なります。この２つに三段論法を用いれば、論理式B→¬A
が得られます。論理式B→¬Aは次のような意味を持って
います。

　ＺＦ集合論が無矛盾であるならば、連続体仮説は命題で
はない。

◆　ZF集合論が矛盾している確率

　A，B，Cを次のように置きます。

　A：ＺＦ集合論は無矛盾である。
　B：ＺＦ集合論に選択公理を加えても無矛盾である。

C：ＺＦ集合論に選択公理の否定を加えても無矛盾ある。

　ゲーデルはA→Bを証明しました。コーエンはA→Cを証明しました。ここで、次のような真理表を作ります。

A	B	C	A→B	A→C
1	1	1	1	1
1	1	0	1	0
1	0	1	0	1
1	0	0	0	0
0	1	1	1	1
0	1	0	1	1
0	0	1	1	1
0	0	0	1	1

　1は真を表し、0は偽を表しています。この表から、次のことが読み取れます。

　Aが偽（0）のとき、A→BとA→Cはともに真（1）である。

　つまり、ＺＦ集合論が矛盾していれば、論理式A→BとA→Cはともに真になります。

逆に考えると、A→BとA→Cが両方とも証明されたということは、￢A（すなわち、ＺＦ集合論が矛盾していること）がほぼ証明された、と考えても良いことになります。

　実際に先ほどの真理値表をじっと眺めていると、A→BとA→Cが共に真になるのは、1行目、5行目、6行目、7行目、8行目の5つです。このうち、Aも真になるのは1行目だけです。そこで、ＺＦ集合論が矛盾している可能性（Aが偽である確率）を計算すると、次の数字が得られます。

ＺＦ集合論が矛盾している確率＝４/５＝80％

◆　実無限の教育

「1という自然数は、無限小を無限個、集めたものである」という考えかたがあります。式に書くと次のようになります。

$(1 / \infty) \times \infty = 1$

　この考え方には実無限の記号が2つ含まれています。それは、無限小（$1 / \infty$）と無限大（∞）です。

カントール以前の数学では、実無限を回避しながら数学の証明を行なっていました。その理由は、実無限が容易にパラドックスを生み出すことを多くの先人たちが経験的に知っていたからでしょう。

プラトンも無限を回避しました。パラドックスを生み出す可能性のある「無限」「動的」「変化」するものを避け、「有限」「静的」「不変」なもののみを議論の対象にしました。

プラトンのこのような考えかたに対して、アリストテレスは一歩さらに踏み込みました。無限を2つに分類したのです。それは「可能無限」と「実無限」です。

いつまでも変化し続ける無限を可能無限と呼び、この変化が終わってしまった「完結した実体をなす無限」を実無限と呼び、実無限だけがパラドックスを生み出すことを発見しました。

この考えかたは長い間にわたって正統とされ、その後、実無限が数学内に本格的に導入される前までは可能無限が中心の数学でした。

ところが、カントールが無限集合という形で実無限を数学に導入したときから、実無限はあっという間に数学全体

に浸透し、隅々まで行きわたりました。実無限（実体として存在する無限）に反対した偉大な数学者はガウスです。ガウスは実無限を完全に拒否しました。

　その後、無限集合論からパラドックスが出てくることが明らかになりました。そのとき、クロネッカーやポアンカレのような無限集合に反対する数学者はいましたが、彼らは無限小数や実無限は否定せず、無限集合だけに反対をしていたようです。

　でも、彼らの努力もむなしく、実無限はあっという間に数学全体に浸透しました。私たちは、幼い頃から無限小数や無限集合や無限長の直線という実無限を教えられて大人になりました。このような実無限教育もそろそろ考え直さなければならない時期に来ていると思います。

第２章
非ユークリッド幾何学の矛盾

Contradictions
in non-Euclidean Geometry

◆ ユークリッドの原論

　私たちが学校で教えられているユークリッド幾何学は、紀元前300年ころにギリシャの数学者ユークリッドが書いた「原論」に基づいて作られています。

　幾何学とは「図形に関する数学」です。ユークリッドの書いた原論には、次のように定義、公理、公準などが記載されています。

【定義】言葉の意味をはっきりさせる
（1）点とは部分をもたないものである。
（2）線とは幅のない長さである。
（3）線の端は点である。
（4）直線とはその上にある点について一様な線である。
（5）面とは長さと幅のみを持つものである。
（6）立体とは長さと幅と高さを持つものである。

　数学において言葉の定義は最も重要視されるものであり、**数学は定義から始まる**といっても過言ではありません。ユークリッドはこれを踏まえて、幾何学を定義からスタートさせています。

「線の端は点である」という定義から、線の一種である直線

にも両端があり、長さが有限であることがわかります。ところが、現在、日本の義務教育で教えられている直線の長さは無限です。おそらく、世界中で教えられている直線の長さも無限でしょう。無限大の長さの直線には端がないから、ユークリッドの原論では直線ではないことになります。

現代数学の直線には端がない。（だから無限である）
ユークリッドの直線には端がある。（だから有限である）

ユークリッドの時代には無限大を回避しながら数学を組み立てていました。だから、原論では「無限の長さを持った直線」は議論の対象になりません。

さらに自明として受け入れられる性質を公理と呼んでいます。

【公理】数学全般に共通する当たり前のこと
（1）同じものに等しいものは互いに等しい。
（2）等しいものに等しいものを加えれば、また等しい。
（3）等しいものから等しいものを引けば残りは等しい。
（4）互いに重なり合うものは互いに等しい。
（5）全体は部分より大きい。

この公理は数学のどの分野でも成り立つ共通の真理です。

全体の一部を部分といいますから、5番目の公理である「全体は部分より大きい」は、言葉の定義から明らかに正しいです。

しかし、無限集合論ではこの公理を否定することもあります。それは、全体と部分が同じ大きさのものをあえて「無限」と定義することがあるからです。無限集合論における大きさとは集合の濃度のことです。

ところで、ユークリッドが提案したように「有限の長さを持った真っ直ぐな線」を直線とします。これをもとにユークリッドは、幾何学だけに通用する真の命題として公準を設定しました。

【公準】幾何学だけで成り立つ当たり前のこと
（1）任意の点から他の任意の点へ、直線を1本だけ引くことができる。
（2）直線の両端を、いくらでも連続的にまっすぐに伸ばすことができる。
（3）任意の点を中心とする任意の半径の円を描くことができる。
（4）すべての直角はお互いに等しい。
（5）1本の直線が2本の直線と交わるとき、この2直線をまっすぐに伸ばしていくと内角の和が2直角より

小さい側で交わる。（これを第5公準または平行線公準と呼んでいます）

これらの公準は、いつでも成り立つとされる真の命題です。最後の第5公準は他の4つの公準と比較すると、長くて少しわかりづらいかもしれません。でも、図示するととてもわかりやすく、この公準もまた明らかな真理を述べています。

平行線公準は真の命題である。

現在では「幾何学以外の代数学や解析学でも成り立つ公理」と「幾何学のみで成り立つ公準」をあまり区別していません。公理は公準と比較するとあまりにも当然すぎて、いちいち議論する必要がないくらいです。その場合、公理をスルーして、公準を公理に言いかえることがあります。

それにならって、ユークリッド幾何学の第5公準を第5公理（平行線公理）と言いかえてみます。さらに、次なるプレイフェアの平行線公理に言いかえることもできるとされています。

【プレイフェアの平行線公理】
　ある1本の直線とその上にない1つの点が与えられたと

き、その点を通ってもとの直線に平行な直線がただ1本だけ存在する。

　平行線とは、同じ平面上にあって両方向に限りなくのばしても、いずれの方向においても互いに交わらない1組の直線です。本書では、しばらくプレイフェアの提唱した平行線公理を使っていきます。

◆　ユークリッドの定義

　プラトンは哲学者であり、数学者ではありません。しかし、プラトンが作ったアカデメイアという学園の入り口には「幾何学を知らない者は、この門をくぐってはいけない」と記されていました。

　プラトンは「数学の議論を始める前に、数学の言葉をはっきり定義し、議論の根拠となる公理をはっきりさせるべきである」と述べています。

　ユークリッドはプラトンの弟子ではないですが、プラトンの考え方を引き継ぎ、定義をもっとも大切にしました。彼の書いた原論にはまさしく当然であろうと思われるようなこと（一部は疑問を感じますが…）をわざわざ明記したこ

とに、ユークリッド原論の真髄が見てとれます。

　それに対して、ヒルベルトはどういう立場をとっていたのでしょうか？　直線で比較してみます。

【ヒルベルトの考えた直線の定義】
　直線を無定義とする。

　これは「線とは何か？」「直線とは何か？」を真正面から議論しないということです。そして、これが非ユークリッド幾何学を支える根本的な概念となりました。というのは、線を定義しなければ、直線も曲線も定義できないことになります。これによって直線と曲線の本質的な違いが消えてなくなります。

　線を無定義にすると、真っ直ぐな直線と曲がった曲線が区別できなくなる。

　これより、2本の平行線はともに直線である必然性が失われ、円弧や大円も直線として扱われることが可能になりました。こうしたことが背景となり、「大円は直線である」「円弧は直線である」という非ユークリッド幾何学のモデルが成立するようになります。非ユークリッド幾何学を支えるために線の無定義は必要な措置でしょう。

線には、直線と曲線があります。ユークリッドはとても大切なことを言っています。それは「直線には2つの端（両端）があり、それは点である」ということです。

　これより、直線は「有限の長さを持ったまっすぐな線」に限定されます。ユークリッドは、無限大の長さを持った直線（現代数学で扱われている無限長の直線）を自分の作った原論から巧みに排除しています。

　ユークリッドの原論は聖書に次ぐベストセラーであり、数学における原点といえるでしょう。約2000年以上にわたって幾何学の教育を支え続け、今から100年前までには高等学校の教科書として、そのまま使われていたほどだそうです。

◆　円内の1点を通る直線

　ユークリッドの原論と現在のユークリッド幾何学では違いがありますが、あえてその違いには細かく触れないようにします。（実は、よく知りません）

　ユークリッド幾何学は完全ではありません。たとえば、ヒルベルトも指摘しているように「円の内部の1点を通る直

線は円周と2点で交わる」という命題は、ユークリッド幾何学の公理でも公準でもありません。そして、公理や公準から証明される定理でもありません。つまり、この命題は宙に浮いた存在———ユークリッド幾何学では取り扱えない命題———です。

でも、良識的な直観では明らかに真の命題であり、中学校や高校での試験問題を解くときには、どの生徒もこれを普通に用いるでしょう。そのため、この命題を使って試験問題を解いても先生から減点されることはありません。

公理や定理になくても、私たちが暗黙の了解で使っている真の命題は、細かく探すともっといっぱい発見できるかもしれません。

このようにユークリッド幾何学には不備がありますが、これがユークリッド幾何学の偉大さを失わせるものではありません。

◆　ユークリッドに帰る

数学用語の定義はできるだけ、一言で表現できる単文が望ましいです。たとえば、「点は、長さも広さも大きさも持

たない図形である」などです。特に定義であることを強調するため「点は…」ではなく「点とは…」という書き出しで始めることも多いです。

　数学用語の複雑な定義は、その用語を用いた命題や証明の複雑さを招き、結局は命題の真偽を不明確にして難解な数学を作り出す可能性も出てきます。

　また、逆に数学用語を定義しないと、その用語を用いた命題や証明のあいまいになり、それを目にした各人が独自の受け取り方によって異なった解釈をすることがあります。

　よって、健全な数学の構築を心がるためには「複雑な定義」と「無定義」はできるだけ避けたほうがよいでしょう。これによって、原論に見られるユークリッドの精神に戻るかもしれません。古きを訪ねて新しきを知ることは大切です。私たちは、まだまだ**ユークリッドから学ぶ数学は山ほどある**と思います。

◆　ユークリッドの平行線公準

　ここで、第5公準である平行線公準に注目します。

【平行線公準】

　直線が２本の直線と交わるとき、この２直線を限りなく延長したときに、内角の和が２直角より小さい側において交わる。（第５公準）

　「公理と公準を区別する必要はない」というのは今の数学の考え方です。そこで、これからは公準を公理と呼び、平行線公準をユークリッドの平行線公理と呼ばせていただきます。そして、それを記号化してE_5と記します。

【ユークリッド幾何学の各公理】
　　E_1：第１公理←もとは第１公準
　　E_2：第２公理←もとは第２公準
　　E_3：第３公理←もとは第３公準
　　E_4：第４公理←もとは第４公準
　　E_5：第５公理（平行線公理）←もとは第５公準

　そして、しばらくの間はプレイフェアの平行線公理を平行線公理として使用いたします。最後に、プレイフェアの平行線公理の問題点も指摘させていただきます。

　また、ユークリッド原論を特別に意識して書くときは、「ユークリッドの平行線公準」という言葉にもどして書くこともあります。

◆ 文

「文」は言葉の冒頭から句点までの一文のことであり、「文章」は文が複数集まってできています。小学高学年国語自由自在（受験研究社）には、次のように書かれています。

　文…言葉をつづり合わせてまとまった内容を表したもの。文を文字で表現するときには、終わりに「。」をつける。「。」の代わりに「？」や「！」などをおくこともある。

　文はいろいろな角度から分類することができる。
（１）意味上の分類
　　　①平叙文…断定、推量、希望、決意などを述べる文
　　　②疑問文
　　　③命令文
　　　④感嘆文
（２）構造上の分類
　　　①単文…１つの文の中で、主語と述語の関係が１回だけ成り立っている文
　　　②複文…１つの文の中で、主語と述語の関係が２回以上成り立っている文。複文は、一方の文がもう一方の文の一部としてふくまれている形になっている。いわば、主と従の関係になっている文である。

③重文
（３）成分上の分類
　　　①省略の文
　　　②倒置の文

　命題を文で書き表す場合は、上記の分類の中では意味上の分類に含まれ、さらに平叙文の断定と考えられます。

　ここで、ユークリッド幾何学の５つの公準を検討します。

【ユークリッドの公準】
（１）任意の点から任意の点へ直線を１本だけ引くことができる。
（２）直線の両端をいくらでも延長することができる。
（３）任意の点を中心とする任意の半径の円を描くことができる。
（４）すべての直角はお互いに等しい。
（５）１本の直線が２本の直線と交わるとき、この２直線を延長すると、内角の和が２直角より小さい側において交わる。

　これらはすべて断定をしています。（１）〜（３）には主語が省略されています。これは、成分上の分類では省略の文に相当します。

また、同参考書には文の単位を3つに分けています。

（1）文…すでに上に書いた内容です。

（2）文節…文を、意味がわかり、発音上不自然にならない程度にできるだけ短くくぎった言葉。

（3）単語…文節をさらに細かく、これ以上分けると意味がなくなるところまでくぎった場合の最も小さい単位。

　ユークリッド原論の公準（1）～（4）には読点「、」がありません。よって、この4つは単文です。しかし、（5）には読点があるので、文節に分かれています。構造上は単文ではなく複文です。

　今まで、ガウスを含めて多くの数学者が「本当は、平行線公準は定理ではないか？」と疑った原因がここにありそうです。複雑な命題は単純な命題から証明されることがあるからです。以上を簡潔に書くと、次のようになります。

　単文…単純な命題

　複文…複雑な命題

　ユークリッド原論の第1公準…単文

　ユークリッド原論の第2公準…単文

　ユークリッド原論の第3公準…単文

ユークリッド原論の第４公準…単文

ユークリッド原論の第５公準…複文

◆ 文が長い

平行線公準の文が長い理由は２つあります。

【１つ目の理由】

「ＡならばＢである」という条件文だから。

第１公準〜第４公準までは「Ａである」という述語が１つの単文で語られています。ところが、平行線公準だけは「ＡであるならばＢである」という形です。これは、述語が２つある複文です。複文は単文よりも複雑なので文が長くなります。

単文…述語が１つの単純な文

複文…述語が２つ以上の複雑な文

【２つ目の理由】

無限大の長さを持った直線を認めなかったから。

ユークリッドは「線の端は点である」と述べました。ユー

クリッドの頭の中には、現代幾何学の中心となっている「無限大の長さを持った直線」はありません。

無限長の直線は存在しない。

だから、平行線公準があのように長い文になったのでしょう。それでも、**実無限を導入しないように工夫された苦肉の策**としては傑作だと思います。

その後、後世の人たちは「文が長いから定理かもしれない」「文が複雑だから定理かもしれない」と疑念を抱き、他の4つの公準から平行線公準を証明しようとしました。しかし、今日まで誰もそれに成功していません。

視点を変えて「平行線公準の文が長くて複雑なのは、複文だから、そして可能無限で書いたから」と解釈できれば、納得がいきます。

実際、その後にプレイフェアが可能無限の平行線公準を実無限の平行線公理に書き変えてから、文がとても短くなりました。

【ユークリッドの平行線公準】可能無限による表現
　1本の直線が2本の直線と交わるとき、この2直線を

まっすぐにのばしていくと、内角の和が２直角より小さい
側で交わる。

　有限の長さの直線を無限にのばす…可能無限

【プレイフェアの平行線公理】実無限による表現
　直線ＬとＬ上に存在しない点Ｐが与えられたとき、Ｐを
通りＬに平行な直線はちょうど１本だけ存在する。

　無限の長さを持った直線が存在する…実無限

◆　平行線公理が成り立たない

　非ユークリッド幾何学とは、**ユークリッド幾何学の平行
線公理が成り立たない幾何学の総称**です。「平行線公理が成
り立たない」とは「平行線公理が存在しない」ということ
です。

　はっきりと言えるのはここまでです。平行線公理の否定
が成り立つかどうかまではわかりません。というのは、「平
行線公理が成り立たない」と「平行線公理の否定が成り立
つ」は異なった命題だからです。

Ａ：平行線公理が成り立たない。

Ｂ：平行線公理の否定が成り立つ。

上記のようにＡ，Ｂを置くと、ＡとＢは同値ではありません。よって、「平行線公理が成り立たない幾何学」と「平行線公理の否定が成り立つ幾何学」は、まったく異なった幾何学です。このわずかな違いを言語以外で読み取ることは不可能です。もう、この時点で記号論理学が取り扱えない領域に踏み込んでいます。

公理系における定理のときは「定理Ｔが成り立たない」と「定理の否定￢Ｔが成り立つ」は同値です。なぜならば、定理は、必ず公理系内では公理からの証明が存在するからです。

定理Ｔが成り立たない＝定理の否定￢Ｔが成り立つ

しかし、公理にはこれが当てはまりません。「公理Ａが成り立たない」と「公理の否定￢Ａが成り立つ」は同値ではありません。それは、Ａの証明も￢Ａの証明も存在しないからです。

公理Ａが成り立たない≠公理の否定￢Ａが成り立つ

◆　平行線公理が成り立たない幾何学

　ユークリッド幾何学は、仮定として次のような5つの公理を持っています。

　　E_1，E_2，E_3，E_4，E_5（平行線公理）

　このとき、次なる仮定を持った幾何学も考えられます。幾何学5はユークリッド幾何学です。

　　幾何学0：
　　幾何学1：E_1
　　幾何学2：E_1，E_2
　　幾何学3：E_1，E_2，E_3
　　幾何学4：E_1，E_2，E_3，E_4
　　幾何学5：E_1，E_2，E_3，E_4，E_5
　　幾何学6：E_1，E_2，E_3，E_4，$\lnot E_5$
　　幾何学7：E_1，E_2，E_3，E_4，E_5，$\lnot E_5$

　非ユークリッド幾何学とは平行線公理が成り立たない幾何学の総称であり、具体的にいうと、**平行線公理を持っていない幾何学**のことです。上の7つの幾何学のうち、幾何学0～4と幾何学6はすべて非ユークリッド幾何学に該当します。

これより、ユークリッド幾何学はたった1個しか存在しませんが、**非ユークリッド幾何学はたくさん存在する**ことがわかります。

　仮定をまったく持たない幾何学0も平行線公理が成り立たない幾何学になります。しかし、仮定が1つもない幾何学には論理の出発点がないから、何も証明できません。つまり、何1つ定理が証明されて出てくることがありません。このような非ユークリッド幾何学は、もはや公理系とは呼べないでしょう。（定理が存在しない論理体系は、公理系に値しない）

　また、幾何学1も公理系ではありません。公理1個からは、やはり定理が証明されて出てこないからです。**定理とは、2つ以上の異なった公理を組み合わせて証明される命題**であり、そのとき、定理は証明に用いたどの公理とも内容が異なっていなければなりません。

　幾何学5はユークリッド幾何学だから公理系です。これらは、何を意味しているかというと、幾何学0〜幾何学7という8個の幾何学は、公理系と公理系ではない幾何学に分類されるということです。

【結論】

　幾何学０…公理系ではない。

　幾何学１…公理系ではない。

　幾何学２…公理系である。

　幾何学３…公理系である。

　幾何学４…公理系である。

　幾何学５…公理系である。

　幾何学６…公理系ではない。

　幾何学７…公理系ではない。

　これらの結論は、すべて「ユークリッド幾何学は公理系である」という仮定の上に成り立っています。

◆　ガウスと平行線公理

「命題Ｐが真であると仮定して矛盾が生じれば、命題Ｐは偽である」は、一般的に背理法と呼ばれています。しかし、私たちは容易に次のような間違った主張を信じてしまうことがあります。

　命題Ｐが真であると仮定して矛盾が生じなければ、Ｐは偽であるとは言い切れない。

一見、これは正しそうに思えますが、実際には間違っています。というのは、言い切れる場合があるからです。正しくは次です。

　命題Ｐが真であると仮定して矛盾が生じなければ、Ｐは真であることも偽であることもある。つまり、Ｐの真偽は決定できない。

　しかし、これをさらに進めてしまうと、思わぬ弊害に見舞われます。

　命題Ｐが真であると仮定して矛盾が生じなければ、Ｐは真であると仮定してもよい。——　①

　これに¬Ｐもあてはめてみましょう。

　命題¬Ｐが真であると仮定して矛盾が生じなければ、¬Ｐは真であると仮定してもよい。——　②

　①と②を合わせると、次の③になります。

　命題Ｐが真であると仮定しても命題¬Ｐが真であると仮定しても矛盾が生じなければ、Ｐを真であると仮定しても¬Ｐを真であると仮定してもよい。——　③

これを平行線公理に適用すると次の④になります。

　平行線公理が真であると仮定しても矛盾が証明されず、偽であると仮定しても矛盾が生じなければ、平行線公理を真と仮定しても偽と仮定してもよい。——　④

　この間違った考えかたから、ガウスは非ユークリッド幾何学を作り上げたと思われます。そして、これはボヤイやロバチェフスキーやリーマンに受け継がれました。

◆　ベルナイス

　ヒルベルトの弟子であったスイスの数学者パウル・ベルナイスは、ユークリッドとヒルベルトの幾何学に対する考えかたを比較しています。第1公理を例にあげてみます。

【ユークリッドの幾何学】
　点Aから点Bへ直線を引くことができる。

　これは、変化を扱う表現ですが、点Aと点Bの間は有限の距離だから、引ける長さは有限です。

【ヒルベルトの幾何学】
　点Ａと点Ｂを含む直線が存在する。（線分ではなく直線であることに注意します）

　ヒルベルトの扱っている直線は無限の長さを持った直線です。**「無限の長さを持ったまっすぐな線」を引くという変化がすっかり終わった状態**の直線です。これは実無限（引くという操作が無限先まで完了した状態）を使っています。

＜ユークリッドの幾何学…構成的＞
「点Ａから点Ｂに直線を引く」は、直線を作り出しています。今まであった概念を使って新しい概念を作り出すことを「構成する」といいます。直線を引くことも直線をのばすことも構成することです。

＜ヒルベルトの幾何学…存在的＞
　それをヒルベルトは「点Ａと点Ｂを通る直線が存在する」と表現します。徐々に直線をのばすことをせず、最初から存在しているものとして扱います。

　ユークリッドの数学では構成的であるがゆえに、作り出せるのは有限のみです。有限から無限を作り出すことはできません。

原論においてユークリッドは「線の両端は点である」と定義しています。これによって実無限を回避しています。いくらでも長い直線を引くことはできますが、その両端は常に存在します。

　ユークリッドの原論では、無限の長さを持った直線を引くことはできない。（無限の長さを持った直線とは、両端の存在しない真っ直ぐな線です）

　一方、ヒルベルトの考えている数学では、無限の長さを持った直線が最初から存在し、「有限の長さを持った直線をのばす」という作業はありません。

　実は、「線をのばす」という作業を省略したら線はちっとものびません。そのままの状態を維持します。つまり、省略作業によって無限大の長さの直線ができ上がることはありません。

　長さが無限大の直線は、有限の長さを持つ直線をのばす作業が完全に終わった後で存在できる。しかし、「無限にのばす」作業は決して終わることがない。

◆ 線を引く

ユークリッド幾何学の第3公理に「ある点を中心として、任意の半径の円を描くことができる」というのがあります。なぜ「任意の半径の円が存在する」ではないのでしょうか？

「円を描く」と「円がある」の違いは、「作り出す」と「作り終わっている」の違いです。かたや「作成」という行為であり、かたや「完成品」という製品です。

「1点を通る任意の長さの直線を引く」と「1点を通る直線が存在する」も「作り出すコト」と「でき上っているモノ」の違いです。「2点の間を直線で結ぶ」と「2点を通る直線が存在する」も、コトとモノの違いです。

そもそも、「線を引く」と「線がある」では、どちらの表現のほうがより真理に近いのでしょうか？

ちなみに、「線を引く」というとすぐに「なぞる」を思い出します。子どもたちが文字をおぼえるとき、指でなぞります。算数で線を教えるときにも、黒板にチョークを当てて線を引き、紙には鉛筆でなぞるように線を引きます。まるで「線とは点の軌跡である」ということを地で行く教育です。

私たちが漢字を憶えるときも、書き順も一緒に教えられます。そのほうが漢字を認識しやすく、憶えやすいからです。書き順を隠して外人にちょっと難しい漢字を見せても、うまく認識したり、書いたりできないようです。書く順番———時間差を設けた構成———が、理解には必要かもしれません。

　最近、目や視神経に障害を持った人に、視力を回復させる治療法が提案されています。脳に埋め込んだ電極で視覚野に刺激を与え、文字を認識させる方法です。今までは、脳に対して文字全体の情報を同時に電気刺激していました。しかし、なかなかうまく文字が読めません。そこで、文字をなぞるように時間差を設けて脳細胞を刺激すると、文字が認識できたそうです。目の不自由な人には朗報と思われます。

　これは、私たちが小学校や中学校で「点を動かすと線になる」と身体で学んだことに似ているような気がします。数学の直線を理解させるときに、「無限長の直線が存在する（全部を瞬間的にイメージさせる）」という現代風の思想よりも「点と点の間をまっすぐになぞったものが直線である（時間をかけてのばして作り出す）」という昔からの教えのほうが優れているかもしれません。

◆　ヒデの平行線公理

【ユークリッドの平行線公準】
　１本の直線が２本の直線と交わるとき、この２直線を限りなくのばしていくと、内角の和が２直角より小さい側において交わる。

　ユークリッドの扱う直線は「両端のある直線＝有限の長さを持った直線」です。そして、これを「限りなくのばす」という可能無限で語られています。

【プレイフェアの平行線公理】
　直線ＬとＬ上にない点Ｐが存在するならば、点Ｐを通ってＬに平行な直線がただ１本だけ存在する。

　プレイフェアの扱っている直線は「両端を持たない長さ無限大の直線」です。よって、これは実無限による直線です。

　私は、実無限を可能無限に変えて、独自の平行線公理を作ってみました。私の扱う直線はユークリッドと同じく、有限の長さを持った直線です。

【ヒデの平行線公理】

　直線Lとその上にない点Pが存在し、LをいくらまっすぐにのばしてもPを通らないならば、Pを通ってLに平行な直線をただ１方向（Lと同じ方向）にだけ引くことができる。

「直線がただ１本だけ存在する」という実無限の表現を「直線をただ１方向だけ引くことができる」という可能無限の言葉に変えてみました。方向だけ指定したのは、**任意の長さを持った直線を作り出せるようにする**ためです。

◆　平行線公理への疑問

　ユークリッド幾何学の第５公理（平行線公理）は、最初は誰もが自明の理だと信じていました。しかし、他の４つの公理と違って文章が長いことが気になり、ひょっとしたら定理であるような気がしてきたようです。

　そこで、残りの４つの公理を組み合わせて平行線公理を証明しようとする試みが行なわれ始めました。これが直接証明法です。でも、誰もこの試みに成功しませんでした。

　次に考えられたのが間接証明法としての背理法です。最

初の4つの公理と第5公理の否定を組み合わせて、矛盾を導き出そうとしました。このとき、誰もが「矛盾は簡単に証明されて出てくる」と思っていました。

　しかし、**直観的には明らかに異様な仮定**であるにもかかわらず、どうやっても矛盾が証明されません。これはいったいどうしたことなのでしょうか？

　どうやら平行線公理を否定した幾何学にも、ユークリッド幾何学と同じように整合性がありそうです。

　以上により、「第5公理は真である」という人々の信念がゆらぎ始めました。そして、ついには次のような考え方が出てきました。

　平行線公理を証明することができないならば、平行線公理の否定が正しい可能性もある。それならば、平行線公理を否定した幾何学も作ってみよう。

　こうして作られたのが非ユークリッド幾何学です。

◆ 非ユークリッド幾何学の整合性

ガウスは12才のころから、ユークリッド幾何学の第5公理に取りつかれていたようです。彼は第1公理から第4公理までを使って第5公理を証明しようと努力しました。しかし、とうとう証明できませんでした。

そして、最終的には「第1公理から第4公理までを使って第5公理を証明することはできない」という結論にいたりました。さらに、第5公理を否定する公理からスタートしても整合性のある幾何学が構築できる、ということに気がつきました。これをガウスは非ユークリッド幾何学と名づけています。

しかし、ここで注意しなければならない言葉は「整合性」と「無矛盾性」の違いです。

整合性…矛盾が証明されないこと
無矛盾性…矛盾が存在しないこと

非ユークリッド幾何学の整合性は、無矛盾性を意味していません。実際、ガウスは非ユークリッド幾何学が無矛盾であることまでは証明していません。

ここで、整合性について考えます。整合性とは、「今の
ところ、まだ、矛盾が証明されていない」という性質です。
無矛盾とはまた一味違った性質です。先ほどの表現を少し
変えてみます。

　無矛盾＝矛盾が内部に存在しないこと
　整合性＝矛盾が外部に出てこないこと（＝矛盾がまだ見
つかっていないこと）

　家の中から人が出てこないからといって、家の中に人が
いないとは言い切れません。

　一方、ユークリッド幾何学には整合性があることは昔か
ら知られていました。なぜならば、数学史上たったの一度
もユークリッド幾何学からパラドックスが証明されて出て
きたことはなかったからです。

　問題は、非ユークリッド幾何学の整合性です。世界中の
人々が非ユークリッド幾何学からパラドックスを導き出そ
うとしましたが、誰も成功しませんでした。以上より、ユー
クリッド幾何学には整合性があり、非ユークリッド幾何学
にも整合性があります。

　整合性が保たれているならば、ユークリッド幾何学を使

おうと非ユークリッド幾何学を使おうと、その人の自由ということになりそうです。

　アインシュタインは、ここに注目しました。アインシュタインは宇宙の構造を従来のユークリッド幾何学で解明しようとしましたが、どうもうまくいきません。そこで、今度は非ユークリッド幾何学を使うアイデアを思いついたと思います。

　一般相対性理論は、非ユークリッド幾何学の一種であるリーマン幾何学を用いて物理学の難問を見事に解決しました。これに世界は驚嘆しました。そして現在では「宇宙の構造は、非ユークリッド幾何学的である」ということで落ち着いています。

　しかし、もし**非ユークリッド幾何学が「整合性のある矛盾した幾何学」**ならば、事態は一変することでしょう。

◆　整合性

　無矛盾性と整合性は、次のように異なっています。

【無矛盾性】
　理論の内部に矛盾が存在しないこと。

　一方、整合性には「正真正銘の整合性」と「見せかけの整合性」があります。

【見せかけの整合性】
　理論の仮定から矛盾が証明されないこと。

【正真正銘の整合性】
　理論の仮定から「矛盾を導き出す証明」が存在しないこと。

　ガウスは、非ユークリッド幾何学に整合性があることを見抜いていました。整合性とはつじつまが合っていることであり、具体的にいうと矛盾が出てこないことです。

　しかし、「矛盾が出てこない」は「矛盾が存在しない」ことを意味しません。したがって、理論内に矛盾が存在していても、その矛盾が証明されて出てこないうちは整合性があります。

　また、矛盾している理論でも、巧妙に「この理論にはパラドックスは存在しない」という証明を繰り返しているう

ちは整合性が保たれています。

　相対性理論には整合性があります。しかし、この言葉の本当の意味は、「相対性理論は、つじつまを合わせることによって内部矛盾の露呈をうまく回避している」でしょう。このようなパラドックスの回避は、不幸なことに理論に整合性をもたらします。

　これより、整合性にはいくつかの種類があります。

【公理的集合論の整合性】
　公理的集合論は、整合性を保てるような公理を意図的に選んで採用した数学理論です。つまり、「パラドックスを回避する」という明確な目的で作られた恣意的な理論です。

【非ユークリッド幾何学の整合性】
　非ユークリッド幾何学は矛盾していますが、内部からその矛盾を導き出す証明がもともと存在していません。したがって、表面的にはしっかりと整合性が保たれています。非ユークリッド幾何学の整合性は「正真正銘の整合性」です。

【相対性理論の整合性】
　相対性理論から本質的な論理パラドックスがいくつも発生しています。それにもかかわらず、巧妙なつじつま合わ

せによって、それらのパラドックスを「真のパラドックスではない」として退けています。

「矛盾が証明されないこと」と「矛盾が存在しないこと」には意味上の大きな差があります。でも、命題から意味を抜き取り、内容のない殻だけを命題として扱うヒルベルトの形式主義では、この2つが同じになってしまいます。

◆　絶対幾何学

　ユークリッド幾何学の5つの公理のうち、5番目の平行線公理を取り去った幾何学を「絶対幾何学（あるいは中立幾何学)」と呼んでいます。ユークリッド幾何学と絶対幾何学の公理を比較します。

　ユークリッド幾何学：E_1，E_2，E_3，E_4，E_5
　絶対幾何学　　　　：E_1，E_2，E_3，E_4

　仮定を比較して明らかなように、絶対幾何学はユークリッド幾何学に含まれています。絶対幾何学の公理がユークリッド幾何学の公理に含まれているからです。

　よって、ユークリッド幾何学があれば、絶対幾何学は必

要ありません。ユークリッド幾何学から、いつでも絶対幾何学を作り出すことができるからです。

　非ユークリッド幾何学の定義は「平行線公理が成立しない幾何学」だから、絶対幾何学は非ユークリッド幾何学にも含まれます。もちろん、非ユークリッド幾何学からも絶対幾何学を作り出すことができます。

　絶対幾何学はユークリッド幾何学の一部であると同時に、(平行線公理の否定を仮定に持つ)非ユークリッド幾何学の一部でもある。

　人類はとても長い間、絶対幾何学を使って平行線公理および平行線公理の否定を証明しようと努力してきました。しかし、今日まで誰一人としてそれに成功していません。

◆　ヘーゲルの弁証法

　ドイツの哲学者ゲオルク・ヴィルヘルム・フリードリヒ・ヘーゲルの弁証法は、アウフヘーベンを目的としています。アウフヘーベンは日本語で「止揚（2つの対立した意見を受け<u>止</u>めて、1つ上の次元に引き<u>揚</u>げる）」と訳されます。

これはテーゼ（ある主張）とアンチテーゼ（それを否定する主張）を合わせて、この2つを含むジンテーゼ（より高い立場の主張）を作り出す手法です。

テーゼ…正（ある主張）
アンチテーゼ…反（それに反対する主張）
ジンテーゼ…合（両者のまとめ役）

2つの対立する主張を取り入れて、ウィン-ウィンの関係を構築する交渉術として使われることもあります。

ヘーゲルは「ジンテーゼは、テーゼやアンチテーゼよりも良い状態である」「弁証法によって理想に近づく」と考えていたようです。実際、ジンテーゼはテーゼとアンチテーゼを両方とも含む大きな概念です。

テーゼを拡張するとジンテーゼになる。
アンチテーゼを拡張するとジンテーゼになる。

ここで、非ユークリッド幾何学を弁証法の立場から見てみます。

ユークリッドの考えかたでは、命題は真か偽のどちらかです。そして、ユークリッドは直観にもとづいて、平行線公

理を真とみなしました。必然的に、平行線公理の否定は偽の命題となります。これが数学史上、何千年も続いたテーゼです。

　それに対して、「平行線公理は証明されないから、真の命であるとは必ずしも言い切れない」という意見が出てきました。これが「平行線公理を偽と暗示するアンチテーゼ」の出現です。

　実際、平行線公理に対して直観の使用を止めると、平行線公理は真でも偽でもかまわないことになります。つまり、現代数学は平行線公理に対してアウフヘーベン（平行線公理を真としても偽としても認める）を行ないました。

　これによって、平行線公理が真の場合はユークリッド幾何学が、平行線公理が偽の場合は非ユークリッド幾何学が構築されます。これがジンテーゼです。

　非ユークリッド幾何学の誕生はヘーゲルの弁証法にもとづいて実践された一種のアウフヘーベンとも解釈できます。

平行線公理は認めるが、平行線公理の否定は認めない。
　　　（テーゼ）
　　　　↓
　　　アウフヘーベン
　　　　↓
平行線公理も認め、平行線公理の否定も認める。
　　　（ジンテーゼ）

　この弁証法は、数学や物理学でも拡張という名で頻繁に使われるようになりました。学問の流れとして定着した感もあります。

　しかし、ヘーゲルの弁証法によって必ずしも理想に向かうとは限らず、意に反して矛盾に向かうこともあります。その場合、非ユークリッド幾何学は幾何学全体を崩壊させる大きな要因となるでしょう。

◆　非ユークリッド幾何学の誕生

　ここで、いったいどのようにして平行線公理を否定した非ユークリッド幾何学が誕生することになったのか、その経緯をたどってみます。

ユークリッド幾何学の公理をE_1，E_2，E_3，E_4，E_5とし、E_5を第5公理（すなわち平行線公理）とします。

　　第1公理（E_1）：任意の点から任意の点へ直線を1本だけ引くことができる。

　　第2公理（E_2）：直線の両端を連続的にまっすぐに延長することができる。

　　第3公理（E_3）：任意の点を中心とする任意の半径の円を描くことができる。

　　第4公理（E_4）：すべての直角は互いに等しい。

　　第5公理（E_5）：1本の直線が2本の直線と交わるとき、この2直線を延長すると内角の和が2直角より小さい側において交わる。

　これらを比較すると、E_5だけが（文がやたら長いという）異様な印象を受けます。そこで、人々はひょっとしたら、「E_5は本当の公理ではないかもしれない」と疑い始めました。

　そして、人々はE_5が定理であることを証明しようとしました。それには、E_1，E_2，E_3，E_4の4つを組み合わせて、E_5を証明すればいいことになります。そのやり方には、次の2つがあります。

【第5公理の証明その1】

E$_1$，E$_2$，E$_3$，E$_4$からE$_5$を直接証明法で証明する。

これは、E$_1$，E$_2$，E$_3$，E$_4$をいろいろ組み合わせて、直接、E$_5$を導き出すやり方です。実際にこれがうまく行ったら、この時点でE$_5$は定理となります。このやり方は前件肯定式の応用です。

【第5公理の証明その2】

E$_1$，E$_2$，E$_3$，E$_4$からE$_5$を間接証明法で証明する。

ここでの間接証明法とは背理法のことです。E$_1$，E$_2$，E$_3$，E$_4$からE$_5$を証明するために、否定￢E$_5$を真と置きます。そして、E$_1$，E$_2$，E$_3$，E$_4$，￢E$_5$の5つから矛盾を導き出します。

もし矛盾が得られれば、￢E$_5$を否定することができます。つまり、E$_1$，E$_2$，E$_3$，E$_4$の4つの公理から「E$_5$は真である」という結論を引き出すことができたことになります。この時点でE$_5$は定理となります。

結果的にはどちらのやり方も成功せず、E$_5$はいまだにE$_1$，E$_2$，E$_3$，E$_4$から証明されていません。

この証明で、その２の背理法に注目します。どんなに努力をしてもE_1，E_2，E_3，E_4，$\neg E_5$から矛盾を導き出せないのであるならば、「E_1，E_2，E_3，E_4，$\neg E_5$を仮定する新しい幾何学を作っても矛盾がないかもしれない」という逆転の発想が出てきたのでした。そして、それにもとづいて実際に新しい幾何学が作られました。それが非ユークリッド幾何学です。

　このように、非ユークリッド幾何学は、ユークリッド幾何学の第５公理の代わりに、その否定を公理として有する幾何学です。

　平行線公理を否定すると、平行線は１本ではなくなります。そこで、０本という公理や、∞本という公理の幾何学も生まれてきました。こうして、いくつもの非ユークリッド幾何学が誕生しました。

　ガウスは20年以上もこの問題について思考した結果、「２本の平行線が交わるような新しい幾何学が成立する」と考えるようになりました。しかし、無用な数学論争に巻き込まれることを避けるため公表はしませんでした。

　ガウスの曲率の概念によると、ユークリッド幾何学はまっすぐな空間（平面）の幾何学であり、非ユークリッド

幾何学は曲がった空間（たとえば、球面や双曲面）の幾何学です。

　その理由は、「球面には平行線は存在しないので、平行線公理は球面上では偽の命題である」と長い間、信じられてきたからです。もし「球面上でも平行線公理は真の命題である」が証明されるならば、非ユークリッド幾何学はその存在価値を根本的に問われることになります。

◆　非ユークリッド幾何学の矛盾

　次のような5つの仮定を持つユークリッド幾何学Ｅｇを考えます。E_1〜E_5は、それぞれ第1公理から第5公理（平行線公理）までです。

　Ｅｇ：E_1，E_2，E_3，E_4，E_5

　ユークリッド幾何学が無矛盾であれば、矛盾は存在しません。ユークリッド幾何学に矛盾が存在しなければ、その仮定はすべて真の命題です。仮定がすべて真の命題ならば、平行線公理であるE_5も真の命題です。これより、次なる結論が出てきます。

ユークリッド幾何学が無矛盾であれば、E_5は真の命題である。———（１）

　次に、下記のような５つの仮定を持つ非ユークリッド幾何学ｎＥｇを考えます。

　　ｎＥｇ：E_1，E_2，E_3，E_4，$\neg E_5$

　これは、ユークリッド幾何学からE_5を取り除き、その代わりに$\neg E_5$（E_5の否定）を仮定に入れた幾何学です。

　同じ論法を用います。この非ユークリッド幾何学が無矛盾であれば、矛盾は存在しません。矛盾が存在しなければ、非ユークリッド幾何学の仮定はすべて真の命題です。仮定がすべて真の命題ならば、$\neg E_5$も真の命題です。$\neg E_5$が真の命題であるならば、E_5は偽の命題です。これより、次なる結論が出てきます。

　非ユークリッド幾何学が無矛盾であれば、E_5は偽の命題である。———（２）

　（２）の対偶をとります。

　E_5が真の命題であるならば、非ユークリッド幾何学は

矛盾している。———（3）

（1）と（3）に三段論法を使います。すると、次なる結論が得られます。

　ユークリッド幾何学が無矛盾であれば、非ユークリッド幾何学は矛盾している。

　これより、「ユークリッド幾何学が無矛盾であれば、非ユークリッド幾何学も無矛盾である」と結論を導き出すモデルを使った証明が間違っているということが理解できます。モデルによる証明の間違いは、「直線が曲線ならば…」という怪しいたとえ話に由来しているでしょう。

◆　どちらかは矛盾している

　まずは、数学には次の真理があります。

　偽の命題を仮定に持つ数学理論は矛盾している。

　平行線公理が命題であれば、それは真の命題か偽の命題かのどちらかです。本来は、命題は真か偽に分類するものですが、ここでは、真と偽に場合分けをしてみます。

【平行線公理が真の命題の場合】

　平行線公理の否定を仮定に持っている非ユークリッド幾何学は、偽の命題を仮定に持っている。したがって、非ユークリッド幾何学は矛盾している。これより、ユークリッド幾何学と非ユークリッド幾何学のうち、少なくともどちらかは矛盾した幾何学である。

【平行線公理が偽の命題の場合】

　平行線公理を仮定に持っているユークリッド幾何学は、偽の命題を仮定に持っている。したがって、ユークリッド幾何学は矛盾している。これより、ユークリッド幾何学と非ユークリッド幾何学のうち、少なくともどちらかは矛盾した幾何学である。

　以上より、平行線公理が命題であれば、ユークリッド幾何学と非ユークリッド幾何学のうち、少なくともどちらかは矛盾した幾何学です。両方とも無矛盾ということはあり得ません。

◆　非ユークリッド幾何学の矛盾証明

「非ユークリッド幾何学が矛盾しているというのなら、非ユークリッド幾何学の内部から矛盾を証明しなくてはなら

ない」という意見があります。この意見は正しいとは限りません。というのは、これは理論内部からの矛盾の証明だけを述べているからです。

　公理系の公理をたった1個だけ否定に変えた数学理論は、矛盾しているにもかかわらず、内部からの矛盾証明が存在しない特殊な数学理論です。よって、非ユークリッド幾何学の内部に入り込んだら、非ユークリッド幾何学を論破することは不可能です。

非ユークリッド幾何学の矛盾を証明することは、外部からでしかできない。

　理論が矛盾していることの証明には、内部から矛盾を証明する方法と、外部からその理論が矛盾していることを証明する2つの方法があります

【理論の矛盾を証明する2つの方法】
（1）内部からの証明…理論の内部から、その理論が矛盾していることを証明する。
（2）外部からの証明…理論の外部から、その理論が矛盾していることを証明する。

　正しい仮定にもとづく正しい証明ならば、どちらの証明

も有効です。

　しかし、矛盾している理論の内部から矛盾を証明するやりかたは、容易に無効化される場合があります。その理由は、矛盾した理論内では矛盾した証明も使い放題だから、内部から出てきた矛盾（パラドックス）を「それは真のパラドックスではない」と簡単に切り返すことができるからです。

　そして最後には「その理論にはパラドックスが存在する」「いや、そのパラドックスは、本当のパラドックスではない」という水かけ論に陥ります。

　ちなみに、この状態に陥っているのが相対性理論です。そのような応酬が始まったら、内部矛盾を証明することを潔くあきらめて、外部から理論の矛盾を証明したほうが良いでしょう。

◆　非ユークリッド幾何学の矛盾は証明されない

　非ユークリッド幾何学の内部からは、非ユークリッド幾何学の矛盾は証明されません。その理由を述べてみます。

ある公理系で背理法を用いた場合、次なる論理は正しいと考えられます。

　X_1，X_2，X_3，$\cdots$，X_n を公理（もっとも単純な真の命題であるがゆえに、他の真の命題からの証明が存在しない命題）として持つ公理系 Z に真偽不明の命題 $\neg Y$ を加えて矛盾が証明されるならば、公理系 Z において命題 Y は真（すなわち定理）である。

　上記の文章で「矛盾が証明されるならば」と書かれていますが、より正確な言葉に言い直すと「矛盾が導き出される正しい証明が存在するならば」となります。

　それはさておき、これは背理法を用いて矛盾が証明されたことに他なりません。つまり、仮定された命題 Y の否定が真であることが証明されたことになります。したがって、この命題 Y は証明された命題です。では、何から証明されたのかというと、公理系 Z の公理から証明されました。これより、次なることが言えます。

　X_1，X_2，X_3，$\cdots$，X_n を公理とする公理系 Z に命題 $\neg Y$ を加えて矛盾が証明されるならば、命題 Y は公理 X_1，X_2，X_3，$\cdots$，X_n から証明される定理である。

この文を次なるAとBの2つに分けます。

A：X_1，X_2，X_3，$\cdots$，X_nを公理とする公理系Zに
　　命題$\neg Y$を加えると矛盾が証明される。

B：命題Yは公理X_1，X_2，X_3，$\cdots$，X_nから証明さ
　　れる。

このとき、A→Bは真です。A→Bが真ならば、その対偶$\neg$B→$\neg$Aも真です。これを、もう一度、文に戻します。

命題Yが公理系Zの公理X_1，X_2，X_3，$\cdots$，X_nから証明されないならば、X_1，X_2，X_3，$\cdots$，X_nを公理とする公理系Zに命題$\neg Y$を加えても矛盾は証明されない。

ここで、この論理をユークリッド幾何学に当てはめてみます。公理X_1，X_2，X_3，$\cdots$，X_nをユークリッド幾何学の第4番目までの公理E_1，E_2，E_3，E_4とし、命題Yを第5公理E_5とします。すると、次のようになります。

E_5が公理E_1，E_2，E_3，E_4から証明されないならば、E_1，E_2，E_3，E_4に$\neg E_5$を加えても矛盾は証明されない。

E_5は公理であるがゆえに他の公理E_1，E_2，E_3，E_4か

らは証明されません。よって、「E_1, E_2, E_3, E_4, $\neg E_5$（いわゆる平行線公理を否定した非ユークリッド幾何学）からも矛盾は証明されない」という結論が得られます。

　非ユークリッド幾何学は、平行線公理の否定という偽の命題を仮定に持つ「矛盾した幾何学」でありながら、なおかつ、「矛盾が証明されない幾何学」である。

◆　生物の分類

　ユークリッドは、命題を真と偽に分類しました。そして、平行線公理を真の命題に分類しました。でも、現代数学は違います。平行線公理は、次のように真と偽に場合分けされています。

　平行線公理が真の場合は、ユークリッド幾何学が成り立つ。平行線公理が偽の場合は、非ユークリッド幾何学が成り立つ。

　アリストテレスは、生物を動物と植物に分類しました。では、なぜ彼は生物を動物と植物に場合分けしなかったのでしょうか？　なぜ、イヌは動物と植物に場合分けされないのでしょうか？

実数は有理数と無理数に分類されます。では、なぜπは有理数と無理数に場合分けされないのでしょうか？「分類」と「場合分け」は似ていますが、本質的に異なっています。

　具体的な生物（たとえばイヌ）が決定したら、もはや、それは動物と植物に場合分けすることはできません。具体的な実数（たとえばπ）が決定したら、もはや、それは有理数と無理数に場合分けすることはできません。分類と場合分けの大きな違いは次でしょう。

　　具体的な生物…分類をする。（場合分けはできない）
　　抽象的な生物…場合分けをする。（分類はできない）

　　具体的な実数…分類をする。（場合分けはできない）
　　抽象的な実数…場合分けをする。（分類はできない）

　いかなる既知の命題も真と偽に分類されます。具体的に「この命題！」と決まった時点で、その内容もはっきりし、真偽が決定してしまうからです。よって、それはもはや真と偽に場合分けすることができません。

　しかし、真偽がまだわからない未知の命題（これは、本当は命題ではありません）は抽象的であり、真と偽に分類することができません。このようなときには、場合分けを

します。

　　具体的な命題…分類をする。（場合分けはできない）
　　抽象的な命題…場合分けをする。（分類はできない）

　　抽象的な命題の本質は、非命題です。

「分類すべき命題を、真と偽に場合分けする」のは間違いです。逆に「場合分けすべき非命題を、真と偽に分類する」のも間違いです。

　　平行線公理は抽象的な命題ではありません。内容からして、明らかに具体的な命題です。よって、平行線公理は、真か偽のどちらかに分類すべき命題です。

　　平行線公理を真と偽に場合分けすることは間違いである。

◆　命題の移動

　　ある「無矛盾な理論における真の命題」は、他のいかなる無矛盾な理論に持って行っても真の命題です。もし他の理論に持って行ったら偽の命題になる、という事態が起こるならば、考えられることは次の3つです。

（1）持って行った先の理論が矛盾している。

（2）持って行った命題が、実は初めから命題ではない。

（3）持っていく途中で、命題がすりかえられている。

　命題の真偽は初めから決定しています。そのため、どこに移動しても永遠に変わりません。他の無矛盾な数学理論に移動しても、無矛盾な物理理論に移動しても、無矛盾な化学理論に移動しても命題の真理値は不変です。ユークリッド幾何学は化学結合を説明するときにも使われます。非ユークリッド幾何学は使われません。

　平行線公理は命題だから、真か偽のどちらかに分類されます。よって「平行線公理を無矛盾なユークリッド幾何学に持って行くと真になり、無矛盾な非ユークリッド幾何学に持って行くと偽になる」ということは起こりません。

　平行線公理は、いつでもどこでも真の命題です。ただし、矛盾している理論内に持って行った場合は、どうなるかはわかりません。

　ある特定の実数 r は有理数か無理数かのどちらかに分類されます。「実数 r を数学理論 Z に持って行くと有理数になるが、別の数学理論 Y に持って行くと無理数になる」ということは起こりません。ただし、どちらかが矛盾した数

学理論ならば起こるかもしれません。

　ある特定の命題Pは真か偽のどちらかに分類されます。「命題Pを数学理論Zに持って行くと真になるが、別の数学理論Yに持って行くと偽になる」ということも起こりません。もし、そんな事態が生じるならば、少なくともどちらかの数学理論が矛盾しています。

　命題の本当の真理値は、どの理論（数学理論や物理理論や化学理論などの他の科学理論）に持って行っても変わらない。

◆　非ユークリッド幾何学の擬人化

　私たちは、歩くときには地表を歩きます。まっすぐ歩くといっても、実際はまっすぐではありません。地球の曲がった大円上を歩いています。

　非ユークリッド幾何学では、擬人化という一種のたとえ話が行なわれています。球面上の2次元生物は大円に沿って進みます。このとき「2次元生物は、自分では真っ直ぐに進んでいるつもりである」と表現されています。

そもそも、2次元生物は脳細胞を持っていないから、「自分では真っ直ぐに進んでいる」という意識はありません。脳細胞は立体構造であり、その中に存在しているＤＮＡは2重らせんの3次元構造です。

1次元生物や2次元生物は実在していない。

よって、1次元生物や2次元生物を登場させる「非ユークリッド幾何学のたとえ話」や「相対性理論のたとえ話」は、科学的な説明ではありません。もちろん、4次元生物を登場させることも非科学的です。

◆ たとえ話

たとえ話は、複雑でわかりにくい内容を、別な具体的なもの置きかえてわかりやすく説明する話のことです。

しかし、注意も必要です。それは、**たとえ話の目的は真実を明らかにすることではなく、主に相手を説得することにある**からです。

よって、たとえ話の中には真実を否定したものが含まれている可能性があります。たとえば、Aではないものを「A

と考えるとこうなる」というたぐいのたとえ話です。

　非ユークリッド幾何学もこのタイプです。非ユークリッド幾何学では、曲線を直線にたとえています。

「弦を直線にたとえるとこうなる」
「円弧を直線にたとえるとこうなる」
「大円を直線にたとえるとこうなる」

　これらは１つ１つがたとえ話です。このようなたとえ話で作り上げた世界をモデルと呼んでいるようです。非ユークリッド幾何学では、次の命題が証明されました。

　ユークリッド幾何学が無矛盾ならば、非ユークリッド幾何学も無矛盾である。

　これはモデルを使った証明であり、たとえ話を用いて作られた証明です。したがって、上記が本当に真の命題なのだろうか、という疑問が残ります。

◆　置きかえる

　非ユークリッド幾何学のモデルの正体はたとえ話です。

ここにリーマンの考えた非ユークリッド幾何学のモデルを示します。

　ドイツの数学者ゲオルク・フリードリヒ・ベルンハルト・リーマンは、「平面」を「球面」に置きかえ、「平面上の点」を「球面上の点」に置きかえ、「直線」を「大円」に置きかえました。ここで、3つの疑問が湧いてきます。

　　疑問その1：「平面」を「球面」に置きかえることは、正しいことなのか？
　　疑問その2：「平面上の点」を「球面上の点」に置きかえることは、正しいことなのか？
　　疑問その3：「直線」を「大円」に置きかえることは、正しいことなのか？

　まず、このような「置きかえ」あるいは「言いかえ」が行なわれるようになった経緯から考えます。時代は前後しますが、ヒルベルトは形式主義で、点や線や面から本来の意味を奪った無定義語を提案しました。つまり、平面には意味などないから、球面に置きかえても良いことになります。「平面上の点」には意味などないから、「球面上の点」に置きかえても良いことになります。「直線」には意味などないから、「大円」に置きかえても良いことになります。

つまり、**無定義語がこれらの置きかえを可能にした**と考えられます。平面をきちんと定義したら、とても平面を球面に置きかえることはできません。

　結局、これらの置きかえは、その本質はたとえ話です。「平面」を「球面」にたとえて、「平面上の点」を「球面上の点」にたとえて、「直線」を「大円」にたとえています。でも、数学では、たとえ話は正しい証明として認められていません。

◆　モデルによる証明

　ユークリッドの素直な解釈による公理の定義から作られるならば、公理系はもともと無矛盾です。しかし、具体的な命題を公理の候補として選び、それを用いて公理系に似せた数学理論を作ったとき、それが本当の公理系がどうかは証明できません。よって、公理系を含むより大きな概念である数学理論が無矛盾であることも証明はできません。

　モデルを使った証明では、ユークリッド幾何学の中に非ユークリッド幾何学のモデルを作ります。このモデルを作ることに成功したら、「ユークリッド幾何学が無矛盾ならば、非ユークリッド幾何学も無矛盾である」が証明されたと

みなされています。でも、これは正しくはありません。次のようにＡとＢを置きます。

　Ａ：ユークリッド幾何学の中に、非ユークリッド幾何学のモデルを作る。
　Ｂ：ユークリッド幾何学が無矛盾ならば、非ユークリッド幾何学も無矛盾である。

　非ユークリッド幾何学が成り立つためには、Ａ→Ｂが真の命題であることが必要です。でも、どう考えてもＡからＢが証明されるとは思えません。というのは、Ｂは「平行線公理が真の命題であれば、平行線公理の否定も真の命題である」という内容と同じだからです。つまり、Ｂは内容が矛盾している「偽の命題」です。

◆　良識的な定義

　原論を中心とするユークリッドが考案した数学をユークリッド数学と呼ぶことにします。それに対して、ヒルベルトが考案した数学をヒルベルト数学と呼ばせていただきます。

　ユークリッド数学は定義から始まります。点には定義が

あり、線にも定義があります。ユークリッドはたぶん、次のように考えていたと思います。

「点とは、長さも広さも大きさも持たない図形であり、点はさらに小さい部分を持っていない。よって、点を分割することはできない」
「線とは、長さのみを持つ図形で、太さを持たない。直線は真っ直ぐな点であり、その両端は点である」
「面とは、広さのみを持つ図形で、厚みを持たない。平面は平らな面であり、平面の端は線である」
「立体とは、縦横高さの大きさを持つ図形であり、立体の端は面である」

　このような定義を行なわないと、点は意味を持たない無定義語となります。線や面も同様です。無定義語とは、「定義しない言葉」や「定義しない記号」のことです。

　無定義を提唱したのはヒルベルトです。そして、残念なことに無定義語が幾何学におけるモデルの作成を可能にしました。線を無定義にすると、真っ直ぐな線（直線）と曲がった線（曲線）の区別がつかなくなるからです。

線の無定義によって、直線と曲線の違いが消える。

これより、曲がった大円や曲がった円弧を直線として扱うことが可能になります。つまり、大円や円弧を直線とするクラインモデルやポアンカレモデルが作られるようになります。

　定義をしっかり行なっているユークリッド数学には、このようなモデルが入り込む余地はありません。基本的な数学用語の良識的な定義は、矛盾した数学理論の発生を予防してくれるでしょう。

◆　点と線

　人間の頭の中に存在している観念なものは、どんな観測や実験をしても、その存在を示すことができません。なおかつ、それが存在しないことも示せません。

　その例が点や線です。点は位置（場所）だけを持ち、長さ（距離）や広さ（面積）や大きさ（体積）を持たない図形です。点が存在することを確認した観測結果はありません。どんなに小さな存在を認めても、それは大きさがある限り点ではありません。

　私たちが観測と実験で知ることができたあらゆるものに

関して、それは点ではありません。原子も点ではないし、素粒子も点ではありません。人類はいまだに点が存在することを観測や実験では確認できていません。

　では、点の存在を否定した観測結果や実験結果はあるのでしょうか？　そのような観測や実験も聞いたことがありません。なぜならば、点が存在しないことを証明することも不可能だからです。

　確かに、原子も点ではないし、素粒子も点ではありません。しかし、この世の中に存在しているすべてのものが点ではないことは確認できません。宇宙には気が遠くなるほど多くのものが存在しています。それらを1つ残らず「これは点ではない」「あれも点ではない」と調べ尽くすことは不可能です。

　この「存在するとも断言できないし、存在しないとも断言できない点や線」を仮定して、壮大なユークリッド幾何学ができ上がっています。

　絶対時間の存在や絶対空間の存在もこの部類に属します。どんな観測をしても、どんな実験をしても、絶対時間と絶対空間は、肯定することも否定することもできません。これらを形而上学的な存在というようです。

形而上学的な存在は観測や実験からは独立しており、これらを肯定することも否定することも不可能です。したがって「マイケルソン・モーレーの実験によって、絶対時間と絶対空間の存在が否定された」という考えかたを持つことは正しくはありません。

◆　直線の定義

　ユークリッドの原論では、「**直線とは、その上にある点について一様な線である**」と書かれているそうです。これはいったい何を意味しているのか、私にはあまりよくわかりません。

　ただ「直線は線である」だけははっきりわかります。なぜ、ユークリッドは「直線とは、真っ直ぐな線である」と素直に言わなかったのでしょうか？　この定義は正しいと思いますが、これを否定する立場も存在します。

「直線とは、真っ直ぐな線である」では、何の定義にもなっていない。ただ、言いかえただけである。

　そもそも、定義とはより簡単な言葉を使った言いかえのことです。Aの定義とは、誰でもがすぐに理解できるよう

に「Aをわかりやすい別の言葉で言いかえただけ」です。

◆ まっすぐ

ユークリッドは、幾何学の用語も日常語で定義しようと努力していました。それが次です。

【線の定義】
線とは、幅のない長さである。

この表現には、**できるだけ多くの人に理解してもらいたいという思い**が込められています。難しい言葉を用いることなく、やさしい文で書くように努力しています。しかし、線の定義は理解できますが、次の直線の定義は理解できません。

【直線の定義】
直線とは、その上にある点について一様な線である。

上の定義は日本語訳ですが、私には「一様な」という単語があまりよく理解できません。これは「まっすぐな（真っ直ぐな）」と、どう違うのでしょうか？

私ならば「直線とは、まっすぐな線である」と定義したいところです。しかし、「まっすぐ」は、これ以上の説明のしようがないほどの基本的な単語でしょう。小学国語辞典で「まっすぐ」を引いてみると次のように出ています。

【まっすぐ】
　まがったりゆがんだりしていないようす。

　そこで、「まがる」と「ゆがむ」を調べてみます。

【まがる】
（まっすぐなものが）まっすぐでなくなる。ゆがむ。
【ゆがむ】
　形がくずれて、正しくなくなる。ねじれたりまがったりする。

「まがる」と「ゆがむ」は同じ意味だと思います。そして、ともに「まっすぐ」の否定です。これは、相対性理論の「4次元時空が曲がる」と「4次元時空がゆがむ」が同じ意味であることを物語っています。

　結局は、「まっすぐとは、曲がっていないこと」であり、「曲がるとは、まっすぐではないこと」です。言葉の原点を探していくと、**最後にはこのような堂々巡り**になります。

これらの用語は、数学の基礎である数学基礎論で語られる言葉であり、数学基礎論は数学の哲学とも言われています。ところが、「まっすぐ」「曲がる」という単語は、もはや既存の数学記号や論理記号では表現できません。つまり、数学基礎論は数学を記号で語るのではなく、日常語で語る数学分野ともいえるでしょう。この意味では哲学寄りに位置しています。

　ところが、現在の数学は「数学は数学語（数学記号や論理記号、数式や論理式）で語る学問である」という考え方が主流であり、数学語に翻訳できない単語を無定義語として扱い始めました。これによって「まっすぐ」は無定義語となります。

　しかし、「まっすぐ」を無定義にすると、非常に困ったことが起こります。それは「曲線もまっすぐである」と言われても反論できなくなることです。無理に「いいえ、曲線はまっすぐではありません。大円も円弧も曲がっています」とごく当たり前のことをいっても、次のよう返されるとぐうの音も出なくなります。

　「まっすぐ」が無定義ならば、それを否定した「曲がっている」も無定義のはずである。よって、あなたの反論は無効である。

698

「線」の無定義は「直線」の無定義を招き、さらに「曲線の無定義」も招きます。そして、「直線と曲線の違い」が取り払われます。

これによって、ポアンカレモデルやクラインモデルが作られるようになり、非ユークリッド幾何学が成立します。そして、最終的には一般相対性理論に結びつきます。つまり、**一般相対性理論を陰で支えているのは、数学の無定義語であ**るとも考えられます。

◆ 線分の長さ

ところで、次の線分の長さはいくらでしょうか？

左端●は0にありますが、1の位置には右端○はありません。この長さは1でしょうか？ それとも、1よりも小さいのでしょうか？ もしかしたら、これが0.999…という長さの正体でしょうか？

そもそも、これは線分と言えるのでしょうか？ 線分に

は初めと終わりがなければなりません。この２つを「けじめ」と呼んでも良いでしょう。

　線分にはけじめが必要であり、「始まりというけじめ」と「終わりというけじめ」のワンセットがあって初めて長さが決まります。

　ユークリッドの言論では直線にもけじめがあって、このけじめを「端」と呼んでいます。「線の端は点である」として、端の存在しない線を線として認めていません。これより、直線には必ず両端が存在しています。

　ユークリッドの提案した直線は、現代数学の線分と同じである。

　最初に戻りますが、この図は線分ではありません。そもそも、これは図形ではありません。「図」と「図形」は異なります。幾何学は図を扱う数学ではなく、図形を扱う数学です。でも、この図が $0 \leqq x < 1$ という領域を表していることは確かです。

　図形と領域（範囲）は異なる。

◆ 直線とは何か

　私の持っている大学受験用のチャートシリーズでは、直線の定義が出ていません。そこで、自由自在中学数学（受験研究社）を開いてみました。そこには直線の定義は「まっすぐで、どちらへも限りなくのびている線」と出ていました。

　私がここで疑問に思ったのは「のびている」という単語です。この表現は「まっすぐで、どちらへも限りなくのびて行く線」でもなければ、「まっすぐで、どちらへも限りなくのび切った線」でもありません。

　　表現Ａ：まっすぐで、どちらへも限りなくのびて行く線
　　表現Ｂ：まっすぐで、どちらへも限りなく伸びきった線

　表現Ａは可能無限による進行形の表現であり、表現Ｂは実無限による完了形の表現です。可能無限の表現は「〜しつつある」であり、実無限の表現は「〜してしまった＝〜し終わった」です。しかし、自由自在に出ていたのは、これらとは異なった次の表現Ｃです。

　　表現Ｃ：まっすぐで、どちらへも限りなくのびている線

これは、表現Aとも表現Bとも違っています。表現Cは「のび切った状態で落ち着いている」という解釈をすることもできるでしょう。

そこで、今度は小学生の使っている数学自由自在（高学年用）を開いてみました。そこには、次のように出ていました。

「１つの点が動くと、その動いたあとに線ができます。線は、点の動き方によって直線や折れ線、曲線になります」

これはニュートンと同じ考え方であり、線を「点の軌跡」ととらえています。しかし、「線」と「直線」と「線分」の違いまでは出ていません。

◆　直線を限り無くのばす

次のような平行線公理に出会いました。

１本の直線が２本の直線に交わるとき、この２直線を限り無くのばすと、内角の和が２直角より小さい側において交わる。

ここで疑問に思うのは、「直線を限り無くのばす」という表現です。中学生用の数学参考書には、直線は「まっすぐで、どちらへも限り無くのびている線」と記載されています。これが正しいならば「限り無くのびている線をさらにのばすことは自己矛盾していないか？」ということです。

　現代数学は実無限を中心としているため、直線はすでに無限大の長さを持っています。つまり、これ以上のばすことができなのが直線です。ということは、正確な日本語を用いる限り、もうこれ以上のばせない直線をもっとのばすことは不可能です。

　現代数学においては「直線を限り無くのばす（直線を無限にのばす）」は矛盾した表現である。

　でも、ユークリッドが作った幾何学では、この表現は矛盾していません。なぜならば、ユークリッドの原論が扱う直線は「両端のある有限の長さを持ったまっすぐな線」であるからです。

◆　穴埋め問題

　ここで１つの穴埋め問題を考えてみました。

【穴埋め問題】

　次の文章の空欄に「直線」か「線分」のどちらかを記入せよ。

（1）任意の点から任意の点へ ☐☐☐ を1本だけ引くことができる。

（2）☐☐☐ の両端を連続的にのばすことができる。

（3）任意の点を中心とする任意の半径の円を描くことができる。

（4）すべての直角は互いに等しい。

（5）1本の ☐☐☐ が2本の ☐☐☐ と交わるとき、この2本の ☐☐☐ をのばしていくと、内角の和が2直角より小さい側において交わる。

　ただし、直線は「無限の長さをもったまっすぐな線」であり、線分は「有限の長さをもったまっすぐな線」と現代数学風に解釈します。

◆　言葉の混同

　ユークリッド原論の公準を次のように記載している書物もあります。

（1）任意の点から任意の点へ**線分**を1本だけ引くことができる。

（2）**線分**の両端は、いずれの方向にも延長することができる。

（3）任意の中心と任意の半径が与えられたとき、円を描くことができる。

（4）すべての直角は互いに等しい。

（5）1本の**直線**が2本の**直線**と交わり、同じ側の内角の和が2直角より小さいならば、この2**直線**を限り無く延長すると、内角の和が2直角より小さい側において交わる。

　ここで、**線分**と**直線**が混在しています。（1）と（2）では、「線分」と書かれています。これは「有限の直線」です。（5）では、「直線」と記載しています。これは、「無限の直線」です。つまり、これは有限と無限の混在です。

　さらに（5）では「直線を限り無く延長する」と述べています。しかし、直線はすでに無限の長さを持っているので、さらに延長することはできません。

　ここで、もし線が無定義にされると「直線はまっすぐである」や「直線の長さは無限である」という考え方も根底から崩れてしまいます。

ちなみに「線の定義」と「直線の定義」は異なります。よって「線の無定義」と「直線の無定義」も異なります。線を無定義にすると、まっすぐな線としての直線も結果的に無定義になります。

　まっすぐな線が無定義になれば、それは曲がっている線でも許されるようになります。何しろ「まっすぐ」の意味がなくなるのですから。この考え方が、大円や円弧を直線とみなす非ユークリッド幾何学を支えています。

　無定義は非ユークリッド幾何学を支えている。なぜならば、線から意味を抜き取ると、曲がった線（大円や円弧）でも直線として扱うことができるようになるから。

◆　エミー・ネーター

　有限の長さの直線を1点で切断すると、その点はどちらの直線にも含まれます。

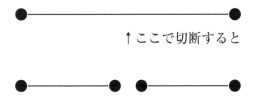

↑ここで切断すると

「線の端は点である」とユークリッドは言っています。そのため、ユークリッドの原論にしたがえば、直線を真ん中で切断する場合、下記のように切り分けることはできません。

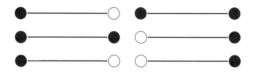

●はその場所の点を含み、○は点を含みません。ドイツの女性数学者エミー・ネーターはデデキントの切断を非常に高く評価していますが、「線の切断」と「領域の区分け」は異なります。

直線の切断の場合、切断点は両方の直線に現れます。これは、金太郎あめの切断と同じです。切断面の金太郎の顔は両方のあめに出てきます。つまり「片方の断面だけ金太郎の顔が描かれていない」ということはありません。

一方、領域の二分では、その境界をどちらかに含めることができます。これより、金太郎あめを領域と考えると、金太郎あめを切断したときに、片方に金太郎の顔が描かれていないこともあります。

図形と領域（範囲）は異なるから、領域を図示するときには細心の注意を要する。

◆　**直線は線分を含まない**

ここでは、現代数学にしたがって、直線を「無限大の長さを持ったまっすぐな線」、線分を「有限の長さを持ったまっすぐな線」とします。下のような線分Aを考えます。

A　●━━━●

次に、線分Aの右端を伸ばして線分Bまでのばした場合を考えます。

B　●━━━━━━━━━●

このとき、もとの線分Aはのばした線分Bに含まれます。では、線分をのばしていく場合、どこまでのばせるのでしょうか？

可能無限の数学では、有限の範囲でしかのばせません。いくらのばしても、無限大の長さを持った直線にはなりません。なぜならば、無限大の長さを持った直線は、線分をの

ばすという操作では作られないからです。

　線分をいくらのばしても、直線にはならない。

　これより、「無限大の長さを持った直線」は「有限の長さを持った線分」を含みません。つまり、次なる結論が出てきます。

　線分は直線の一部ではない。

　これは平面や立体にも言えることです。1辺の長さが1の正方形は、無限大の広さを持った平面から切り出すことはできません。半径が1の単位球は、無限大の大きさを持った空間から切り出すことはできません。

◆　**空間**

　立体と空間はどう違うのでしょうか？　立体は図形と考えられます。正12面体という立体は図形です。では、空間は図形でしょうか？

　確かに、「細かいことはどうでもよい」という意見もあります。「立体と空間の違いを知って何になるのか？」「意味

のない質問である」「くだらない言葉遊びである」と反論されるかもしれません。

しかし、空間と立体の相違を明らかにしないと、「空間が膨張する」と「立体が膨張する」の違いも分からなくなります。その結果、「宇宙という空間は膨張するが、地球という立体は膨張しない」というよくわからない主張が出てきたりします。

一般的には「〜である」とはっきり言い切るのが定義です。国語辞典も定義を重視しています。しかし、数学辞典はどちらかというと「〜のようなものである」「おおざっぱにいうと〜である」という表現が見られます。

「空間とは〜のようなものである」「立体とは〜のようなものである」というあいまいな記載では、その後の数学があいまいになってしまうでしょう。

できるだけ「空間とは〜である」「立体とは〜である」「空間と立体の違いは〜である」と断定しないと、シャープな論理的思考ができないと思います。

◆ 形

「図」と「形」と「図形」を国語辞典で調べると、次のようにように出ています。

【図】
　ものの位置や関係を抽象化し、平面上に記したもの。

【形】
　目や手によって知られるものの姿。外から見えるもののかっこう。

【図形】
　物の形を描いた図。数では、点・線・面などが集まっている一定の形。

　図形は形を持つものです。そして、形というものは、普通は具体的にイメージできます。イメージできないものにはたして形があるのでしょうか？

　ここで、「形が具体的にイメージできない図形は図形ではない」と考えると、曲がった空間などの４次元以上の高次元幾何学はうまく構成できなくなります。というのは、幾何学は図形を扱う学問だからです。

具体的に形がイメージできるものを図形と定義すれば、形のない超球や超立方体は図形ではなくなります。しかし、点の集合を図形と定義すれば、形は必ずしも必要ありません。どんな高次元の図形でも、形なしの図形を扱う無限集合論で展開できるからです。

◆　図形と区間

　図形は幾何学の対象ですが、区間や領域は図形とは限らず、幾何学の対象からは外れることもあります。

　ユークリッドは、「直線の端（始まりや終わり）は点である」と言いました。これより、直線の長さはすべて有限であり、無限の直線は存在しません。

●━━━━━━━━●

　上の図形は直線です。これには両端があるから、長さもあります。ところが、現代数学で扱う直線には端がありません。

┄┄━━━━━━━━━━┄┄

これには左端も右端も存在しないから、長さという概念が存在しません。つまり、本当の直線ではありません。そのため、これは図形でもありません。ちなみに、「長さという概念が存在しない」と「長さがない＝長さはゼロである」は異なります。

●━━━━━━━━━━━━━…

　これは、現代数学では半直線と呼ばれているものですが、これにも右端が存在しないから、図形ではありません。長さという概念も存在しません。

○━━━━━━━━━━○

　これは、直線の両端の点を除去した絵です。左端も右端も存在しないので、これも図形ではありません。

　$0 \leqq x \leqq 1$ という区間は●━━━●という図形に変換できますが、$0 < x < 1$ という区間は、図形には変換できません。

　また、無限大の長さをもった直線が存在しない以上、次の区間も図形には変換できません。

$$-\infty < x < \infty$$

結局、「図形」と「区間」は異なった概念であり、相互に表現できるとは限りません。

図形を区間で表すことができても、区間を図形化できないことがある。

図形は厳しい存在であり、幾何学はそれだけ条件の厳しい数学分野であるようです。定義のあいまいな図形は、幾何学からはじかれてしまうかもしれません。

◆ 多様体

幾何学は図形を扱う数学分野です。

【図形】
（1）ものの形を書いた図
（2）算数で、面・線・点などが集まってできた形

これからすると、図や形をイメージできないものは、図形としての価値はあまりないと思います。

具体的な図や形がイメージできるものが図形である。

しかし、無限集合論をきっかけとして、図形が急速にイメージできない状態に陥っています。それは「図形は点の集合である」という考え方に起因しています。「線は点の集合」「円も点の集合」「空間も点の集合」と、すべてを無限集合論で説明するように変わったからです。

無限集合論は高次元空間を作り出し、多様体にも応用されました。よって、高次元幾何学は実無限から成り立ち、多様体も実無限を背景に存在しています。

ポアンカレは実無限反対派であり、次のように考えていたようです。

「実無限が存在しないことを忘れて、カントール派は矛盾に陥っている」

もし、実無限が存在しないならば、無限集合も存在できません。ポアンカレは無限集合論を否定しましたが、それは結果的に「無限集合から成り立っている高次元幾何学」や「無限集合から成り立っている多様体」を否定することになります。

無限集合を否定したら、「点の無限集合としての多様体」は存在しない。

　一方で、次のポアンカレ予想は多様体に関する問題です。

　単連結な3次元閉多様体は3次元球面S 3に同相である。

　もし、「点の無限集合としての高次元空間」の存在が否定されたら、ポアンカレ予想は命題ではなくなります。ちなみに、ガウスはポアンカレよりもずっと前に実無限を否定していました。それなのに、リーマンの講演した多様体を絶賛していました。

　朝倉数学辞典には、多様体の定義が出ていませんでした。岩波数学辞典第4版にも、多様体の定義は記載されていません。ということは、多様体は点や線と同じく無定義語なのでしょうか？　国語辞典にように「多様体とは、○○である」と断言していただけると助かるのですが…。

◆　ポアンカレ予想の単語

　ポアンカレ予想は、1904年にフランスの数学者アンリ・ポアンカレによって提出されました。

【ポアンカレ予想】

　単連結な3次元閉多様体は3次元球面S3に同相である。

　このポアンカレ予想が真の命題であるか、それとも偽の命題であるかをはっきりさせることが、ポアンカレ予想を解くということになります。

　数学の問題を解くためには、まずは問題文を理解する必要があります。この問題文（ポアンカレ予想）が理解できなければ、とても問題は解けません。では、この問題文を国語レベルまで落とし込んで、その内容を理解できるのでしょうか？

　連結とは何か？
　単連結とは何か？
　連結と単連結の違いは何か？
　多様体とは何か？
　閉多様体とは何か？
　多様体と閉多様体の違いは何か？
　閉多様体と3次元閉多様体との違いは何か？
　球面と3次元球面の違いは何か？
　同相とは何か？

　国語で理解することは、数学以前の問題です。これらの

内容をすべて言葉で納得できるような説明がなければ、ポアンカレ予想は数学上の問題として提起されているとは言えないかもしれません。

また、ポアンカレ予想を構成している各単語を説明するとき、無限集合論を使うことはできません。なぜならば、カントールの素朴集合論もツェルメロやフレンケルによる公理的集合論も矛盾しているからです。

◆　**極限図形**

ここで、極限値に似た図形の概念を考えてみます。円に内接する正 n 角形の n を無限に大きくして行くと、その図形は次第に円に近づいて見えます。やがて、n を無限にすると、それは円になります。これは、円を正 n 角形の極限とみなす考え方です。

ある図形に同じような操作を加えて別の図形にどんどん変化させるとします。その操作を無限に行なうとき、肉眼的にある図形に近づいて行くように**感じられる**ことがあります。このとき、この図形を「極限図形」と呼ぶことにします。フラクタル図形は極限図形です。

極限図形は、極限値を拡張した概念です。でも、極限値と極限図形は根本的に異なります。ある図形が別の図形に無限に近づくということが、うまく定義できません。だから、「n を無限に大きくしていくと、正 n 角形が限り無く円に近づく」というのは、あくまでも肉眼的に近づいていく視覚の問題です。むしろ、錯覚の問題かもしれません。

　直線をどんどん短くしていくと、次第に点に近づきます。しかし、これも肉眼的に近づいているだけであって、本質的には点には近づいていません。「線の長さを半分にしたものは、もと長さの線よりも点に近い」ということが数学的にはいえないからです。点と線は、もともと異質です。

　線を分割すると確かに短くなります。だから、あたかも点に近づいていくような錯覚に陥ります。これから、「点とは、線を無限に分割した極限である」という発想が生まれたのかもしれません。そして、この錯覚から「線とは、点の集合である」という集合論が誕生したと考えられます。

　「無限とは完結しないものである」が正しい無限の定義です。これより、無限の操作に終わりはありません。よって、無限の操作が終わった後に得られる極限図形は存在しません。これを聞いて、すぐに思い出されるのがフラクタル図形です。フラクタルは極限の一種です。

円の半径を大きくしていくと、円の湾曲の程度は次第に小さくなります。どんなに大きな円を描いても、それは間違いなく円です。その本質は、直径の大きさの影響を受けず、必ず中心のまわりを1周します。この性質を失わない限り、円の半径をどんどん大きくしても、円はまったく直線には近づきません。

　また、円の半径を小さくしていっても、円は点になりません。円の半径をどんどん小さくしていくと、確かに肉眼的には点に近づいていきます。しかし、図形としての本質は点に近づいていません。

　可能無限と異なって、実無限ではまったく考えかたが違います。直線と円の定義は異なりますが、実無限では無限を介して結びつけています。

【実無限による考えかた】
（1）直線は、中心が無限遠点にある円である。
（2）円は、それに内接する（あるいは外接する）正∞角
　　　形である。

　ここで、実無限による「極限図形」という概念を取り入れてみます。極限図形は極限値を拡大解釈したものです。拡大解釈いわゆる拡張はさまざまなものを含むようになりま

す。拡張によって余計なものまで含むこともあります。

◆ カントール集合

　カントール集合とは、「線分を3等分し、得られた3本の線分の真ん中を取り除く」（これをカントール操作と呼ぶことにします）という操作を、無限に繰り返すことで作られる図形、とされています。

　　　　————————————————————

　　　　　　　　　　原型

　　　　————————　　　————————

　　　　　　　1回フラクタル図形

　　　—— ——　　　　—— ——

　　　　　　　2回フラクタル図形

　　　— —　— —　　　— —　— —

　　　　　　　3回フラクタル図形

　n回目のカントール操作をした図形F（n）をn回フラクタル図形と命名し、次のように置いてみます。

Ｆ（０）：原型となる線分

　Ｆ（１）：Ｆ（０）を３等分して、中央の線分を取り除い
　　　　　　た図形

　Ｆ（２）：Ｆ（１）のそれぞれの線分を３等分して、中央
　　　　　　の線分を取り除いた図形。

　　　　⋮

　Ｆ（ｎ）：Ｆ（ｎ－１）のそれぞれの線分を３等分して、
　　　　　　中央の線分を取り除いた図形。

　　　　⋮

　上記の操作において「無限に繰り返されると、最後は飛び飛びの点の集合になる」とされています。

　Ｆ（∞）：カントール集合

　しかし、この取り除くという操作が無限に続く以上、終わりはありません。よって、与えられた線分からフラクタル図形としてのカントール集合を作ることはできません。

フラクタル操作によってフラクタル図形を作ることはできない。

　フラクタル図形としてのカントール集合を認めるということは、「線分を無限に分割する操作を完了させると点に

なる」ということを認めることです。つまり、フラクタル図形は実無限にもとづく図形です。

　フラクタル操作によるカントール集合が存在しなければ、同じ理由でシェルピンスキーのギャスケットやコッホ曲線も存在しないことになります。これらはいずれも実無限の操作の結果として描かれる図形だからです。

◆　フラクタル図形

　フラクタルを考え出したのはアメリカの数学者ブノワ・マンデルブロです。フラクタル図形は次の手順で描かれます。

（0）原型となる図形とフラクタル操作を決めます。
（1）1回目のフラクタル操作を行ないます。これによって得られる図形を「1回フラクタル図形」と呼ぶことにします。
（2）さらに同じフラクタル操作を行ないます。この2回目のフラクタル操作で得られる図形を「2回フラクタル図形」と呼ぶことにします。
（3）以下同様です。
（4）最終的にフラクタル操作を無限回行なうと、「∞回フ

ラクタル図形」が得られます。これが、最終的に求められるフラクタル図形です。

フラクタル図形＝∞回フラクタル図形

　無限回という回数は、可能無限の数学では存在していないと考えられます。これより、フラクタル図形は「実無限にもとづく極限図形」です。

　それゆえに、完ぺきなフラクタル図形は決して描くことができず、フラクタルの本に描かれているフラクタル図形はすべて「大きなnについてのn回フラクタル図形」です。

　では、n回フラクタル図形は、どうして全体と図形の一部が相似なのでしょうか？　それはn回フラクタル図形にもう一度フラクタル操作をするとわかります。

　n回フラクタル図形と（n＋1）回フラクタル図形を比較したとき（n＋1）回フラクタル図形の一部を拡大すると、n回フラクタル図形となっています。

　なお、m回フラクタル図形とn回フラクタル図形は一部が相似ですが、これはフラクタル図形の定義ではなく、フラクタル操作に伴う途中経過の特徴に過ぎません。

現代数学では「空間」も「図形」も「多様体」も「フラクタル」も、すべて「点の集合」です。フラクタル図形の例としては、コッホ曲線、カントール集合、シェルピンスキーのガスケットなどがあります。しかし、実無限ゆえにフラクタル集合のはっきりした定義も存在しないようです。そのため、完ぺきなフラクタル図形を描くことは困難です。

　フラクタルは自然界のモデルとして、重要な価値を持っています。しかし、モデルはあくまでも大きな n についての n 回フラクタル図形であり、∞回フラクタル図形ではありません。そもそも、n 回フラクタル図形と∞回フラクタル図形は相似ではありません。

◆　フラクタル次元

　フラクタルという言葉の定義はあまりはっきりしていないようです。でも、定義されないとフラクタルに関する議論がずれたりすることがあります。

　数学では「極限」と「極限値」は同じであり、主にある実数の値のことを指します。だから、「円は正 n 角形の極限図形である」という考えかたは正しくはないと考えられます。

ｌｉｍ（ｎ→∞）正ｎ角形≠円

　フラクタル図形は一種の極限図形です。これより、完ぺ
きなフラクタル図形を描くことができず、その存在は否定
されます。

　無限回のフラクタル操作が終わらない以上、完ぺきなフ
ラクタル図形を描くことができません。よって、描くこと
ができない∞回フラクタル図形の次元は何でもよいことに
なります。

存在しないフラクタル図形の次元は、どんな値でもよい。

　現在、「コッホ曲線は1.26次元である」「シェルピンス
キーのガスケットは1.58次元である」とされています。し
かし、これはヒデの論理式の一部にすぎません。コッホ曲
線もシェルピンスキーのガスケットも存在しないなら、次
なる命題も真になります。

「コッホ曲線が存在するならば、その図形は$\sqrt{2}$次元であ
る」
「シェルピンスキーのガスケットが存在するならば、その
図形はπ次元である」

現在、∞回フラクタル図形をフラクタル図形と命名していますが、次のようにネーミングを変えたほうがすっきりします。

　n回フラクタル図形をフラクタル図形と呼ぶ。∞回フラクタル図形をフラクタル図形と呼ばない。

◆　厳密な定義

　現在、数学の対象物を集合に結びつけて考えようとする傾向があるようです。幾何学も代数学も解析学も、集合を土台にして再構築されています。

　自然数も集合で作り、実数も集合で作りました。数列も集合、極限も集合、微分積分学も集合、…何でもかんでも集合に関連づけています。

　幾何学はすでに集合論によって塗り替えられています。今では、すべての図形は点の集合です。直線も曲線も点の集合であり、円は1点から等距離にある点の集合です。平面図形だけではなく、立体も高次元空間もすべて点の集合です。フラクタル図形や多様体も点の集合です。

なぜ、数学はそんなに集合論を用いるのでしょうか？おそらく、次のゲーデルの言葉がきっかけになっているかもしれません。

「今や集合論だ！」

　集合論はこれからの数学をしょって立つ存在と期待されました。集合論が誕生してから今まで、次のように思われているようです。

　数学の中でもっとも基礎にあるのは集合論である。他の数学理論はすべて集合論を土台にして作られている。

　そして、次のような考えかたもあるのではないのでしょうか？

　集合論がもっとも厳密な数学理論である。

　この考えかたが数学では主流であり、より厳密な数学を作り上げるために、最終的には集合論に頼るようになります。証明に関しても、**集合論まで踏み込んだ証明を行なうことによって、厳密な証明という高い評価を受けている**ような気がします。

しかし、数学における表現で「厳密」という単語が出てきたときには、注意して文章を読む必要があります。というのは、「厳密に述べると…」「厳密な定義は…」「厳密な証明では…」という表現ほど、何となく厳密から遠ざかって行くような気がするからです。

　フラクタルは「ハウスドルフ次元が位相次元を厳密に上回るような集合」と定義されています。この場合の「厳密」とは何でしょうか？「フラクタル図形とは、ハウスドルフ次元が位相次元を多少上回るような集合である」ではいけないのでしょうか？　無限集合論で「上回る」と「多少上回る」と「厳密に上回る」の厳密な違いを明確化できるのでしょうか？

◆　厳密な証明

　数学には、物理学以上の論理的な厳密さが求められます。だからこそ、数学は物理学を根本から支えています。

　数学の証明はいったん確立したら、永遠に揺るがないものとされています。つまり、いったんできあがった数学理論は未来永劫に安泰です。その理由は、厳密な証明にはいささかの間違いもないとされているからです。

数学書には厳密という単語がしばしば登場します。しかし、数学辞典ではこの「厳密」という単語を厳密に定義していません。

　では、改まって「厳密とは何か？」と聞かれると、答えに窮する場合があります。しかし、そこで、「厳密」を小学国語辞典で調べてみました。

【厳密】
　こまかいところまで、きびしく正確なようす

　確かに、数学書には「厳密に定義すると…」「厳密に表現すると…」「厳密に証明すると…」という厳密という単語が頻繁に登場します。そして、その際にたいていは無限集合論が登場します。

　それは、無限集合論があらゆる数学理論を根底で支えている基礎と思われるがゆえに、「無限集合論が、もっとも厳密な数学理論である」と評価されているからでしょう。

　現代数学における厳密な証明とは、無限集合論にまで踏み込んだ証明（無限集合論を用いて行なわれた証明）のことを指しています。そのため、証明も厳密さを要求されると、無限集合論の助けを借りるようになります。

$$1 = 0.999\cdots$$

数学では、「上の等式は厳密に成り立つ等式であり、完璧に正しい」ということがよく言われます。それは無限集合論が厳密な数学理論と思われていることが原因でしょう。

しかし、「数学的な証明を厳密に行なうためには、無限集合論までさかのぼらなければならない」というのは幻想にすぎません。

無限集合論を用いた証明は、厳密な証明とはいえない。

そもそも、無限集合論は矛盾しています。したがって、矛盾した無限集合論に頼った証明を厳密な証明と呼ぶことはできないと思います。

◆ 円周率πの場合分け

r が実数の場合、次のように場合分けされます。

【実数の場合分け】
$$0 \leqq r \quad のときは \quad |r| = r$$
$$r < 0 \quad のときは \quad |r| = -r$$

円周率である π も実数です。そこで、 r に π を代入して
みます。

【π の場合分け】
　　$0 \leqq \pi$　のときは　　｜π｜＝π
　　$\pi < 0$　のときは　　｜π｜＝－π

　ここで、 $\pi < 0$ のときの｜π｜＝－π について考えます。

「$\pi < 0$ ならば｜π｜＝－π である」とう命題は真です。し
かし、この真の命題は「$\pi < 0$」という偽の仮定を持つ条
件文なので、その結論である｜π｜＝－π は無意味となり
ます。

　ちなみに、偽の命題を仮定するとどんな結論も真になる
可能性があるので「$\pi < 0$ ならば｜π｜＝π である」とい
う命題も真になってしまいます。

π を、$0 \leqq \pi$ と $\pi < 0$ に場合分けすることはできない。

　これは、具体的な実数を場合分けできないことを意味し
ています。同様に次なることも言えます。

具体的な命題である平行線公理を、真と偽に場合分けす

ることはできない。

◆　実数の場合分け

　実数は、有理数か無理数かがすでに決定しています。よっ
て、次なることは正しいとは言えません。

（1）　1を、有理数と無理数に場合分けする。
（2）　$\sqrt{2}$を、有理数と無理数に場合分けする。
（3）　πを、有理数と無理数に場合分けする。

　これらから言えることは「実数を場合分けすることはで
きない」ということです。

　ある特定の実数を場合分けすることはできない。

　しかし、範囲で場合分けするなど、実数を場合分けする
ケースは意外とあります。たとえば、実数を1未満の場合
と1以上の場合などに場合分けします。これから、次なる
ことが推測されます。

　**具体的な実数（定数）は場合分けできないが、抽象的な
実数（変数）を場合分けすることはできる。**

◆　場合分けへの道

　第5公理が真か偽かを話題にする場合、まずは第1公理から第4公理までを真と仮定します。そして「第5公理が定理であることを証明する」とは「第1公理から第4公理まで真の命題であり、この4つから第5公理を証明する」ということに他なりません。

　歴史的に見た場合、第1公理から第4公理までは、直観で真と決めてられています。第5公理のみ、直観を使わずに証明を使おうと試みました。

【ユークリッド幾何学】
　第1公理：直観で「真の命題である」と判断している。
　第2公理：直観で「真の命題である」と判断している。
　第3公理：直観で「真の命題である」と判断している。
　第4公理：直観で「真の命題である」と判断している。
　第5公理：直観で「真の命題である」と判断している。

【ユークリッド幾何学に疑問を抱いた考え方】
　第1公理：直観で「真の命題である」と判断している。
　第2公理：直観で「真の命題である」と判断している。
　第3公理：直観で「真の命題である」と判断している。
　第4公理：直観で「真の命題である」と判断している。

第5公理：直観で「真の命題である」と判断しないで、他の4つの公理から、証明を用いて真の命題であることを示してみよう。

　結局、第5公理が定理であることを証明できませんでした。しかし、それでも「第5公理は直観で真の命題である」を認めることに抵抗を感じるならば、場合分けという道を進むしか方法はありません。こうして、第5公理を否定する幾何学を作り出しました。

【ユークリッド幾何学と非ユークリッド幾何学】
　第1公理：直観で真の命題である。
　第2公理：直観で真の命題である。
　第3公理：直観で真の命題である。
　第4公理：直観で真の命題である。
　第5公理：真と偽の2つに場合分けして、それぞれ幾何学を作ってみよう。

　そして、第5公理を偽とする非ユークリッド幾何学が作られ、それが一般相対性理論の構築に用いられました。したがって、もし非ユークリッド幾何学が間違っていたら、一般相対性理論も間違っていることになるかもしれません。

◆ 平行線公理の場合分け

　論理と証明は異なっています。「正しい仮定」を置き、「正しい証明」を行ない、「正しい結論」を下すことが「正しい論理」です。

「正しい○○」という考え方がある以上は、「間違った○○」という考え方もあります。

（1）仮定には「正しい仮定」と「間違った仮定」がある。
（2）証明には「正しい証明」と「間違った証明」がある。
（3）結論には「正しい結論」と「間違った結論」がある。
（4）論理には「正しい論理」と「間違った論理」がある。

　仮定には「正しい仮定」と「間違った仮定」があります。それに対して、公理の定義は「より単純な真の命題からの証明が存在しないもっとも単純な真の命題」です。つまり、公理は最初から正しい命題であると定められています。

　仮定と公理は異なる。

　これより、「間違った公理＝偽の命題としての公理」は存在しません。もし命題Ｐが偽であれば、「Ｐは公理ではない」あるいは「Ｐは公理にはなり得ない」と考えます。

そして、真の命題である公理をさらに真と偽に場合分けすることはできません。場合分けできるのは「公理」ではなく「仮定」です。

仮定は、真と偽に場合分けができる。しかし、公理は真と偽に場合分けできない。よって、平行線公理も真と偽に場合分けすることはできない。

公理は真と偽に場合分けできません。しかし、「公理はただの仮定にすぎない」と、公理を仮定まで格下げすると真と偽に場合分けできるようになります。

公理を単なる仮定に降格すると、公理を真と偽に場合分けできるようになる。これより、非ユークリッド幾何学を支えているのは「公理と仮定は同じである」という考えかたである。

一般式 $f(x) = 0$ の変域に制限がなければ、$x = 0$ を代入することも、$x = 1$ を代入することもできます。このとき、代入する x の値によって $f(x) = 0$ は真になることもあれば、偽になることもあります。でも、代入する前には $f(x) = 0$ の真偽が決定していていません。つまり、次なることが言えます。

xを実数とするならば、ｆ（x）＝0のxに具体的な実数を代入する前は、ｆ（x）＝0はまだ「真偽の決定している命題」ではない。具体的な実数を代入した後に、初めて命題化されて真偽を有するようになる。

　要するに、真偽が定まらないうちは非命題であり、真偽が定まってから命題と呼ばれます。これを受け入れられないと「真偽の定まっていない命題も存在する。そのような命題は、真と偽に場合分けすればよい」と思うようになってしまうでしょう。

　ｆ（x）が非命題なのは、xが具体的な定数ではなく抽象的な変数だからです。このように、変数xに関する表現は非命題のことが多いです。

　しかし、平行線公理には変数xのようなものは含まれていません。変数が存在しなければ、真か偽のどちらかに決定している命題です。

　真偽が決定しているのであれば、平行線公理を真と偽に場合分けすることはできません。そして、平行線公理が場合分けされない以上、非ユークリッド幾何学が成立する根拠も失われます。

平行線公理が真の命題である限り、非ユークリッド幾何
学は成り立たない。

　でも、**公理を単なる仮定に格下げする**ことができれば、事
態は一変します。これが「公理は単なる仮定にすぎない」
という言葉です。

　これによって、真の命題という大義名分を失った平行線
公理を、真と偽に場合分けすることが可能になります。こ
うして、非ユークリッド幾何学はユークリッド幾何学と同
等の地位を確保するようになりました。

◆　真と真の命題

「仮定」は一時的に真と置かれた主張です。つまり、仮定
は真です。ここで、理論を２つに分けてみます。

（１）無矛盾な理論の仮定は真である。
（２）矛盾している理論の仮定は真である。

　この２つをひっくるめて１つの文にして表現したのが次
です。

（3）矛盾していようと矛盾していまいと関係なく、理論
　　の仮定は真である。

　これは正しいと考えられます。しかし、次の文は正しく
はありません。

　矛盾していようと矛盾していまいと関係なく、理論の仮
定は真の命題である。

　その理由は、「真」と「真の命題」は異なるからです。

「Ｐは真である」と「Ｐは真の命題である」は意味が異なっ
ている。「Ｐは偽である」と「Ｐは偽の命題である」も意味
が異なっている。

　数学では「真の命題」を省略して「真」と言ったりする
ことがあります。このような言葉の省略が数学をゆがめて
しまうこともあるでしょう。

◆　豊かな数学

　世の中には男性と女性がいて、豊かな社会を作っていま
す。このような性質の異なる存在、そしてお互いの弱点を

補い合う存在は、社会にはぜひ必要でしょう。男性だけの社会もつまらないし、女性だけの社会もつまらないと思います。

　数学も似たような性質があります。「証明しか存在しない数学」と「直観と証明が存在する数学」では、後者の方が圧倒的に豊かな数学です。

　数学は「直観」とその上に成り立つ「証明」から構成されています。使える道具が2つもあるから、証明のみの数学よりずっと実り豊かな数学が作られます。

　一方、ユークリッド幾何学と非ユークリッド幾何学の2つが存在するのは、一見すると豊かな幾何学のように思われます。しかし、非ユークリッド幾何学が矛盾していれば、それは本当の豊かさではありません。

　真の命題しかない数学よりも、「真の命題」と「偽の命題」が存在する数学のほうが豊かです。同じく、無矛盾な数学理論しかない数学よりも、「無矛盾な数学理論」と「矛盾した数学理論」が存在する数学のほうが豊かです。

　そして、正しい証明しか存在しない数学よりも、「正しい証明」と「間違った証明」も存在する数学のほうが豊かです。

しかし、ここで、次のような誤った考えに陥ることがあります。

　偽の命題が存在する数学は矛盾している。
　矛盾した数学理論が存在する数学は矛盾している。
　間違った証明が存在する数学は矛盾している。
　矛盾した概念が存在する数学は矛盾している。

　最後の「矛盾した概念は、数学では存在しないことを意味する」はポアンカレの思想です。

◆　**次元**

　次元を小学国語辞典で調べてみます。

【次元】
　線・面・空間などの広がりをあらわすもの。長さだけを持つ直線は1次元、長さと幅を持つ平面は2次元、長さと幅と高さを持つ空間は3次元。

　私たちの良識では4次元は存在しません。また、「幾何学における4次元」と「無限集合論における4次元」は別物です。

無限集合論におけるn次元とは、次のようなn個の数の組み合わせです。

$$(a_1, \ a_2, \ a_3, \ \cdots, \ a_n)$$

　この組み合わせを点と呼び、点の集合がn次元空間です。このnは自然数であり、π次元空間や$\sqrt{2}$次元空間を考えることは困難です。また、$1 / 2$次元や$2 / 3$次元などもイメージすることは困難です。

　しかし、フラクタル図形で使われている次元は自然数ではないことがあります。たとえば、コッホ曲線の次元は$\log 4 / \log 3$です。

　また、幾何学の次元と無限集合論の次元は異なっています。集合論の次元は0次元から始まり、いくらでも増やせます。これは、ポアンカレの扱った次元であり、どんな高次元でも作り出すことができます。

　しかし、幾何学の場合は扱いが異なります。アリストテレスの扱った次元が正統であり、図形の次元は3次元から下降性に始まり、0次元で停止します。図形が経時的に変形する場合は、これに時間の1次元軸が加わります。この場合、図形の形は時間の関数となります。

【アリストテレスの次元】
　切断部位が面になるのが立体である。
　切断部位が線になるのが面である。
　切断部位が点になるのが線である。

　アリストテレスの次元はとてもシンプルです。それに対して、ポアンカレの次元は無数にあります。

【ポアンカレの次元】
　切断部位が点になるのが線である。
　切断部位が線になるのが面である。
　切断部位が面になるのが立体である。
　切断部位が立体になるのが超立体である。
　切断部位が超立体になるのが超超立体である。
　切断部位が超超立体になるのが超超超立体である。
　　　⋮

　次元が無限に１つずつ増え続け、複雑になっていきます。このように無限集合論の次元をそのまま幾何学にあてはめると、４次元図形以上の高次元図形が作られて次第に抽象数学の世界に突入します。

実無限にもとづく無限集合論ではｎ次元空間を作り出すことができる。しかし、可能無限による正統な数学では、幾

何学は３次元までである。

◆　n次元空間

　カントールは無限集合論を用いて「線（１次元）の濃度と面（２次元）の濃度が同じである」ということを証明しました。同じ論法を使えば、「１次元の線の濃度と、３次元の空間の濃度が等しい」ことも証明できます。

　それだけではありません。１次元の線の濃度とn次元空間の濃度も同じになります。濃度という観点から見た場合、n次元空間とn＋１次元空間に差はありません。

　これが、幾何学で扱う空間の次元をいくらでも増やすことができることの論理的根拠となっているでしょう。

　高次元空間が存在する数学的根拠は、カントールが「線と面の濃度が同じ」ということを証明したことにある。

　１次元空間が存在するなら、２次元空間も存在する。
　２次元空間が存在するなら、３次元空間も存在する。
　３次元空間が存在するなら、４次元空間も存在する。
　　　　　　　　　　　　　$\vdots$

n 次元空間が存在するなら、*n* + *1* 次元空間も存在する。

⋮

「*n* 次元空間が存在する」という主張のもとをたぐれば、カントールの証明にたどり着きます。

**　*n* 次元幾何学を支えているのは無限集合論である。**

　よって、無限集合論が正しくなければ、高次元幾何学の存在は危ぶまれます。それによって高次元空間の数学的な基盤が失われて、超ひも理論を作ることは無理かもしれません。

◆　高次元空間

　この世界は何次元でしょうか？　人間の良識にしたがって考えると３次元です。しかし、相対性理論以来、常識や良識は軽視されています。

　ある時代のある集団における大勢の考えかたを「常識」といいます。したがって、常識は時代とともに変わり、集団が違えば常識も違ってきます。

それに対して、人間の健全な考えかたはそう簡単には変わりません。古今東西、老若男女を超えた、そして安定している考えかたがあると思います。私は、これを「良識」と呼んでいます。

　「図形の次元は3次元まで」というアリストテレスの良識は打破され、今では空間は9次元〜11次元にまで拡張されています。このきっかけは4次元時空の誕生でしょう。高次元空間の実在を証明しようと、世界最大の加速器を使った実験も行なわれています。

　私は、3次元空間だけは物理学的に実在していると考えています。

　　0次元空間…実在しない
　　1次元空間…実在しない
　　2次元空間…実在しない
　　3次元空間…実在する
　　4次元空間…実在しない
　　　　　⋮
　　高次元空間…実在しない
　　　　　⋮

　しかし、3次元空間以外は人間の頭の中に存在する観念的な次元と考えられます。それゆえに、巨大な加速器を使っ

たとしても「脳内に存在している形而上学的な高次元空間を発見した」という実験結果は出てこないでしょう。

◆　玉虫色の解決

　公理とは「他のいかなる真の命題からの証明も存在しないもっとも単純な真の命題」です。公理が真の命題であれば、公理の否定は偽の命題です。実は、偽の命題も「他のいかなる真の命題からの証明も存在しない命題」です。

　これより、「公理」と「公理の否定」には、次のような共通点があります。たとえば、公理系の公理をE_1，E_2，E_3，E_4，E_5と置きます。これらがすべて正真正銘の公理とします。また、「証明」を「正しい証明」の意味に限定します。

　E_1，E_2，E_3，E_4から公理E_5を導き出すような証明は存在しない。

　E_1，E_2，E_3，E_4から公理の否定¬E_5を導き出すような証明は存在しない。

　このように「公理（真の命題）」も「公理の否定（偽の命題）」も証明されない命題であれば、両者の区別がつかなくなります。つまり、証明だけに頼っていると「どっちが

真で、どっちが偽の命題か？」の結論を出せなくなります。この時、私たちが取るべき道は２つです。

　　選択肢その１：「公理」と「公理の否定」を両方とも採用
　　　　　　　　　しない。
　　選択肢その２：「公理」と「公理の否定」を両方とも採用
　　　　　　　　　する。

　選択肢１を選べば、そこで数学はジ・エンドです。ユークリッド幾何学さえも捨てなければなりません。でも、私たちはユークリッド幾何学を絶対に捨てたくはありません。

　すると、選択肢２を採用するしかなくなります。そのための手段としては「命題の分類」を「命題の場合分け」に移行させなければならなくなります。

　これより、現代数学ではどちらが本当の公理かをあえて決めずに、**両方とも公理として採用する玉虫色の数学**を作り上げました。このように、数学で直観をまったく認めなくなると、平行線公理を真と偽に場合分けする数学にならざるを得ません。

　それが、平行線公理の真偽を決定しないという方針で築かれた「ユークリッド幾何学と非ユークリッド幾何学の共

存」です。

　平行線公理と平行線公理の否定のうち、いったいどちら
が正真正銘の公理か？

　この本質的な解決を先送りにすることは、**平行線公理の
真偽決定を永久に棚上げした**ことになります。

◆　球面上の平行線公理

　ここでは、「曲面上の平行線公理」の代表として「球面上
の平行線公理」について述べます。また、表現の簡単なプ
レイフェアの平行線公理を使わせていただきます。

【平行線公理】
　1本の直線Lとその上にない1つの点Pがあるとき、そ
の点Pを通って直線Lに平行な直線はただ1本存在する。

　この文を2つに分解してみます。

　1本の直線Lとその上にない1つの点Pが存在する。
　Pを通ってLに平行な直線はただ1本存在する。

そして、それぞれにＡとＢという記号をつけます。

　Ａ：１本の直線Ｌとその上にない１つの点Ｐが存在する。
　Ｂ：Ｐを通ってＬに平行な直線はただ１本存在する。

　平行線公理とはＡ→Ｂのことです。これは平面上では真の命題です。

　次に、球面上の平行線公理について考えてみます。球面に直線を近づけていっても、球面上と直線は１点で接するのみであり、「球面上の直線」というものは存在しません。

　したがって、球面上ではＡは偽の命題です。Ａが偽の命題ならば、Ａ→Ｂは真の命題です。これは真理表で確認できます。

A	B	A→B
1	1	1
1	0	0
0	1	1
0	0	1

　Ａが０（偽）というのは３行目と４行目に相当するので、Ａ→Ｂは１（真）になっています。したがって、次のこと

が言えます。

　平面上だけではなく、球面上でも平行線公理は真の命題である。（平行線公理は、平面上でも球面上でも成り立っている）

　同じ論理は楕円面上でも双曲面上でも言えます。すなわち、次が結論されます。

　平行線公理は、楕円面上でも双曲面上でも真の命題である。

　直線が存在しない任意の曲面上では、平行線公理は常に真の命題として成り立っています。これは、平行線公理はいつでもどこでも成り立つ真理であるということです。

　直線が存在する平面上でも、直線が存在しない曲面上でも、平行線公理は常に真の命題として成り立っている。

　これより、「平面以外では平行線公理は成り立たない」という仮定から作られた非ユークリッド幾何学は、根本的に誤りであったことがわかります。

◆ 直感と直観

「直感」と「直観」は同じ発音です。話し言葉では直感も直観も同じだから、日常会話では混同するのが常でしょう。

しかし、意味は少し異なります。「直感」とは瞬間的に思いつくひらめきであり、誰でも直感力はあるでしょう。これは、感情的および主観的な因子が強く、当たるかどうかはわかりません。

一方、「直観」とはひらめきのように見えても、実は冷静な頭で行なわれる理性的な思考の上に成り立っていると考えられます。直観を働かせるには、ある程度の知識や経験が必要になります。

将棋の棋士は、直観で次の手を指していると言われています。私のような素人は「多分これかな？」という軽い気持ちで直感的に駒を動かします。しかし、プロの棋士は、先の先まで読んで最適手を選択しているようです。

将棋の世界は厳しく、ほとんどは勝敗が決しますので、どちらかは必ず負けます。よって、棋士による次の1手は正解ではなく、その時点における指し手の最適な解となるでしょう。

それに対して、数学や物理学ではほとんどの人が「正しい」という印象を受ける特殊な命題があります。それが、ユークリッドが提示した公理や公準です。

平行線公準のような命題は、人類が長い間、正しいとみなしていた直観です。非ユークリッド幾何学が誕生するまで、この直観は数学における大切な真の命題でありました。そして、不動の地位を占めていました。

平行線公準は永遠の真理である。

これが今までの正統な幾何学を構築していました。これは人類の至宝であり、絶対に手放してはならないものの1つです。リーマン幾何学や一般相対性理論を手放しても、人類は決してユークリッド幾何学を手放してはならないでしょう。

◆ 直観と平行線公理

いかなる命題も真と偽のどちらかに分類されます。よって、**平行線公理も真か偽のどちらかです。**私たちの持っている良識的な直観にしたがえば、平行線公理は明らかに真の命題に分類されます。これが2000年以上の歴史を誇る

ユークリッド幾何学です。

　しかし、平行線公理は内容があまりにも簡単すぎるため、かえって真であることが証明されません。

　あまりにも簡単すぎる真の命題には証明が存在しない。なぜならば、論理（仮定から証明を経て結論が出てくるという一連の流れ）が入り込む余地がないからである。

　おまけに、明らかに間違っている平行線公理の否定が偽の命題であることも証明されていません。

　ここで「平行線公理が証明されない以上は、真であるとは言い切れない」「平行線公理の否定も証明されない以上、偽であるとは言い切れない」という意見が起こってきました。命題の真偽を証明だけで決めようとすると、平行線公理に関しては決定不能に陥ります。

　数学から直観を排除すると、平行線公理の真偽を決められなくなる。

　これがいつの間にか、「平行線公理が真である確率と偽である確率はフィフティー・フィフティーである」と思われるようになりました。こうして、今までの数学の流れを

一時ストップさせ、**平行線公理を真と偽に場合分けしよう**という動きが始まりました。真の場合はユークリッド幾何学になり、偽の場合は非ユークリッド幾何学になります。

つまり、分類から場合分けに移された平行線公理の真偽は決まらないもの———永遠に定まらないもの———として扱われるようになりました。

直観を排除した現代数学では、平行線公理の真偽決定は永久に棚上げされたままになっている。

◆　ユークリッドとプレイフェア

ユークリッドは平面の幾何学を次の5つの公準のもとに展開しました。

（1）任意の点から任意の点へ直線を引くことができる。

（2）直線をいくらでも両方向に延長することができる。

（3）任意の点を中心として、任意の半径で円を描くことができる。

（4）すべての直角は等しい。

（5）1本の直線が2本の直線と交わるならば、この2直線を延長すると、内角の和が2直角より小さい側で

交わる。

（１）〜（４）の公準はいずれも簡単な表現であり、自明の理（誰もが認める真理）と言ってもいいでしょう。

しかし、それらと比べて（５）の公準（第５公準と呼ばれています）は表現も内容も複雑でわかりにくいものになっています。そのため、後世の人々も第５公準を批判の対象とし、それを簡略化しようとしたり、あるいはそれを証明しようとしたりする試みがなされました。

これらの研究を通して、第５公準は次のプレイフェアの平行線公理と同値であることが広く認識されました。ジョン・プレイフェアはスコットランドの数学者です。

【プレイフェアの平行線公理】
　直線とその上にない点が与えられたとき、その点を通って直線に平行な直線はただ１本だけ存在する。

現代数学が主に採用しているのが、こちらの平行線公理です。ただし、完全に同値とは言いかねます。なぜならば、ユークリッドの扱っている直線は「両端のある直線」であり、プレイフェアの扱っている直線は「両端のない直線」だからです。

ユークリッドの平行線公準とプレイフェアの平行線公理
は同値ではない。

扱っている用語の意味が異なれば、それを含む命題の意
味も異なってきます。そのため、ユークリッドの平行線公
準からプレイフェアの平行線公理を証明することはできま
せん。逆に、プレイフェアの平行線公理からユークリッド
の平行線公準を証明することもできません。

◆　プレイフェアの平行線公理

プレイフェアはユークリッドに関する本を書き、その中
でユークリッドの第５公準を自分の考案した次の公理に置
きかえるよう提案しました。

【プレイフェアの平行線公理】
直線ＬとＬ上に存在しない点Ｐがあるとき、Ｐを通りＬ
に平行な直線はちょうど１本だけ存在する。

ここで、可能無限と実無限の違いを直線について考えま
す。ユークリッドは可能無限を扱いました。ユークリッド
は「無限そのものは存在しない」とみなし、実無限を巧妙
に避けて原論を書き上げました。無限そのものとは、無限

を実在するものと考えること（実在する無限＝実無限）です。

　素数は無限に存在しますが、これは「素数が無限個存在する」という意味ではありません。「素数の数は有限ではない」ということです。

　有限ではない≠無限である

　ユークリッドにとっての直線は有限の長さを持っている真っ直ぐな線です。そして、「有限の長さを持った直線をいくらでも伸ばすことができる」という可能無限で原論を構成しています。

　しかし、プレイフェアのころには可能無限一色だった数学に、徐々に実無限が入り込んできました。

【表現その１】
　直線ＬとＬ上に存在しない点Ｐが与えられたとき、Ｐを通りＬに平行な直線はちょうど１本だけ引くことができる。

　この表現では、直線Ｌは∞の長さを持ったまっすぐな線であり、実無限にもとづく直線です。でも、最後の「引くことができる」は可能無限による表現です。つまり、これ

は実無限と可能無限の次のようなコラボレーションです。

　直線（実無限）Ｌとそのℓ（実無限）上に存在しない点Ｐが与えられたとき、Ｐを通りＬに平行な直線（可能無限）をちょうど１本だけ引くことができる。

【表現その２】
　直線ＬとＬ上に存在しない点Ｐが与えられたとき、Ｐを通りＬに平行な直線はちょうど１本だけ**存在する**。

「直線を引くことができる」という場合は、「有限の長さの直線を伸ばすことができる」という意味であり、操作が継続している状態です。

　これも実無限に変えたのが「直線が存在する」という表現です。「直線はちょうど１本だけ存在する」の直線は、有限の長さを持った直線ではありません。無限長の直線です。

　こうして、数学は可能無限から徐々に実無限に塗りかえられて行きました。そして、気がついたときには実無限一色の幾何学になっていました。学校での数学の授業では、すでに多くの子どもたちは「実無限のユークリッド幾何学」を学んでいます。

ユークリッド原論の第５公準（可能無限の公理）

　　　　　↓

　可能無限と実無限のハイブリッド公理

　　　　　↓

　プレイフェアの平行線公理（実無限の公理）

　ユークリッドの第５公準とプレイフェアの平行線公理は同値だとされていますが、それはあり得ません。可能無限（終わらない無限）と実無限（終わる無限）はお互いに排他的です。

　可能無限が正しければ実無限は間違っています。よって、ユークリッドの平行線公準とプレイフェアの平行線公理は、少なくとも、どちらかは間違っています。

**　ユークリッドの平行線公準が正しければ、プレイフェアの平行線公理は間違っている。**

　良識的には、直線は任意の長さを持っている真っ直ぐな線です。代数学でいうところの変数 x に相当します。よって、直線はどんな値の長さも取ることができます。しかし、無限大という値はとれません。無限大は実数ではなく、数としての大きさがありません。

直線の長さは∞という値を取ることはできない。無限大には値と呼べるべきものを持っていないからである。

　両端の存在しない無限の長さを持った直線は、実無限による直線です。

◆　３角形の内角の和

「３角形の内角の和が180度である」と証明されたら、どんな巨大な３角形でも、どんな小さな３角形でも、内角の和は必ず180度です。

　では、球面上に描かれた３角形や双曲面上に描かれた３角形の内角の和は180度でしょうか？　実は、この問いにはあまり意味はありません。なぜならば、球面上にも双曲面上にも、正確な３角形を描くことはできないからです。

　よって、平面上の３角形の内角の和である180度に対して「球面上の３角形の内角の和は180度よりも大きい」あるいは「双曲面上の３角形の内角の和は180度よりも小さい」という主張は正しくはありません。

　そのため、下記のような場合分けは成り立ちません。

【３角形の間違った場合分け】
（１）平面上の３角形　→内角の和は180度である。
（２）楕円面上の３角形→内角の和は180度より大きい。
（３）双曲面上の３角形→内角の和は180度より小さい。

　なぜ、上記の場合分けが成立しないのかというと、**楕円面上の３角形や双曲面上の３角形というのは存在しない**からです。３角形は３本の直線からなります。３本の曲線からなる図形は３角形ではありません。

　そもそも、内角の和が180度よりも大きかったり、小さかったりしたら、それは本物の３角形ではありません。幾何学は正確な図形を扱う学問であり、３角形ではないものを３角形に含めることは、論理としてはすでに破たんしています。

　ただし、球面上の３角形を「球面３角形」と呼び、双曲面上の３角形を「双曲面３角形」と呼んで、「正真正銘の３角形」とはっきりと区別するなどの細心の怠らなければ、それぞれの非ユークリッド幾何学は今のままある程度、引き続いて構成できると思います。

第3章
相対性理論の矛盾

Contradictions
in Relativity Theory

◆ 事実

　物理学では事実を扱います。辞書には次のように書かれています。

【事実】本当にあったことがら

　事実とは、実際に起こったできごと、あるいは、今まさに起こっているできごとです。今現在起こっているできごとは、すぐに過去のできごとである「実際に起こったできごと」に変化します。

　事実とは「ものごとの本質」あるいは「できごとの本質」であり、自然界のあるがままの姿です。しかし、私たちは事実をあるがままの姿で直接、脳で感知することはできません。

　そこで、事実の発した何らかの信号をキャッチして、それを脳細胞で認識しなければなりません。そのために必要なのが、事実の発した信号を受け取る装置が、われわれの体に必要です。

　それが、私たちの身体にもともと備わっている感覚器官（五感）です。できるだけ正確な信号をキャッチしようと、

この五感も長い時間をかけて進化してきました。お蔭で、かなり正確に事実をキャッチできるようになってきました。

しかし、非常に小さな事実や、非常に遠い事実では、五感の能力をはるかに超えてしまいます。つまり、五感はあまり役に立ちません。

そこで、五感の延長として、人工的な観測機器を作り出しました。それが顕微鏡であり、望遠鏡です。その後になって科学技術の粋を集めて作り出した巨大で精密な観測機器という仲介物を介して、事実の存在や状態を間接的に知ります。これが現象です。つまり、現象とは感覚器官や観測機器を介して認識した自然界の姿（見かけの事実）です。

これより、事実と現象は異なります。現象は事実を見たときの私たちの頭の中に存在している単なる情報───意識───に過ぎません。

◆　真理

ニーチェは「真実の追究は、誰かが以前に信じていたすべての真実の疑いから始まる」といいました。この場合、前者の真実と後者の真実は意味が違います。そうでないと、

この文章は矛盾してしまいます。

　なお、「追求」「追及」「追究」の三語は意味が異なります。

　追求…（めあてのものを）どこまでも追いかけて、手に
　　　　入れようとすること。
　追及…（のがれようとするものを）どこまでもあきらめ
　　　　ずに調べ、追いつめること。または、問いつめる
　　　　こと。
　追究…学問などで、わからないことをどこまでもあきら
　　　　めずにしらべ、はっきりさせること。

　例文として「真理を追究する」が出ていました。

【究める】ものごとを深く研究して本質を明らかにする。

「真実」に似ている言葉に「真理」があります。新レイン
ボー小学国語辞典には、真理に関して次のように載ってい
ます。

【真理】
　だれにでも、どこででも、いつでも正しいとみとめられ
ることがら。

これから次のような解釈が可能です。

数学における真理や物理学における真理は、古今東西、老若男女を問わず、いつでもどこでも正しい。

数学や物理学は真理を究める学問です。老若男女、古今東西そして未来永劫に真の命題こそが「真理」という名にふさわしい存在です。これより、**真理は絶対的な存在**です。

人によって異なる真理は「誰にとっても正しい」という普遍性および客観性がないため、真理と呼ぶことに疑問を感じざるをえません。つまり、相対的な真理は真理としての資格に乏しいといえます。

◆ 哲学は真理を追究する

哲学は真理を追究する学問であり、哲学から派生した科学も真理を究めようと努力しています。ニュートンが物理学に求めたのは絶対性のある真理であり、アインシュタインが求めたのは相対性的な真理です。

相対的真理を求める立場は、いつ生まれたのでしょうか？それを探し出すと、古代ギリシャ時代のソフィストまでさ

かのぼります。その代表者は哲学者プロタゴラスです。

　プロタゴラスにとっての真理は相対的だから、どちらが
より真理に近いかを巡って相手を説得し合う弁論術に発展
します。弁に長けた者が最終的に勝つため、やがて弁論術
は論理をねじ曲げた詭弁の方向に移行し始めました。これ
に業を煮やしたのがソクラテスです。

　ソクラテスは、万人に共通している絶対的な真理が存在
するという「絶対的真理を究める立場」にいます。真理は、
国語辞典に記載されているように、もともとは絶対的な存
在です。そのため、全員に共通している普遍的な真理を追
究する行為が大事であると説きました。

　このソクラテスの教えはプラトンに引き継がれ、アリス
トテレスへと伝わって行きました。そして、この絶対的真
理から科学が誕生したと思われます。

　数学における真理も物理学における真理も、未来永劫に
真理でなければなりません。絶対的真理を追究するニュー
トン力学で、ソクラテスの努力は花を開きました。しかし、
ニュートン力学だけではすべての物理学の問題を解決でき
ず、やがては壁に突き当たりました。

絶対的真理に限界を感じたことをきっかけとして、再び、ソフィストの足音がし始めました。すでに捨てられたはずの相対的真理が、マッハ、ライプニッツ、アインシュタインへと引き継がれて台頭してきたのでした。そして、とうとう絶対的真理の極致にある絶対時間と絶対空間が全否定されるという事態にまで発展しています。

◆　真理は存在するか

　次の問題は「哲学」「数学」「物理学」「科学」などでは避けては通れないでしょう。

**　真理は絶対的か？　それとも、真理は相対的か？**

　最初が間違っていたら、その後はすべて間違ってしまう可能性があります。そもそも、真理は本当に存在するのでしょうか？

（1）絶対的な真理も相対的な真理も存在しない。
（2）絶対的な真理は存在するが、相対的な真理は存在しない。
（3）絶対的な真理は存在しないが、相対的な真理は存在する。

（4）絶対的な真理も相対的な真理も存在する。

　私たちは現在、「真理は存在する」という立場を取っています。そして、ケースバイケースで絶対的な真理と相対的な真理を使い分けています。

　古代ギリシャ時代に、人々は「真理」つまり「本当のこと」について考え始めました。そこでは、様々な意見が出されました。

「真理など存在しない」
「真理はたった１つである」
「真理は人間の数だけ存在している」
「真理は物体の数だけ存在している」
「真理は無数に存在している」

　ゴルギアスは「真理の認識は不可能である」と説き、「真理は存在しない」と考えていたようです。もし真理が存在しないならば、真理を追究する哲学や科学は意味のない学問と化します。

　プロタゴラスは、全員に共通している真理など存在せず、各人の意見がそれぞれ真理であると考えていたようです。これによって、真理は人間の数だけ存在することになり

ます。

　自分の述べることも真理、相手の述べることも真理であるならば、真理とは相対的なものであり、これを相対主義といいます。これは、各人の立場を真理の基準するため、「どちらが正しくて、どちらが間違っているか？」という判定が事実上不可能となります。

　相対主義にしたがって各自の意見が正しいのであれば、相手の意見を根底から否定することは難しくなります。これより、相対主義では「どちらが真理か？」という議論をあきらめて「どちらがより真理に近いと思われるか？」という視点に移行し、これが相手を打ち負かすという弁論術として発達しました。

　議論で相手よりも優位に立つことが、相対主義での目的となる。

　ちなみに、「真理は人間の数だけ存在する」という考え方は、相対性理論の「時間は物体の数だけ存在する」という固有時間にちょっと似ています。

◆ 真理よりも実利

　初期のころの科学は、真理を求めていたように思います。しかし、最近の科学はそのころと様相がだいぶ変わりました。どちらかというと、真理よりも実質的な利益を求めるようになってきたようです。その根底には、現代風の次の思想があるようです。

　役に立たない真理よりも、役に立つ実利のほうが良い。

　数学と物理学は正しさを**追究**する学問です。実用性の**追求**は二の次のはずです。でも、真理を究める目的をおろそかにしてしまうと、間違った方法で問題を解決する道を選ぶ危険性があります。

　実際、真の命題よりも偽の命題を使ったほうが、問題を解きやすいです。つまり、偽の命題から構築されている理論の矛盾に気がつかないうちは、その理論の虜のなることがあります。その代表が無限集合論であり、非ユークリッド幾何学であり、相対性理論です。

　相対性理論をきっかけとして、今では物理学が「正しさを究める学問」から、「便利さを求める学問」に舵を取り直したように思えます。よく「理論の価値はなんぼで判断さ

れる」と言われることがあります。

　もちろん、真理と実利が一致すれば一番好都合なのですが、実際には私たちはどちらかというと便利な理論（問題を解いてくれる理論あるいは経済的に利益をもたらしてくれる理論）を追求してしまいがちです。

　その結果、「便利な理論が真理を述べている理論である」と思い込んでしまうことがあります。しかし、「正しい物理理論とは、現象をうまく説明できる理論である」という考えは必ずしも正しくはありません。

**　問題を解く≒現象をうまく説明する≒実用性がある**

　私たちは「矛盾に気がつかないうちは、矛盾した理論がもっとも実用性があると思い込む」という戒めを忘れてはならないと思います。

◆　新レインボー

　物理学では、実際のできごとを「事象」と呼ぶことが多いようです。相対性理論でも、実際のできごとを事象と呼んでいます。では、改めて事象とは何でしょうか？

言葉の本質を知るためには小学生向けの国語辞典が最適でしょう。枝葉末節と思えるような余計な意味をばっさり切り取って、小学生にもわかるような本質的な内容が書かれています。

　たとえば、事象は次のように記載されています。出典は、学研の「新レインボー小学国語辞典」（オールカラー）であり、この辞書を監修したのは金田一春彦氏と金田一秀穂氏です。

【事象】本当に起こる、さまざまなできごと。

　旺文社の小学新国語辞典には次のように出ています。

【事象】世の中で起こるいろいろなできごとやことがら。

　これから判断すると、「事象」とは「事実」のことです。

◆　現象

　事象とよく似た言葉に「現象」があります。では、事象と現象の関係はどうなっているのでしょうか？　再び、「新レインボー小学国語辞典」で現象を調べると、次のように

記載されています。

【現象】
　目に見えるありさまやできごと。目・耳・手などの感覚によって感じとるもの。

　現象とは、事象を見たり聞いたり触ったりして頭の中で認識したことがらです。つまり、**事象は客観的な存在**ですが、**現象は主観的な存在**です。

　私たちが認識できたことがらを現象と呼んでいるなら、現象とは**事象が人間の心に投影されたもの**であり、生命体がとらえた**事象に関する総合的な情報（認識結果）**のことです。

　生命を人間だけに絞るならば、現象とは人間がとらえた事象に関する意識化された情報です。これより、人間がいなければ現象は存在しません。

　事象の存在には人間は必要ないが、現象が存在するためには人間が必要である。

　もちろん、人間だけではなく、動物も現象を認識できます。食虫植物は、虫の存在を認識しています。ただし、脳

細胞はないと思うので、虫の存在という現象をどこで認識しているかはわかりませんが…。

現象は自然界に存在するのではなく、人間（あるいは動物）の頭の中———意識の中———に存在しています。これより、**自然界には自然現象は１つも存在していない**といえます。

ちなみに小学校の国語では、「現象」の反対語を「本質」と教えています。中学受験にも出題されているようです。

本質…本当のこと
現象…見せかけのこと

これより、私たちは**現象に惑わされてはならない**といえるでしょう。もしかしたら、この現象に惑わされた理論が相対性理論かもしれません。

◆　本質

単位の換算は一種の座標変換です。１ｍ＝１００ｃｍですが、これも座標変換です。

座標変換で一番大切なことは「本質的な量を変化させない」ということです。1 m と 100 cm では数字がまったく異なっていますが、その本質となる量はまったく変化していません。この不変量を物理量と呼んでいます。

　ローレンツ変換も同じであり、物理量としての時間や距離は、数学的なローレンツ変換をしてもまったく変わりません。要するに、「物理学的な本質は、どんな座標変換をしても変化しない」ということです。

　これより、座標変換によって実際の時間が延びたり、実在する物体が縮んだりすることなど起こりません。よって、もしそのようなことが観測されたら、観測結果が間違っていることになります。

◆　全体を見る

　次のように A と B を置きます。

　A：理論 Z から矛盾が証明される。
　B：理論 Z は矛盾している。

　現在、A と B は同値とされています。

たとえば、数学で「無限とは終わることである」と定義したらどうでしょうか？「終わる」とは「限りが有って、そこに到達したこと」を意味しています。「限り」が「有る」とは有限のことです。

　無限集合論と非ユークリッド幾何学と相対性理論に関しては、どことなく異様な感じを受けます。むしろ、理論の中に入って詳しく学ばないからこそ、外から全体的に眺める力が衰えないのかもしれません。

　もし、「理解したい」という強い決意をもって、これらの分野の中に深く足を踏み入れたら、迷路に迷い込みそうです。１本１本の木を見ることができるようになっても、森全体が見えなくなります。

　細かいところばかり見ていると、全体が把握できなくなります。これは、どの学問にもいえることかもしれません。数学にも物理学でも、細かい記号や数式ばかり見ていると、数学全体の矛盾や物理学全体の矛盾に気がつかなくなってしまいそうです。

　大切なのは、全体をざっと見渡す力である。それによって、「現象」にこだわることなく、ものごとの「本質」が見えてくる。

◆ 事象と現象は同じではない

　事象（実際に起きたできごと）と現象（肉眼で観察あるいは精密機器で観測したできごと）は同じではありません。現象とは、人間が事象を認識しようと努力した結果に得られた情報のことです。

　観測という行為によって私たちが得た情報は、もとの姿とは異なっていることがあります。どのような事象を観察したり観測したりしても、結果が得られた段階ではすでにそれは現象と化しています。

　事象→観察または観測→現象

　それゆえに、事象は常に現象の裏に隠されています。物理学は現象（観測や実験によって得られた情報）を扱います。そして、現象の持っている数値も扱います。その数値が測定値あるいは観測値あるいは実験値（観測や実験という測定によって得られた数値）です。それに対して、事象そのものの持つ値が真の値です。

　事象の持つ値＝真の値
　現象の持つ値＝測定値

真の値とは、真の量に単位と数値を与えたものです。測定値も単位を持っています。したがって、真の値と測定値は同じ単位を持つようにすることができるので、計算式の中で同等に扱えます。この２つの値の差を誤差と呼んでいます。

誤差＝測定値（現象の値）－真の値（事象の値）

　誤差の存在を認めるということは、測定値の存在だけではなく、真の値の存在も認めることです。つまり、現象と事象とが異なることを認めることです。

　事象と現象がまったく同じならば、物理学は簡単ですが、事象と現象が異なれば、物理学は２つの世界を扱うことになります。

（１）事象の世界（真の値からなる世界＝本当の世界）
（２）現象の世界（測定値からなる世界＝観測した世界）

　本来のあるべき実際の世界は事象の世界です。それに対して、現象の世界は本当の世界とは言い切れません。しかし、この２つの世界をはっきりと区別することも、また、矛盾なく統合させることも至難の業です。

そこで、思考を簡単にするため、「事象と現象は同じである」と仮定します。これは、「人間は実際の世界をありのままに観測している」という単純化した考え方です。

　単純化した考えかたでは、観察結果や観測結果をそのまま観測事実として受け入れる。

　今までの物理学は、このスタンスを続けてきました。つまり、人間としての良識にどんなに反していても、精密な観測機器を用いて得られた観測結果を疑いようのない事実とみなしてきました。

　そして、それが良識と異なる場合、人間の持っている良識のほうを捨ててきました。しかし、「観測結果は事実である（これを短く観測事実と表現することもありますが）」という考え方はあくまでも１つの仮定にすぎません。だから、観測結果を観測事実として妄信することは危険だと考えられます。

◆　事象のコピー

　自然界で起こった実際のできごとを事象と呼んでいます。それに対して、私たちが認識できた自然界の姿を現象と呼

んでいます。

これより、事象は自然界に存在していますが、現象は自然界にはまったく存在しておらず、人間の意識の中だけに存在しています。

自然現象は、自然界には１つも存在していない。

ここで、「事象からなる世界」と「現象からなる世界」を比較してみます。

事象の世界＝事実の世界＝自然の世界
現象の世界＝現実の世界＝意識の世界

「事象の世界」と「現象の世界」の違いは「事実（自然界のできごとそのもの）」と「現実（自然界のできごとに対する認識）」の違いです。

私たちには、事象をそのまま意識しようと常に努力しています。しかし、得ることができた情報だけでは、人間の頭の中ではその事象がいつも完璧に再現されるとは限りません。なぜならば、**現象は事象の単なるコピー**にすぎないからです。完全なコピーをとることはなかなか難しいでしょう。

これより、事象（事実そのもの）と現象（事実だと思い込んでいるもの）の間には３つの関係が考えられます。

　関係その１：事象と現象は完全に一致している。
　関係その２：事象と現象はまあまあ一致している。
　関係その３：事象と現象はかけ離れている。

　なお、この３つの境界はあいまいであり、明確な境界線を引くことは困難でしょう。

◆　生命と現象

　この宇宙における事象（実際のできごととしての事実）は、本来、生命と無関係に存在しています。やがて、地球が作られ、その環境が生命の誕生に適してくると、原始的な生命が地球上に生まれてきました。

　その生命は長い年月をかけて進化しながら、自ら動き出して外界との関係を保ち始めます。つまり、エサを取ったり、敵から逃げたりすることができるようになります。こうして、生命は常に生きのびようとします。

　生きのびるためには外界に適応する必要があります。そ

のためには、まずは外界の情報を手に入れなければなりません。そこで、外界を認識する器官が発達してきました。それが目であったり、耳であったり、手や足であったりします。

　認識できるということは、見たり聞いたり触ったりすることができるということです。これは人間でいうところの五感です。コウモリやイルカは超音波も使います。

　これらの感覚器官は、事象を認識するための（自然が授けてくれた）驚異的な情報収集装置です。自然界を神にたとえるならば、五感や超音波などの生命体が所有している生の観測装置は、「神から授かった奇跡的な情報収集装置」です。

　生命はこの情報収集装置を使って、周囲の情報を得ることができます。こうして得られたものが現象です。つまり、情報収集装置を介して事象を認識できたとき、それを現象と呼んでいます。

「情報収集装置を通して事象を認識した結果」が現象である。

　生命が誕生する前には、地球上には事象しか存在しませ

んでした。しかし、生命誕生後は事象と現象の２つが混在するようになりました。

**　生命誕生前は事象のみが存在しているが、生命誕生後は事象と現象が混在する複雑な世界になった。**

　生命体を高度知的生命体としての人間にしぼるならば、事象は実際のできごとであり、現象は事象を認識した結果としての人間の頭の中にあるできごと（事象に関する総合的な情報）です。

　われわれにとって、もっとも現実感があるのは現象のほうです。だから、私たちは頭の中の世界を現実の世界ととらえています。

　物理学は、本来は事象を扱う学問です。しかし、物理学を行使するのは人間という生命体である以上、事象ではなく現象を扱わざるを得ないのが宿命です。私たちには**どんなに頑張っても現象しか入手し得ない**という宿命から永遠に逃れることはできません。

　科学技術の発達は、五感の機能をさらに向上させるような機器を作り出しました。それが、精密な電子式観測装置です。これによって、観測結果が飛躍的に精緻になり、豊

富になりました。

しかし、感覚器官を通して直接得られる情報、あるいは、感覚器官の延長線上にある精密な電子式観測装置を用いて間接的に得られる情報は、必ずしももとの事象と一致しているとは限りません。

そこで、五感や観測装置を介して得られた現象を参考にしながら、人間は理性を働かせて事象という真実に迫っていこう、あるいは到達しようと努力しています。しかし、この努力にも限界があります。真実に到達することが難しい最大の原因は、**事象と現象の定義が根本的に異なっている**ことにあります。

◆ 情報の発信

事象を観察あるいは観測をする場合、「観測される対象としての被観測物」からの情報が観測者に届く必要があります。そのようなケースをいくつか想定します。

（１）事象が独自に情報を発する。

物体や事象が自分自身で情報（光や電波や粒子や熱）を放射したりする場合です。この情報が観測者に届きます。

（2）他からの情報を反射する。

　他から来た情報を反射したりする場合です。反射した情報が観測者に届きます。

（3）観測者からの情報を反射する。

　観測者が観測を目的とした情報を被観測物に向けて発射し、この情報が反射されて観測者に届きます。

　被観測物が何も情報を発信しないときは、観測は成立しません。いずれの場合も、被観測物が情報を発信する瞬間に**発信が原因で事象が変化している**ことも考えられます。このときは、観測した時点で観測結果の信頼性が劣ります。

　また、発信した情報が観測者に届くまでに修飾されていることもあります。このときも、観測した時点で観測結果の信頼性が低くなっています。

（1）被観測物が情報を発信したことによって変化する。
（2）情報が観測者に届く間に変化する。

　後者は観測装置内での情報の変化や人体内での情報の変化（目から入った情報が脳で再構築されるまでに起こる変化）が含まれます。

観測が完了した時点で、観測結果が信用できないこともある。

よって「観測した結果はまぎれもない事実である」という発想に縛られると、自然界にだまされてしまいます。

◆　情報の収集

この世の中にはいろいろなできごとが起こっています。それらを事象あるいは事実といいます。事象とは「実際に起こったこと」あるいは「実際に起こっていること」です。これより、事象そのものの存在、および、その正しさを否定することはできません。

事象（事実そのもの）は正しい。

生物が誕生する前には、この正しいという概念は無意味でした。というのは、正しいか正しくはないかという真偽の概念は主観を含むので、生命の誕生前には存在しないからです。

特に「このできごとは正しい」「このできごとは間違っている」という判断は、生物の中でも人間などの高度知的生

命体が中心となって行なう理性的な判断です。

　ところで、この判断を下す前にしなければならないことがあります。それが、事象に関する情報を集めることです。情報を集めるためには、それなりの情報収集装置が必要です。この情報収集装置には２つあります。

【情報収集装置の分類】
（１）自然の作った情報収集装置
（２）人間の作った情報収集装置

　人間には五感が備わっています。私たちは、見たり聞いたりして周囲の情報を集めています。これは、生まれながらにして備わっている先天的な情報収集装置です。あえていうならば、目や耳は自然界が与えてくれた奇跡的な情報収集装置です。

　それに対して、電子機器などの精密な観測装置は、発展した科学技術の粋を集めて人間が作り出した人工的な情報収集装置です。

　事実としての事象が発した情報を、五感や観測機器を通して人間が入手したものが現象です。したがって、私たちは常に現象しか手に入れることができません。残念ながら、

事象そのものを直接に知ることができません。

　一方では、情報収集装置という中間物を介しているからこそ、一種の伝言ゲームのように、大なり小なり常にゆがめられた情報を私たちは入手します。

　目から入った情報は最終的には後頭葉の視覚中枢に集められますが、自然界の発した情報と脳内で組み立てられた情報が完全に一致するとは限らず、そのゆがみが小さければ現象を信頼できますが、大きければ現象を信頼できません。実際、私たちは錯視などの錯覚をよく経験します。

　しかし、現象を「信頼できる現象」と「信頼できない現象」にはっきり分けることはできません。というのは、この２つの現象の間に具体的な線引きに行なうことが難しいからです。

　今から2000年以上前に、古代ギリシャの哲学者プラトンはこの線引きを行なおうとしました。それはロゴス（今でいうところの理性でしょうか？）で、信頼できる現象と信頼できない現象を区分けしようとしました。このロゴスが後の論理（ロジック）になりました。

◆　情報の伝達

【機器を用いない場合≒観察】
　事象が情報を発信する
　→情報が感覚器官に到達する
　→感覚器官から情報が脳に到達する
　→脳で情報を処理し、事象を組み立てる
　→組み立てられた事象を現象として認識する。

【機器を用いる場合≒観測】
　事象が情報を発信する
　→情報が観測装置に到達する
　→観測装置内で情報が処理される
　→次の観測装置に情報が送られる
　→これを観測装置内で繰り返し、最終的な観測結果を出
　　力する
　→出力された情報が人間の感覚器官に到達する
　→感覚器官から情報が脳に到達する
　→脳で情報を分析し、事象を組み立てる
　→組み立てられた事象を現象として認識する。

　このように、観測は観察よりも複雑な経路をたどります。
経路が複雑化すれば、情報が修飾を受けやすくなることも
あります。

現象は観測することによって初めて手に入れることができます。その際、肉眼で観察した場合も機器を使って観測した場合も、観測した信号はバラバラに分解され、０と１の信号に置き換えられます。

　その信号は情報として、観測装置内では電子回路を駆け巡り、ディスプレイ上に表示されたり、音響装置で音に変換してスピーカーから流れてきたりします。

　観測装置から発信されたその情報は、人間の視細胞や聴細胞などの感覚細胞が感知し、再び、０と１の信号に置き換えられます。その電気信号は、今度は体内のニューロンを駆け巡り、一部が捨てられたり、また新たに情報が加えられたりの取捨選択を受けながら、神経伝達物質も介して脳細胞に到達します。この時点でかなり情報の上書きがされていることが考えられます。

　そして、集められた情報が総合的に組み立てられて、脳内で再現されます。つまり、**現象とは脳の中で組み立てられた（厳密にいえば）架空のできごと**です。「実際のできごととしての事象」と「架空のできごとである現象」では大きな差があります。

（１）事象は客観的な存在である。（実際のできごと）

（2）現象は主観的な存在である。（事象の単なる写し）

　これら現象の世界が、いわゆる現実の世界です。私たち
は、自分の頭の中で作り上げた現実の世界の中で生きてい
ます。

◆　チューリップ

　私たちがチューリップを見たとします。チューリップか
ら出た光は目に到達し、網膜に左右上下ともに反転した像
を投影します。それを１個１個の視細胞（錐体細胞と桿体
細胞）が２進法の電気信号に変えて、視神経の中を通過し
て行きます。

　この時点では、チューリップはバラバラにされています。
もちろん、実際のチューリップはバラバラにされていませ
ん。

　電気信号という形で視神経を伝達してきた情報はニュー
ロン（神経細胞）を介して、脳の後頭葉の視覚中枢に到達
します。そして、ここで再び、処理を施されてチューリッ
プの像が組み立てられます。これが現象です。

「野に咲くチューリップ」が事象であり、「後頭葉（その後、他の脳の領域にも送られます）で組み立てられたチューリップ」が現象です。このように、事象と現象は完全に異なっています。本来の物理学は「事象を扱う学問」であり、「現象を扱う学問」ではありません。

◆　自然現象

　自然界の事象を自然事象と言います。では、「自然事象」と「自然現象」の違いは何でしょうか？　物理学では、自然事象という単語を使わず、もっぱら「自然現象」を用いています。自然現象とは、頭の中に存在している「自然界に関する認識」です。

　事実を事象と呼び、その事実を観察や観測した結果を現象と呼んでいます。だから、事象は自然界に存在しますが、現象は自然界には存在していません。現象は、私たちの頭の中にだけ存在しています。

　自然現象は、自然界にはまったく存在していない。

　それゆえに、現象は客観的な存在ではなく、主観的な存在です。ただし、現象と事象が一致していることも多いの

で、その場合は「自然事象」の代わりに「自然現象」と言いかえることもできます。

でも、いくら両者は似ているといっても定義が異なるので、言葉を使うときには細心の注意が必要です。

（自然）事象と（自然）現象は混同しやすい。

◆　事象と生命体

事象とは、本来は生命と無関係に存在している自然界の「本当のできごと」です。ところが、宇宙空間に惑星ができて、その惑星上で単細胞の生命が誕生し、さらに多細胞の生物に進化してくると、感覚器官（人間でいうところの五感）を用いてこれらの事象を認識することができるようになります。生命体が事象を認識できたとき、それを現象と呼んでいます。

現象とは、生命体が感覚器官を用いて事象を認識した結果（得られた情報）のことである。

ここで初めて、**生命体が事象と現象との橋渡しをしている**といえるでしょう。したがって、現象は生命体抜きで語れ

ない———生命体が存在しないと現象も存在しない———
といえます。

　私たちは、ある事象が起こったのを見たとき、無意識の
うちに「現象が起こった」と言いかえます。これは、最初
から現象と事象は同じと思い込んでいるからです。しかし、
現象の正体は私たちの脳内を駆け巡るデータにすぎません。

　**物理学が扱うべき対象は、現象ではなく本当は事象であ
る。**

◆　ニューロン

　私たちの脳には、電気信号を伝える働きを持つニューロ
ン（神経細胞）が1000億個も集まり、ニューロン同士を
つなぐシナプスは100兆個もあります。そして、その1つ
1つのシナプスに10億個のタンパク質が存在しています。

　そうしたすべてのタンパク質、シナプス、ニューロンに
よって脳の各領域の間の相互作用が意識を生み出し、これ
によって、私たちの1人1人の脳内では、天文学的な規模
の情報社会が作られています。私たちの住んでいるこの宇
宙とは異なる「もう1つの宇宙」が、各人の脳内にも存在

しているといっても良いかもしれません。

　ちなみに、私たちの住んでいる太陽系は天の川銀河に属します。天の川銀河には、2000億個の恒星が存在しています。そして、宇宙全体には2兆個の銀河が存在しています。これらを比較すると、「全宇宙の銀河の数」よりも「1人の人間の持つシナプスの数」のほうが50倍も多いようです。

　数学的な命題の真偽の判断も、物理学的な命題の真偽の判断も、すべて人間の脳が意識的に行なっています。「何となく正しいことがわかる」という無意識的な直観は、脳内を縦横無尽に張り巡らされたニューロンのネットワークによって作られているのでしょう。しかし、詳細はいまだに不明です。

　平行線公理は直観的にみて明らかに真の命題です。しかし、この命題が真であることを人類の誰1人として証明できません。

　この謎（直観と証明の乖離）はいったいどこから来ているのでしょうか？　これは、数学のみならず、脳科学や生理学も含む壮大なテーマでもあります。もしかしたら、平行線公理の謎を解くためには、脳内の化学物質にまで研究

対象を拡げる必要があるかもしれません。

私たち全員はなぜ、平行線公理を真と感じることができるのか？

脳内で働く直観の部位と神経伝達や化学物質の相互関係が解明されることに期待いたします。その意味では、数学や物理学と脳科学は密接に関係しています。

◆ **現実**

現実の世界とは、実際の世界ではありません。現実は、見たり聞いたりして得られた「事実が脳内に投影された世界」のことです。

もちろん、観測装置を通して解釈した世界も、最終的には人間の脳を通して見た世界———人間が認識した内容———ですから、現実にすぎません。

事実の世界＝ありのままの世界
　　　　　＝本当の世界
　　　　　＝本質の世界
　　　　　＝実際の世界

現実の世界＝現象の世界
 ＝脳を介して見た世界
 ＝人間の認識による世界
 ＝ニューロンのネットワーク上の情報

　私たちはもともとの事実を、現象という形に直して認識しています。直した時点で、事実は多少なりとも修飾されています。これより、現象はもとの完全な事象の姿（オリジナル）ではありません。

　現象（現実）は、事象（事実）の不完全な写し（コピー）にすぎない。

　たまには完全にコピーされてオリジナルと何ら変わらないもありますが、一般的に表現するならばコピーとオリジナルには違いがあります。

　事象の世界が事実から成り立つ世界（あるがままの自然の世界）であり、現象の世界が現実から成り立つ世界（人間が認識した頭の中での世界）です。私たちの身体は事実の世界で生きています。しかし、私たちの精神は現実の世界で生きているといえるでしょう。

◆ 現実の分類

事象（事実）と現象（事実に関しての情報）は異なっています。この現象からなる世界を「現実」と呼んでいます。

現実＝現象からなる世界（事象からなる世界ではない）

事実が存在することは誰にも否定できませんが、問題は「現実が本当に事実であるかどうか？」です。この２つは同じこともあれば、違うこともあるでしょう。

事実はすべて本当のことです。事実には初めから「正しい」という意味が内包されています。よって、「間違った事実」は存在していません。その場合は「事実ではない」と表現します。

それに対して、現実はすべて正しいとは限りません。なおかつ、現実はすべて間違っているとも限りません。ということは、現実には「正しい現実」と「間違った現実」があることになります。

【現実の分類】
（１）正しい現実
（２）間違った現実

ちなみに、事実の分類は次です。

（1）本物の現実
（2）偽物の現実

「現実に起こっていることはすべて正しい」という極論は、一種の思い込みといえます。この思い込みによって「現実を疑わない。現実をそのまま素直に受け入れる」という態度になることがあります。

現実をそのまま信じることは危険である。

　ちなみに、事実はそのまま信じるべきです。しかし、「事実」と「現実」を区別することは、容易ではありません。事実と現実を同一視していることも多いからです。

◆　現実は1人1人違う

　同じものを見ても、同じ音を聞いても、同じものを触っても、人それぞれ違う印象を受けることがあります。

　天井に無数の虫がうごめいている幻視を見るケースもあるそうです。私はそのような経験をしたことはないですが、

これを見ている人にとっては、無数の虫がいることが現実です。

「あれだけたくさんの虫がいるのに見えないのか？　現実を見てみろ！」
「君こそ、目を覚ませ。虫などどこにもいない。よく現実を見てみろ！」

　このように、1人1人の認識が現実そのものであり、**現実は人の数だけ存在する**ともいえます。これは、1人1人の人間を中心とする考え方です。

　ちなみに、人間中心の考え方のおおもとをたどると古代ギリシャ時代のソフィストの相対主義にあるようです。そのソフィストたちに対して「個々人の人間とは離れた真実（万人に共通する真理）がある」という説をたずさえて彼らと論戦したのがソクラテスであり、彼の主張は絶対主義といわれています。

　現実と事実は違います。事実は人間とは別個の存在であり、現実はその人の頭の中にだけ存在している「事実に関する情報（真実モドキ）」にすぎません。

　事実…主に、人間の身体の外に存在している。

804

現実…主に、人間の意識の中に存在している。

事実…本当のこと（実際に起こったことや実際に起こり
　　　つつあるできごと）
現実…自分で本当だと思い込んでいること（ニューロン
　　　のネットワーク上の情報）

このように精神科学や脳科学では「事実」と「現実」を
切り離して考えるようになってきました。

◆　日常生活における現実

物理学では、現実を事実とみなすことが多いです。観測
結果をそのまま事実とみなします。これこそが、そもそも
問題がありそうです。

現実とは、目の前に「現」れた事「実」です。しかし、
「目の前に現れた事実」と自分では思っていても、本当は事
実でないこともあるでしょう。

確かに、私たちは日常生活で現実を事実と解釈していま
す。その理由は、現実が本当に事実かどうか、いちいち確
認したり、解釈し直したりするのが面倒だからです。

車が走っているのを見たら、素直に「車が走っている」と認識します。実際に車が走っているかを毎回、近くの友人に訪ねることをしません。また、テーブルの上にリンゴが置いてあれば、いちいち、それを確かめにリンゴを手に取ることはしません。そんなことしていたら、円滑な日常生活を送れなくなります。

日常生活では、事実と現実はほとんど同じである。

事実はものごとの本質です。それに対して、現実は外から見たものです。つまり、五感や観測装置を用いています。

事実…本質としての世界
現実…現象からなる世界
事実≠現実

日常では、現象と事実は同じ意味でも使われることが多いです。私たちも知人からアドバイスを受けるとき「現実をよく見てみろ！」と言われますが、この場合の現実とは事実のことです。

◆ 脳科学

　私たちの脳の中では、膨大な数の神経細胞が電気信号を発して情報を伝達し合い、さまざまな精神活動を行なっています。これによって、脳はいろいろなことを認識しています。テレビである脳科学者が言っていました。

　私たちは「あるがままの姿」を見ているのではありません。「私たちの脳が作り上げた世界」を見ているのです。

　脳科学においては事実と現実は同じではありません。現実とは、感覚器官を通して見た世界のみならず、観測装置を介して観測した世界も、最終的には脳を通して見た世界———人間が認識した世界———ですから現実です。

　観測結果は（事実ではなく）現実である。

　物理学でいうならば、これは観測者が観測という行為を通して認識した世界であり、それが、必ずしも事実と同じとは限りません。

　事実＝事象の世界＝ありのままの世界
　現実＝現象の世界＝脳でとらえた世界

脳は自らすすんでだまされることがあります。特に先入観があると、そこにないものを見たり、逆に、そこにあるものを見なかったりします。

　また、脳は感覚の残像を作ったり、記憶をでっち上げたりもします。自分でも確かな事実———記憶———と思っているものが、脳のでっち上げた幻想にすぎないこともあるでしょう。

「脳で判断した観測結果と実験結果」に対しても、常に疑問を抱き続けること大事だと思います。

　どんな観測結果や実験結果も脳が作り上げた現実にすぎない（そのため、必ずしも事実とは言い切れない）

　脳科学は、数学と物理学に革命をもたらすかもしれない新しい学問です。人間の脳の働きをより細かく研究することによって、「人間はなぜ、この原理を正しいと判断したのか？」という直観にも大きく関わってくることでしょう。

◆　脳科学者の言葉

　自然界に存在している事象を五感で感知したり、観測装

置で測定したりして、その結果を頭の中で解析して再構築し、意味づけをします。こうして、最終的に脳内で認識したものを現象といいます。

　古代ギリシャの哲学者プラトンは、次のように考えていたようです。

　今われわれの見ている姿は自然界の仮の姿であり、自然界の真の姿の（不完全な）コピーに過ぎない。

　脳科学者も同じようなことを言っています。

　私たちの見ている世界は頭の中で作り上げた世界であり、本当の世界とは異なっていることがある。

　これは、そのまま物理学にも通用します。

　観測（実験）によって得られた結果は観測装置（実験装置）が作り上げた世界であり、本当の世界とは異なっているかもしれない。

　私たちは、観測結果や実験結果をそのまま受け入れることなく、常に疑念を抱き、慎重に対処する必要があります。もしかしたら、これが科学的な態度なのかもしれません。

特に、物理学における衝突の定義である「2つの物体が衝突をしたとき、その2物体は同じ場所と同じ時刻にある」という人間の基本的な良識に反する観測結果や実験結果は、是が非でも拒否しなければならないでしょう。

◆　現実と真実

　日常生活で、私たちは「理想ばかり求めていないで、現実をよく見てみろ」という言葉を頻繁に使います。「現実を見ろ」とは「真実を見ろ」という意味です。これは、**日常生活においては現実と真実が同じ**だからです。

　私たちの目で見える範囲（身の回りの狭い世界）では、現実の世界と真実の世界の違いを認識することはほとんどありません。だから、現実の世界をそのまま真実の世界とみなして生活しても、何ら問題はありません。いえ、そうしないと逆に日常生活に支障をきたしてしまいます。

　しかし、科学ではできるだけあいまいな言葉を避けるほうが賢明です。現実は常に真実と一致するとは限りません。マクロの世界やミクロの世界では、現実と真実の違いが次第に大きくなってくるでしょう。その場合は、現実をいくら見ても真実は見えてきません。真実は、いつも現実の裏

に、そして奥深く隠されています。

物理学においては、現実と真実は異なる。

　現実とは、人間が目で見たり、耳で聞いたり、手で触ったりして、それを脳で「これが多分、真実であろう」とみなしたことがらです。つまり、一般的にいうならば、現実とは「真実のコピー」です。哲学の世界では、洞窟の比喩として紀元前から語られています。コピーである以上は、正確にコピーされる場合もあれば、不正確にコピーされる場合もあります。

　精密な観測装置を使って得られる超マクロの世界や超ミクロの世界を見たときの観測結果は、すでに真実の世界をうまく反映しているとは言い難いです。

　たとえば、観測装置を使って遠い星までの距離を観測して、その距離を100億光年という観測結果を出したとき、この値をそのまま信用することに疑問を持ちます。

　観測装置を使って100億光年先の星の温度を観測したとき、その観測結果としての温度が本当の温度かどうか、疑問を持たざるを得ません。

超ミクロの世界も同じでしょう。そして、このような観測結果に疑問を持つことが本来の科学のあり方です。

「超マクロの観測結果は信用できるとは限らない」「超ミクロの観測結果は信用できるとは限らない」「観測結果に対して常に疑問を持ち続ける」という姿勢をいつも捨てないことは、科学する上での大切な心構えだと思います。

◆ 直観を大切にする

直観には「正しい直観」と「間違った直観」があります。現実にも「正しい現実」と「間違った現実」があります。

直観による予想と現実の世界が食い違うことがありあます。そのようなとき、私たちはしばしば「直観よりも現実のほうが正しい」と思うことがあります。その根拠は「自分自身の抱いている個人的な直観よりも、客観的な現実のほうが信用できる」と思っているからではないのでしょうか？

しかし、誰も「現実のほうが正しい」ということを証明した人はいません。「直観よりも現実のほうが正しい」という主張は直観にもとづいて行なわれています。

私たちは、観測や実験の結果に惑わされてしまうことがあります。特に、物理学の基本法則（自然界は無矛盾である、物理学は無矛盾である、原因の後に結果が来る、など）に抵触する結果は、そのまま受け入れることはしないほうがよいでしょう。

　場合によっては、良識的な直観を用いて「観測結果や実験結果を認めない」という英断が必要な場合もあります。

　直観は日常でも研究でも重要な位置を占めています。また、多くの科学的な新しい発見は直観によって行なわれています。よって、科学から直観を完全に排除することは、人類の持っている宝を奪われることにつながるでしょう。

　数学も物理学も、証拠や証明だけで成り立つ学問ではなく、その多くは直観に依存しています。直観をすべて否定してしまったら、数学も物理学も成り立たなくなります。

◆　真実はたった1つ

　真実はたった1つです。「3日前にAさんが歌を歌った」「おととい、Bさんが絵を描いた」「きのう、Cさんがギターを弾いた」という場合を想定しても、まったく別々の真実

は無数にあります。しかし、それぞれの真実はたった１つ
です。

　また、宇宙空間内における物体の真の速度（真の値）は
１つですが、観測者によって相対速度は異なります。これ
も「真実は１つだが、見かたはたくさんある」という実例
です。

　縦じまのハンカチを一瞬で横じまのハンカチに変えるマ
ジックがあります。ハンカチは同じものですが、見方に
よっては縦じまになったり横じまになったりします。これ
も、事象が１つでも、それを見たときの現象はいくつかあ
ることを物語っています。

　科学捜査の原点も「真実はたった１つ」です。その真実
が見る人によってはさまざまに変わりますが…。そのたっ
た１つの真実を確実に知る方法は確立していません。それ
ぞれの真実を１個１個仕分ける手法も今のところ、思いつ
きません。

　物理学でも同じく「これが真実である」という確実さが
ないようです。だから、さまざまな観測や実験を繰り返し
て多数のデータを集め、一番もっともらしい推測結果を真
実として採用しています。その際にも、人間としての良識

的な直観も関与していると思います。

◆　時間

　時間には２つのとらえかたがあります。

（１）時刻
（２）時間経過

　この宇宙には中心となる点がないと考えられています。同じように歴史にも中心はないと考えられます。その歴史の中において過去に発生した事象は、痕跡（化石など）または記録（絵や文字による）あるいは記憶（親や祖父母などの伝言）でしか確認できません。未来に起こる事象は不確定であり、私たちは常に今という時間でしか生きることができません。

　時間は一方向であり、過去から未来に進みます。もともと、時間には原点も目盛りもありません。つまり、座標系は存在していません。それではちょっと不便なので、人類が時間を表現するために、時間軸を設定しました。そのやりかたは原点を決めて、次に目盛り幅を決定することです。

一般的には、過去の一時点を原点と決めます。キリスト
の誕生をゼロに設定するなどです。未来を原点とする時間
軸は作りづらいです。

　次に時間軸の目盛り幅を決めます。地球が太陽のまわり
を1回転する目盛り幅を365日に決めるなどです。

　時間という概念は、時間軸を設定したときの原点からの
時間経過を表す「時刻」と任意の2つの時刻間を表す「時
間の経過」という概念を合わせたものです。

【時間の概念】
（1）時刻（t_1やt_2）
　　　原点からの経過時間＝$t_1 - 0 = t_1$
　　　原点からの経過時間＝$t_2 - 0 = t_2$
（2）経過時間（t_1からt_2）
　　　2つの時刻間の経過した時間＝$t_2 - t_1$

　自然界にはさまざまな変化が存在しており、その変化は
時間とともに進行します。時間が進まなければ何も変化は
起こりません。

　時間は物理学で扱う基本的な量の1つであり、地球上に
生命体がまったく存在していない時代にも、時間は着々と

進んで、様々な変化が起こってきました。つまり、時間の進みかたは観測者には依存していません。

　近くにいる人にとっても遠くにいる人にとっても、歩いている人にとっても走っている人にとっても、ゆっくり動いている人にとっても素早く動いている人にとっても、この時間の進みかたは同じです。

　ある変化が速いか遅いかは、変化の始まりと終わりの時間経過で判断します。つまり、時間は大小を比較できます。この比較には数は必要ありません。時間は、本来は無単位であり、無単位でも比較は可能です。

　しかし、時間の変化がどれくらい大きくて、どれくらい小さいかをもっと正確に知りたいときには、測定が必要になります。このとき、初めて数字の導入が始まります。

　時間を座標軸で表現するときには、まずはゼロ設定が必要です。原点の表示です。これは人為的な操作なので、宇宙の歴史上でどこにゼロ設定しても構いません。

　あとは、時間軸の間隔の設定です。この時間軸の数値は、常に等間隔に振ります。これは、ある間隔を設定したのちに、等分することによって得られます。それがもっとも素

直であり、誰にでも納得できる座標軸になるからです。

　時間の測定にはまず基本量を設け、それを1単位とします。そして、対象となる時間の量をこの1単位の倍数で表示します。これが、単位の導入による量の数値化です。

　たとえば、単位として地球の公転周期を挙げます。これが1年間です。あとはこれを区切って月、日、時、分、秒などを設定できます。または、月が公転する周期を1か月、地球が自転する周期を1日とする場合もあるようです。

◆　時間が存在しない

「時間が存在することは、事象の変化で観察できる。事象が変化しなければ、時間は存在していない」といわれることがあります。しかし、「時間が存在しないこと」あるいは「時間が経過していないこと」は、本当に観測できるのでしょうか？

　そもそも「時間が存在する」「時間が存在しない」とは何でしょうか？　この表現と「リンゴが存在する」「リンゴが存在しない」との違いは何でしょうか？　また「時間が存在する」と「時間が実在する」の違いは何でしょうか？

昔から「時間が存在しないこと」と「時間が停止していること」は同じと思われてきました。だから、何も変化しないときには「時間が停止している」という代わりに「時間は存在しない」と言いかえたりします。これですと、時間の始まりであるビッグバン以前は、時間が停止していたことになります。

　国語的になりますが、「時間が存在しない」と「時間が停止している」は、意味が違います。よく「落ちない砂時計の時間は存在しない」といわれますが、たぶん、砂が入っていないか、重力がないか、砂粒が詰まっているせいでしょう。

　そもそも、私たちは「時計が停止している」を認識できても、「時間が停止している」ということを認識できません。たとえば、じっと時計を見ているとき、時計の針がぜんぜん動いていないとします。そのとき、時間が停止していることを認識していると思われがちです。しかし、その凝視していた時間は３秒でしょうか？　５秒でしょうか？

　本当に時間が停止していることを確認するためには、１時間も２時間も凝視する必要があります。つまり、時間が停止していることを知るためには、時間が停止していない状態が必要です。これより、時間の停止は観測不可能です。

時間が停止していることを認識するためには、時間が停止していない必要がある。

　時計が停止していることは観測できても、時間が停止していることは観測できません。同じように、時計が遅れることは観測できても、時間が遅れることは観測できません。

　人類が決して観測できないものの１つが「時間の遅れ」です。「時計が遅れた。だから時間が遅れた」という発想は短絡的であり、必ずしも正しくはありません。

　時間が遅れることを認識するためには、時間が遅れていない（つまり、いつも時間が正確に経過している）必要がある。

　これは、結果的に絶対時間を肯定することになるかもしれません。

◆　本能寺の変

　本能寺の変で「織田信長が明智光秀に殺された」というのは１つの事件です。「明智光秀が織田信長を殺した」というのも１つの事件です。この２つの事件は受動態と能動態

で書かれた「本質的には同じ事件」です。

　事件Ａ：織田信長が明智光秀に殺された。
　事件Ｂ：明智光秀が織田信長を殺した。

　このとき、事件Ａと事件Ｂは同時に起こっています。

本質的に同じ事件は、いつも同時に起きている。

　少年が拳で机をたたいたとします。このとき「少年が机をたたいた」と「机は少年によってたたかれた」は同時に起こっています。

「少年が机をたたいた時刻」と「少年によって机がたたかれた時刻」は同じである。

　２台の車が同じ時刻に、日本とアメリカなどの離れた場所で走っていれば、交通事故は起こりません。同じ交差点でも、ある車が通過した１週間後に別の車が通過したときも、この２台の車による衝突は起こりません。

　車同士による交通事故とは「２台の車の衝突」です。交通事故は、２台の車が同じ時刻に同じ場所に存在しなければ起こりません。

◆ 同時性と同地性

　小学国語辞典で「衝突」を調べてみると「ものとものとがぶつかること」と出ています。

　衝突は、物理学ではもっとも基本的なできごとです。2つの物体が衝突したとき、衝突した時刻と衝突した場所は、2つの物体で共通しています。これが、「衝突の同時性」と「衝突の同地性」です。

【衝突の同時性】
　2つの物体が衝突したとき、衝突した時刻は、その2つの物体にとってまったく同じである。

【衝突の同地性】
　2つの物体が衝突したとき、衝突した場所は、その2つの物体にとってまったく同じである。

　もちろん、物体には大きさがあるので、物体同士の衝突点（接した点）における衝突になります。物体には重心があるから、2物体の衝突では重心同士は同地性を満たさないけれども、同時性は満たしているでしょう。もっとも、この広い宇宙では、恒星も惑星も質点として扱うことができます。どんなに巨大な星同士でも、衝突したときには、同

時性と同地性を満たしているとみなせます。もちろん、素粒子同士でも、衝突した瞬間は同時であり同地です。

◆ 衝突の座標

　ある2つの物体が衝突したとき、その衝突は宇宙における唯一無二の事象です。この事象は事実であるがゆえに、客観性を持っていなければなりません。つまり、誰にとってもまったく同じ事象として共有されなければなりません。そのためには、衝突したときの衝突時刻と衝突場所が、万人にとって同じ座標として共有される必要があります。

　これより、物体Aと物体Bが衝突したとき、「物体Aが物体Bにぶつかった空間座標（場所）」と「物体Bが物体Aにぶつかった空間座標（場所）」は同じ空間座標です。

　また、「物体Aが物体Bにぶつかった時間座標（時刻）」と「物体Bが物体Aにぶつかった時間座標（時刻）」は同じ時間座標です。

　2つの物体が衝突したとき、その2つの物体の時間座標と空間座標はまったく同じである。

◆ 衝突は同時に起こる

　私たちの日常生活の中では、軽いものを含めれば衝突は頻繁に起きています。テーブルを叩く、ボールを蹴る、キーボードを打つ、道を歩く、握手をする、飛行機が空港に着陸する、などはすべて物体同士の衝突です。

　また、衝突する2つの物体は動くものとは限りません。机の上にリンゴが置いてあるとき、ずっと衝突し続けている状態です。

　物体Xと物体Yが衝突するのは1つの事象です。これをAと置きます。

　事象A：物体Xと物体Yが衝突する。

　この場合の主語は「物体Xと物体Y」という複数です。この複数を単数に直してみます。つまり、この事象を「物体Xが物体Yに衝突する」と「物体Yが物体Xに衝突する」と2つに分けます。

　2つに分けたからといって、実際の事象が変化したわけではありません。分ける前と分けた後では主語が変更されただけであり、本質は何も変わっていません。

事象B：物体Xが物体Yに衝突する。

事象C：物体Yが物体Xに衝突する。

このとき、事象Aと事象Bと事象Cは、本質的に同じ内容の事象であり、それゆえにまったく同じ場所で、まったく同じ時刻に起きています。

物体Xと物体Yは常に同時に衝突する。

これより、宇宙内における任意の2つの物体は、常に同時に衝突します。飛行機が空港に着陸したとき、飛行機の時刻と空港の時刻は同一です。いささかの時間の相違も許されません。これによって、ヘイフリーとキーティングの実験結果に疑問が生じてきます。

◆ 事象として同じかどうか

同じ年齢の双子がいったん別れて、その後に再会するときを考えます。双子が再会するときには「兄が弟に再会する」「弟が兄に再会する」「兄弟が再会する」という3つの事象はまったく同時に起きています。では、この3つの事象は同じ事象でしょうか？ それとも、異なった事象でしょうか？

また、この３つを現象とみなした場合、この３つの現象は同じ現象でしょうか？　それとも、異なった現象でしょうか？

「事象とは何か？」と「現象とは何か？」は物理学における大きな問題であり、「同じ事象と異なった事象を見分ける基準は何か？」「同じ現象と異なった現象を見分ける基準は何か？」も、物理学でこれから確立していかなければならない問題です。

◆　ヘイフリーとキーティングの実験

　相対性理論によれば、２つの物体は時刻が異なっていても衝突することができます。そして、それが実際にヘイフリーとキーティングの実験で検証されました。

　ヘイフリーとキーティングは地上で時刻合わせをした原子時計の一方を地上に置いておき、他方を飛行機に乗せて地球を周回させました。そして、飛行機が帰還した後、２つの原子時計を比較しました。その結果、飛行機に搭載した原子時計の時刻がずれていました。そのため、「相対性理論が正しいことの証拠がまた１つ増えた」と高く評価されています。

しかし、飛行機が空港に着陸するということは、これは「車輪と滑走路の衝突」です。つまり、この着陸という事象は衝突の定義を満たさなければなりません。衝突とは、２つの物体が同じ場所に同じ時刻に存在することです。

**　着陸したとき、「飛行機の時刻」と「地上の時刻」は同じでなければならない。**

　これは、**着陸時には「飛行機に搭載した原子時計の時刻」と「地上に残した原子時計の時刻」も同じでなければならない**ということです。これは、良識から下した結論です。

　もし両者の時刻が異なるならば、飛行機は地上に降り立つことができません。ここで、相対性理論に矛盾が発生します。

【相対性理論の矛盾】
（１）衝突の定義より、地上と時刻の異なる飛行機は地上に着陸できない。
（２）実験の結果より、地上と時刻の異なる飛行機が地上に着陸できた。

　（１）と（２）はお互いに矛盾しています。ここで、次のように「Ａを取るか？　Ｂを取るか？」という究極の選択

に迫られます。

　Ａ：良識を信じて、実験結果を捨てる。
　Ｂ：実験結果を信じて、良識を捨てる。

　相対性理論の啓蒙書でも「常識や良識を捨てれば相対性理論を理解できる」と書かれています。「まず、光速度不変の原理をそのまま受け入れよう」と書かれている場合もあります。

　今の物理学では、「人間の持っている良識」と「観測や実験の結果」にずれが生じたとき、良識を否定する傾向にあります。

　しかし、人間としての良識も捨てがたいです。私たちはもっと人間としての良識を信じても良いのではないでしょうか？　むしろ、私たちは実験結果よりも良識にしたがった衝突の定義を優先したほうが良いこともあるでしょう。そのときは、「この実験結果はおかしい」と素直に考えるのが筋かなと思われます。

　なお、「着陸したときには飛行機の時刻と地面の時刻は同じだが、飛行機の原子時計と地上の原子時計は直接に接触していない。だから、原子時計同士は衝突していないか

ら、時刻が違ってもかまわない」というアドホックな仮説で乗り切ることもできます。

しかし、これだと新たな問題が発生します。それは、飛行機とそれに搭載されている原子時計がまったく同じ動きをしたのに、どうして両者の時刻が異なったのかということです。相対性理論によれば、まったく同じ動きをする2つの物体は、時間の経過が同一であるがゆえに時刻がずれてはならないからです。

これより、**ヘイフリーとキーティングの実験は相対性理論の検証実験ではなく、本当は反証実験であった**と考えられます。今まで「相対性理論はただの1度も観測や実験で反証されたことはない」と高く評価されてきました。しかし、そうではなかったのかもしれません。

◆ 衝突の拡張

現代物理学は拡張の歴史でもありました。ニュートン力学の扱う範囲が地上から天空に拡張されました。地上の現象だけではなく、ニュートンは広大な宇宙空間でも通用する世界を作り出しました。

ニュートン力学はさらに相対性理論に拡張されました。時間は時空に拡張されました。ニュートン力学の３次元空間は相対性理論の４次元時空に拡張され、今では超ひも理論の９次元〜１１次元にまで拡張されようとしています。

　衝突は「２つの物体が同じ時刻に同じ場所に存在する」ことで起こります。しかし、相対性理論以降は「別々の時刻であっても衝突と認める」と変更されているような気がします。これは衝突の拡張といえます。

２つの物体は、同じ場所で同じ時刻に衝突する。
　　　　↓　　これを拡張すると…
２つの物体は、同じ場所であれば別々の時刻でも衝突する。
　　　　↓　　さらに拡張をすると…
２つの物体は、別々の場所で別々の時刻でも衝突する。

　相対性理論をきっかけとして、物理学は矛盾の世界に迷い込んだようです。特殊相対性理論から一般相対性理論への拡張は、矛盾した理論をより矛盾化させただけでしょう。

**　矛盾している特殊相対性理論を拡張すると、さらに矛盾している一般相対性理論になる。**

　このメカニズムによって「特殊相対性理論よりも、一般

相対性理論を理解するほうが圧倒的に難しい」とされています。でも、拡張によって矛盾化すればするほど、私たちはその拡張された理論を理解することが困難になるだけです。

◆　2回の衝突

　ここで、基本的な命題を2つ設定します。

【場所に関する基本的な命題】
　2つの物体AとBが衝突したとき、両者は同じ位置にある。（衝突したとき、空間座標が同じである）

【時間に関する基本的な命題】
　2つの物体AとBが衝突したとき、両者は同じ時刻である。（衝突したとき、時間座標が同じである）

　ここで、AとBが2回衝突したとします。

【1回目の衝突】
　AとBは同じ時刻で衝突します。その後、AとBはいったん離れて、別々に運動します。その場で静止していても、高速で等速直線運動しても、自由気ままに加速度運動をし

ても何でもかまいません。そして、２回目の衝突をします。

【２回目の衝突】
　やはり、ＡとＢは同じ時刻で衝突します。

　その後、ＡとＢは何回でも衝突できますが、衝突したときの時刻はいつも同じです。そして、衝突時刻がいつも同じならば、その間に経過した時間もいつも同じです。

　これより、**宇宙空間に存在している任意の２つの物体は、何度ぶつかっても、ぶつかるたびに同じ時刻**です。ぶつかる前までのＡの運動状態やＢの運動状態はまったく関係ありません。

　宇宙内に存在している任意の２物体の時間経過が常に同じならば、これによって**絶対時間の正しさが証明された**ことになります。

　物体ごとの別々の時間経過というものは存在しません。宇宙のどこで等しく時間が流れ、宇宙のどこも常に同じ時刻です。先人たちから数千年にわたって受け継いできた形而上学———絶対時間———は偉大だと思います。

◆ 時計の衝突

　実在する時計の中には「進んでいる時計」「遅れている時計」「止まっている時計」など、たくさんの時計があります。また、いかなる時計も誤差を伴っています。つまり、**誤差をまったく持たない完璧な時計は実在しない**と考えられます。この広い宇宙に完璧な時計は1つも存在していないならば、どの時計も本当の時刻を表示していない可能性があります。

　2つの物体がぶつかったとき、その2物体は同じ場所に存在し、なおかつ、同じ時刻に存在しています。これは時計でも成り立ちます。

　時計Aと時計Bがぶつかったとき、時計Aの表示している時刻と時計Bの表示している時刻が異なっていても、衝突した瞬間の両時計の実際の時刻は同じです。

　時計の「表示している時刻」と時計の「本当の時刻」は異なっている。

　本当の時刻とは実際の時刻のことです。もし、衝突時に両者の時刻が異なっていたら、少なくともどちらかの時計が狂っています。もちろん、両方の時計が狂っていること

もあります。

　よって、時計の表示時刻を本当の時刻とみなすことはできません。2つの時計がぶつかった瞬間、その表示時刻とは関係なく、物理学的には同時刻に自動修正されます。

　2つの時計が衝突したとき、両者の表示時刻とは無関係に、実際の時刻は同時刻である。

◆　同時刻の相対性

　相対性理論は、次なる同時刻の相対性を主張しています。

【同時刻の相対性】
　観測者Aにとって現象Xと現象Yは同時に起きているが、観測者Bにとっては同時に起きていない。

　この文からは「観測者Aにとっては」と「観測者Bにとっては」を省くことはできません。というのは、この2つの言葉を省くと、次のように矛盾してしまうからです。

【同時刻の相対性】
　現象Xと現象Yは同時に起きているが、同時に起きてい

ない。

　これからわかるように、**相対性理論は観測者が存在しないと成り立たない理論**です。それに対して、ニュートン力学は観測者がいなくても成り立つように作られた理論です。

　相対性理論は、観測者中心の物理理論である。つまり、相対性理論は、人間中心の物理理論である。

　事象Ｘと事象Ｙが同時に起きたかどうかは、観測者の存在とは関係なくその真偽が決まっています。これが、生命体がまったく存在しない「無生物のみの世界」における物理学のスタンスです。

　しかし、事象ではない「現象」を扱うようになると、生命体という観測者の存在が必要になります。特に、観測装置を自由に使いこなす高度知的生命体———人間など———が不可欠です。

　同時の事象は、人類が地球上に誕生するずっと前から起きています。天体Ａと天体Ｂが衝突したとき、「天体Ａが天体Ｂにぶつかった」という事象と「天体Ｂが天体Ａにぶつかった」という事象は同時に起きています。

同時という事象には観測者は不要であり、なおかつ、観測という行為には依存していません。2つの事象が同時に起きていれば、それは万人にとっても同時に起きています。

　しかし、この事象の同時性は現象には通用しません。ある人が見て同時であっても、他の人が見たら同時ではないという現象はたくさんあるからです。

　同時であるかどうか（事象の立場から見た同時性）と同時であるように見えるかどうか（現象の立場から見た同時性）は、まったく別の問題です。

「同時に起きているかどうか？」は事象の問題である。しかし、「同時に起きているように見えるかどうか？」は現象の問題である。

「事象の問題」と「現象の問題」は切り離して考えたほうが良いでしょう。私たちは、現象に惑わされてはならないと思います。ちなみに、ニュートン力学は主に事象に関する理論ですが、相対性理論は主に現象に関する理論です。

◆ 同時に起こる

「同時に起こる」という表現には、2つの意味があります。

（1）2つの事象が同時に起こる。
（2）2つの現象が同時に起こる。

これを「事象の同時性」と「現象の同時性」と呼ぶことにします。

事象（もののあり方）と現象（ものの見え方）は異なります。これによって、物理学における「事象の同時性」と「現象の同時性」も異なります。

事象Aは観測者にとっては、現象A'として観測される。
事象Bは観測者にとっては、現象B'として観測される。

事象Aと事象Bが同時に起こっていても、観測者が観測した現象A'と現象B'は同時に起こっていないように見えることがあります。

相対性理論も次のように述べています。

ある2つのできごとが、ある人にとっては同時に起こっ

ているように見えるけれども、別の人には同時に起こっていないように見える。

このように、事象における時刻の同時性は、現象には通用しません。

◆　結合体の同時原理

光速度不変の原理から矛盾が出てくる以上、この原理を捨てる必要が出てきます。そこで、光速度不変の原理の代わりになる原理が必要になります。

光速度不変の原理よりも根源的で良識的な原理が「衝突の同時原理」と、それから派生して出てくる「結合体の同時原理」でしょう。

結合体とは、物体、物質、分子、原子などです。物質は分子が結合したものであり、分子は原子が結合したものであり、原子は素粒子が結合したものです。この場合の結合は、力によって寄り集まっており、接触（持続的な衝突）とも考えられます。

これより、**結合体を構成している要素はいつも同じ時刻**

と考えられ、これを結合体の同時原理と呼ぶことにします。この原理から、次なる結論が出てきます。

　物質を構成しているすべての分子は同じ時刻である。
　分子を構成しているすべての原子は同じ時刻である。
　原子を構成しているすべての素粒子は同じ時刻である。

　この結合体の同時原理は、衝突の同時原理から次のように派生しています。

　　物体同士が衝突したとき、その２物体は同時刻である。
　→物体同士が接触したとき、その２物体は同時刻である。
　→物体同士が結合したとき、その２物体は同時刻である。

　地上にある原子時計と高所にある原子時計を配線でつないだとき、１つの物体と考えることができます。結合体の同時原理によって、この２台の原子時計は同時刻です。これによって、標高差による時間経過の違いは生じません。よって、相対性理論の次なる主張は否定されます。

　地上からの標高が高いほど、（重力が弱くなるため）時間の経過が速くなる。

　低い標高の物体と高い標高の物体を線でつなぐと、結合

体の同時原理によって同じ時刻になるから、標高差による時間差は発生しません。

◆　どんな周期も狂い続ける

　時計の表示する時刻は常に一定に進むことが理想です。しかし、誤差をまったく持たない完璧な時計は、自然界には存在しません。地球が太陽の周りを公転する周期も、地球が自転する周期も、1回転ごとに異なった時間であると考えられます。

　どんなに周期的な事象といえども、1周期ごとに時間は狂ってきます。ある事象の100周期を考えた場合、その100回の各周期すべてが同一の時間ではなく、それぞれが異なった時間であるのが普通です。それは、いろいろな未知の条件が関与してくるからです。

　非常に精度の高い事象（いわゆる安定した周期を持つ事象）に関しても、1回1回の周期の時間は異なっているでしょう。それが自然界に存在する事象の持っている宿命です。したがって、どんな周期も時間がたてばたつほど、誤差として検出されてきます。

これは自然周期に限ったことではありません。人工的に製作された時計も、どんなに精度が高くても必ず誤差を持っています。つまり、自然の周期も人工の周期も常に狂い続けています。原子時計も光格子時計も完璧な時計ではありません。

これが、物理学に絶対時間が必要な理由です。絶対時間は誤差をまったく含んでいないから、物理学にとって「もっとも理想的な時計」です。

どんな周期も狂い続ける以上、絶対時間は物理学に必要である。

◆　2つの時計

正確な時計に対して、進んでいる時計の時刻は数値が大きく表示されます。逆に、遅れている時計の時刻は数値が小さく表示されます。

時計Aと時計Bがあるとします。時計Aの表示する時刻をaとし、時計Bの表示する時刻をbとします。

時計Aより時計Bが進んでいるならば、時刻の表示は次

のような大小関係があります。

　　a ＜ b

　これを時間座標軸上に書くと次のようになります。座標
軸上の数値は左が小さく、右が大きいという一般的な座標
軸を用います。

$$\longrightarrow$$

　　　　　　a　　　　　　　　　　b

　Aの時刻よりもBの時刻のほうが大きいので、aの右側
にbがあります。

　時計Aより時計Bが進んでいるならば、時計Aは時計B
よりも遅れています。なぜならば、aよりもbが大きいな
らば、aはbよりも小さいからです。以上より、次なる結
論が出てきます。

**　時計Aより時計Bのほうが進んでいるならば、時計Aは
時計Bよりも遅れている。**

　これより「時計Aは時計Bより遅れている」という事実
と「時計Bは時計Aより遅れている」という事実はお互い

に矛盾するので、同時に成り立つことはありません。

　これより、2人の観測者がお互いに「あなたの時計は私の時計よりも遅れている」と主張した場合、その観測結果の内容がまぎれもない事実ならば、少なくとも1人はうそをついていることになります。

　しかし、2人の観測者は事実という「事象」について述べているのではなく、あくまでも観測結果という「現象」について述べているだけならあり得るでしょう。

　自然界においては、事実という「実際のできごとは矛盾していてはならない」というのが理想です。しかし、現象にはそれほどの厳しい制約は課されてはいません。したがって、**矛盾した事象は存在しないのに、矛盾した現象はたくさん存在している**と考えられます。

　これより、観測結果をすべて信じることには無理があります。「良識に反する観測結果が出たときは、良識のほうを捨てよう」という相対論的な発想は危険です。

◆ 狂っている時計

　光速度不変の原理で扱う光速度は、観測者に対する相対速度です。

　お互いに反対方向に等速直線運動をしている時計Ａと時計Ｂを考えます。

　この場合、次の４つのケースが考えられます。

（１）　ＡもＢも完ぺきに正確な時計である。

（２）　Ａは完ぺきに正確であるが、Ｂは狂っている。

（３）　Ａは狂っているが、Ｂは完ぺきに正確である。

（４）　ＡもＢも狂っている時計である。

　ここで（１）を仮定します。相対性理論によると、時計Ａに対して時計Ｂは時刻が遅れています。時計Ｂに対して時計Ａは時刻が遅れています。しかし、お互いに相手が遅れている場合、（１）はあり得ません。これより、相対性理論で扱っている時計はいつも狂っていることになります。

ちなみに、誤差を伴っている時計は「いつも狂っている時計」です。ということは、この世の中に実在している時計はすべて狂っている時計であることになります。狂っている時計で観測したり実験したりすることには問題がありそうです。

◆　理想的な時計

　私たちは、いまだかつてまったく狂いのない完ぺきな時計を見たことも触ったこともありません。原子時計も完ぺきな時計ではないし、光格子時計も完ぺきな時計ではありません。でも、私たちは「完ぺきな時計」や、それが表示する「本当の時刻」を確かに知っています。

　なぜならば、完ぺきな時計があるのを知っているからこそ、「あの時計は完ぺきな時計じゃない」と言えるのです。これは、ソクラテスの考えかたです。

　測定値には誤差があります。本当の時刻があることを知っているからこそ、「この時計の表示している時刻は本当の時刻ではない＝この時計には誤差がある」と言えます。

原子時計には誤差があるので、完ぺきな時計ではない。

光格子時計には誤差があるので、完ぺきな時計ではない。

　この自然界に完ぺきな時計が実在しないならば、それはいったいどこに存在しているのでしょうか？　実は、それは私たちの心の中に存在しています。これが、観念上の時計としての絶対時間です。

　絶対時間は形而上学的な時計であり、絶対時間を動かしているのは、100Ｖの交流電源でもないし、乾電池でもありません。絶対時間は動力を必要とせず、メンテナンスも必要としない「絶対に故障しない理想的な時計」です。

　それだけではありません。絶対時間という時計は、太陽の中に持って行っても高温で溶けることなく、正確な時を刻み続けます。たとえ、ブラックホールの中に持って行っても、誤差をまったく伴わずに正確に作動します。

　この「実在しない時計」は故障することがないので、永遠に正確な時を刻み続けます。そして、原子時計や光格子時計の誤差を割り出すときに用いられるのも、この絶対時間という時計です。

◆　完ぺきな時計

　時計の遅れには「時間経過の遅れ（アナログ時計の針の進む速さの減少、デジタル時計では数字が切り替わる速さの減少）」と「時刻の遅れ（時計の表示する数字の減少）」の2つがあります。そして、両者には次のような関係があります。

**　時計の経過時間が遅れれば、時計の時刻も遅れる。**
**　時計の経過時間が早まれば、時計の時刻も早まる。**

　時計には自然の時計と人工の時計がありますが、両者ともに不完全な時計です。「不完全」とは「誤差を有する」という意味です。

　アリストテレスは数学や物理学の母体としての哲学に完全さを求め、すべての学問の上位に位置するもっとも重要な哲学である第一哲学を考え出しました。これが形而上学だそうです。

　そこで、不完全な時計の代わりに形而上学的な時間を取り入れて、上の二文を言い換えてみます。

**　時間の経過が遅れれば、時刻も遅れる。**

時間の経過が早まれば、時刻も早まる。

　この場合の時間は「誤差を伴わない完ぺきな時間」です。ニュートン以前は誰もこれを疑わずに、書物に記載したこともないようです。初めてこれが著されたのはニュートンのプリンキピアです。その後、従来の時間は「絶対時間」と称されるようになりました。

　形而上学的な時計としての絶対時間は実在しない観念的な時計です。人類のような高度知的生命体の頭の中にだけに存在する理想的な時計です。

　だから、絶対時間を脳から切り離すことができず、みんなの目の前に「これが絶対時間です」と現物を提示することはできません。

　このような脳内に存在する「誤差を伴わない完ぺきな時間」を真っ向から否定したのが相対性理論です。その理由は「誰も絶対時間を見たこともないし、絶対時間を観測した人は誰もいない」でした。

◆ 時計の遅れと時間の遅れ

「時計」と「時間」は言葉の意味が違います。小学校で習う時計算でも、進んでいる時計や遅れている時計が登場します。

　しかし、言葉が似ているので時計と時間を混同することも多いです。「時計の遅れ」と「時間の遅れ」も言葉が似ているので、勘違いされやすいでしょう。

　物理学においても、「時計の遅れ」と「時間の遅れ」はまったく異なった概念です。また「時間の遅れ」と「時刻の遅れ」以外に、「時間経過の遅れ」も異なった意味を持っています。どの学問でも、言葉の意味の違いを知ることはとても大切です。

　しかし、相対性理論ではこの３つを明確に区別しないで、一緒に扱っているようです。原子時計を用いた実験をするときも、「原子時計の遅れ」をそのまま「時間の遅れ」に言いかえています。これは真実ではありません。

　数式を重視して言葉を軽く扱うと、数学も物理学も矛盾に陥る可能性が出てきます。数式と同様に、正しい言葉の使いかたも大事だと思います。

今から50年以上前、私が航空高専に入学したとき、授業開始までに読んでくることを勧められた本が10冊くらいありました。そのうちの2冊を読むように言われていました。一種の宿題ですが、私は「記号論理学」という本を読みました。

　そのとき、目からうろこが落ちました。「もはや、言葉の時代は過ぎ去った。これからは記号の時代だ」と強く感じました。特に、数学に対しては「記号を中心に展開していかなければならない」というような印象を受けました。

　そして、記号をまったく使わない哲学を言葉遊びとして軽視するようになりました。しかし、今ではそのように考えたことを深く反省しています。いくら数学や物理学が発展しても、言葉による哲学が色あせることは永遠にないと思います。

◆　分子の時刻

　水の分子は、水素原子2個と酸素原子1個から構成されています。このとき化学結合をしているので、水素と酸素がずっと衝突しているのと同じです。つまり、この3個の原子は四六時中、同時刻です。

では、水分子の時刻はどうでしょうか？　普通は「2個の水素原子と1個の酸素原子と、それらからなる1個の水分子は、みな同じ時刻である」と考えます。

　化学結合している各原子の時刻は、分子との時刻と同じである。

　しかし、それぞれの概念は異なります。

（1）　1個目の水素原子の時刻
（2）　2個目の水素原子の時刻
（3）酸素原子の時刻
（2）　水分子の時刻

　水が分解した後、1個目の水素原子が加速度運動をし、2個目の水素原子がまた別の加速度運動をし、酸素原子がまたさらに別の加速度運動をしながら、再び合体して化学結合して1個の水分子ができたとします。このとき、相対性理論によれば各原子の時刻は異なっています。では、でき上った水分子の時刻は、どの原子の時刻を採用すれば良いのでしょうか？　あるいは、3個の原子のそれぞれの時刻を平均するのでしょうか？

◆ 物体の時刻

　ここに、1つのリンゴがあります。このリンゴを構成している各分子の時刻はみんな同じでしょう。隣り合っている各分子は、他の分子といつも衝突していることと同じです。接触は衝突の一種と考えられます。

**　リンゴの時刻とリンゴを構成している各分子の時刻はすべて同じである。**

　リンゴを平行移動しても、各分子の時刻は異なったりはしません。では、回転運動をしたときはどうでしょうか？相対性理論が正しければ、回転しているリンゴの分子の時間経過は場所によって異なってきます。

　リンゴが一体となって運動するとき、リンゴ各分子の相対運動はありません。しかし、リンゴを外から見ている観測者がいる場合は、その観測者にとっては回転するリンゴの各分子の速度は同一ではありません。

　地球は1つの物体です。1つの物体は1つの時刻しか持ち得ません。よって、物理学的には地表のいかなる場所も、また、地中のいかなる場所もすべて同時刻です。

それだけではありません。ある瞬間における時刻は、宇宙内のいかなる場所でも同時刻です。そのため、宇宙内のいかなる場所も時間の流れは等しいです。これらを矛盾なく説明できるのは絶対時間です。

◆　衝突と時計

　衝突は物体Aと物体Bがぶつかることであり、これは「AがBにぶつかる」という事象と「BがAにぶつかる」という事象を一緒に論じたものです。この2つの事象を「AとBがぶつかる」というように主語を複数形にして一文にすることもできます。これより、次の3つは同じ時刻です。

（1）　AがBにぶつかった時刻
（2）　BがAにぶつかった時刻
（3）　AとBがぶつかった時刻

　2つの物体がぶつかったとき、物理学的な時刻はAとBは同じです。AとBがそれぞれ別の時計を持っていて、異なる時刻を示していても関係ありません。

　衝突時の両時計の表示時刻とは無関係に、実際の衝突時刻はまったく同じである。

よって「同時に起きるもっとも信頼できる事象は衝突である」と言えるでしょう。

◆　止まっている時計

世の中には、故障して針が止まっている時計があります。デジタル時計の数字が変わらないこともあります。原子時計も壊れれば、時刻は停止したままです。このように、時計の表示時刻がまったく進まなくても、実際の時間は時々刻々と進んでいます。

時計の表示時刻は、実際の時刻とは言い切れない。

長い間、この宇宙ではどこでも時間が等しく流れていると考えられていました。しかし、エルンスト・マッハは「砂の落ちない砂時計の時間は止まっている」と考えました。これは明らかにおかしいです。

2つの砂時計があるとき、砂が落ちている時計と砂が落ちない時計では、表示時刻が異なります。これは、「砂が落ちている時計の時間は動いているが、砂が落ちなくなったら、その砂時計の時間は停止している」ということです。

何か原因があって砂が落ちなくなっても、その砂時計の時間は停止している…というのは何となく納得しづらいです。

　これから判断すると、マッハは事象の存在を認めず、現象しか認めていません。ニュートンは「時間が止まっている時計」の存在を認めませんでした。ニュートンにとっては、止まっている時計や遅れている時計、進んでいる時計は全部、狂っている時計だからです。

　狂っている時計は、時計として物理学的な価値があまりません。しかし、時間を測る近似値を提供してくれることはあります。

◆　時計の精度

　人間の作っている時計の精度は徐々に上がってきています。100年に1秒の狂いから、300万年に1秒の狂い、最近では100億年に1秒の狂いしか生じない時計まで開発されつつあります。

　100年→300万年→100億年→…

しかし、この数字が∞になることはありません。なぜならば、まったく狂いの生じない完ぺきな時計を作り出すことは、人類にはとてもできないからです。

誤差をまったく持たない時計は絶対時間と呼ばれており、これは、私たち高度知的生命体の頭の中だけに存在している形而上学的、すなわち、脳細胞というニューロンのネットワーク上の情報である「観念的な時計」です。

自然界に存在している自然時計（天体の自転周期や公転周期など）も、人類が作り出す人工時計（原子時計など）も、すべて誤差を伴っています。この誤差は、次なる式で表わされます。

時計の誤差＝時計の時刻表示－真の時刻（絶対時刻）

◆　時計の誤差

時計には、形而上学的な時計である「心の中に存在している時計」と形而下学的な時計である「実在する時計」があります。

形而上学的な時計…観念的な時計

形而下学的な時計…日常的な時計

実在する時計には、さらに「自然の時計」と「人工の時計」があります。自然の時計とは、人類が誕生する前から自然界に存在している周期的な事象のことです。人工的な時計とは、人間が開発した時計です。現在の時計は、工夫を重ねて改良された非常に精度の高い時計です。

しかし、実在する時計はすべて誤差を伴っています。つまり、**実在する時計は例外なくすべてが不完全な時計**です。たとえば、機械式時計では1日に20秒、クォーツでは1か月に15秒、原子時計では3000年〜3000万年に1秒、光格子時計は100億年に1秒ほどの誤差があると言われています。誤差の値は文献によってまちまちのようです。

これは「実在する時計はすべて狂っている」ということであり、**時間の基準を設定する上での形而下学的な時計の欠点**といえます。

一方、物理学における理想的な時計は「誤差がまったく存在しない完全な時計」です。これは心の中に存在している観念的な時計しか考えられません。

この想像上の時計は私たちの住んでいるこの世界には実

在していません。その完全無欠な時計は人間の意識の中に存在しており、絶対時間と呼ばれています。

　今のところ、絶対時間に一番近い時計は光格子時計です。しかし、光格子時計にも誤差がある限り、光格子時計が絶対時間の代わりをすることはできません。もちろん、**光格子時計よりも絶対時間のほうが正確**です。

　絶対時間という時計は、誤差を完全に取り除いた理想的な時計です。誤差とは、一般に次の式で定義されます。

　　誤差＝測定値－基準値

　時計の誤差とは、その時計の時刻から基準値を引いたものです。基準値とは、みんなが期待している数値であり、みんなに共通している客観的な数値です。

　一般的な基準値としては標準時刻などを用いますが、標準時刻にも誤差があります。最終的には、基準値は真の値を採用する必要があります。

　　誤差＝測定値－真の値

　絶対時間は、**常に真の値（真の時刻）を表示していると**

される理想的な時計です。

◆ 時刻のずれ

　時間軸の目盛の幅は時間経過を表し、目盛の数値は時刻
を表しています。たとえば、下記のような2つの時間座標
系を考えます。

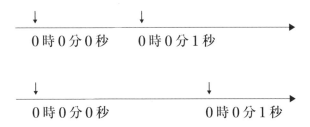

　原点が同じなのは、原点で時刻合わせをしたからです。し
かし、その後の表示時間の経過が異なります。2本の矢印
の間は1秒間という時間経過を表しています。

　上の時間軸は下の時間軸よりも早く表示時間が経過して
います。その理由は、1秒間の間隔が短いからです。

　これより、時間経過の異なる2つの時間軸は、その時刻
が次第にずれてきます。つまり、最初は同時刻でも、その

後は同時刻を示さなくなります。

◆　時刻合わせ

　時刻合わせとは、２つの時計を同じ時刻に表示し直すことです。時刻合わせをした瞬間に、２つの時計は同時刻になります。

　その後、その時計は独自の時刻を表示するようになります。もちろん、誤差を抱えたままです。それに対して、表示時刻とは別に本当の時間が経過し、これは誤差を含まない絶対時間です。

　１億光年離れた２つの時計を同じ時刻に合わせることは至難の業です。いえ、１光年離れた２つの時計を同時刻に設定することすら容易ではありません。地上で、お互いに地球の裏側にある２つの時計ですら、同時刻に合わせることは難しいです。なぜならば、相手の時計が見えないからです。

　でも、お互いに１０ｃｍ離れているだけであれば、２つの時計を見比べて同時刻に合わせることができるでしょう。両方の時計に同時に手が届くからです。このように、２つ

の時計が本当に同じ時刻かどうかの信頼性は、２つの時計の距離が大きく関係してきます。

ところで、一番信頼性が高いのが、２つの時計を接触させたときです。このときに同時刻に合わせれば誰も文句はいえません。これ以上正確な時刻合わせは存在しないからです。

その理由は、２つの時計の接触は一種の軽い衝突であり、衝突している２つの物体は同時刻であることが定義だから、これがもっともシンプルです。

もっとも信頼できる同時刻の設定は、２つの時計を軽く接触させながら時刻合わせをすることである。

なぜ、この方法がベストなのかというと、ほとんど信号のやり取りをする必要がないからです。距離が離れれば離れるほど、その距離に応じた信号のやり取りを必要とし、結果的には２つの時計の距離が離れれば離れるほど、正確に２つの時計の時刻合わせをすることが困難になります。

もっとも正確な時刻合わせの条件は「衝突」である。

◆　ニュートン力学

　平行線公理と平行線公理の否定は、お互いに否定関係にあります。それゆえに、正しい命題として両立することはありません。

　平行線公理と平行線公理の否定は命題として両立するが、正しい命題としては両立しない。

　これより、平行線公理を持つユークリッド幾何学と平行線公理の否定を持つ非ユークリッド幾何学は、お互いに否定関係です。決して、正しい理論として両立することはありません。

　ユークリッド幾何学と非ユークリッド幾何学は数学理論として両立するが、正しい数学理論としては両立しない。

　絶対空間と絶対空間の否定は、お互いに否定関係です。決して両立することはありません。絶対時間と絶対時間の否定も、お互いに否定関係です。決して両立することはありません。

　これより、絶対空間と絶対時間を持つニュートン力学と絶対空間の否定と絶対時間の否定を持つ相対性理論は、お

互いに否定関係です。決して、正しい理論として両立する
ことはありません。

**ニュートン力学と相対性理論は物理理論として両立する
が、正しい物理理論としては両立しない。**

しかし、現在では相対性理論はニュートン力学を含んだ
大きな理論とされています。では、ニュートン力学を否定
した相対性理論が、なぜニュートン力学を拡張した相対性
理論（ニュートン力学を含むより大きな理論）として評価
されるのでしょうか？　ここでもまた、理論自体と理論内
の数式を分けて考える必要があります。

理論自体を眺めてみれば、相対性理論はニュートン力学
の仮定を真っ向から否定しています。よって、ニュートン
力学を含まないはずです。なぜならば、ニュートン力学を
含むということは、ニュートン力学の仮定も含むというこ
とだからです。

もし相対性理論がニュートン力学を含むならば、相対性
理論は自分本来の仮定（絶対空間の否定と絶対時間の否定）
と一緒に、ニュートン力学の仮定（絶対空間と絶対時間）
も含むことになります。その結果、相対性理論は矛盾した
理論となります。

それにもかかわらず相対性理論はニュートン力学を含むと言われているのは、根拠が異なっているからです。

$$T' = T \sqrt{1 - \left(\frac{V}{c}\right)^2}$$

これは、相対性理論の中に登場する時間経過の式です。Tは「観測者の時間経過」であり、T'は「被観測物の時間経過」です。被観測物とは、観測者が観測している対象物です。

この式でV≪cの場合、すなわち、光速度cよりもずっと遅い速度Vの物体の場合は、V／c≒0となります。つまり、T'≒Tとなり、物体の時間経過はニュートン力学とほとんど一致します。

これを持ってして、相対性理論はニュートン力学を拡張した理論であると言われています。しかし、式だけを見て「相対性理論はニュートン力学を拡張している」と判断することはできません。なぜならば、**「数式の拡張」**と**「理論の拡張」**は異なるからです。

◆ ほころび

　相対性理論が誕生したきっかけは、「ニュートン力学にほころびがみつかったから」だと言われています。このほころびの意味がわからなかったので調べてみました。ほころびには複数の意味があります。

（1）縫い目などがほどける。
（2）花が咲きかける。
（3）やわらかい顔つきになる。
（4）隠しきれない事柄や気持ちが外へ現れる。
（5）鳥が鳴く。

　もともとの意味は（1）の縫い合わせたところがほどけることのようです。これから「不具合が生じること」という意味で用いられます。

　ニュートン力学にほころびが生じたから、相対性理論や量子論が作られました。そして、この両理論にもほころびが生じたから、今では超ひも理論が作られようとしています。もし、超ひも理論にほころびが生じたら、次は何が作られるのでしょうか？

　ニュートン力学にほころびが生じるとは、ニュートン力

学で説明のつかない現象が発見されたということでしょう。観測技術の進歩によって、次から次へと新しい現象が見つかっているから、古い理論はそれに対応できなくなります。

　日常生活では、服にほころびが見つかったら、そこにパッチを貼って穴埋めをします。このパッチが新理論の役割です。しかし、どの正しい理論にも説明できない現象が新たに見つかるのは宿命だと思います。むしろ、**無矛盾な物理理論のほころびを何とかしようとして、矛盾した理論を新しく投入することのほうが問題である**と思われます。

◆　基準の統一

　温度、速度、時間、距離、質量などの物理量は、測定するときの基準、あるいは座標系を設定するときの原点や目盛りが必要です。それを個人が勝手に設定することはできません。もし、そんなことをしたら、みんなで共通の科学的な議論をすることができなくなります。

　観測や実験によって得られた測定値は、すべての観測者にとって同じになることが科学における理想の姿です。そのためには、すべての観測者にとって同じ基準を設定することが必要です。

観測者自身を基準に考えてはいけない。(自分本位、すなわち自己中心の見かたをしてはいけない)

物体の温度を測定するとき、水の凝固点を0℃として、沸点を100℃に設定します。観測者全員がこれに同意してくれれば、みんなが同じ土俵で温度の議論や計算をすることができます。

科学に要求されるのは普遍性や客観性や再現性です。速度の観測にも客観性が要求されます。この客観性とは、観測者に依存しないことです。

この客観性のある速度の測定値が科学の基本であり、観測結果を**主観から客観に移行させる重要な手続き**です。これは、**観測者の基準点を同じ**にすれば可能です。

新幹線の速度を観測する場合、たとえば、ある駅に立っている柱を観測の基準点とします。そして、みんなで「この基準点を用いて新幹線の速度を観測しよう」という合意を得ます。すると、みんなが同じ測定値を得ることができます。

このように、基準点を同じにすれば、新幹線に乗った観測者があるプラットホームで降りて、その後、自動車を運

転して新幹線を追いかけても、いつも新幹線の速度を同じと観測することになります。つまり、どんな状況で観測しても観測結果には影響を受けず、速度の再現性が生まれます。これによって、観測された速度が「万人の共有する測定値」として科学議論の対象となります。

観測された速度が科学的な客観性を有するためには、**観測者全員が取り決めをして、同じ基準点をもとにして観測値を共有する**必要があります。

ある物体Ｘに対して速度ｖと速度２ｖと速度３ｖの相対速度で運動している３人の観測者がいるとします。３人の観測者はそれぞれ「物体Ｘの速度は－ｖである」「物体Ｘの速度は－２ｖである」「物体Ｘの速度は－３ｖである」と観測した場合、相対速度を観測している状態です。

しかし、これは非科学的であり、ニュートン力学のように、観測者が何万人いようとも、彼らがどんな運動状態で観測していても、全員が同じ速度を観測することが科学です。これを「絶対速度」と呼んでいます。結局は、**絶対速度はみんなで基準点を統一した「万人共通の速度」**のことです。

◆　速度の基準

　ニュートン力学では、宇宙に空間座標系および時間座標系をそれぞれ１つしか設定しません。そして、速度は実在する物体などに設定した基準点を原点とするか複数の基準点から原点を総合的に決めます。

　それに対して、相対性理論では速度の基準点を主に観測者個人に設定し、なおかつ、観測している物体にも基準点を設定しています。

　　自分自身を基準にする…主観的
　　みんなで基準を決める…客観的

　速度を客観的に測定するときには、全観測者がその速度の基準点を統一する必要があります。たとえば、新幹線の速度を観測する場合、すべての観測者が測定の基準点を「○○駅にある特定の柱のこの部位に設定する」などです。

　科学で測定値をあつかうときには、全員で話し合って基準を作ります。そして、いかなる観測者もこの基準を守るようにします。このような客観的な基準を設定することによって、速度の安定した測定値が得られます。

ところが、相対性理論では相対主義を前面に出したため、一人一人の観測者が個人的な基準点を自分に設定し、観測する対象物にも異なる基準点を設定して、観測者と対象物の相対速度に応じて個別に座標変換をしています。これを次のように改める必要がありそうです。

　物理学においては座標系を１つに絞り、他の座標系も考慮するときには「適切な座標変換（数値変換＋単位変換）を行なう」ようにする。

　相対性理論においては、適切な座標変換をしていないようです。ローレンツ変換で数値変換だけをして単位変換を行なっていません。だから「時間が遅れる」「長さが縮む」「質量が増える」という摩訶不思議な現象が見られています。

　物理学で座標変換するときには単位変換を忘れやすいから、特に注意を要する。

◆　時間の基準

　時間を測定するときにも、全観測者が基準を統一する必要があります。たとえば、キリストの生誕などを原点にするなどです。自分の誕生日を基準にするのはあまり勧めら

れません。

　科学で測定値を扱うときには、全員で話し合って基準を決めています。そして、いかなる観測者もこの基準を守るようにします。これが客観的な基準を設定することになり、観測者に依存しない安定した測定値が得られます。

　ところが、相対性理論では時間を観測する場合、一人一人の観測者が個人的な基準を自分に設定しています。つまり、相対主義を取り入れています。各人が所有している時計を固有時間として定め、観測者全員に共通する時計を初めから拒否しています。

　これは客観性のある数値の否定であるともいえます。というのは、**相対性理論は主観的な測定値を採用することによって、万人に共通した客観的な測定値を否定している**からです。

◆　基準点と原点

「基準点」と「原点」は意味が異なっています。座標系を設定するときには、原点をまず設定します。そして、目盛幅を決めます。この原点の設定に用いるのが基準点です。

基準点を考える→基準点から原点を与える

　温度座標系を考えます。基準点は2つです。凝固点と沸点です。凝固点を原点とし、沸点を100という目盛にします。これで、温度座標系は完成です。

　空間座標系を考えます。基準点は3つになります。ある瞬間を考えます。今、この時点でもかまいません。これが1つ目の基準点です。そして、太陽を2番目の基準点、3番目の基準点を地球に設定します。そして、太陽と地球の間に距離を割り振ります。これで、空間座標系は完成です。

　以下、時間や速度や質量の座標系も完成させることができます。いずれにしても、複数の基準点から原点と目盛の割り振りを行ないます。

◆　原点の設定

　座標系の原点は、実際の事象を基準点として設定します。たとえば、温度座標系では水の凝固点を原点にします。これを水の沸点に設定することもできます。それだけではありません。水の凝固点と水の沸点の中点にも設定できるし、ｍ：ｎの内分点や外分点にも設定できます。しかし、事象

が何も存在しないところに温度の原点を設定することはできません。

　水の凝固点を第1の基準点とし、水の沸点を第2の基準点とし、第1の基準点に原点を置いて0度と決め、第2の基準点を100度と決めて、間を100等分します。これからわかるように、「事象の基準点」と「座標系の原点」は異なります。

　空間座標系も同じであり、天体Aにも、物体Bにも、分子Cにも、素粒子Dにも原点を設定できます。天体Aと天体Bの中点などの何もないところにも原点を設定できます。この場合、天体Aと天体Bという2つの基準点がありますが、原点はそのどちらでもありません。

　しかし、それこそいっさい何も基準点がないところ（天体Aも天体Bも存在しない空間）に原点を設定することは困難です。

基準点の存在しないところには、原点を設定できない。

　これは時間座標系にもいえることです。

◆ 絶対主義

　小学国語辞典には、次のように出ています。

【絶対主義】
　ただ１つしかなく、ほかにくらべるものがないようす。どんなものにもくらべられないものであること。

　絶対主義を辞典で調べてみると、独裁政治や専制政治という意味も載っています。そのため、言葉としては悪いイメージを抱いてしまうことがあります。

　しかし、科学を支えているのは主に絶対主義です。絶対主義をさらに推進したのがソクラテス、プラトン、アリストテレスの三巨頭です。

　ある１つの事柄に関して、複数の解釈があるのは普通です。しかし、その解釈１つ１つを真理と呼んでしまうと、「全員に共通しているであろう１つの真理を追究する」という考えかたが吹き飛んでしまい、各人が「自分の考えかたこそ真理なり」と主張し始めます。

　つまり、「真理を追究する」から「相手を打ち負かす」という説得術にシフトしてしまいます。この論争の技術が過

ぎると、話をねじ曲げて論破するという詭弁術へと移行します。その1つの方法がたとえ話です。このような相対主義では、科学を興すことが難しかったと思われます。

　数学でも相対主義———相対的真理———が存在しています。それは、**ユークリッド幾何学と非ユークリッド幾何学はどちらも正しい**という相対主義です。

　選択公理も相対主義であり、連続体仮説も相対主義です。そのため、あえて「選択公理と選択公理の否定では、どちらが正しいか？」「連続体仮説と連続体仮説の否定では、どちらが正しいか？」という絶対的な真理を追究しません。

　その基本には「命題Ｐも命題¬Ｐもともに真である」「理論Ｚも理論¬Ｚもともに無矛盾である」ということを容認するような寛容さがあります。相対主義は多様性を認めるという利点もあるのですが、真理の追究を妨げるという欠点もあります。

　数学も物理学も原則は絶対主義です。相対主義が中心の相対性理論からはたくさんのパラドックスが出てきます。でも、絶対時間と絶対空間をもとにした絶対主義の代表であるニュートン力学からは1個もパラドックスが発生していません。

◆ 原点にもどる

　ソクラテスから始まり、プラトンやアリストテレスに受け継がれ、ニュートンで開花した絶対時間と絶対空間は、なぜ素晴らしいのでしょうか？　それは、**宇宙における１つの事実が、万人にとって同じもの**であるからです。

　宇宙に生命体がまったく存在していない状態でも、事実は存在しています。どんなに宇宙が変化しても、その事実があったということは永遠に変わらない真実となります。

　もし、この事実をたくさんの生命体が観測したとき、どの生命体にとっても、このたった１つの事実は同じです。各生命体にとっては、それぞれ異なった感覚器官や異なった観測装置を用いるので、きっと異なった解釈をします。でも、その解釈に依存しないのが事実です。

「人によって異なる」と考えかたが、そもそも古代ギリシャ時代のソフィストたちの主張であり、これを相対主義と呼んでいます。相対主義は詭弁に移行しやすいので、それを危惧して「真実は人によって異なることはない。真実は万人に共通した普遍的な存在である」と唱えたのがソクラテスです。哲学も数学も物理学も、そして科学も、すべてこの絶対主義を基盤に発展してきました。

「ニュートン力学で物理学は完成し、もはや、謎はすべて解けた」と思われた時代がありました。しかし、宇宙はニュートン力学で解明されるほど、生易しいものではなかったようです。ニュートン力学でも説明できない現象が次第に見つかり始めました。そこで、人びとはニュートン力学をしのぐ画期的な理論を渇望しました。

そこに登場したのがアインシュタインです。アインシュタインは絶対時間と絶対空間を否定し、2000年以上前のソフィスト的な思想を物理学に再び持ち込みました。

哲学から物理学が分離して長い年月が経過すると、相対主義がソクラテス前の古代ギリシャで優勢であった歴史を忘れてしまいがちです。このようなときにこそ「原点（ソクラテス）にもどる」という姿勢が大切かと思います。

◆ **相対主義**

事実とは「本当に起きたできごと」であり、「本質」ともいえます。現象は「事実を見たり聞いたりした結果」という意味です。

本質←対義語→現象

物理学での観測や実験による結果は、すべて現象と解釈されます。つまり、観測結果と実験結果は事実とは言い切れません。

　相対性理論は、事実よりも主に現象を扱っています。そのため、相対性理論は「本質」や「実際」や「本当」という言葉をあえて避けているようです。

　逆に、相対性理論は「本当の時間は存在しない」「物体は実際の重さを持っていない」「物体には真の長さはない」といっているようです。

　相対性理論では相対的に考えるから、「万人に共通している物体独自の大きさ」「万人に共通している物体独自の重さ」「すべての物体に共通している時間経過」などの絶対的なものを否定しています。

$$10 - 7 = 3$$
$$10 - 2 = 8$$

　これは相対性を表しています。7から見たら10は3に見えます。2から見たら10は8に見えます。大きさの差は相対的です。でも、7から見ても2から見ても10は10であり、見かたが変わってももとの大きさは変わりません。

ベクトルも同じであり、ベクトルの差は相対的です。これを速度で考えると、時速200ｋｍで走っている新幹線の真後ろから速度50ｋｍで追いかけると新幹線の速度は時速150ｋｍに落ちます。さらに速度を上げて時速100ｋｍで追いかけると新幹線の速度は時速100ｋｍまで落ちます。でも、新幹線の実際の速度は落ちていません。

　数値の差もベクトルの差も変化しますが、これは座標変換による変化です。物理学的な変化はまったく起こっていません。

　哲学史において、相対主義が現れたのは紀元前450年ころとされています。相対主義では、他者との相対的関係を主に考えます。「文化や価値観はすべて平等である」という平等主義や、「自己の文化や価値観を他人におしつけてはならない」という寛容主義を相対主義ということもあります。

　少数意見も認めるという意味で民主主義のようなイメージを持たれることもあります。つまり、相対主義の印象がとても良く、多様性の時代としての現代社会にはとても合っています。問題は、「相対主義と科学の相性はどうか？」ということでしょう。

◆　ニュートン力学と観測者

　ニュートン力学の前提には、次のようなものがあります。

（１）慣性の法則
（２）F＝mα
（３）作用反作用の法則
（４）万有引力の法則

　ニュートン力学の前提には観測者という単語が出てきません。つまり、この４つは観測者から独立した法則です。ニュートン力学は絶対主義から作られているため、人間が関与しない「純粋な物理学」という印象を受けます。ちなみに、慣性の法則を数式化することは困難でしょう。

　それに対して、相対性理論はどうでしょうか？　ニュートン力学とは根本的に違っていて、**光速度不変の原理の中に観測者という人間が登場する「人間が主人公の物理学」**です。中心が人間だから、個人個人の立場を尊重する相対主義になっています。

　絶対主義…人間がほとんど関与しない。
　　　　　　絶対的な真理はあらゆる人間を超越している。

相対主義…自分および相手の二者関係を重視する。
相対的な真理はお互いの関係に依存している。

◆ ソフィスト

大昔の人たちは神話の世界を信じ、いろいろなできごとを神様が行なったものとして理解していたようです。それに対して、古代ギリシャでは自由な発想のもとに、いろいろな意見が出てきて、合理的な考え方が広まってきました。知識人たちが広場に集まって、世界についての本当のことを知りたいと、みんなで議論をしていました。このような真理を追究していく人々をソフィストと呼んでいます。

その中でも特に有名なのがプロタゴラスです。彼は、「ものごとの見えかたや考えかたは人によって異なる」という相対主義を唱えました。これによって、人々は「真理はたった1つではなく、無数に存在しうる」と思い始め、やがては各人が自分にとっての真理を主張し始めます。

つまり、万人に共通する真理を追究せず、自分にとっての個人的な真理を追求すればいいことになります。ここから、真理はすべて相対的になります。それが個人的な財産や地位に向きやすいことは容易に想像できます。

絶対的な真理が存在しないのであれば、最終的には「どちらの言い分がより真理に近いか？」を話し合いで決めることになります。ここから、相対主義は「相手をいかに説得するか？」「自分がいかに議論に勝つか？」というテクニックに移行していきます。そして、**議論に勝ったものがより正しいことを言っている賢い者**という評価を受けます。

　結果的に、ソフィストたちは絶対的な真理を放棄して、説得を中心とする弁論術へとシフトしていきます。しかし、その実態は、単に相手との議論に勝つための中身のないものでした。

　これに業を煮やしたのがソクラテスです。ソクラテスは絶対主義を唱えて相対主義に敢然と戦いを挑み、相対主義者を打ち負かします。こうして、ソクラテスの「誰にでも共有できる真理（絶対的真理）」という思想が、次第に広がっていきました。ちなみに、アリストテレスによれば、最初の哲学者はターレスだそうです。

　しかし、ソクラテスは論戦相手のメンツをつぶしたため、人々の反感を買って訴えられ、裁判で有罪になりました。国外に逃げ出すこともできたそうですが、最後は真理のために「悪法もまた法なり」といって自ら死を選びました。

ソクラテスの死後、弟子のプラトンやそのまた弟子のアリストテレスは絶対主義を受け継ぎ、科学の基礎を着実に築き続けました。一方、絶対主義に敗れた相対主義は、その後、2000年間もの長い眠りにつきます。

　絶対主義の頂点にニュートンがいます。ニュートンはアリストテレスらの先人たちの間違いを正しながら、絶対主義だけは手放しませんでした。

　ここに、マッハとライプニッツが登場します。彼らは冬眠状態の相対主義にスポットライトを当てて、見事によみがえらせました。そして、強い口調で絶対主義に迫ります。マッハはアリストテレスの第一哲学を攻撃し、ニュートンの絶対時間と絶対空間を形而上学の残りカスとまで言っていたようです。ライプニッツは、ニュートンと微分積分学の発見の占有権で論争し、やはり絶対空間と絶対時間を攻撃しています。

「絶対空間や絶対時間は誰も観測できない」
「観測できない前提で物理学を作ってはいけない」

　その後に続くアインシュタインは相対主義の極致である相対性理論を世に送り出し、絶対主義のニュートン力学を完全に押さえ込みました。そして、この状態が今日まで続

いています。

◆　論理的思考

「絶対」の反対語は「相対」です。これからすると、絶対主義の反対語は相対主義でしょう。では、絶対主義を否定すると相対主義になるのでしょうか？　反対語と否定語は異なります。

「絶対主義」の反対は「相対主義」
「絶対主義」の否定は「絶対主義ではない」

　ふくしま式「本当の語彙力」が身につく問題集小学生版（大和出版）の135ページには、次のような記載があります。

「絶対」とは、他に比較するものや対立するものがない様子。他との関係が切れた中で成立している様子を意味します。一方、「相対」とは、他との比較や対立の中で成立している様子、他との関係（つながり）の中で成立している様子を表します。

「絶対」は、最上位、最下位、唯一無二、完全、不動、必

然、といったイメージを持ちます。「相対」は、何とくらべるかによって変化・変動します。相対的に考えるとき、そこには多様な基準、多様な結論が生じます。

　ここからは私の意見ですが、多様な基準は基準点の統一を邪魔することもあり、多様な結論は矛盾した結論をもたらすこともあるかもしれません。

　この書では「反対語こそが論理的思考の地盤となる」と主張し、二項対立の重要性を訴えています。8ページには次のように書かれています。

「論理的思考力」は、三つに分類できます。すなわち、「いいかえる力（抽象・具体の関係を整理する力）」「くらべる力（対比関係を整理する力）」「たどる力（因果関係を整理する力）」です。

　速度に関しては、ニュートン力学は絶対主義も相対主義も採用しています。アインシュタインは光速度以外の絶対主義を否定していますが、ニュートンは相対主義を否定していません。

　これからの物理学は絶対速度と相対速度のアウフヘーベン、絶対時間と相対時間のアウフヘーベン、絶対空間と相

対空間のアウフヘーベンをしても良いと思います。

相対性理論は絶対時間と絶対空間を真っ向から否定しています。つまり、この2つを絶対に用いません。それに対して、ニュートンは絶対時間と絶対空間が大事であるといいながらも、相対的な思考も忘れてはいません。

ニュートンは、太陽を中心とした空間設定も地球を中心とした空間設定も行ない、「地球のみが不動の天体である」という絶対主義———地動説———を論破しています。

太陽系を論じるときには太陽を原点とした絶対空間を、月の動きを見るときには地球を原点とする絶対空間を、弾頭の軌道を計算するときには地表の発射点を原点とする絶対空間を設定しています。つまり、**絶対空間は無数に存在**しています。そして、それらを目的に合わせて上手に使い分けています。

原点を設定したら、それが唯一無二の絶対空間になりますが、その原点は物体の数だけ設定できます。いえ、物体同士の中点にも、1：2の内分点にも原点を設定することはできます。これより、唯一無二の絶対空間を無数に作ることができます。

絶対空間は1つではない。しかし、「これを絶対空間とする」と決めたら、それは唯一無二の座標系としてあつかわれる。

　この考えかたよって、宇宙のどこかに絶対静止している点があるわけではなく、絶対静止点はいたるところに設定可能となります。

◆　客観性のある数字

　相対性理論では、観測者の立場によって時間の流れかたが異なります。これは、相対性理論が観測者という人間中心の理論だからです。「観測すればああ見える」「観測すればこう見える」ということを原理にすえた**観測者の立場から見た物理理論**です。

　相対性理論は現象を語る理論であり、どちらかというと主観的な理論です。それに対してニュートン力学は事象を語る理論であり、客観的な理論です。

　2つの現象が同時かどうかは観測者によって異なります。しかし、2つの事象が同時かどうかは、観測者によって異なることはありません。

ある特定の事象は、宇宙の歴史の中で起こったたった1つの事象です。このように、**すべての事象は唯一無二の事象**です。

　事象に関しては「真実はたった1つ」が当てはまります。ある特定の事象はいかなる過去の事象とも異なっており、また、この事象が未来にもう一度発生することもありません。

　また、過去に似たような事象が起こったことがあるかもしれません。似たような事象が未来に起こることはあるかもしれません。でも、過去でも未来でも、唯一無二の事象が2度起こることはありません。2度起こったら、それは唯一無二の事象ではありません。

　事象は事実であるがゆえに、観測者から独立しています。言いかえると、ある特定の事象はどの観測者にとってもまったく同じ事象であり、それゆえに、それが起こった場所と時刻は、まったく同じ物理量（無単位）を持っており、これらを座標系で表した数値が「空間座標（事象の起こった場所）と時間座標（事象の起こった時刻）」です。これらも観測者から独立しており、これが「客観性のあることがら」であり、それを支えているのが「万人に共通する数字」です。

数学も物理学も、基本的には客観的な数字を扱います。空間座標や時間座標も、この客観的な数字が大切であり、これを実現したのが絶対空間と絶対時間です。絶対空間と絶対時間で表わした事象の値は、観測していようとしていまいと関係なく万人が共有できます。

　絶対空間と絶対時間こそが科学の名にふさわしい基本概念であり、この科学を否定したのが相対性理論です。相対性理論は、相対時間を取り入れて、その代わり、絶対時間を排することによって、客観的な科学を主観的な存在にしてしまいました。

　その証拠に、ある運動をしている物体の長さは「ある人から見ると100ｃｍであり、別の人から見ると99ｃｍである」というような主観的なことを述べています。

◆　客観性のある測定値

　リンゴ１個がデジタルはかり（重さをデジタル表示するはかり）の上に置いてあり、それは300ｇを表示しているとします。その前を観測者がものすごい勢いで走って行きました。

相対性理論が正しければ、運動している観測者がリンゴを見たとき、リンゴの質量は増えています。たとえば、デジタル表示が301ｇに読み取れます。もっと速い速度で走っている観測者には、デジタル表示が350ｇにも400ｇにも読み取れます。ただし、疾走による風圧で数字が増えることがあるかもしれません。でも、デジタルはかりまでの距離が1000ｍくらいあれば、影響はないでしょう。

　表示枠は１つであり、それに１つの数値（一意性のある数字）が表示されているのですが、「静止している人はその数字が300に読み取れ、走っている人はその数字が400に読み取れる」ということは矛盾です。つまり、相対性理論は矛盾している可能性がある理論です。

　ニュートン力学によれば、はかりに乗ったリンゴの重さが300ｇと表示されていれば、それを観測する人の速度とは無関係に、誰にでも300という数字が読み取れます。つまり、観測者の速度によって観測結果が変わったりしません。これが「客観性のある数字（客観性のある測定値）」です。

　科学には客観性が必要です。ニュートン力学には客観性があるので科学理論といえると思います。しかし、相対性理論はどちらかというと、**観測者によって観測結果が変わ**

る非客観的な物理理論です。その原因は相対主義にあると
思われます。

◆　客観性

　物理学では客観性が大事です。小学国語辞典で「客観的」
を調べてみます。

【客観的】
　自分の考えにとらわれずに、ものごとをありのままに見
たり考えたりするようす。

　物理量には大きさがあり、その大きさは測定することが
可能です。まったく測定できないような物理量は、物理量
とはいえないと思います。その際、測定値はすべての測定
者にとって同じ値を示さなければなりません。これが、測
定値の客観性となります。

　**客観性とは全員に共通していること。これは、全員が基
準を共有しなければ生まれてこない。**

　客観的な物理量となるには条件があります。それは、同
じ座標系を用いていることです。距離を客観的に測るため

には、いかなる測定者も同じモノサシを使います。同一の
モノサシでなくてもよく、同じ形で同じ目盛りを振られた
モノサシならばＯＫです。個人個人が独自に用意したモノ
サシでは、共通した距離の議論ができません。

科学における客観性とは、「観測者に依存しない性質」と
いえるでしょう。これから考えると、光速度不変の原理に
は客観性がありません。

**物理量を測定するときの客観性とは、測定者が変わって
も測定結果が変わらないことである。**

速度は物理量です。そのため、測定した速度の値が複数の
観測者によってそれぞれ異なるようでは、同じ土俵に上っ
て速度や加速度を議論することができません。

◆　**絶対時間**

社会における人々の意見はさまざまであり、科学におい
ても観測者の得られる結果もさまざまです。でも、「多様性
のある意見」と「多様性のある速度」は違います。

科学はどちらかというと絶対主義であり、数学も物理学

も絶対主義としての性質を色濃く残しています。確かに絶対主義という名前はマイナスイメージを人々に与えます。そこで、「絶対主義はあまり良くないことである」という意識を持ち始めると、「ユークリッド幾何学という絶対主義」と「ニュートン力学という絶対主義」に反抗したくなります。

この絶対主義に対する拒否感が、非ユークリッド幾何学という相対主義（公理の否定にも、公理同様の権限を与える考えかた）を生み出し、相対速度を中心とする相対性理論を生み出したとも考えられます。

絶対時間とは、この広い宇宙空間にたった1つの時間座標系（時間軸）を設けることです。絶対時間は、この座標系における時間がいつも同じように流れて、宇宙のどこでも同じ時刻であるという考えかたです。

絶対時間を取り入れると、ある瞬間においては、宇宙空間のどの場所でも同じ時刻を示す。

たった1つの宇宙空間にたった1つの時間系を設定しているから、物体ごとの時間というものは存在しません。これをもう少し詳しく見てみると、次の3つが読み取れます。

（1）宇宙にたった1つの時間座標系を設定する。

（2）ある瞬間では、宇宙のどこでも同じ時刻である。

（3）宇宙のどこでも時間の経過は同じである。

この絶対時間からは、今のところ1つもパラドックスが見つかっていません。その理由は、人間の良識にもっとも合っているからです。

そして、何よりも絶対時間の大きな特徴は客観性があることです。**科学に必要なのは物理量の客観性**です。絶対時間と絶対空間はこれを満たしています。

◆ われ思う、ゆえに時間あり

アリストテレスは自然学という著書の中で、「時間というものは変化が起きて初めて認識できるものであり、変化がなければ時間もない」と述べています。この文の後半は、相対主義者が絶対時間を否定するときに用いることもあります。

文の前半は正しいですが、後半は正しくはありません。というのは「あ～、何も変化していないんだ」という認識している最中に時間がたっています。つまり、変化しないこ

とを知るためには、ある程度の時間が必要です。

**　何かを考えるとき、あるいは外界の何かを認識するとき、脳内の時間経過は不可欠である。**

「観測している事象が何も変化していない」と認識するとき、観測者の脳内ではめまぐるしい情報の相互伝達が必要です。だから、「何も変わっていない。変化していない」ということは「時間が経過していない」ということを意味しているのではありません。まったく正反対であり、「時間が進んでいるからこそ、ものごとが変化していないことが観測できる」といえます。「われ思う、ゆえに時間あり」です。

　脳が認識する時間経過が形而上学的な絶対時間です。結局、まわりの事象に変化があろうとなかろうと、私たち全員が時間の経過を認識しています。

　これからの時代、ニューロンを介した絶対時間や絶対空間の認識には、次のような脳科学の助けが必要でしょう。

**　私たちが「時間が止まっている」と認識するためには、最低限、どれくらいの時間経過を必要とするか？**

　たとえば、「チューリップの花がゆれていない」と認識

するためには、最低限、どれくらいチューリップを凝視すればいいのでしょうか？　チューリップを見つめている間、私たちの脳内では時間の経過を認識しています。

地震による軽いゆれを認識するときも、天上から吊り下げられている照明器具を凝視したり、コップの水面に波が立っていないかを見つめたりします。これも「事象が変化していない」ということを確認するためです。

事象が変化しない≠時間が経過していない

被験者を多数集めて「事象が変化していないことを認識するために必要な最低の時間」を実験で求めることは可能でしょう。この数値は、将来役に立つかもしれません。

ちなみに、宇宙の誕生は「場のゆれから発生した」とされることがありますが、時間誕生前に場のゆれは起こらないと考えられます。というのは、ゆれは時間とともに起こるもの———ゆれは時間の関数（正確に述べると関数ではありませんが）———であり、時間に先行して起こるゆれは存在しません。なぜならば、それは「ゆれ」の定義に反するからです。

ゆれ【揺れ】
（１）ゆれること。また、その程度。動揺。
（２）一定せずに、不安定な状態にあること。

　（１）でも（２）でも「ゆれるためには時間が必要」です。よって「場のゆれが原因で時間が誕生した」という考えかたには無理がありそうです。

◆　理想的な時間

　絶対時間は、人間の頭の中に存在している観念上の時計です。形而上学的な時計と言いかえることもできます。これは、誤差をまったく含んでいない理想的な時計です。すべての時計には誤差がありますが、その誤差はこの絶対時間に対する誤差となります。

　しかし、相対性理論はこれと違います。**観測および観測結果などの現象を優先する相対性理論**では、実在する時計の表示している時刻がすべて相対時刻であり、「すべての時計を超越した時間―――絶対時間―――は存在しない」としています。

　相対性理論は絶対時間を否定しました。その結果、各時

計の表示している相対時間がそれぞれ正しい時刻であると解釈するしかありません。

　つまり、宇宙に無数の時計を置いたことになります。もちろん、これら無数の時計には例外なく誤差を含んでいます。つまり、相対性理論の扱う時間は唯一無二という一意性を失っています。

◆　絶対時間に対する疑問

　古来より、人々は絶対時間に対して何の疑問も抱きませんでした。そして、ニュートンもまた、この素朴な考えかたからニュートン力学を作り上げました。

　ニュートンの偉大さは、それをプリンピキアという書物に記したことです。しかし、時代とともに絶対時間に疑問を持つ人たちが増えてきました。その理由はいくつかあると思います。

（1）ニュートン力学で説明できない現象が見つかった。
　　　よって、絶対時間は間違っている。
（2）今まで、絶対時間を表示する時計を見た人は誰もいない。よって、絶対時間は存在しない。

（3）どんな観測や実験をしても絶対時間を検出できない。よって、絶対時間は存在しない。

（4）マイケルソン・モーレーの実験で絶対時間が否定された。よって、絶対時間は間違っている。

　マッハやライプニッツは、心の中に存在している絶対時間を「形而上学的であるがゆえに無意味な時計（存在していない非科学的な時計）」として認めませんでした。

　アインシュタインはマッハやライプニッツの影響を受けて、絶対時間を否定した相対性理論を作り上げました。そして、そこから数多くのパラドックスが発生しました。それに対して、絶対時間を肯定しているニュートン力学からはたった1個のパラドックスも出てきていません。

◆　客観性のある絶対時刻

　物理学では客観的な時刻を扱います。客観性を持っている以上は、時刻はみんなに共通でなければなりません。ある時計の時刻が人によってバラバラならば、そこには客観性がありません。

　例えば、ここに時計があります。「ある人にとってその時

計の時刻は3時だが、別の人にとってその時計の時刻は4時である」というのでは、とても客観性のある時刻とはいえません。

　観測者によってこのような時刻の差が生じるようでは、その時計の表示している時刻には客観性がないことになります。

　実際に時計の表示している時刻はただ1つです。アナログの時計であろうと、デジタルの時計であろうと関係ありません。

　実在している時計の「表示している時刻」は、ある瞬間にはたった1つである。

◆　故障している時計

　ある瞬間に時計の表示している時刻は、観測者や観測装置や観測方法とは無関係に、たった1つしか存在しません。故障して時間が停止している時計であろうと、その表示時刻は唯一無二であり、どんなに高速度で移動している観測者が見ても、静止している観測者が見ても、故障している時計の表示時刻は同じです。これより、次なることが言え

ます。

　時計が表示している時刻は、観測者の速度とは無関係に一意性がある。

　しかし、相対性理論は次のように述べています。

　時計が表示している時刻は、観測者の速度によって異なる。

　この主張は、故障して時間が止まっている時計に対しても言えるのでしょうか？

　ここで、次のような事態を考えます。観測者の持っている時計は故障して止まっています。被観測物としての時計も故障して止まっています。両者の表示している時刻は同じとします。ここで観測者が運動を始めると、被観測物の時計は観測者の時計よりも遅れた時刻が表示されるようになるのでしょうか？

◆　鏡の中の自分の顔

　アインシュタインは、自分が光速度で飛んでいても、手

に持っている鏡に自分の顔が映ると考えました。でも、光速度で運動する場合、自分自身の身体機能（網膜の機能や脳の機能）が耐えきれないのではないかと思います。

　話を変えて、同じ時刻を表示している2つの時計が1光年離れた場所に存在するとします。この距離は、光が1年間に進むほどの遠い距離です。このとき、相手の時計の時刻を観測すると、お互いに相手の時刻が1年間遅れているように観測されます。

　これより事象と現象は違います。

　事象：2つの時計は同時刻である。
　現象：お互い、相手の時計が1年間遅れている。

◆　絶対空間

　絶対空間と絶対時間からは、論理的なパラドックスは1つも出てきません。また、これらの仮定を採用しているニュートン力学からも、論理的なパラドックスはまったく発生していません。

　それに対して、絶対時間と絶対空間を否定した相対性理

論からはたくさんのパラドックスが出てきます。素直に考えるならば、「ニュートン力学に矛盾はなく、相対性理論が矛盾している」ということでしょう。

　理論が矛盾しているかどうかは、採用している仮定によります。ということは「絶対空間と絶対時間は正しい仮定であり、これを否定した仮定（光速度不変の原理）は正しくない仮定である」ということになります。

　では、アインシュタインが「絶対空間は存在しない」と考えた理由は何でしょうか？　その理由は3つ考えられます。

（1）絶対空間が存在することはいまだに検証されていない。
（2）絶対空間の存在を仮定しても物理学的な問題を解決できない。
（3）マイケルソン・モーレーの実験で絶対空間の存在が否定された。

　まず（1）についてですが、絶対空間はアリストテレスのいうところの形而上学的な存在です。科学のもっとも基本となる第一哲学であり、人間の意識の中に存在しています。

空間が実在しているかどうかは意見の分かれるところですが、絶対空間は人間の頭の中に存在している一種のモデルです。どんなに巨大な力を加えられても変形することのない空間であり、どんな高温にさらされても膨張することのない空間であり、決してふらふら動いたりくねくね曲がったりすることもない「絶対的に安定している理想的な空間」です。

　絶対空間は、物理学のモデルとして最高の理想空間である。

　頭の中に存在している理想空間は、現実の世界でどんな精密な観測や巧妙な実験をしても検知されません。絶対空間が検証されないのは、それが物理学を根底から支えているからです。数学を根底から支えている公理が証明されないことと同じと考えられます。

　（２）についてですが、絶対空間を用いたニュートン力学は複雑な物理現象を説明するための頭の中で構築したモデルです。モデルですべての物理現象を説明できるとは限りません。

　それに対して、矛盾したモデルを作ると逆にうまく物理現象を説明できるようになることがあります。したがって、

多くの問題を解決できるモデルは、かえって怪しいモデルといえるかもしれません。

（3）についてですが、マイケルソン・モーレーの実験は絶対空間の存在を否定した実験ではありません。宇宙空間がエーテルという物質で充満しているのを否定した実験です。ここでも、「エーテルの存在」と「絶対空間の存在」が混同されているようです。

◆　絶対速度

　運動に対する考えかたは、ニュートン力学と相対性理論では次のように大きく異なっています。

【ニュートン力学】
　絶対運動（絶対的な運動）が存在する。また、相対運動（相対的な運動）も存在する。

【相対性理論】
　絶対運動は存在しない。運動はすべて相対運動である。

　ニュートン力学では、絶対運動も相対運動も扱えます。しかし、相対性理論は絶対運動を扱うことができません。こ

れだけを見ると、相対性理論よりもニュートン力学のほうがより視野の広い理論といえるでしょう。両理論の運動だけを比較すると、ニュートン力学は相対性理論を含んでいます。

　速度には相対速度（見かけの速度）しか存在しない…相対性理論
　速度には絶対速度（本当の速度）以外に相対速度（見かけの速度）も存在する…ニュートン力学

　物理学は本質を扱う学問です。そして、ニュートン力学は本当のことをも扱う理論です。見かけの速度だけを扱う相対性理論は、本当のことを扱っていないといえるかもしれません。

　そして、実際の速度は座標変換しても変わりません。座標変換で変わるのは見かけの速度（相対速度）です。座標変換で変わらないのが、本当の速度（絶対速度）です。

　宇宙空間内を地球が運動している実際の速度は、太陽を基準にしても、地球自身を基準にしても、火星を基準にしても変わりません。

　絶対速度とは、「みんなで基準点を同じに取りましょう」

という約束事の上で成り立つ速度です。それに対して、相対速度の基準点は、自分自身に設定することが多いようです。

　新幹線の速度は、誰が観測しても同じです。線路に立って見ている人にとっても、新幹線に乗っている人にとっても、宇宙空間で宇宙人が観測しても、観測された速度は同じでなければなりません。そうしないと、観測結果が信用できなくなります。「観測結果には客観性がなくてはならない」は科学の基本です。

　観測された速度としての観測速度は、絶対速度に近い概念である。

◆　絶対速度とニュートン力学

　時速200ｋｍで走行している新幹線に飛び乗って、その新幹線を観測すると速度はゼロです。これは「新幹線は止まっている」と観測されます。その新幹線から飛び降りて、時速100ｋｍの車に乗りかえて追いかけると、新幹線は時速100ｋｍで走っているように観測されます。

　このように、観測結果は時速200ｋｍであったり、ゼ

ロであったり、100ｋｍであったりとまちまちであり、信用できません。しかし、この最中にも、新幹線は一定のスピードで走っています。

　この変わらない速度を真の速度と呼び、「新幹線は、観測者に依存しない本当の速度で走っている」とみなします。これがニュートンの考えた絶対速度であると思われます。

　この本当の速度を仮定して組み立てられたのがニュートン力学であり、この本当の速度を否定したのが相対性理論です。

　ニュートン力学：本当の速度が存在している。（絶対主義）
　相対性理論：本当の速度など存在していない。（相対主義）

　相対性理論では「速度はすべて相対的であり、**すべての相対速度を超越した本当の速度**という絶対的な速度は存在していない」とされています。

◆ 静止点は否定されない

次のような文章を目にすることがあります。

月は地球のまわりを回っている。地球は太陽のまわりを回っている。太陽は銀河系のまわりを回っている。銀河系は宇宙の中心のまわりを回っている。だから、この宇宙には静止している天体は1つもない。よって、宇宙内ではすべての天体が動いている。

しかし、この論理はすこしおかしな感じを受けます。「宇宙内ではすべての天体が動いている」という結論を下すためには、そのすべてのものに対しての静止点が必要です。なぜならば、いかなる運動にも静止点に対して動いているからです。

すべての天体がいっせいに動くためには、そのすべての天体に共通している「動いていないものの存在」が必要である。

次のようにAとBを置きます。

A：いかなる物体も、他の物体に対して動いている。
B：静止している物体は1つも存在しない。

AからBは証明されて出てきません。よって、「いかなる物体も、他の物体に対して動いている」は、宇宙空間における静止点を否定するものではありません。

◆　相対性理論

　アインシュタインによって作られた相対性理論には、特殊相対性理論と一般相対性理論があります。今では、相対性理論は物理学の標準的な理論になっています。しかし、この2つの理論は本当に正しいのでしょうか？

　相対性理論が正しいかどうかを議論する前に、1つの命題を真と認める必要があります。それは、物理学で最も優先しなければならない次の命題です。

　2つの物体が衝突したとき、その2つの物体は同じ位置にあり、同じ時刻にある。

　これは、良識的に真の命題であり、自明の理といえます。この衝突の定義を用いて、今一度「相対性理論が正しいかどうか？」「相対性理論が矛盾しているかどうか？」を議論する必要があります。

２つの物体が出会うとき———衝突という事象が起こるとき———同じ場所（空間軸の３つの目盛りの座標が同じであること）と同じ時刻（時間軸の目盛りの座標が同じであること）が必要な条件です。

　物体を質点として考えます。２つの物体が衝突した瞬間は、物体の空間軸の３つの座標と時間軸の座標がそれぞれすべて同じでなければなりません。それらのうちのどれか１つでも異なっていれば、その２つの物体は衝突していないことになります。

　相対性理論によれば、２つの物体が衝突したときには、お互いの時刻がずれていてもかまわないとされています。これより、相対性理論では２つの物体が衝突したとき、実は、衝突していません。

　また、ユークリッド幾何学が無矛盾であれば、非ユークリッド幾何学は矛盾しています。一般相対性理論が非ユークリッド幾何学の一種であるリーマン幾何学の助けを必要とするというのならば、リーマン幾何学の矛盾はそのまま一般相対性理論にも引き継がれています。

　一般相対性理論が「矛盾しているリーマン幾何学」を用いて論理展開しているのならば、一般相対性理論も矛盾し

ていることになる。

◆　相対性理論を理解する

　矛盾した理論を理解することは困難です。なぜならば、「理解する」とは、普通は「正しいとして納得する」ことだからです。

　「相対性理論を理解する」も同じ意味です。もし、相対性理論が矛盾していれば、これを理解することは極めて困難です。

　理論は「仮定」と「仮定から結論を導く証明」と「結論」から成り立っています。したがって、私たちがある理論を理解するとき、次の3つのステップが必要です。

ステップその1：仮定の納得
　　理論の仮定が正しいと納得できる。
ステップその2：証明の納得
　　仮定から結論を導く論理展開（数学の場合は証明）が正しいと納得できる。
ステップその3：結論の納得
　　出てきた結論が正しいと納得できる。

このうちの1つでもクリアできないと、その理論を理解したとはいえないでしょう。

　では、相対性理論について考えてみます。特殊相対性理論では、理論の仮定に光速度不変の原理があります。これは、「どんな速度で運動している観測者にとっても、光の速度は常にcとして観測される」という内容です。とても正しいとは思えません。つまり、ステップ1で引っ掛かっています。

　次に、一般相対性理論では論理展開に非ユークリッド幾何学を使っています。平行線公理の否定を仮定に持つ非ユークリッド幾何学は矛盾しており、これよりステップ2でも引っ掛かっています。

　最後に、相対性理論から出てくる結論です。2つの原子時計に別々の運動をさせると、この2つの時計が刻む時刻がずれるという予測があります。実際に実験したら、その通りの結果になりました。これは、「2つの物体が異なる時刻で衝突する」ことを許容することになり、これも納得できません。つまり、ステップ3でも引っ掛かっています。

　相対性理論は最初から最後まで、良識の網に引っ掛かっています。だから、良識を失わない人には理解することが

できないようです。

◆ 人間中心の原理

　事象とは、自然界に実在しているもの、あるいは実際の
できごとです。「事象」と「現象」が言葉としてよく似てい
るため、混同されることがあります。

　相対性理論は主に現象を扱う理論です。光速度不変の原
理は「人間が観測した結果としての光速度は、常に一定値
c である」という原理であり、観測者という人間を中心と
した原理です。人間中心ですぐに思いつくのは、ソフィス
トです。

　古代ギリシャで弁論術などを職業として教えたソフィス
トたちの中心的な人物がプロタゴラスでした。彼は「人間
は万物の尺度である」と説き、各人の**主観的な判断を超え
た真理は存在しない**とする相対主義を主張しました。これ
をそのまま相対性理論にあてはめると「観測者は万物の尺
度である」となります。

　観測された光の速度 c は物理学の尺度（基準）である。

相対性理論によると、観測者が観測する光の速度はどれもｃであり、ｃ以外は観測されません。これを原理として相対性理論が構築されています。

　やがて、ソフィストたちの相対主義とソクラテスの絶対主義が哲学的な戦いを演じ、絶対主義を受け継いだプラトンやアリストテレスが科学の芽を育て上げました。それから2000年間も、相対主義は忘れ去られていました。しかし、ここ100年ほど前から相対主義が中心の物理学が作られ、再び、絶対主義が危機に瀕しているようです。

「人間中心の原理」は相対主義の要であり、相対主義にもとづく物理学を作っていくと、どうしても「観測者中心の原理」を導入せざるを得なくなるのではないかと思います。

　光速度不変の原理はプロタゴラスの相対主義に似ています。そのため、アインシュタインの相対性理論は、ソフィストの相対主義を引き継いでいるようにも感じられます。

◆　非人間的なニュートン力学

　物理学は、物体や物質などの「心を持たない対象物」を扱う学問であり、どちらかというと非人間的な学問です。

ニュートン力学では、慣性の法則にも運動方程式にも作用・反作用の法則にも、観測者のような人間は登場しません。もし、登場させるとなると、次のように書き改める必要が生じます。

【観測者中心の慣性の法則】
　観測者は、すべての物体は、外部から力を加えられない限り、静止している物体は静止状態を続け、運動している物体は等速直線運動を続けるように観測する。

【観測者中心の運動の法則】
　観測者は、物体に力が働くとき、物体には力と同じ向きの加速度が生じ、その加速度の大きさは力の大きさに比例し、物体の質量に反比例するように観測する。

【観測者中心の作用・反作用の法則】
　観測者は、物体Aが物体Bに力を加えると、物体Aは物体Bから大きさが同じで逆向きの力（反作用）を同一作用線上で働き返すように観測する。

　ニュートン力学と異なって、**相対性理論は人間が深く関係**しています。光速度不変の原理は「観測者を中心とする原理」であり、「人間を中心にすえた原理」です。等価原理にもその性質を伴っており、特殊相対性原理と一般相対性

原理にも色濃く観測者が関与しています。ニュートン力学と相対性理論を比較してみます。

　ニュートン力学：どうあるかを解明する理論
（世界はどのように存在しているのか？）

　相対性理論：どう見えるかを解明する理論
（人間はどのように世界を観測するか？）

　相対性理論はとても人間的な理論であるが、ニュートン力学はクールで非人間的な理論である。

　その意味において、ニュートン力学は周囲から嫌われそうな性格を持っています。次は、相対性理論が正しい理論とされる根拠です。

（１）ニュートン力学が抱え込んでいた難問を解決した。
（２）相対性理論を否定する観測や実験が１つもない。

　もしかしたら、この２つとも「相対性理論は矛盾している」というたった１つの事実から示すことができるかもしれません。

◆ 時間の遅れと時間の進み

　特殊相対性理論によると、速度が速い物体ほど時間が
ゆっくり進みます。一般相対性理論によると、重力が強い
場所ほど時間がゆっくり進みます。ここで、「場所」と書か
れています。どうして、特殊相対性理論のように「物体」
ではないのでしょうか？

　ここでもう一度、一般相対性理論による時間の遅れを考
えてみます。

（1）重力が強い「場所」ほど、時間がゆっくり進む。
（2）重力が強い「物体」ほど、時間がゆっくり進む。

（1）場所で決める場合
　重力が強い場所ほど時間がゆっくり進む場合、同じ場所
にある2つの物体の時間の進みかたは、物体の質量に関係
ありません。同じ場所に重い時計と軽い時計を置いた場合、
時計の進みかたは同じです。

（2）物体で決める場合
　重力が強い物体ほど時間がゆっくり進む場合、同じ場所
でも、物体の質量が異なれば、重力も異なります。すると、
重い物体は軽い物体よりも、時間の進みかたは遅くなりま

す。同じ場所に重い時計と軽い時計を置いた場合、重い時計のほうが時間の進みかたが遅いです。

　特殊相対性理論は時間の遅れを物体で考えています。一貫性を持ち出すならば、一般相対性理論も時間の遅れを物体で考えるのがよいでしょう。すると、次なる結論が出てきます。

「時計が重ければ重いほど、その時計はゆっくり進む」

◆　中心時刻と表面時刻

　重力が強い「場所」ほど、時間がゆっくり進むと考えると、地球は同心球上に時間の進みかたが遅くなります。地球の中心に行くほど時間が遅く進み、地表に近づくほど時間が速く進みます。さらに上空に行くと時間の進みかたがもっと速くなり、無限遠ではもっとも時間が速く進みます。

　すると、同じ天体内でも場所によって時間の進みかたが異なります。穴を深く掘れば掘るほど、時計の進み具合が遅れます。ここで、「1つの物体は唯一無二の固有時間を持つ」という相対性理論の前提が崩れているのではないのでしょうか?

また、1個のリンゴも中心から同心球状に時間の進みか
たが速くなります。それだけではなく、分子も原子も素粒
子も、その中心から同心球状に時間の進みかたが速くなり
ます。

　**一般相対性理論が正しければ、物体の中心よりも表面の
ほうが時間の進みかたが速い。**

　ここに1個の時計があるとします。相対性理論によると、
この時計の中心は、時計の表面よりも時間が遅く進みます。
では、時計が表示している時刻は、時計の中心時刻でしょ
うか？　それとも、時計の表面時刻でしょうか？

◆　4次元時空

　1次元の直線が曲がると曲線になります。2次元の平面
が曲がると曲面になります。このように、図形が曲がるた
めには、より大きな次元が必要です。

　直線が曲がるためには2次元の平面を必要とします。平
面が曲がるためには3次元の空間が必要です。そのため、3
次元空間が曲がるためには、4次元の空間が必要です。し
かし、この空間は誰にもイメージできません。

そこで、アインシュタインは巧妙な手を思いつきました。それは、3次元空間に1次元時間を融合させて4次元時空という**3次元空間を超えた超空間**を作り出したことです。

　これによって、3次元空間は4次元時空の方向に曲がることが可能になり、「3次元空間の曲がり」という新たな考えかたが物理学に導入されました。

　ちなみに、相対性理論では時間と空間は合体しているので、「3次元空間の曲がり」や「1次元の時間の曲がり」とはいわず、これらを一緒にした「4次元時空の曲がり」と呼ばれています。

◆　4次元時空の曲がり

「4次元時空の曲がり」「4次元時空の湾曲」「4次元時空のゆがみ」「4次元時空のねじれ」「4次元時空のひずみ」などは、みな同じ意味と解釈されます。ここでは、これらを代表して「4次元時空の曲がり」を採用してみます。

　ニュートンは万有引力の大きさを数式で明らかにしました。しかし、「なぜ物質が存在すると万有引力が発生するのか？」という根本的な問題を説明できませんでした。ここ

で、アインシュタインは視点をがらりと変えて、次のような三段論法を考えました。

　物質が存在するとXが発生する。Xが発生すると万有引力が発生する。ゆえに、物質が存在すると万有引力が発生する。

　ニュートンはこのXを発見できなかったことになります。ところが、アインシュタインはとうとう、そのXを発見することに成功しました。そして、出てきた答えが次なる解です。

　$X = 4$次元時空の曲がり

　さっそく、これを代入してみます。

　物質が存在すると4次元時空の曲がる。4次元時空が曲がると万有引力が発生する。ゆえに、物質が存在すると万有引力が発生する。

　しかし、Xは4次元時空の曲がりだけが解ではありません。ためしに、Xに幽霊を代入してみたらどうでしょうか？

　物質が存在すると幽霊が発生する。幽霊が発生すると万

有引力が発生する。ゆえに、物質が存在すると万有引力が発生する。

このとき「物質が存在すると幽霊が発生する」には、科学的な根拠がありません。しかも、「幽霊が出てくると万有引力が発生する」にも科学的な根拠はありません。

実は一般相対性理論も同じです。「物質が存在すると4次元時空が曲がる」には、科学的な根拠はありません。しかも、「4次元時空が曲がると万有引力が発生する」にも科学的な根拠はありません。

そもそも、次なる論理に無理があります。

物質が存在すると、4次元時空の曲がりが発生する。

結局、アインシュタインはこのメカニズムを解明していません。もし仮に、その謎を解明するためにYという新しい概念を導入すると、さらに次なる論理が必要になります。

物質が存在するとYが発生する。Yが発生すると4次元時空の曲がりが発生する。4次元時空が曲がると万有引力が発生する。ゆえに、物質が存在すると万有引力が発生する。

しかし、これではきりがなくなります。仮にこのＹを見つけたとしても、そのＹを説明するのに、今度は次なるＺが必要になります。

　物質が存在するとＺが発生する。Ｚが発生するとＹが発生する。Ｙが発生すると４次元時空の曲がりが発生する。４次元時空が曲がると万有引力が発生する。ゆえに、物質が存在すると万有引力が発生する。

　つまり、今までの考えかたである「一般相対性理論によって万有引力の本質に一歩近づいた」あるいは「一般相対性理論によって万有引力の謎が解けた」という評価は誤りといえます。一般相対性理論は万有引力の本質にはまったく近づいていません。逆に、矛盾した理論ゆえに本質からどんどん遠ざかっています。

　そもそも、４次元時空の曲がりとは具体的に何なのか、今のところまったくわかっていません。あまりにも抽象的すぎて、とらえどころがないからです。

◆　４次元時空の未解決問題

　アインシュタインは「物質が存在すると、その周囲の４

次元時空が曲がる」と言いました。しかし、彼はその理由を述べていません。つまり、「なぜ、物質が存在すると4次元時空が曲がるのか？」という問いには答えていません。

　しかも、物質の近くの4次元時空の曲がりが大きくて、物質から遠くにある4次元時空の曲がりが小さいという「場所によって曲がる程度に差が生じる」ことに関しても、その理由には触れていません。そこで、相対性理論が抱えているいくつかの未解決問題を提示してみます。

【未解決問題その1】
　物体が存在すると、なぜ、周囲の4次元時空が曲がるのか？

【未解決問題その2】
　質量が大きいほど、なぜ、4次元時空の曲がりが大きくなるのか？

【未解決問題その3】
　距離が遠いほど、なぜ、4次元時空の曲がりが小さくなるのか？

　この3つの答は異なるはずです。しかし、これらに対する答えを相対性理論からうかがい知ることはできません。

実は、この4次元時空の曲がりは、観測結果や実験結果をうまく説明するために導入された概念です。数学でいうならば、今まで解けなかった難問を解決するために導入された実無限のような存在です。ここで、アナロジーを考えます。

　矛盾した無限集合論は「無限集合という矛盾した概念」から成り立っている。そして、無限集合は「矛盾した実無限」から成り立っている。

　矛盾した相対性理論は「4次元時空の曲がりという矛盾した概念」から成り立っている。そして、4次元時空は「矛盾した光速度不変の原理」から成り立っている。

　両理論での矛盾の構造は似ています。さらに「無限集合論はカントールが1人で作りあげた」「相対性理論はアインシュタインが1人で作りあげた」という点も似ています。

◆　2次元生物

　アリストテレスの考えでは、実在するのは3次元空間と3次元物体だけのようです。アリストテレスは、3次元は完全だというようなことを述べています。

私たちの良識でも、２次元空間や２次元物体、１次元空間や１次元物体、０次元空間や０次元物体は実在していません。また、４次元空間や４次元物体も実在していません。

　しかし、非ユークリッド幾何学や相対性理論には２次元生物というおかしな生きものが登場します。これは、４次元時空の正しさを説得するとき、次元を１つあるいは２つ落とすことによって出てくるモデルです。

　たとえば、球面上に２次元生物が住んでいて、大円に沿って移動すると、本人は「自分はまっすぐに進んでいる」とつぶやきます。

　しかし、このモデルはすぐに破綻します。３次元構造のＤＮＡ（二重らせん構造）を持っていない２次元生物は生物ではないからです。このような架空の生きものの存在を仮定して４次元空間や４次元時空の正しさを理解させることには問題がありそうです。

　もちろん、すべてのモデルが間違いであるとはいいきれません。しかし、「たとえ話」と「単純化されたモデル」の違いを認識することは必要です。この２つをしっかり見分けないと、数学や物理学が間違った道を歩んでしまう危険性があります。

ユークリッド幾何学は、実際の世界を数学で議論するための「単純化されたモデル」です。理論そのものがモデルです。そのモデルの中に、点や線などのモデルも存在しています。

ユークリッド幾何学はモデルである。その中に、点や線や面などのモデルが含まれている。

　しかし、このモデルと「ユークリッド幾何学の中に非ユークリッド幾何学のモデルを作る」という入れ子構造のモデルは違います。

非ユークリッド幾何学はたとえ話である。

　非ユークリッド幾何学は「大円は直線である」「円弧は直線である」というたとえ話で語られています。これ自体が間違った主張です。

　しかし、この主張を裏づけるように出現するのが低次元生物です。２次元生物は次元を下げたたとえ話です。球面上の２次元生物がまっすぐに進むと、その進む道は大円であるのに直線としてあつかわれます。これは、**大円を直線にたとえている**だけです。

非ユークリッド幾何学に出てくる２次元生物もたとえ話である。

　では、４次元空間などの高次元空間には高次元生物は生存可能なのでしょうか？　実は、高次元空間は無限集合論によって作られた産物です。座標（x_1，x_2，x_3）を形式的に拡張して座標（x_1，x_2，x_3，x_4）に増やしただけです。

　数学で形式的な拡張は可能ですが、実際の世界をあつかう物理学では、拡張におのずと制限が加わります。無限集合論では４次元図形は存在可能かもしれませんが、実際の世界には４次元物体は存在していないでしょう。このへんは「神様は存在するか？」「幽霊は存在するか？」という議論と同じになりそうです。

◆　ゴム膜モデル

　相対性理論では、重力の正体を４次元時空の曲がりとして説明しています。そのときに使われるのがゴム膜モデルというたとえ話です。

　平らな薄いゴム膜に重いものを乗せると膜が凹みます。

同じように、物体が存在すると4次元時空が曲がります。この曲がり具合がゴム膜の凹み具合と物理学的に同じようなものだと、相対性理論は述べています。

相対性理論によると、質量をもった物体があると、その周囲の4次元時空は一種のゴムの膜のように凹む。

物体の存在しない状態のゴム膜の凹み具合をゼロとします。これは4次元時空が平らな状態———曲がっていない状態です。ゴム膜の上に大きな質量の物体を置くと、重いから深く凹みます。これが、4次元時空のゆがみです。

そのそばに小さな質量の物体を置くと、軽いから少しだけ凹みます。すると、その2つの物体の間のゴム膜も、少し凹んでいます。このまましばらく観察していると、小さな物体は大きな物体に向かって引き寄せられるように動き始めます。この接近する運動が、「まるで、お互いに引っ張り合って近づくように見える」ので、この現象を万有引力と呼んでいます。

相対性理論によると、万有引力は引力でもなく、力でもありません。それは4次元時空の単なる曲がりにすぎません。これこそが、4次元時空の曲がりを用いることによる万有引力の根本的な解明です。

でも、これで万有引力の謎がすべて解けたわけではありません。このようなたとえ話では、まだ納得できない本質的な問題が残されています。それは、物体を乗せるとゴム膜が凹むのは、地球の重力があるからです。

　地球の重力がなければ、ゴム膜は凹みません。無重力の宇宙空間にゴム膜を置いて、その上に重い物体を乗せてみてもまったく凹みません。そのため、ゴム膜に乗せた２つの物体がお互いに近づくのは、**地球の重力が原因となって、物体の質量に応じてゴム膜が凹む**からです。

　物体同士に働く万有引力の謎を解明するとき、その手段として、すでに「地球の重力（地球の万有引力）」が用いられています。これは物理学的な説明としては不十分です。

　このゴム膜によるたとえ話は、おそらく世界中のいたるところで使われていると思います。そして、相対性理論を理解できない人々を納得させる手段としては、最高の道具となっているでしょう。

　このたとえ話は実によくできていますが、たとえ話はあくまでもたとえ話であり、本物とはまったく異なっています。つまり、たとえ話を理解することで万有引力の謎を理解したことにはなりません。

◆ ミンコフスキー時空図

　相対性理論では、理論の正しさを相手に納得させるとき
に、次元を増減させることをよく行ないます。あるときは、
「次元を増やしたたとえ話」を行ない、また別のときは「次
元を減らしたたとえ話」を行ないます。その理由は、その
ままの次元では相手を説得できない場合が多いからでしょ
う。

　たとえば、球面上の直線が大円であることを納得させる
ため、球面にへばりついた2次元生物を持ち出すことがあ
ります。このおかしな生物は、大円を直線だと思い込んで
進んでいきます。「本人は真っ直ぐに進んでいるつもりだ
けれども、実は曲線を描いて進んでいる」という論理です。
これは光にも適用されます。

　**光は自分ではまっすぐに進んでいるつもりだけれども、
実は曲線を描いて進んでいる。**

　アインシュタインが提唱した特殊相対性理論は、光の速
さ（正確に述べると光速度の観測値）だけを絶対的な基準
としています。

　これを受け、ドイツの数学者ヘルマン・ミンコフスキーは

光の速さを基準とした時空図を考案しました。これが、光円錐と呼ばれているミンコフスキー図です。

　高さに時間軸を取り、それに垂直な円を3次元空間としています。しかし、その円は実際には2次元図形であり、3次元空間ではありません。ミンコフスキー時空図も、次元を1つ落としたたとえ話と言えるのではないのでしょうか？

◆　観測

　小学国語辞典で「観測」を調べてみました。

【観測】
　天文・気象などを、機械などを使ってしらべること

　インターネットには次のように出ているものがあります。

【観測】
　自然現象の推移や変化を観察したり測定したりすること

　そこで「観測」という単語をブルーバックスの新物理学辞典で調べてみましたが、出ていませんでした。ペンギン

物理学辞典にも「観測」は記載されていません。

　物理学においては、「観測」「観測者」「観測器」に決まった定義はないようです。また、観測には「直接的な観測」と「間接的な観測」があると思いますが、その境界線ははっきりしていません。

　ということは、「観測行為」の定義が存在せず、「観測結果」の定義も存在しないことになります。おそらく「観測事実」という用語の定義もないかもしれません。すると、「観測すると電子の波は1点に縮む」という文をどう解釈したらよいのでしょうか？

　観測の目的の1つに理論の検証があります。観測や実験は、理論（正確には、理論内の数式）の実用性を確かめるために行ないます。つまり、現実の世界で使えるかどうかを試しているだけです。理論そのものあるいは数式そのものが正しいか間違っているかを確認する作業ではありません。

◆　観測の偏重

　ニュートン力学では「Aさんから見た」や「Bさんから

見た」という形容詞を用いておらず、Ａさんが観測していようがいまいが関係なく、Ｂさんが観測していようがいまいが関係なく、観測を超えたものとして時間と空間をとらえています。つまり、絶対空間や絶対時間は、観測に縛られない「万人に共通する基準」を、私たちに与えてくれます。

それに対して、相対性理論では「Ａさんから見た」や「Ｂさんから見た」という形容句が不可欠であり、観測なしでは時間や空間を設定できません。つまり、観測を偏重している傾向があります。

特に、光速度不変の原理はこの最たる存在であり、「いかなる人間も、光速度をｃと観測する」という原理です。このような「観測した結果を原理に組み込む＝どのように見えるかを原理にしてしまう」ということは、物理学本来の意味を失わせる行為といえるかもしれません。

物理学は「どう見えるか？」を中心とする学問ではありません。「どうあるか？」の学問です。よって、光速度不変の原理は物理学の原理としては不適切と考えられます。

ニュートン力学…どうあるかを理論化したもの
相対性理論…どう見えるかを理論化したもの

観測や実験を重視しすぎると、物理学の視点が「本質」から次第に「現象」に移っていきます。その結果、「どうあるかの理論」が「どう見えるかの理論」にとって代わられてしまうでしょう。

◆　シュレーディンガーの猫

　眼を閉じてサイコロをふったとします。出た目は、偶数か奇数のどちらかです。このとき、目を閉じたままでは、次の2つの状態が同時に考えられます。

（1）サイコロの目が偶数である。
（2）サイコロの目が奇数である。

　どちらの可能性も50％ずつです。ここで目を開けると、偶数と奇数のどちらかがはっきりわかります。

　ここで、次のように考えたらどうでしょうか？

　観測する前は、「サイコロの目が偶数である」と「サイコロの目が奇数である」が重なり合っている。観測することによってこの重なり具合が収束し、偶数か奇数かがはっきりする。

◆ 観測装置

　人間に備わっている五感は、自然が与えてくれた奇跡的な情報収集装置です。それに対して、電子機器としての精巧な観測装置（測定機器）は、人間が作った人工的な情報収集装置です。

$$情報収集装置 \left\{ \begin{array}{l} 自然…人間や動物の感覚器官 \\ \\ 人工…精密に作られた観測装置 \end{array} \right.$$

　事実としてのできごと（事象）が発信した情報を、五感や観測装置を介して受信します。この際、発信された情報と受信された情報がまったく同じとは限りません。

　一般的には、情報を伝達するとき、間に仲介物が入れば入るほど、もとの情報はゆがんで伝わります。このような「発信前の情報」と「受信後の情報」の違いは、子どもたちの遊びである伝言ゲームを思い出せば、ある程度は納得できるでしょう。発信者と受信者の間に入る人数が増えれば増えるほど、伝達される情報がゆがみ、そのために情報の信頼度は下がります。

　自然界も同じであり、自然界で起きたさまざまなできご

としての事実は、その情報を周囲に発信しています。その情報を五感や観測装置を介して受信したとき、ある程度は修飾されていると考えられます。

観測装置は真実を受信しているとは限らない。

　現在、観測者と観測装置は遠隔操作でつながっていることが多いです。したがって、観測しているのは「観測装置という機器か？　それとも観測者という人間か？」という新たな問題が提起されています。

　光速度不変の原理も「観測者に対する光速度なのか？それとも観測装置に対する光速度なのか？」によってまったく異なった物理学が作られることでしょう。

光速度不変の原理は「人間を基準とした原理」か？
それとも「機械を基準とした原理」か？

◆　観測者

　光速度不変の原理は観測者が中心となる原理です。しかし、ブルーバックスの新物理学辞典には、「観測者」や「観測装置」という単語が載っていません。観測する人を観測

者、観測に使う装置を観測装置と呼んでいますが、いったい何をしている人を観測者と呼べばいいのか、次のようなケースを考えます。

　観測装置で、宇宙のはるかかなたを観測しているとします。観測しているのは地上の研究室で、10人のスタッフの各机においてあるパソコン画面に観測結果が画像として、あるいは数字やグラフというデータで表示されるのを見ています。さらに、それと同じ画面がみんなの前に大写しされています。

　各パソコンで見ている人たちは全員が観測者でしょうか？　そのうちの1人が席を外している場合、その人は観測者から外れるのでしょうか？　スタッフの後ろで見学している部外者も観測者に含まれるのでしょうか？

　その画面をパソコンから電子メールに添付して家族や友人のスマホにデータ転送し、送られた人がスマホ画面を見たとき、家族や友人も観測者と呼ばれるのでしょうか？その友人がＳＮＳにアップロードした場合、それを見た世界中の人たちが観測者になるのでしょうか？

　先日、ブラックホールの写真が放映されていましたが、テレビを見ていた子どもたちも「ブラックホールの観測者」

と呼んでも良いのでしょうか？

　観測者の定義を明確にしないと、観測の謎も解明できないばかりか、次なる原理も成り立たなくなります。

【光速度不変の原理】
　観測者がどのようなスピードで動いていても、観測者が観測する光の速度は「端数を持たない秒速299792458ｍ」である。この測定値に例外はない。

◆　観測結果

　海猫が海にいる猫ではないならば、観測結果は観測した結果ではない可能性もあるでしょう。そこで、この四字熟語を調べてみました。

　ブルーバックスの新物理学辞典には観測結果という単語が記載されていません。いえ、その前にそもそも観測という単語が定義されていません。物理学では「観測」はそれほど重要ではないのでしょうか？　ここでは、観測結果を観測した結果と解釈することにします。

　「真実はたった１つ」という考え方は、科学のもとになっ

ています。しかし、そのたった1つしかない真実を観測すると、人によってはさまざまな形に見えます。つまり、観測した結果は複数あります。

　各人がそれぞれの観測結果を得た場合、観測結果は観測者の数だけ存在することになります。その人が「自分の得た観測結果は真実である」と主張すると、真実は人の数だけ存在し、ソフィストたちの相対主義と同じになってしまいます。

　その中でもプロタゴラスは「人間は万物の尺度である」といいました。「真実は1つではない。それを見た人間の数だけ存在している」という相対主義は有名でした。

　真実の数≒人間の数

　これは、「観測結果は観測者の数だけ存在する」という考えかたを生み出し、今日の相対主義では「新幹線の速度は、観測者によって1人1人異なる」ということがいわれています。

【速度の相対主義】
　新幹線の速度は、観測者によってそれぞれ異なる。そして、それぞれが真実の速度である。つまり、新幹線の速度

は観測者の数だけ存在する。

　一方、絶対主義はこれと大きく異なっています。

【速度の絶対主義】
　観測者が何万人にいようと、新幹線の速度はたった１つ
である。万人に共通している真実はたった１つしか存在し
ない。

　相対主義と戦った絶対主義は科学を興し、ソクラテスか
らニュートンまでの長い間、絶対主義を根拠として発展し
てきました。しかし、相対性理論を境として、絶対主義か
ら相対主義へと大きな変換をとげています。

　相対性理論をきっかけとして、科学は（ソクラテスの）
絶対主義から（ソフィストの）相対主義に逆もどりした。

◆　観測結果は信用できない

　宇宙空間に１本の棒が浮いているとします。この棒には
実際の長さがあります。その近くで複数のロケットがその
棒の向きと同じ方向に飛行しています。

各ロケットには観測者がそれぞれ 1 人乗っています。そして、それぞれのロケットは飛行速度が異なっており、その窓から棒の長さを観測します。

　相対性理論によると、観測者の速度が異なれば、それぞれの異なった長さの棒を観測します。どういうわけか実際の長さよりも長く観測する観測者は 1 人もおらず、決まって短くなった棒を観測します。

　しかし、観測者の観測結果とは無関係に、棒の長さはいつまでたってももとのままです。なぜならば、この棒には何も力が加わっていないからです。

観測者が動いても、棒の長さはまったく影響を受けない。

　相対性理論は「観測者が動くと棒が短くなる」と主張しています。しかし、力がまったく加わらずに、棒がひとりでに短くなるのは科学的ではありません。なぜならば、エネルギー保存の法則に反するからです。

　もし各人が異なった長さの棒を観測するならば、次なる結論も出てきます。

相対性理論が正しければ、観測結果を信用してはならない。

◆ 観測事実

ある相対性理論の本に次のような記載がありました。

　光の速度は常に秒速30万ｋｍである。相対性理論の理解は、まずは、この観測事実を受け入れることから始まる。

　私たちは、「観測事実」という言葉をよく耳にすることがあります。この言葉には2つの意味があります。

（1）観測した結果の内容が事実である。
（2）観測したという行為が事実である。

「観測した結果が事実である」という主張の保証はまったくありません。なぜならば、観測装置の進歩によって、観測した結果は次々に塗り替えられているからです。「塗り替えられる」ということは、「前回の観測結果が否定される」ことです。

　一方、観測したという行為は、観測者が故意に嘘をつかない限り100％事実です。その観測結果がたとえ無意識的な捏造であっても関係ありません。その人が実際に観測したのであれば、観測した内容のいかんにかかわらず、観測したという行為は間違いなく事実です。

しかし、それを邪魔するのが「観測事実」という言葉です。これは「観測した結果はすべて事実である」という暗黙の強制とも解釈されます。

　本来ならば「観測結果」と表現すべきですが、あえて「観測事実」という強い言葉を使って、観測結果に疑いを持つことを禁じています。それゆえに、観測事実という言葉が物理学をゆがめてしまうこともあるでしょう。

　今の世の中、観測の規模が次第に巨大化しています。観測装置や実験装置も巨大であり、それにかける金額は膨大です。よって、それらを使って観測された結果に疑問を持っても、個人的に追試することができません。

【追試】
（1）定期試験を受けられなかった者や不合格になった者
　　　に対して、あとから特別に行なう試験。
（2）他人が行った実験を、あとから同様に試みること。

　もはや、物理学の観測や実験の結果に疑問を抱いても、資金も専門道具も専門知識もない一般人にはどうしようもありません。つまり、観測結果を信じるしかありません。

一般人は、専門家の行なった観測や実験の結果を信じる

ことしかできない。

「ビッグバンは実際にあった。今から138億年前に宇宙が爆発的に誕生した」といわれたら、一般人はそれを信じることしかできません。**信じないという手は残されていない**からです。

　科学は疑うことから誕生したはずですが、今は再び疑ってなってはならない状況が作られています。世界中が認めたブラックホールの写真を見せられたら「ブラックホールは、本当は存在していないかもしれない」と異論を唱えることはとても困難になります。

◆　測定値

　観測や実験によって得られた数値である「測定値」は、「計測値」「実測値」「実験値」「観測値」などと同じです。

　物理量を測定するとき、どれだけ注意を払っても、どれだけ精密な装置を使っても、測定値には真の値（本来の値という意味での真の値）からのずれ、すなわち誤差が含まれています。この世に存在しているすべての測定器具は、真の値ではなく測定値を表示します。

現実的に得られる測定値はすべて誤差を含んでおり、真の値とは異なる。

　　誤差＝測定値−真の値
　　誤差の大きさ＝｜測定値−真の値｜

　これより、測定値が真の値が近いこともあれば遠いこともあります。そのため、測定値は常に「真の値の近似値」に過ぎません。測定値は、言葉を変えれば「真の値の不完全なコピー」ともいえるでしょう。

◆　物理理論

　科学史上における測定の位置づけはとても重要です。人類は物理量を測定することによって、どんどん真実に近づいて行くことができました。

　しかし、人類は測定だけでは満足しませんでした。「測定をしないで、何とか測定値に近い値を出せないか？」という横着な発想をし始めました。

　確かに、いちいち測定していたのでは非常に効率が悪いです。そこで、測定をしないで測定値に近い値を出す画期

的なアイデアを模索し始めました。そして、人類はとうとう画期的な方法を見つけ出しました。それは、数学をもとに物理学を構築し、物理理論を手に入れたのです。この奇想天外な模索は、他の動物には見られない高度な知的作業です。

**　いちいち測定するのがめんどうだから、人類は物理理論を作った。**

「めんどうくさい」という気持ちはマイナス感情のようですが、家電製品などのように、多くの発明品を世に送り出しています。洗濯、炊飯、掃除などもロボットがある程度やる時代になっています。

　歩いて行くのがめんどうくさいから自動車を作り、船に乗って行くのがめんどうだから飛行機を作りました。いちいち手で計算するのが面倒くさいという横着な発想は、最終的にはスパコンの開発につながっています。

　もちろん、数学理論の開発、物理理論の開発、家電製品の開発、宇宙ロケットの開発、全自動運転の自動車の開発など、これらを作り出した人たちは、寝る間も惜しんで努力しています。「楽をしたい」「めんどうくさいことをしたくない」という発想から始まったと思いますが、そのめん

どうくささをなくすために、実にめんどうな仕事に耐えて発明や発見をしてきました。

　物理理論を分類するとき、いくつかの方法があります。

（１）「正しい理論」と「間違っている理論」
（２）「無矛盾な理論」と「矛盾している理論」
（３）「現象を説明できる理論」と「説明できない理論」
（４）「便利な理論」と「不便な理論」
（５）「科学理論」と「非科学理論」

　今までは「正しい物理理論とは、自然現象をうまく説明できる理論である」すなわち「正しい理論とは、計算されて出てくる理論値が測定値に近い理論である」と漠然と信じ込まれているようです。このため、「物理理論の正しさは観測や実験をしないとわからない」ということになっています。つまり、次のような思い込みがありました。

　観測（や実験）は、物理理論の正しさを判定する唯一の手段である。

　実は、もう１つ、理性で判定する方法もありました。それは、大昔からあった手法であり、理性———合理的な考えかた———で理論の正しさを判断します。これはガリレ

オ以前の常套手段でしたが、ガリレオが観測や実験を重視することによって、その陰に埋もれてしまい、長い間、忘れ去られていたようです。

　観測や実験を重要視しすぎたため「パラドックスを含む理論は間違っている」というごく当たり前のことすら通用しなくなってしまったようです。

　相対性理論は自己矛盾しているがゆえに、たくさんの現象を説明することができます。ちなみに、同じように矛盾した数学理論の証明能力は抜群に高いとされています。その言葉が下記に集約されています。

矛盾した数学理論は、どんな命題でも証明できる。

これは物理学にも援用されることがあります。

矛盾した物理理論は、どんな現象でも説明できる。

◆　理論値

　測定値に対して、理論内の数式から得られる値は理論値と呼ばれます。物理理論があれば、ある長さを知りたいと

きに、わざわざ現場まで出向いて器具を用いて直接測定する手間を省略できます。離れた場所に座っていて、測定値の代わりに理論値を計算すればよいのですから…。

　そこで、測定値に近い理論値をはじき出せる数式や理論を探してきました。つまり…

いちいち過酷な条件下に出向いて測定や観測をしないでもいいように、測定値に近い値を計算して得るために物理理論が作られた。

　作られる理論は１つとは限りません。ある１つの測定値に近い値を計算できる複数の数式や複数の理論が存在するでしょう。すると、数式同士の選別や理論同士の選別も必要になります。

　たとえば、Ａ理論による理論値がＢ理論のそれよりも測定値に近いときは、その領域ではＢ理論を使わずにＡ理論を使います。

　しかし、Ａ理論の計算が複雑で時間がかかる場合、Ａ理論値とＢ理論値がそれほど離れていないならば、計算の簡単なＢ理論を使うでしょう。この場合は、より正確な理論値を求めることよりも、より迅速に理論値を得ることをメ

インに考えています。

このように、正確な値を出したいのか、それとも早く値を出したいのか、それによって使う数式や理論が異なることもあります。

◆　真の値

物体や物質などの実在するもの、あるいは実際のできごとの持っている物理量（重さ、長さ、時刻、時間経過、速度、温度など）には唯一無二の大きさがあると考えられます。これを量（物理学の世界では物理量）と呼びます。

この量は、単位を用いて数値化する前の大きさであり、観測や実験から独立しています。それゆえに、誰にとってもまったく同じ大きさです。その根拠として、**人類が誕生するずっと前から物理量は存在していた**と考えられるからです。物理量は、本来は人間の存在や行ないとは無縁です。

その後、地球上に知的生命体が誕生して、その知的好奇心の旺盛さから物理量を知りたくなりました。この量を知りたいと思うと、それを表現する必要があります。そのためには、単位を設けて数字で表します。こうして単位をつ

けられた「量」は「値」となります。

　真の量＝単位を持つ前の本当の大きさ
　真の値＝単位をつけられた本当の大きさ

　単位をつけられた唯一無二の大きさを真の値と呼びます。真の値は、どの観測者にとっても同一の値であるという特異な性質があります。

「単位を持たない大きさ」としての「真の量」と、「単位を伴った大きさ」としての「真の値」は、概念としては異なっている。しかし、両方とも観測者に依存しない客観的な大きさである。

　私たちは、真の値を知るために、五感を用いたり、観測装置を用いたりして、いろいろと観測や実験を繰り返します。こうして最終的に出てきた値が単位を伴った測定値です。

　しかし、これらの作業にはおのずと限界があり、人間の得ることができる測定値は常に誤差というばらつきがあります。そのため、真の値を完ぺきに求めることは容易ではありません。

　そこで、仕方なく人類はある妥協をしました。真の値を

完ぺきに求めることをあきらめ、測定値の平均値などを真の値とみなしました。つまり、何回か測定をしてみて、それらが真の値の周囲でばらついているとみなしたのです。

　もちろん、「測定値は、真の値を中心として、その周辺でばらついている」というのは、人間の単なる推測あるいは願望に過ぎません。

◆　**3つの値**

　物理学では、現象を数値化するときに3つの値を考えます。1つ目は、観測や実験によって得られる測定値（観測値）です。2つ目は、理論で計算されて出てくる理論値です。3つ目は、理論値とも観測値とも異なる真の値（できごとの持っている本来の値）です。

　　事象の持つ本当の値＝真の値
　　測定によって得た値＝測定値
　　理論から出てくる値＝理論値

　私たちが得ることができる数値は、測定値と理論値の2つだけです。この2つの値は、真の値の近似値です。

でも、真の値はどうやって知るのでしょうか？　残念ながら、真の値を知ることができる確実な手段はないようです。つまり、真の値は永久にわかりません。

　では、理論値と測定値では、いったいどちらが真の値に近いのでしょうか？　なかなかわからない真の値との差を考察するのですから、とても難しい問題です。

　ここで、多くの人は「測定値のほうが理論値よりも真の値に近い」と思っていることでしょう。なぜならば、歴史的には測定値のほうが古く、なおかつ、測定値に近い値を出すことができるように理論を作ってきた歴史があるからです。

　そして、精密な観測機器を製作してより正確な測定値が得られるたびに、真の値に近づくように理論を修正してきました。これは、人類が測定値を優先し、それに見合うように理論値のほうを補正してきたからです。

　その根底には、「測定値は理論値よりも真の値に近い」という考えかたがあります。

理論値　　　　　　真の値　測定値

　上図でいうと、真の値が測定値に近く存在しています。し
かし、測定値が理論値よりも常に真の値に近いとは言い切
れません。あるときは、逆に理論値のほうが真の値に近い
ことがあるかもしれません。なぜならば、私たちは真の値
をよく知らないからです。

◆　誤差

　物理学的な実在や実際のできごとを観測するとき、その
対象となる物理量には測定装置や測定方法とは無関係な
「ある定まった量」があると考えられています。この量のこ
とを「真の量＝事象の持っている量」と呼んでいます。こ
れに単位をつけたのが「真の値」です。

　真の量＝事象の持っている大きさ（無単位）
　真の値＝事象の持っている大きさ（単位付）

　なお、真の量と真の値（真の量に単位を与えたもの）の
違いは私の独断による定義であり、理解できやすいように

勝手に命名しただけです。

一方、観測や測定という人間の現実的な行為によって得られた数値が「測定値＝現象の持っている値」です。測定値は、計測値、実測値、観測値などとも呼ばれています。

測定値＝現象の持っている大きさ（単位付）

観測における誤差とは、測定値と真の値との差のことです。

誤差＝測定値－真の値
　　　＝現象の持つ値－事象の持つ値

私たちが観測をするのは真の値を知りたいからです。しかし、観測によって得られた値は、常に誤差つきの測定値です。真の値を直接に得ることは極めて困難です。

物理学がいつまでたっても完成しない理由の１つが、ここにあるでしょう。観測装置や実験装置には完ぺきな能力が備わっていません。つまり、観測や実験は真の値を知る確実な手段とはいえません。

真の値を確実に手にすることができる手段を人類が持っていないということは、**自然界が人間の英知をはるかに超**

えた存在であることを物語っています。

◆ 2つの誤差

　物理理論を検証するとき、真っ先に思いつくのが観測や実験による測定です。その際、2つの誤差が関与してきます。

　測定誤差＝測定値－真の値
　測定誤差の大きさ＝｜測定値－真の値｜

　測定誤差とは測定値の誤差であり、その大きさは真の値との差の絶対値として表現されます。測定と観測は同じですから、この式を観測誤差、観測値と言いかえることができます。

　観測誤差＝観測値－真の値

　それに対して、次の誤差も考えられます。

　理論誤差＝理論値－真の値
　理論誤差の大きさ＝｜理論値－真の値｜

　理論誤差とは理論値の誤差であり、その大きさは真の値

との差の絶対値として表現されます。誤差が小さいほど、測定値や理論値は真の値に近いと言えます。

　最近は測定装置（観測装置）の中にコンピューターが内蔵されており、観測装置が表示している観測結果が、すでに理論によって計算されていたり、修正されていたりします。この場合は、「この誤差は、測定誤差なのか？　それとも理論誤差なのか？」の判定はより困難になってきます。

　一昔前の体温計は15分かけて舌下や腋窩で実測し、アナログで表示していました。この値は純粋な測定値と考えられます。しかし、最近の体温計は1秒でデジタル表示をしてくれます。体温計に何らかの数式が組み込まれており、それで計算をして予測値を瞬間的に計算して出力します。

　もっと複雑な観測装置は複数の数式が組み込まれており、画面上に出力された**観測結果はすでにさまざまな種類の理論によって多種多様な測定値の補正が施されている**と思われます。

◆　理論値と測定値のずれ

「理論による理論値」と「観測や実験による測定値」の

ギャップは、本当の矛盾ではありません。2つの数値の間の単なる隔たり———あるいはずれ———にすぎません。このずれを理論で説明できない限り、それは理論の抱えた未解決問題となります。決して、理論の抱えている矛盾ではありません。

　ずれは誤差から来ているとも考えられます。理論値と測定値がぴったりと一致するという奇跡的な観測結果はそうめったに起こりません。つまり、理論値と測定値がずれているのは当たり前ともいえるでしょう。

　このとき、ほんのちょっとしたずれでも「理論が間違っている」と過剰に反応してしまうこともあります。理論値と測定値が少しでもずれていたら、その理論は矛盾した理論として物理学から破棄すべきでしょうか？

　理論には適用範囲外もあります。どんな物理理論も、適用範囲を超えたら、理論値と測定値がずれ始めます。さらに、極端な条件を代入すると、すべての物理理論は、驚くようなずれを呈するようになるでしょう。つまり、現象をまったく説明できなくなります。だから、観測結果や実験結果を用いて「間違った理論を検出しよう」というスタンス自体が正しくはありません。

観測や実験は、物理理論が正しいか間違っているかを調べる手段ではありません。観測や実験は、物理理論がどの範囲で使えるかを調べているだけです。つまり、観測や実験は物理理論の実用性を調べることが目的であり、その物理理論の適用範囲がどの程度かを知ることが目的です。

**　観測や実験は、すでに構築された理論またはこれから認められるかもしれない仮説の中の数式の実用性を調べる───数式の適用範囲───を知るために行なわれる。**

◆　**速度**

　速度には３つあります。

（１）絶対速度（共通の基準点に対する速度）
（２）相対速度（ベクトル計算された速度）
（３）観測速度（観測された速度）

　速度を考えるときには「それが何に対しての速度か？」という問題がつねにつきまといます。そのため、現在では「速度はすべて相対的である」という相対主義が主流です。しかし、この相対主義から問題が発生します。

地球の速度は、太陽系の中心すなわち太陽に対する速度です。太陽の速度は、銀河系の中心に対する速度です。銀河系の中心の速度は、宇宙の重心に対する速度です。では、宇宙の重心の速度は何に対する速度でしょうか？　宇宙の重心が動いていなければ、これは絶対主義になります。

　このように相対速度でどこまでも切り込んでいくと、最後は答えがなくなります。

　Aの速度はBに対する速度である。
　Bの速度はCに対する速度である。
　Cの速度はDに対する速度である。
　　　：

これを無限に繰り返すことはできません。

　それでも相対速度を追究していくと、最終的には「Xの速度はYに対する速度である。Yの速度はXに対する速度である」という堂々巡りになります。この堂々巡りは論理の行き詰まりであり、相対速度だけで速度を考えると物理学は論理的に破綻します。

　論理の破綻といえば、ユークリッド幾何学の公理を思い出します。定理が正しいことの根拠を探っていくと、最後

に公理に突き当たります。もはや、公理の論理的な根拠は存在しません。この公理は論理の破綻であり、このときに直観の出番となります。しかし、相対速度の論理の破綻は公理に相当する自明の理が見つかりません。「宇宙の重心は動いていない」は自明の理ではないと思います。

相対速度だけの物理学では「宇宙には静止している天体は1つも存在しない。すべての天体は動いている」となります。では、そのすべての天体はいったい何に対して動いているのでしょうか？

◆ 速度の客観性

投手の投げたボールの速度が、ある人が測ったら時速50ｋｍであるが、別の人が測ったら時速100ｋｍであり、さらに別の人が測ったら時速150ｋｍであったりしたら、投手の能力がまったく評価できません。

ボールの速度が科学的議論の対象になるためには、「投手の投げたボールの速度は誰が測っても同じある」という条件が不可欠です。

科学においては、速度は誰が測っても同じ値にならなけ

れればならない。

　観測者全員が同じ観測結果を得ることができなければ、そもそも科学に値しません。科学には、**観測者に依存しない客観性のある観測結果**が重要です。

　絶対主義の立場から速度を解釈すると、「全員に共通する普遍的な速度」を探し求めます。これに対して相対主義による速度の解釈は「観測者個人が得られた速度がすべて真理である」と解釈します。絶対主義では真理は1つですが、相対主義では真理は無数にあるようです。

　速度の相対主義では「速度はすべて、自分自身を中心とした相対速度である」という解釈をしています。このように速度の相対主義は、観測者に依存しています。いいかえると、**相対速度は観測者によって異なる「主観的な速度」**です。

　相対速度という表向きの数字の変化に惑わされず、「観測者によって測定値は多少誤差の範囲内で異なっていても、実際の速度は同じである」という本質を失わないことが大事です。

　ある物体の速度は、観測者が等速直線運動をしていよう

と加速度運動をしていようと、どんな速度で運動していようと、得られる測定値は同じでなければなりません。

　もちろん、観測は万能な行為ではないので、測定した速度の異なりかたは、誤差の範囲内でなければならないでしょう。ある人が「新幹線の速度はゼロである」と測定し、別の人が「新幹線の速度は時速２００ｋｍである」と測定した場合、この相違は誤差の範囲内に入っていないとみなされます。

　速度の客観的な測定においては、相対速度を測ることではなく、みんなで統一した基準点を作り、その基準点で速度を測定することです。これを「絶対速度の基準点」と呼ぶことにします。

　絶対速度…みんなで作ったルールを守る。
　相対速度…個々人がルールを作る。みんなの同意は不要。

　相対主義は、一人一人の主張（観測結果を含む）を大切にする考えかたです。確かに、多様性を重視する現代社会にはマッチしていますが、科学の本流から外れているような気がします。

◆ 相対速度

　相対速度はベクトルの差です。速度ａの速度ｂに対する相対速度は次の式になります。このとき、空間座標の原点はどこでもかまいません。

　相対速度＝速度ａ－速度ｂ

　これに対して、観測された速度を「観測速度」と呼ぶことにします。現在、「相対速度」と「観測速度」が混乱しています。高校のテキストにも、次のように記載されています。

　動く物体Ａから観測した他の物体Ｂの速度をＡに対するＢの（Ａから見たＢの）相対速度という。

　この文章をそのまま信じると「相対速度と観測速度は同じである」となってしまいます。

　観測者に原点を置いた相対速度は観測者によって異なった値が出てきますが、観測された速度が科学的な数値となるためには、観測者に依存しない共通の値である必要があります。

そのためには、個々の観測者を原点とするのではなく、**すべての観測者に共通する特定の基準点**を定める必要があります。そうすることによって、自分を中心とする主観的な相対速度ではない「すべての観測者が共有できる客観的な相対速度」が出てきます。

◆　見た

　座標軸上の物体Ａの速度と物体Ｂの速度を考えます。Ａの速度をａとし、Ｂの速度をｂとして、同一直線上の同一方向に進んでいるとします。

$$A \rightarrow a \qquad\qquad B \rightarrow b$$

　ここで、Ａに対するＢの相対速度を次のように定義します。

$$b - a$$

　これは「Ａが静止している」と仮定したＢの速度であり、「Ａを基準とするＢの速度」です。これと混同しやすいのが、「Ａが観測したＢの速度」です。

「Ａを基準とするＢの速度（事象）」と「Ａが観測するＢの速度（現象）」という言葉には違いがあります。というのは、両者ともに「Ａから見たＢの速度」あるいは「Ａが見たＢの速度」と同じ言葉が使われるからです。

「見た」という単語には多義性がある。よって、「見た」という言葉をしっかり定義しないと、観測という行為に混乱が生じる。

「Ａから見たＢの速度」は、ニュートン力学では「Ａが静止していると仮定したＢの速度」だから、人間は登場しません。

しかし、相対性理論ではこれが「Ａという人が観測したＢの速度」になっています。つまり、Ａが肉眼や観測機器を用いて観測した速度になります。

これからわかることは、**ニュートン力学の「見た」と、相対性理論の「見た」は意味が異なっている**ということです。

$$
\text{Ａから見たＢの速度}\left\{
\begin{array}{l}
\text{Ａを基準とするＢの速度}\\[2em]
\text{Ａが観測したＢの速度}
\end{array}
\right.
$$

相対性理論では、この2つのうち正しいのは観測された速度としています。なぜならば、計算された速度（理論値）よりも実際に観測された速度（測定値）のほうが真の値に近いと思われているからでしょう。

◆　観測速度

　観測した結果を観測結果と呼んでいます。これにならって、観測した物体の速度を観測速度と呼ぶことにします。しかし、これを「観測者に対する相対速度」と解釈する場合もあります。

$$
観測速度 \left\{ \begin{array}{l} 主観的な観測速度（相対速度）\\ \\ 客観的な観測速度（絶対速度） \end{array} \right.
$$

　ある瞬間における物体の速度はたった1つです。しかし、唯一無二のはずである真の速度が、観測者によっては異なって見える場合もあります。

　特に、観測者が自分を中心に観測した場合（自分自身を座標系の原点にすえた場合）、観測速度は「観測者に対する物体の相対速度」に一致し、物体の速度は観測者の数だけ

存在します。

「観測された速度」はわかりにくい言葉であり、しっかりとした定義しないと、観測速度を述べている光速度不変の原理も理解できなくなるでしょう。次の２つを分ける必要があります。

（１）観測速度は「観測者に対する相対速度」である。
（２）観測速度は「観測装置に対する相対速度」である。

　ここで、次のようなケースを考えます。遠隔操作をしている観測者とは離れた場所に観測装置が置いてあります。現在、このケースが多いでしょう。

　たとえば、観測者は地球にいて、月面に設置した観測装置で月を周回している人工衛星の速度を測るとします。

　そのとき、人工衛星の速度は月面上に設置された観測装置に対する相対速度となります。観測装置から得た情報を有線で別の観測装置に送り、そこから電波を飛ばして地球上にある受信機に届き、その速度を各人の観測者のデスクにあるパソコンに表示し、それを観測者が読み取ります。このこき、「観測された速度」というのは地球にいる観測者に対する相対速度ではありません。

さらに、この観測者が他の学者1万人にメールで結果（画像と観測結果の数値を添付して）を知らせたとします。すると、さらに1万人が観測者に該当するようになるでしょう。メールを開かなければ観測者ではなく、メールを開いて読めば観測者になります。

　こうすると、地球上にいる観測者（私たち人類）にとっても、他の惑星上にいる観測者（宇宙人）にとっても、月を周回する人工衛星の速度はみな同じです。つまり、観測された速度はすべての高度知的生命体にとって共通した数値を持ちます。

　相対速度…基準点が異なれば速度も異なる。
　絶対速度…基準点が共通していれば速度は同じである。
　観測速度…相対速度と絶対速度の総称（あいまい）

　観測速度と相対速度は異なります。観測速度と絶対速度も異なります。

◆　光速度の観測

　光の速度を測るときの基本は、定められた時間に光が進んだ距離を測ります。または、距離を測ってその距離を光

が通過する時間を測ります。

そして、この2つの数値から計算して出すのが「光速の測定値」です。その際、測定値には必ず誤差が含まれています。つまり、誤差を伴わない完ぺきな光速度は存在しません。

真空中の光の速度を測定したとします。このときも、必ず観測された光速度は誤差を伴っています。しかし、今の物理学では、この測定値は次のような整数です。

光速度＝光の進んだ距離（m）／それに要した時間（s）
　　　＝299792458［m／s］

小数点以下は四捨五入されたのでしょうか？　この整数値の1つの憶え方は「憎くなく2人寄ればいつもハッピー」だそうです。

真空中の光速度を観測する場合、これ以外の数値を観測することは許されません。このような値を定義値といいます。この測定値は定義値である以上、誤差はまったくありません。「誤差のない測定値」は、おそらく相対性理論以外では考えられないことでしょう。

もし後世の物理学者が「真空中の光速度を、小数点以下までもっと正確に求めたい」と思って、さらに高精度の観測装置を作り出し、実際に真空中の光速度を観測したとします。そして小数点以下までもっと詳しい数値を得ることができた場合、現在の定義値と未来の測定値とではどちらが正しいのでしょうか？

（１）観測者が測定する光速度の値は、すでに決められた「定義値」が永遠に正しい。よって、これをひっくり返すことは許されない。
（２）将来になって科学がずっと進んで小数点以下まで測定値を出すことができたら、未来の観測による「測定値」のほうが正しい。

　これは究極の選択かもしれません。

◆　検証

　相対性理論が生まれてから100年以上たちました。そして、相対性理論の正しさは、これまで何度も実証されています。では実証とは何でしょうか？　新レインボー小学国語辞典には次のように出ています。

【実証】
（1）たしかなしょうこ。
（2）しょうこをしめしてしょうめいすること。

　そこで、相対性理論が時間に関して実証されたことをもう一度振り返ると、「（本当の）時間の遅れ」ではなく「（時計が表示する）時刻の遅れ」であることがわかります。

**　時間の遅れは、まだ相対性理論では実証されていない。**

「実証」と似た言葉に「検証」があります。これからは検証という言葉を使わせていただきます。実は、検証された理論は正しいとは言い切れません。そこで、一歩引いて考えます。それは、「正しい」とは断言せず、「正しいとはいえない」と言を濁す表現です。

　ここで「正しい」と「正しいとは言えない」と「間違っていない」と「間違っているとは言えない」の4つが意味の異なる表現であることに注意します。

　検証された理論は正しいとは言えない。

　一方、検証とは「正しいことを示すこと」です。正しいことが示された理論が正しいとは言えないとは、どういう

974

ことでしょうか？　ここに、言葉の問題がありそうです。

　これをもっと正確に表現すると「検証された理論は正しいとも言えないし、間違っているとは言えない。つまり、ノーコメント」という意味です。このノーコメントという立場から出てくるのが次の結論です。

　たとえ検証されたとしても、*物理理論は正しいとは言い切れない。よって、いかなる物理理論も永遠に仮説である*。

　これは、「どの理論に対しても正しい理論という評価を下さない」という表明であり、これとよく似ているのが「正しい物理理論など、１つも存在していない」とする立場です。

【異なる２つの立場】
（１）正しい物理理論など、物理学には１つも存在していない。
（２）正しい物理理論は存在しているが、どれが正しいかは誰にも永遠にわからない。

「検証された理論は正しい」は正しくはないけれども、現実に応用できればそれで満足する立場もあります。

◆ 検証の定義

　物理学には、検証という言葉がよく出てきます。では、検証とは何でしょうか？　小学国語辞典で今度は検証を調べてみました。

【検証】
　じっさいに、その場所に行ったり、そのものを見たりしてしらべ、事実を明らかにすること。

　例として「現場検証」が記載されています。日常生活ではこれでよいでしょうが、問題は物理学です。物理学でブラックホールの検証のために現場に行ったら、吸い込まれてしまいます。物理学では、いったい何をどうやって検証するのでしょうか？

　物理学においては、仮説を検証します。仮説が正しいかどうか、実際に調べます。仮説の1つとして物理理論の検証があります。理論の検証はさらに、「理論を構成している前提の検証」と「理論内にある数式の検証」があるでしょう。前提の検証は理論の存続にかかわる重大な検証です。というのは、理論内の数式が反証されても理論はなくなりませんが、理論の前提が反証されたら、その理論はもう生き残れないからです。

◆ 検証の論理式

　私たちは自然界に対して、次のような考え方を持っていることが多いです。

　「物理理論の予測」と「自然界で起こっている現象」が合えば、その理論は正しい。

　物理理論がある現象を予測し、その現象が実際に確認されたら、つまり、比較作業が行なわれて理論値と測定値が近いと判断されたら、その物理理論は正しいという考え方です。この考え方にしたがって行なう観測や実験を検証と呼んでいます。

　検証の内容を具体的にいうと、理論値と測定値の比較作業です。すると、検証の論理構造は以下のようなものになります。

【検証の論理構造】
　PならばQのはずである。Qであることがわかった。したがって、Pである。

　P：相対性理論が正しい。
　Q：相対性理論の予測した現象が起こる。

検証を論理式で書くと、次のようになります。

((P→Q) ∧Q) →P

これを論理学では「後件肯定式」と呼んでいます。具体的には「相対性理論が正しければ、太陽の周囲で光は曲がるはずである。観測の結果、太陽の周囲で光が曲がることがわかった。したがって、相対性理論が正しい」というような論理展開のことです。

これがトートロジーすなわち恒真命題であれば、検証は常に正しいことになります。ここで、真理表を作成してみます。

P	Q	((P→Q) ∧Q) →P
1	1	1
1	0	1
0	1	0
0	0	1

3行目の後件肯定式が0（すなわち、偽）になっています。これより、**後件肯定式はトートロジーではない**ことがわかります。1行目から4行目まですべて1ならばトートロジーですが、1個でも0があるならばトートロジーでは

ありません。つまり、後件肯定式は常に正しいとは限りません。

　これより、**太陽の周囲で光が曲がった原因は、他にもあるかもしれない**ということです。

　しかし、残念なことに物理学で行われている理論の検証は、すべてこの後件肯定式を使っています。さらにいくつかの例をあげてみます。

　飛行機に原子時計を搭載してその飛行機を飛ばした場合、相対性理論が正しければ、搭載された原子時計の時刻がずれるはずである。実際に実験したところ、相対性理論の予測どおりに原子時計の時刻がずれた。だから相対性理論は正しい。

　これは、一見正しそうに見えるけれども、**後件肯定式ゆえに間違った論理展開**です。ビッグバン理論の検証も同じです。

　ビッグバン理論が正しければ宇宙背景放射が観測されるはずである。実際に観測をしたところ、宇宙背景放射が確認された。だからビッグバン理論は正しい。

このビッグバンに関する考えかたも間違っています。これらを相対性理論の落とし穴と呼ぶことにします。

【相対性理論の落とし穴】
相対性理論が正しければ、ある現象が起こるはずである。（予測）
その現象が実際に起こるかどうか、観測や実験によって確かめる。（確認）
その現象が現実に確認されたら、相対性理論は正しいとみなす。（結論）

「相対性理論の落とし穴」というこれらの典型的な論理ミスが、物理学では散見されます。私たちは後件肯定式が正しくないことを再認識し、**今までの相対性理論の観測や実験をすべて洗い直す必要**がありそうです。

◆ 数式の検証

「理論を検証する」と「数式を検証する」は違った意味を持っています。

1つの物理理論は複数の仮定から成り立っています。そして、その理論内には「理論の仮定から導出された複数の

数式」があります。

　ある数式を検証するとき、用いた数式の条件が適用範囲内にあると検証されますが、適用範囲外にあると反証されます。しかし、どこまでが適用範囲内であり、どこからが適用範囲外になるかを明確に分けることはできません。

　これより、どの数式も検証と反証の境界がはっきりしません。「検証されたのか、反証されたのか、はっきりしない」ということは、検証と反証の間にも一種の線引き問題が存在します。

　物理理論（あるいは数式）の持っている適用範囲を明確に設定すること───適用範囲内と適用範囲外をはっきりと区別できる境界線を設定すること───は難しい。

　物理理論には複数の数式が存在しているので、観測や実験を行なう前に「理論を検証しようとしているのか？　それとも、どの数式を検証しようとしているのか？」という検証の対象を明確に定める必要があります。

◆ 実用性の確認作業

　事象と現象は異なります。事象は定義上、事実そのものだから正しいと言えます。しかし、現象は事実とは異なった存在なので、正しいとは限りません。

　それゆえに、理論が現象と一致したからといって、理論までが正しいとは限りません。現象によって判断されるのは、理論内の数式の実用性だけです。

【間違った考え方】
　現象と合致（一致）する理論は正しい。

　理論が正しいかどうかを調べる作業が検証です。これからすると「検証された理論は正しい」となります。そのため、次の言葉もよく聞かれます。

　相対性理論は、多くの実験や観測でその正しさが裏付けられている。

　実は、この考え方は正しいとは言い切れません。

【正しい考え方】
　現象と合致（一致）する数式は役に立つ。

この場合の「合致する」という抽象的な言葉をもう少し具体的に述べると、測定値と理論値が近いことです。

結局、観測や実験を介した検証は「理論が正しいかどうかの検証」ではなく、「理論内の数式が実用的であるかどうかの検証」です。

何度も検証されれば、今後もその数式を使って測定値の代わりに理論値を使ってもよいことになります。何しろ、測定するよりも計算するほうが、コンピューターの発達した時代には早いし、現場まで行かなくてもいいので楽です。

逆に、たくさん反証されれば、その数式を使わないほうが無難です。予測が外れやすくなるからです。

◆　検証と反証の境界線

観測や実験が、ある物理理論の検証となっているのか反証となっているのか、それを決定するのは「理論内の数式を使って計算される理論値」と「観測をすることによって得られる測定値」の差です。

物理理論で計算されるすべての理論値は、測定値と多少

ずれています。そして、小さな差では検証されたと判断し、大きな差では反証されたとみなされます。つまり、理論が検証されたのか反証されたのかは、値の差が小さいか大きいかという微妙な違いです。

　値の差＝理論値−測定値

　この「差が小さい」と「差が大きい」を区別できるはっきりとした境界線はありません。そのため、「検証された」のか、それとも「反証された」のかをアバウトに、そして直観的に判断しているだけとも考えられます。

　検証と反証の境界線があいまいであれば、ある理論が正しいか間違っているかの判断もあいまいになります。つまり、「理論が検証されたら、その理論は正しい」という結論が下せないだけではなく「理論が反証されたら、その理論は間違っている」という結論も下せなくなります。

　そもそも「検証された理論は正しい」「反証された理論は間違っている」と考えること自体が、間違っているかもしれません。

◆　大衆の期待に応える

　検証を目的に行った実験は検証実験（検証テスト）と呼ばれ、反証を目的に行った実験は反証実験（反証テスト）と呼ばれることが多いようです。実験を観測に変えても同じでしょう。ここで、目的に注目します。

　検証を目的とするか、反証を目的とするかは、すでに目的が明白です。「検証するぞ」あるいは「反証するぞ」という意気込みが感じられます。つまり、先入観を持って実験や観測に臨んでいる場合があります。

　理論が正しいと思い込むと、「最初に結論ありき」というゆがんだ実験や観測になる可能性もあります。最悪の場合、都合の良いデータしか目に入らず、都合の悪いデータが見えなくなり、データ処理の段階で期待されるような実験結果が出てしまうこともあるでしょう。これには、人間の無意識も関与していると思われます。

　特に、この傾向が顕著に見られるのは相対性理論だと思われます。相対性理論の検証実験は数多く行なわれており、どれも相対性理論の予測通りの結果が出ています。

　そして、巨費を投じて大規模で行なわれている観測や実

験も、大衆の期待に応えるような形での結果を出している
ような印象も受けるのは私一人だけでしょうか？

◆　固定観念

　検証とは、物理理論から出てきた「理論値」と観測や実
験で得られた「測定値」の差を「小さいか、大きいか？」
でアバウトに判断する比較作業です。

　｜理論値−測定値｜＝値の差

　この差が小さいと「検証された」とみなし、差が大きい
と「反証された」と見なします。しかし、この２つを厳密
に区別できる境界線は設定できません。

**　ある観測（実験）を行なったとき、その結果によって理
論が検証されたのか反証されたのか、それを正確に判定す
ることは困難である。**

　観測結果や実験結果によって理論が検証されても、それ
が本当の検証なのかどうかが正確に決められません。また、
理論が反証されても、それが本当の反証なのかどうかも決
められません。

これより、「理論の検証」や「理論の反証」は、理論の正しさを判定する絶対的な基準とはなりません。これは今までの固定観念が必ずしも正しくはないことを意味しています。

【間違った固定観念】
　物理理論の正しさを決めるのは観測や実験である。(≒仮説は実証されて初めて真実となる)

　これは、そのまま相対性理論にも適用されます。

相対性理論の正しさを決めるのは観測や実験ではない。

◆　内部矛盾の検出

　相対性理論の内部矛盾を観測や実験で見つけ出すことはできません。なぜならば、「内部矛盾とは、理論内部に存在している論理的な自己矛盾」のことであり、自然界とは何の関係もないからです。

　したがって、矛盾した物理理論の内部矛盾を検出する目的で、自然界をより細かく観測したり、さまざまな種類の実験をしたりすることは無意味です。

相対性理論が矛盾しているかどうかを調べるために、観測や実験を繰り返すことはナンセンスである。

　これより、物理理論の検証は「実用性の検証」と「内部矛盾の検証」の２つに分けることもできます。矛盾している物理理論は、ある意味、実用性に富んでいることもあります。ニュートン力学で解けなかった問題を相対性理論が解いた実例もあります。

　物理理論を捨てるのは、内部矛盾が見つかったときです。理論と現象の矛盾はどの理論も必ず持っている宿命的な性質です。だから、理論と現象の矛盾を持っている理論を捨てるとなると、すべての物理理論を捨てることになります。これでは、物理学が維持できません。

◆　理論の実用性

　矛盾のない物理理論は、適用範囲（その物理理論が成り立つ自然界の領域）を持っています。そのため、適用範囲を超えたところで理論を使うと、観測結果や実験結果に反するようになります。

　したがって、適用範囲を超えた領域に理論を使用して

「観測や実験の結果に合わないから、この理論は間違っている」と理論そのものを否定する———反証する———ことは正しくはありません。

　これより、ある理論が何度反証されても、間違っていると結論することができません。つまり、反証には限界があります。

（1）いくら検証されても、その物理理論が正しいとは限らない。
（2）いくら反証されても、その物理理論が間違っているとは限らない。

　結局、検証や反証は物理理論が正しいか間違っているかを確認する作業ではありません。

　では、検証や反証は、いったい何のために行なわれるのでしょうか？　それは、理論内に存在している数式に「実用性があるかどうか？」を調べる作業です。

　よって、「ガリレオ以来、理論は観測や実験によって正しいか間違っているかが確かめられるようになった」という考えかたは正しくはありません。正しい表現は「ガリレオ以来、数式は実験や観測によって実用的か実用的ではない

かが確かめられるようになった」です。

　ここでは、「理論」と「数式」をはっきり分ける必要があります。

「理論の検証か？」「数式の検証か？」という目的を明確化して実験や観測を行なう。

　相対性理論は矛盾した理論であり、その中で使われている数式には実用性があります。観測や実験に際して、「理論の正しさ」と「数式の実用性」を区別することが、これからの物理学に必要だと思います。

　また、将来になって相対性理論を物理学から破棄するとき、矛盾している相対性理論はそのまま捨てざるを得ないですが、その中の数式は残しておいたほうが賢いでしょう。実用性のある数式は、人類にとって役に立つからです。

**　矛盾した理論は捨てるが、実用性のある論理式や数式は捨てないで取っておき、後世に役立たせる。**

◆ 適用範囲

　現象を予測する数式に極端な条件を代入すると、現象とかけ離れた数値が計算されて出てきます。だから、数式が現象を予測あるいは説明できるかどうかは、条件次第ともいえます。この数式がうまく使える範囲が「数式の適用範囲」となります。

　理論内には複数の数式があります。このとき、適用範囲には「理論の適用範囲」と「数式の適用範囲」の２つが考えられます。

【適用範囲の分類】
（１）理論の適用範囲
（２）数式の適用範囲

　理論の適用範囲とは、その理論で扱える現象の範囲です。これより、適用範囲を超えた領域で理論を使用すると、現象と合わなくなって理論が成り立ちません。このとき、その理論は観測や実験によって反証されたことになります。

　適用範囲内：理論が検証される範囲
　適用範囲外：理論が反証される範囲

これとは別に、次も考慮しなければならないでしょう。

適用範囲内：数式が検証される範囲
適用範囲外：数式が反証される範囲

　理論を適用範囲内で使用すると成り立ちます。適用範囲外で使用すると成り立ちません。つまり、どの物理理論も**条件によって成り立ったり成り立たなかったりしています。**一方、適用範囲外が存在しない物理理論の候補は２つあります。

（１）万能理論
（２）矛盾した理論

◆　ニュートン力学の適用範囲

　次は、背理法に似ています。

　ニュートン力学を用いて計算した値が現象と合わなかったら、ニュートン力学は否定される。

　しかし、これは本当の背理法ではありません。

【背理法に似ているが背理法ではない論理】

　ある物理理論Ｚが現象を予測し、観測や実験によってその予測が外れた場合、理論Ｚは否定される。

　正しい理論の場合、適用範囲を超えた段階では、その理論は現象をまったく予測できなくなります。ニュートン力学が原子より小さな領域での説明能力を失うのはそのせいでしょう。そのとき、次のような結論に達することは正しくはありません。

【ニュートン力学の間違った否定】

　ニュートン力学は原子レベルでは現象と合わない。よって、ニュートン力学は間違っている。

　これをいうならば、相対性理論もまったく同じ立場に立たされます。

【相対性理論の間違った否定】

　相対性理論は素粒子レベルでは現象と合わない。よって、相対性理論は間違っている。

　実際、相対性理論は素粒子レベルの問題をまったく解決できません。だから、その領域を量子論が扱っています。しかし、その量子論では万有引力を扱えません。すると、量

子論も同じ立場に立たされます。

【量子論の間違った否定】
　量子論は宇宙レベルでは現象と合わない。よって、量子論は間違っている。

　ところで、量子論を数学的に支えているヒルベルト空間は無限次元空間です。この無限次元の頭についている「無限」は可能無限でしょうか？　それとも実無限でしょうか？

◆　適用範囲外と反証

　ある物理理論で説明できる現象の範囲を「その理論の適用範囲」と呼び、説明できない範囲を「理論の適用範囲外」と呼びます。

　どの理論も適用範囲外においては自然現象をうまく説明できなくなります。したがって、「この理論は自然現象をうまく説明できないから、間違った理論である」という結論を下すことはできません。

適用範囲内では、理論は何度でも検証される。
適用範囲外では、理論は何度でも反証される。

これより、「反証された理論は間違っている」という考えかたが成り立たなくなります。

　適用範囲は、無矛盾な物理理論の持っている重要な性質の１つです。それに対して、矛盾した理論の適用範囲をうまく定義することはできません。矛盾しているがゆえに、ありとあらゆる現象を説明できる潜在能力を有しているから、適用範囲を設定することが困難です。

　相対性理論はパラドックスを含む矛盾した理論ですから、適用範囲という概念があまり成り立ちません。いえ、むしろ適用範囲は相当広いと考えられます。

　ということは、相対性理論を用いるとニュートン力学以上に検証される可能性が高いことになります。実際、相対性理論はニュートン力学よりもずっと適用範囲の広い理論と評価されています。

　矛盾した物理理論には適用範囲という概念が使えないから、何度でも検証されることがある。

　矛盾した理論の適用範囲は相当広く、ほとんど万能理論と区別がつかないかもしれません。森羅万象すべてを説明できる万能理論の適用範囲は無限大です。

◆ 未解決問題

　現在、次のように考えられているようです。

　相対性理論は、これまでに数多くの現象を説明してきた。相対性理論で説明されたことが、将来になってひっくり返されることはない。

　これは、「数学でいったん証明されたことは、永遠にひっくり返されることはない」と似ています。

　相対性理論が修正されることがあるとすれば、これまで知られていなかった現象が見つかり、それが相対性理論で説明できない場合である。このとき、相対性理論は「多くの現象を説明できるが、すべての現象を説明できない不完全な理論」となる。

　これは「万能理論だけが完全な理論であり、万能理論以外はすべて不完全な理論である」という分類とみなせます。

　ニュートン力学は同じような理由で不完全な理論であった。それを補うため、相対性理論や量子論などが考案された。

ニュートン力学が不完全な理論だとわかっても、高校でも習うように多くの現象がニュートン力学で正しく説明できる。同じように、相対性理論が不完全な理論だとしても、相対性理論が消えてなくなることはない。

　ここでは、やはり現象の説明に重きを置いて、パラドックスに対しては触れていません。物理理論が間違っているかどうかの問題では、まず「自己矛盾がない」という絶対的な条件をクリアしなければなりません。相対性理論はこのハードルを越えていません。

　ところで、物理理論が現象を説明できないとき、上の文章では「理論が不完全である」と評価しています。これをもっと正確に述べるならば、「不完全である」ではなく「未解決問題を抱えている」となります。これは「適用範囲外が存在する」ということにほかなりません。

　理論の抱えている「矛盾」と、理論の抱えている「未解決問題」は異なる。

　ニュートン力学は未解決問題を抱えていますが、矛盾を抱えてはいないようです。

◆ 正しい物理理論の条件

　正しい物理理論は、第一に理論内に自己矛盾を含まないことが必要です。なぜならば、**矛盾している理論を用いて自然界を説明することは、物理学では決してやってはならないこと**だからです。これらを踏まえて考えると、正しい物理理論には2つの条件が必要です。

　第1条件：無矛盾性（矛盾が存在しないこと）
　理論が矛盾を含まないことは、物理理論を作るときの絶対的な条件です。矛盾していれば、どんな物理理論でも間違っていると言わざるを得ません。これは次の第2条件よりも優先します。

　第2条件：問題解決能力（自然界を説明できること）
　物理理論の中に存在している数式を用いて計算し、理論値を得ます。次に、観測や実験をして現象を計測し、測定値を得ます。この理論値と測定値が近いと、自然界を説明することができたことになります。つまり、問題が解決したことになります。

　この2つの条件をクリアして、初めて正しい物理理論の仲間入りができます。ただし、どの正しい物理理論も自然界のすべての領域を説明できるわけではありません。そこ

で、次の３つ目の条件も必要になります。

第３条件：適用範囲内（極端な条件ではないこと）

適用範囲とは、その物理理論で説明できる自然現象の範囲です。物理理論の数式には、自ずと使用できる範囲に制限があります。そのため、この範囲を超えると理論値と測定値が少しずつずれ始めるので、正しい理論とは言えなくなります。したがって、次なることも言えます。

どの正しい物理理論も、適用範囲内でのみ成り立つ。

結局、正しい理論かどうかの判断は、上の３つの条件を考えながら、総合的に行なわれます。

相対性理論からはたくさんのパラドックスが見つかっています。つまり、第１条件に引っ掛かっています。これより、相対性理論は間違った理論です。

◆ 物理理論の利点

物理学において、私たちが得ることができる値には次の２つがあります。

（１） 測定値（観測や実験を行なって得る値）
（２） 理論値（理論上の計算によって得る値）

　いったい、どちらが真の値に近いのでしょうか？　一般的には、測定値のほうが真の値に近いと思われています。

　では、なぜ人々は理論値よりも測定値のほうを重要視するのでしょうか？　それは両者が生まれてきた歴史をたどれば、ある程度、理解できます。

　自然界の持っている物理量を知るために、人類はまず、測定することから始めました。長さを測る、重さを測る、時間を測るなどです。このころには理論など存在していません。

　しかし、いちいち測っていたのでは効率が悪いです。そこで、「測定しないで、何とかうまく目的とする量を知ることができないか？」ということを考え始めました。

　そこで作られたのが、測定値の代用品として理論値です。測定値に近い値を出すことができる理論を作れば、測定を省略して計算だけで目的とする量を求めることができます。

　こうして、たくさんの物理理論ができました。打ち上げ

たロケットが今、どこにいるのか？　ニュートン力学があれば、その位置を計算で特定できます。実際にロケットの近くまで出向いて、その位置に非現実的なまでに長いメジャーを直に当てて測定する必要がなくなりました。

　このとき重要なのが、**理論値がどれだけ測定値に近いか**です。理論値が測定値に近ければ近いほど、その理論は優れた理論としての評価を受けます。つまり、物理理論が優れているか劣っているかの判断は、理論値と測定値の差で決まります。これが理論の優劣を知るための検証という作業です。

　理論の優れたところは、わざわざ現場に出向いて物理量を測定する作業が省略されたことだけではありません。近未来の予測ができるようになったこともあります。物理量を時間の関数としてみれば、打ち上げたロケットが３時間後にどこにいるかさえわかります。もちろん、誤差はありますが…。

　未来を知ることができる能力を予知能力といいますが、まさに物理理論はこの予知能力を持っています。地震が発生したら、いつごろにどこの海岸にどれくらいの高さの津波が押し寄せて、どれくらいの家屋が倒壊し、どれくらいの犠牲者が出るかまで事前に計算することができます。

あまり悲しいことを想定したくはないですが、危機管理では最悪の事態の想定が基本です。これも、地震に関する理論と今まで蓄積された膨大なデータ（ビッグデータ）のお蔭だと思います。

【物理理論の利点】
（１）わざわざ現場に行って測定しなくても量を知ることができる。（危険な作業や過酷な作業を省略できる）
　　　→宇宙開発などに利用されている
（２）未来の量まで知ることができる。（近い将来に起こりそうな不幸を回避できる）
　　　→天気予報などに利用されている
（３）短時間に目的とする量がわかる。（コンピューターの発達によって、測定値を得るよりも理論値を計算するほうが時間的に短くなりつつある）
　　　→電子体温計などに利用されている

　実際には、コンピューターの発達と小型化によって、測定装置内で測定値と理論値を適切に組み合わせて、目的とする物理量を割り出して表示しているようです。こうなると、理論値と測定値の見分けがつかなくなってきます。

◆ 理論と現象の矛盾

「物理理論と自然現象との矛盾」の正体は、理論値と測定値がかけ離れていることに他なりません。たとえば、理論から1という数値が得られたとします。観測した結果、100という数値が得られたとします。この場合、次のようになります。

理論値＝1
測定値＝100

このように大きくかけ離れている場合は、「理論が現象と矛盾している」と判断されています。では、次のような場合はどうでしょうか？

理論値＝1
測定値＝1.1

きっと、「理論が現象と矛盾していない（理論は現象を説明できた）」と判断されることでしょう。では、この2つの数値（理論値と測定値）は、どれだけ近いと矛盾がないと判断され、どれだけ離れていると矛盾があると判断されるのでしょうか？

実はその境界はあいまいです。これより、「物理理論と自然現象との矛盾」は、本質的には矛盾ではありません。

理論と現象が合わない＝理論値と測定値が遠い
　　　　　　　　　　　≠理論と現象が矛盾している

理論と現象が合う＝理論値と測定値が近い
　　　　　　　　　≠理論と現象が矛盾していない

◆　万能理論と矛盾した理論

検証と反証には非対称性があると思われています。それは、次のような性質です。

（1）物理理論は、何回検証されても正しい理論とはいえない。
（2）物理理論は、たった1回でも反証されたら間違った理論といえる。

たった1回でも現象を通じて反証されたら、その物理理論を捨てるとなると、すべての物理理論を捨てなければならなくなるでしょう。

無矛盾な物理理論には適用範囲があります。適用範囲とは、その物理理論が適切に使える自然界の範囲であり、その範囲を超えた自然現象に対しては理論が使えません。

　つまり、正しい物理理論は必ず反証される運命にあります。それに対して、矛盾した物理理論は反証される運命からちょっと解放されていることもあるので、いろいろな観測や実験をしても検証されてしまうことがあります。

　これより、反証されない物理理論の候補は２つあります。

（１）万能理論
（２）矛盾した理論

　相対性理論は誕生以来、いまだに１回も反証されたことがないと高く評価されています。では、相対性理論は万能理論なのでしょうか？　それとも、矛盾した理論なのでしょうか？　万能理論と矛盾した理論を区分けする基準も、これから物理学で確立していく必要があると思います。

◆　お互いに否定し合う理論

　ニュートン力学の仮定である「絶対時間」と相対性理論

の仮定である「絶対時間の否定」は、お互いに否定し合っています。よって、ニュートン力学と相対性理論は「お互いに矛盾し合う理論」です。

ニュートン力学が正しければ、相対性理論は間違っている。相対性理論が正しければ、ニュートン力学は間違っている。

実は、このような関係はユークリッド幾何学と非ユークリッド幾何学にも見られます。ユークリッド幾何学と非ユークリッド幾何学は、平行線公理を介してお互いがお互いを否定し合う幾何学です。それは、「平行線公理」という仮定と「平行線公理の否定」という仮定が、お互いに相手を否定し合っているからです。

ユークリッド幾何学が正しければ、非ユークリッド幾何学は間違っている。非ユークリッド幾何学が正しければ、ユークリッド幾何学は間違っている。

◆　**1は素数ではない**

1は数の基本であり、素数は整数論の基本です。今の数学では、1は素数ではありません。その理由は2つ考えら

れます。

（1）1を素数と考えると、矛盾が生じる。
（2）1を素数と考えると、不便が生じる。

矛盾が生じても不便が生じても不都合です。しかし、この2つ数学的な扱いが異なります。

矛盾が生じた場合は、数学では背理法が成り立ちます。つまり、「1が素数であると仮定すると矛盾が発生する。よって、1は素数ではない」と証明されたことになります。このとき、証明されたから「1は素数ではない」は定理となります。

一方、不便が生じたときには背理法は使えません。よって、この場合は「1を素数とする場合」と「1を素数としない場合」の場合分けをして、不便度を比較検討し、より不便ではないほうを選択します。

ニュートン力学と電磁気学がうまく合わない場合、これは矛盾ではなく不便です。よって、このような不便に対して「ニュートン力学と電磁気学は矛盾している」と表現することは適切ではありません。

◆ 相対性原理

現在の物理学では、次のように考えられているようです。

物理量は座標系によって変わる相対的な存在である。しかし、物理法則は座標系によって変わることのない絶対的な存在である。

これを2つに分けます。
（1）物理量は座標系に依存している。
（2）物理法則は座標系に依存しない。

（1）は間違いだと思われます。物理量は座標変換に依存していません。（2）の相対性原理を一言で述べると、「物理法則を表す数式の形は、座標変換しても変化しない」という意味であり、これは「座標変換しても物理理論は成り立つ」とまったく異なった意味です。「数式が成り立つ」と「法則が成り立つ」は、もともと意味の異なった日本語です。

数式 ≠ 法則

法則は常に数式で書き表せるとは限りません。光速度不変の原理ですら、数式化は不可能です。もちろん、相対性

原理という原理自体も数式で書くことはできません。

　相対性原理には、次の３つがあります。

（１）ガリレイの相対性原理
（２）特殊相対性原理
（３）一般相対性原理

　特殊相対性原理は特殊相対性理論を支えています。一般相対性原理は一般相対性理論を支えています。そこで「ガリレイの相対性原理はニュートン力学を支えている」と誤解されているようですが、たぶん逆でしょう。

　ニュートン力学からガリレイの相対性原理が証明されて出てくるから、本当はニュートン力学がガリレイの相対性原理を支えています。そのため、「ガリレイの相対性定理」という名前に変えたほうが適切かと思います。

◆　ちんぷんかんぷん

　次のような記載に出会ったことがあります。

　最小作用の原理によれば、どのような物理現象が生起す

るかは作用積分によって決まる。そのため、相対性原理は作用積分が座標変換によって変化しないスカラー量である。

　私にはちんぷんかんぷんです。

　そこで、私なりにかみ砕いた表現に変えてみます。相対性原理とは「物理法則は、いかなる座標系でも同じような数式で表される」という原理でしょう。これと「ある座標系において成立する物理法則は、他の座標系においても成立する」は異なっています。このへんも、数式の問題というよりも、それ以前の言語の問題のような気がします。

　相対性原理という名前はわかりづらいので、「名は体を表す」の原則にしたがって、相対性原理を座標系不変の原理に変えてみます。

【座標系不変の原理】
　物理法則は、いかなる座標系から見ても数式の形が変わらない。（法則は座標系に依存しない）

　これとそっくりなのが光速度不変の原理です。

【光速度不変の原理】
　光速度は、いかなる観測者から見ても測定値が変わらな

い。（光速度は観測者に依存しない）

　これより、特殊相対性理論の前提は「座標系不変の原理」と「光速度不変の原理」に変わります。

　なお、物理学の法則は数式で表現するのが一般的だそうです。でも、言葉による原理（数行の文章）を数式化するのは至難の業です。原理も法則と同じような存在であるので、座標系不変の原理と光速度不変の原理を本当に数式に変換できるのでしょうか？

◆　相対性原理という前提

　相対性理論の前提には相対性原理が入っています。しかし、ニュートン力学の前提には相対性原理が入っていません。ニュートンは、なぜ、大先輩であるガリレイの相対性原理を自身の理論の前提に組み込まなかったのでしょうか？

【ニュートン力学の前提】
（1）第1法則（慣性の法則）
（2）第2法則（ニュートンの運動方程式）
（3）第3法則（作用・反作用の法則）
（4）絶対空間と絶対時間

これに対して、法則の形式的な不変性にこだわる相対性理論では、特殊相対性理論の前提に「特殊相対性原理」が、一般相対性理論の前提に「一般相対性原理」が含まれています。

【特殊相対性理論の前提】
（１）特殊相対性原理
（２）光速度不変の原理（絶対空間と絶対時間の否定）

【一般相対性理論の前提】
（１）一般相対性原理
（２）光速度不変の原理（絶対空間と絶対時間の否定）
（３）等価原理

　これを見る限り、相対性理論の前提には「慣性の法則も含まれていない」と誤解されてしまいます。もしかしたら、「時間と空間が曲がれば、慣性の法則も成り立たなくなる」とされているのかもしれません。

　なお、特殊相対性理論の前提と一般相対性理論の前提を比較すると、後者は前者を含んでいます。つまり、一般相対性理論があれば、特殊相対性理論は必要ありません。よって、「相対性理論は、特殊相対性理論と一般相対性理論を合わせたものである」という考えかたは正しいとは言えなく

なります。

【相対性理論の間違った分類】

$$相対性理論 \begin{cases} 特殊相対性理論 \\ \\ 一般相対性理論 \end{cases}$$

　1900年にヒルベルトは第2回国際数学者会議で、かの有名な23問題を提起しました。その中の第6問題は物理学に関しての問題です。

【ヒルベルトの第6問題】
　物理学の諸公理の数学的扱い

　これは「物理学は公理化できるか？」という問いです。あいまいな前提を持った物理理論は理解困難に陥ります。そのため、ヒルベルトがこだわったように物理理論の公理化も必要になるかもしれません。

　ＺＦＣ集合論では、9個の公理を明らかにして理論を組み立てています。相対性理論も量子論も、ＺＦＣ集合論にならって、その**前提の数とその具体的な内容を明記**したほうがよいでしょう。そのほうが多くの人にも理解されやす

くなります。そのときは**難解な省略記号を使った数式では
なく、平易な言葉の使用**が望まれます。

◆　相対性原理と座標変換

　関数は座標変換でもあります。$y = x^2$という座標変換
では、直線である x 軸が放物線に化けます。つまり、数学
における座標変換は図形の本質を変える働きがあります。

　しかし、数学と物理学は違います。物理学における座標
変換では物理的な本質は何も変わりません。もちろん、物
理学で座標変換をすると、ものの見かたが変わります。数
式を座標変換すると、数式が変わります。その結果、数式
で書き表される物理法則の数式も変わります。

　このとき、法則の内容を無理に変えないようにしようと
すると、相対性原理を導入することになるでしょう。しか
し「座標変換をしても法則を表す数式の形が変わらない」
という相対性原理は本当に必要なのでしょうか？

「座標変換をしても法則が変わらない」と「座標変換をし
ても数式が変わらない」と「座標変換をしても数式の意味
が変わらない」と「座標変換をしても数式の形が変わらな

い」は、それぞれ日本語として意味が異なります。

　座標変換すれば、数式が変わるのは当然のことでしょう。でも、「数式の形が変わらない」とはどういう意味なのでしょうか？　これは、「座標変換する前の数式」と「座標変換した後の数式」を比較して判断することなのでしょうか？

　もともと、物理学では座標変換をしても物理量も物理法則ももとの状態が保たれています。これらは座標変換によって変化しない本質です。

　物理量…本質
　物理法則…本質

　だから「物理法則を保つように式の形も変えないようにする」「そして、それを原理に採用する」という意図は不要と思われます。

　座標変換しても、物理量も物理法則も変わらない。だから、「座標変換前後の数式の形を不変に保つための原理」にこだわる必要はない。

　よって、「ガリレイ変換式を形式的に不変に保つ」「ロー

レンツ変換式を形式的に不変に保つ」という必要性はなく、無理に不変に保とうとすると、逆に物理学そのものがゆがんでしまうかもしれません。

　ちなみに、物理学における「原理」「法則」「命題」などをすべて数式化することは不可能です。実際、相対性原理を数式で書き出すことはできず、光速度不変の原理も数式で表現できません。等価原理を数式で表現している相対性原理の本も、まだ出版されていないようです。

◆　量と値

　数学でも物理学でも、大きさのことを量といいます。同じような言葉に値があります。では、量と値の違いは何でしょうか？　また、値と数値はどう違うのでしょうか？

　岩波数学辞典にも朝倉数学辞典にも、量と値と数値の定義は記載されていません。岩波数学辞典には数値○○という単語がいくつか載っていますが、数値そのものの定義はありません。新物理学辞典にも、量と値は出ていません。同じく、数値○○はありますが、数値の定義はありません。

　そこで、絶対に出ているであろう小学国語辞典で調べま

した。

【量】
（1）容積。ますめ。かさ。
（2）めかた。はかりではかったおもさ。
（3）多い少ないのていど。

　物理学で使う物理量は（3）だと思われます。

【値】
（1）ねうち。価値。
（2）計算の答え。

　誤差論で扱う「真の値」は、上のどちらでもないような気がします。いえ、もしかしたら（1）の意味かもしれません。

【数値】
（1）（計算などで）文字で表した式の中のその文字にあてはまる数
（2）計算・測定して出た数

　測定値という意味で使われる値は（2）です。私は、数値を「数字で表した値」と解釈しています。これによると、

数値と値と量の関係は次になります。⊂は包含の記号です。

数値⊂値⊂量

数学で扱う代表的な量は、長さ（距離）、広さ（面積）、大きさ（体積）、時間などです。物理学でこれらを扱う場合は物理量と呼ばれています。

ある1つの物体が特定されると、その物体には物理量が一意性的に発生し、物体の大きさは1つの確定した量となります。よって、物体の物理量は観測者には依存していません。近くから見ても遠くから見ても、子どもが見ても大人が見ても、走っている人が見ても飛んでいる人が見ても、物理量の大きさは変化しません。これは唯一無二の大きさを持っているからです。

質量も同じであり、ある特定の物体の持っている質量は唯一無二の量です。物体が変化しない限りは、高速で運動している観測者から見ても低速で運動している観測者から見ても、物体の質量は同じです。

しかし、これだけでは物理学という学問は生まれてきません。物理学が発展するためには、量を数字で表すことが必要です。この「数字で表した量」を「数値」と呼んでい

ます。このとき、初めて単位が導入されます。

　たとえば、ある量が100ｃmの場合、メートルに直すと
１ｍになります。物理量の単位を変換すると、それに呼応
して数値が変化します。このように、量は不変なのに、数
値はコロコロと変わります。

　なぜ、量は不変なのかというと、単位を持たないからで
す。この「単位なしの量」と「単位つきの数値」の関係は
数学にも存在しています。

　数には大きさがあります。たとえば、10進法で２という
数を考えます。この数の持っている大きさは量と呼ばれま
す。２の量は誰にとっても同じです。しかし、ｐ進法のｐ
を変えると、数値が変わります。

　２（10進法）=10（２進法）

　数学では記数法を変換すると数値が変わります。しかし、
もとの数の持っている本来の量は記数法にはまったく依存
せず、変化することはありません。これが、量の一意性です。

　**数学でも物理学でも、量（数字で表さない大きさ）は変
化しないが、数値（数字で表した大きさ）は変化する。**

◆ 物理量

　物理学であつかう対象に大きさがある場合、この大きさ
を物理量といいます。物理量には温度や距離や質量や時間
などのいくつかの種類があります。

　物理学における大きさとしての「物理量」と、それを数字
で表す「測定値」は異なる概念です。物理量は単位を変え
ても変化しませんが、測定値は単位に依存して数字が大き
く変わります。つまり、**物理量は絶対的な存在であり、測
定値は相対的な存在**です。

　同じ種類の物理量の大きさは比較ができます。比較可能
とは、大きいか、等しいか、小さいかという大小関係を判
定できることです。しかし、種類の違う物理量の大きさは
比較できません。たとえば、30ｃｍと30ｋｇの大きさは、
どちらが大きいかという判断はできません。

　物理学では長さもあつかいます。2本の棒の長さは、両
者を並べることで比較でき、どちらが長いかが判断できま
す。2つの物体の質量は天秤にかけることにより、どちら
が重いかを判断できます。2人が同時に走れば、ゴールに
着いた時点でどちらが速いかも決定できます。これらは定
性的な比較です。

人類は物理量の定性的な比較だけではなく、定量的に比較したいと思うようになりました。それが、物理量の数値化です。

　物理量の多くは測定器により測定されます。巨大な観測装置も測定器の一種です。物理量の大きさを数値として表すためには、ある大きさの量を単位として定めて、その倍数で表します。

　たとえば、ある物理量Qの大きさを数値として表したいときは、基本となる大きさの量Q_1を基準として定め、QがQ_1の何倍であるかという数値qを測定によって求めます。このときの基準とした量Q_1のことを単位と呼びます。

　　$q = Q ／ Q_1$

　たとえば、質量は物質の持っている本質的な物理量の1つです。質量自身は、もともとの量を持っていますが、数字を持っていません。量があるから、2つの物体の質量を比較して大小を決定することができます。この比較をもっと普遍的に行なう際に必要になるのが測定による数値化です。

　何を基準にするのかによって、質量の数値は変わります。

しかし、質量そのものの大きさは何を基準にしても変化しません。これは、時間や距離や速度にも当てはまります。

このように、測定方法にまったく依存していない量が「真の量」であり、これに単位を与えたものが「真の値」と考えられます。**測定前は真の量であり、測定後は真の値**となります。

誤差＝測定値−真の値

これは誤差の式ですが、測定値は物理量に単位を与えた数値ですから、計算が可能なように真の値にも測定値に合わせた単位が与えられます。これを「単位の自動変換」と呼ばせていただきます。

たとえば、測定値が100ｃｍで真の値が95ｃｍならば、誤差は5ｃｍです。同じ計測をメートル単位で行なうと、測定値が1ｍで真の値が0.95ｍになります。このように、**真の値は測定値に合わせて、姿かたちを変える変幻自在の性質**を持っています。

測定値も真の値も誤差も、測定方法によって数値が変わりますが、数値で表す前のもとの物理量は測定方法に依存しないで不変のままです。

【物理量の特徴】
（１）物理量にはいくつかの種類と本当の大きさがある。
（２）同じ種類の物理量は大きさが比較できる。しかし、
　　　違う種類の物理量では大きさの比較はできない。
（３）物理量の本当の大きさを測定機器で測定して近似値
　　　として表現できる。
（４）物理量を座標変換しても本当の大きさは変わらない。

　最後の「物理量は座標変換の影響を受けない」がとても
大切です。これによって、ローレンツ変換をしても、本当
の時間、本当の距離、本当の質量、本当の速度は変わりま
せん。

「ローレンツ変換をしても、本当の時間は遅くならない」
「ローレンツ変換をしても、本当の距離は短くならない」
「ローレンツ変換をしても、本当の質量は重くならない」

　それならば、相対性理論はいったい何を目的としてロー
レンツ変換をしているのでしょうか？

◆　物理量と座標変換

　物理学における座標変換は、ものの見かたを変えること

です。もの自体を変えることではありません。よって、どんな座標系を設定しても、なおかつ、どんな座標変換を施しても、物理量は本来持っているその値（物理量の大きさ）は変化しません。

　座標変換しても、物理量は変化しない。よって、ガリレイ変換をしても「実際の距離」や「実際の速度」は変化しない。また、ローレンツ変換をしても「実際の距離」や「実際の速度」や「実際の時間」や「実際の質量」は変化しない。

　これより、次のような考え方は正しくはありません。

「座標変換で温度が高くなる」
「座標変換で長さが短くなる」
「座標変換で時間が遅くなる」
「座標変換で質量が重くなる」

　これらを一般的にいいなおすと「座標変換で物理量が変わる」となります。物理量は、数学的な座標変換だけでは変わりません。多くはエネルギーの出入りがなければ、実際の物理量は変化しません。

　ただし、時間は例外であり、どんなに強い力を加えても

どんなタイプのエネルギーを加えても、まったく変化しません。

　観測や実験をする場合、時間と時計は言葉が似ているので、混同されやすいです。「時間の進みかた」と「時計の進みかた」はまったく違います。「時間の遅れ」と「時計の遅れ」は異なった概念です。よって「時計が遅れたから、時間が遅れた」という観測結果や実験結果は無効化されます。

　実在する時計はいくら精度が高くても、力やエネルギーを加えられれば、表示される時間の経過は変化します。地震や爆発によって時計が停止することは、実際に起こっています。アナログ時計をハンマーでたたき割れば、時針と分針が止まることは容易に想像できます。

　力やエネルギーは時計の時間に影響を与えますが、本当の時間には何ら影響を及ぼしません。本当の時間とは、どんなことをされても常に一定の時間の進みかたをする絶対時間のことです。

絶対時間はいかなる影響も受けない。

◆ 力やエネルギー

　力やエネルギーを加えると物理量が変化します。レールの長さは、暑い夏で長さがのびます。ばねを引っ張るとばねの長さがのびます。

　長さは、力やエネルギーで変化する。

　ビリヤードの２つのボールがある距離で離れています。１つをはじくと、ボールの間の距離が変化します。

　距離は、力やエネルギーで変化する。

　化学変化によって物質の質量は変化します。

　質量は、力やエネルギーで変化する。

　走っているアスリートの速度は向かい風で遅くなります。

　速度は、力やエネルギーで変化する。

　動いている時計の針は、強い磁場で正確な時を刻まなくなることがあります。

時計の時刻が進む速さは、力やエネルギーで変化する。

しかし、本当の時間の進みかたはどんな力やエネルギーを加えられてもまったく変化しません。いつも同じように淡々と時を刻み続けます。これを絶対時間と呼んでいます。

絶対時間（本当の時間）が進む速さは、力やエネルギーで変化しない。

無矛盾な物理理論を陰で支えているのは、絶対時間と絶対空間です。

科学の始まりは「本当のことを知りたい」という素直な気持ちから始まったと思います。この初心を忘れて、真理を商業ベースに乗せたのが古代ギリシャ時代のソフィストたちではないのでしょうか？

個人的な見返りを求めなかった貧困なソクラテス（絶対主義者）と講義の報酬として大金を手にしていたプロタゴラス（相対主義者）の違いは大きいと思います。ちなみに、この二人を絶対主義者と相対主義者に分けたのは私の独断です。

◆ 物理量不変の原理

現代物理学から「相対性原理」と「光速度不変の原理」を取り除いた後には、ぽっかりと穴が開いてしまいます。これを埋めるために「物理量不変の原理」を置いてみたらどうでしょうか？

物理学では、物理量を数値変換したら、一緒に単位も変換する必要があります。数値変換は物理量の数値を変えることであり、単位変換は物理量の単位を変えることです。両方とも座標変換です。

数値変換 + 単位変換

これは2つでセットになっています。たとえば、数値変換で60［秒］が1［秒］に縮んでしまったら、単位を［秒］から［分］に変換します。つまり、単位を大きくします。こうして、座標変換しても60秒が1分になっただけであり、物理量が不変となります。

60［秒］＝1［分］

数値変換と単位変換はお互いに変化を打ち消し合って、物理量が不変に保たれます。（1／60×60＝1）

同じく時間の数値変換で10［秒］が9［秒］に縮んだら、単位変換もして、再びもとの10秒と同じ時間にもどす必要があります。たとえば、単位を［秒］から［秒'］に単位変換をします。これによって、物理量は不変に保たれます。（9／10×10／9＝1）

　　10［秒］＝9［秒'］

　物理学における物理量は数値変換だけでは変化しません。よって、数値変換で数値が変化したら、必ず単位変換も同時に行なっています。

　物理量を座標変換するときには、物理量の大きさが変化しないように数値と一緒に単位も変換する。

　ところが、ローレンツ変換では数値変換だけをして、単位変換をしていないようです。

　ローレンツ変換は、単位変換をし忘れている。

◆　まだら変換

　ニュートン力学では、宇宙に２つの座標系が設定されて

います。この２つは独立した存在です。

（１）時間座標系
（２）空間座標系

　ニュートンは、宇宙空間内に存在するすべての物体は、たった１つの時間座標系に所属していると考えました。この座標系を絶対時間と呼んでいます。

　時間座標軸の原点は、過去のいかなる時点にも設定することができます。たとえば、本能寺の変を時間座標の原点としてもよいでしょう。でも、これは日本人には通用しますが、世界的には知らない人のほうが多いようです。

　よって、世界中の人が同じ土俵で議論するためには、世界中の人が知っていそうな普遍的なできごとを時間軸の原点に設定します。それが、キリストの生誕でした。

　原点を設定した後に行なうのは、目盛りの設定です。時間軸の目盛りは原則として等間隔にふるのがもっともシンプルです。数学と同じく、物理学もシンプルであることが理想です。

　絶対時間は人間の良識に合致した時間座標系です。この

考えかたからは論理的なパラドックスはいっさい発生しません。

　時間軸の原点を移動させることを座標変換と呼んでいます。また、座標軸の目盛りの間隔を変える座標変換もあります。

　座標変換をするときは、今までの時間もすべて同時に行なわなければなりません。ある事象の時間座標をある関数を用いて座標変換した場合、他の事象もすべて同じ関数を用いて座標変換しなければ矛盾が発生してしまいます。

　たとえば、2機のジェット機が異なる速度（v_1とv_2）で飛んでいるとします。速度v_1のジェット機の時間を座標変換するとき、その変換の関数の中にv_1を含めるならば、速度v_2のジェット機の長さを座標変換するときも、v_1を使わなければなりません。これが、座標変換の一貫性です。

　相対性理論にはこの関数の一貫性に欠けています。速度v_2のジェット機の時間経過を座標変換するときは、v_1を使わずにv_2を使っています。そのため、各ジェット機の時間の座標変換がまちまちになっています。物体ごとに異なった関数を用いて座標変換することを、私は「まだら変換」と呼んでいます。

相対性理論による座標変換はまだら変換である。

相対性理論で時間をローレンツ変換する場合、各物体のよって異なった関数を用いています。これによって物体ごとに異なった時間が発生します。

同じく、物体の長さを座標変換するとき、各物体のよって異なった関数を用いています。これによって物体ごとに異なった短縮率が発生します。

物体の質量を座標変換するとき、各物体のよって異なった関数を用いています。これによって物体ごとに異なった質量増加率が生まれます。

このような**座標変換で使用する関数の統一性のなさが相対性理論の特徴**であり、相対性理論を理解できない大きな因子になっていると思われます。そして、矛盾発生の原因にもなっているでしょう。

◆　同じ空間座標系

ニュートン力学では、宇宙空間内に存在するすべての物体は、たった1つの空間座標系に所属しています。これは

とてもシンプルな考えかたであり、この座標系を絶対空間と呼んでいます。

　そのとき、絶対空間の原点は宇宙空間内のどこに置いてもかまいません。しかし、何もない空間の1点に原点をおくことは困難です。その原点を誰も特定できないからです。

　それゆえに、特定できる原点を実在する物体におく必要があります。これによって、どのような物体にも空間座標系の原点を設定できます。

　太陽を中心とする座標系Xには、太陽を始めとして太陽系の惑星が含まれています。ニュートン力学では、これらの惑星はすべて同じ座標系に属しています。

　それに対して、地球を中心とする座標系Yを設定すると、地球を始めとして太陽系の惑星がすべて含まれています。そして、XとYの間では座標変換ができます。座標変換をするときは、全部を同時に同じ関数を用いて行なわなければならないでしょう。

　それに対して、「太陽を原点に設定した座標系をXとする。地球を原点に置いた別の座標系Yを設定する。物体にはそれぞれ固有の座標系がある」というのが相対性理論の

考えかたです。

　このように、同時に2つの座標系を設定することは「座標系の交錯」といえるでしょう。もし、地球に座標系Yを設定するのであれば、太陽もその座標系Yで表示し直すべきだと思われます。

◆　変換

　ある座標系の中で物体Aの速度をaとし、物体Bの速度をbとします。速度をベクトルとして考えると、物体Aに対する物体Bの相対速度はb－aです。

「速度の変換」と「速度の変化」は異なった概念です。速度を変換しても速度はまったく変化しません。速度は、物理学では「物理量」と呼ばれています。物理量は、いかなる座標変換をしても物理学的な本質は変わりません。

　つまり、ガリレイ変換しても本当の速度は変化せず、ローレンツ変換しても実際の速度は変化しません。

　温度を摂氏から華氏に変換しても、本当の温度は変わらない。同じく、速度をある座標系から別の座標系に変換し

ても、本当の速度は変わらない。

　物理学における座標変換は「ただの数字の書きかえ」にすぎず、実際の物理量までが変化することはありません。

　いくら座標変換しても、実際の物理量（時間、距離、質量、速度、加速度、温度など）は変化しない。

◆　位置の座標変換

　ある点を座標変換すると、別の座標に移ります。もちろん、同じ座標（もとの点）に移してもかまいません。また、座標変換によって、複数の点を1点に移すことも可能です。

　しかし、物理学では座標変換に制限があります。たとえば、地球と火星と木星の3つを座標変換して1つの点に移すことはできません。なぜならば、3つの天体がぶつかってしまうからです。このように、物理学における座標変換にはおのずと制限を伴います。

　空間軸の原点を地球から太陽に移す座標変換（天動説から地動説への座標変換など）をしても、宇宙内に実在している地球や太陽の実際の位置は何も変わりません。

天体の位置を座標変換しても、実際の天体の位置はまったく変わらない。すなわち、座標変換では天体は移動しない。

　宇宙空間の中で事象が起こった位置は不変です。どんな座標系を用いても、そして、どんな座標変換を施しても、事象の起こった実際の位置はまったく変化しません。

　2つの天体が衝突した位置は、広い宇宙空間内での中の1点です。そして、歴史上の1時点です。実際に衝突したその位置や時刻は、どんな座標変換をしても別の場所に移動したり、別の時代に移ったりはしません。

「宇宙内で実際に起こった事象の位置と時刻は、いくら座標変換して変わらない」という基本的な認識は、物理学においてはとても大切です。

　本当の位置は、座標変換しても変わらない。
　本当の時刻は、座標変換しても変わらない。

　物理学的な事象は次から次へと変化して行きます。この変化が完全に終わってしまうことはないと考えられます。しかし、表向きの状態は変わっても過去に起きた本質は変わることがありません。天体同士の衝突は、その表現方法

をいくら変えても本質はまったく変わりません。

　過去に起こった事象の位置と時刻は唯一無二に決定しています。これは、永遠に変わることのない真実です。私たちの人生でも過去を否定することはできません。過ぎ去ってしまったことは、どうしようもないことです。

◆　単位変換

　物理学において数式を用いて座標変換をするとき、大切なことは**物理量を不変にすること**です。これを「物理量不変の法則」と呼ぶことにします。

【物理量不変の法則】
　物理量は、座標変換をしても何も変わらない。

　物理量Xがある場合、座標系AでのXの値x_1と座標系BでXの値x_2は異なります。座標系Aから座標系Bに乗りかえる場合、値はx_1からx_2に変わります。

　でも、座標系の乗りかえという座標変換では物理量は変化しないのが基本です。よって、座標系Aの単位aから座標系Bの単位bへの単位変換も忘れずにしなければなりま

せん。

$$x_1 \text{（値）} \times [a\text{（単位）}] = x_2\text{（値）} \times [b\text{（単位）}]$$

　これによって、物理量Xの大きさは座標系Aでも座標系Bでも変わりません。

　でも、**相対性理論では「ローレンツ変換」という座標変換をしたときに、値だけ変換して単位変換をしていない**ようです。その結果、「長さが短縮する」「重さが増える」「時間が遅れる」という結論を下しています。

　物理量をローレンツ変換するならば、数値変換と同時に単位変換も行なうべきといえるでしょう。たとえば、メートルをローレンツ変換したら、変換後の単位をマートルに変えるなどです。同じように、グラムをローレンツ変換したら、変換後の単位をガラムに変える、セカンド（秒）をローレンツ変換したら、変換後の単位をサカンドに変える必要も出てきます。

　物理学における座標変換では、単位変換を忘れやすいので注意する必要がある。

◆ 変換と変化

「変換」とは内容を変えないで、その表現方法を変えることです。「日本語を英語に変換する」「漢字をカタカナに変換する」「電気を熱に変換する」などという使いかたをします。日本語を英語に変換しても、漢字をカタカナに変換しても意味は変わりません。電気を熱に変換してもエネルギーという本質は変わりません。

それに対して、「変化」とは時間の流れとともに状態や性質が実際に変わることです。「速度が時速100ｍから200ｋｍに変化した」という場合、速度が本当に速くなったことを意味しています。

ついでに、「変形」とは形や状態が変わることです。「このロケットは頑丈で変形しにくい」などという使いかたをします。ローレンツ短縮では、物体は運動方向のみに変形し、運動方向と垂直方向には変形しません。これは、**物理学的にはあり得ない変形**です。

「速度の変換」と「速度の変化」は言葉として似ています。しかし、「速度の数学的な変換」と「速度の物理学的な変化」は異なります。いくら速度を数式で変換しても、実際の速度まで変化することはありません。

数学的な速度の変換は数式による表現の変更です。「数学的変換」は見かけ上の数字の変化であり、「物理学的変化」は物体に対する力やエネルギーの出入りなどによって実際の速度が変化することです。

　速度の変換…見かけ上の速度の変化
　速度の変化…正真正銘の速度の変化

　速度を実際に変化させるために必要なものは、変換式ではなく力やエネルギーです。物理学的な速度の変化は物体に力が働くかエネルギーの出入りがなければ起こりません。相対速度は「速度の変換」です。相対速度が時速50ｋｍより100ｋｍに変換されても、実際の速度は変化していません。

　速度の変換式には、実際の速度を変える力はない。

　速度変換は変換式で表します。ガリレイ変換はもちろんのこと、ローレンツ変換でさえ実際の時間、実際の距離、実際の質量などを変えることはできません。

◆ 座標変換しても本質は変わらない

　物理学における事象は、どんな座標変換しても本質は変わりません。本質とは事象そのものであり、具体的にいうと、事象の持っている物理量（事象の起こった場所や時刻や、物質の持っている長さや大きさや質量や温度など）です。

　座標変換しても物理学的な真実は何も変わらないというのは、座標変換は単なる数学的な操作に過ぎず、実際の事象には何ら物理学的な影響や変化を及ぼさないからです。

　座標変換によって現象（見えかたや観測結果）が変わるが、事象としての本質（事実そのもの）は変わらない。

　上記は、現象と本質の関係を述べた文です。

　宇宙内における物体の位置や時間などの真の量（物理学的な本質の量＝物理量）は、座標系に依存していません。だから、どんな座標変換をしても、物体の実際の位置が動いたり、物体の実際の長さが短くなったり、物体の実際の時間経過が遅れたりはしません。

　数学における座標変換は「点を移動させる」ことです。あ

る点は座標変換されることによって、もとの場所から別の場所に瞬時に移動します。

　しかし、いくら座標変換をしても、実際に起こったできごとの場所も時刻もまったく変わりません。時刻が変わらないのであれば、時刻と時刻の差である経過時間も変わりません。

　物理学における座標変換も同じです。変換は表現方法を変えることです。空間座標を変換する場合でも、時間座標を変換する場合でも、あくまでも変わるのは表向きの数字だけです。

　変換で変わるのは表向き（すなわち現象）であり、本質はまったく変化していない。

　国語では「現象」と「本質」は反対語であると教えられます。プラトンの洞窟の比喩は「現象に惑わされないで、本質を見極めよ」という教えでもあります。

　座標変換しても本質が変わらないならば、法則という本質も変わりません。

　座標変換しても法則という本質は変化しない。

よって「座標変換しても法則は変わらない」ということ
をあえて相対性原理という原理にまで昇格させる必要はな
いと思います。

**　特殊相対性理論に、特殊相対性原理は必要ない。一般相
対性理論に、一般相対性原理は必要ない。**

　そもそも、座標変換しても数式が形式的に変化しないこ
とは、「法則が変化しない」こととは、またちょっと意味が
違うと思います。

◆　座標変換しても不変なもの

　数学における座標変換では、点を瞬間的に遠くの点に移
すことができます。どんなに遠くまでも一瞬のうちに飛ば
すことができます。その速度はまさに瞬間移動であり、光
速をはるかに超えています。

　しかし、物理学では地球を座標変換して瞬間的にアンド
ロメダ星雲まで移動させることができません。つまり、い
くら座標変換をしても宇宙内における各天体の位置はまっ
たく変わりません。それだけではなく、事象の起こった場
所や時刻も変化しません。これを「座標変換しても物理学

的な本質は不変である」と表現します。

　時速200ｋｍで走っている新幹線があります。座標変換をすれば、これを時速300ｋｍにもできるし、時速100ｋｍにもできます。数字は自由に変えられます。

　しかし、座標変換した瞬間に新幹線の実際の速度が急に速くなったり遅くなったりするわけではありません。

**　座標変換をしても、実際の速度はなんら影響を受けない。**

　どんな座標変換をしたとしても、変換の前後では新幹線の本当の速度は変わっていません。つまり、走行中の新幹線の速度は、座標系に依存していない本当の速度———ニュートンはこれを絶対速度と呼んだようですが———が存在しています。

**　絶対速度も絶対空間も絶対時間も存在する。これらの形而上学的な概念は、座標変換しても不変な存在である。**

　アリストテレスが第一哲学を考案した理由がここにありそうです。物理学は絶対主義の上に成り立っています。絶対主義は相対主義も否定していません。ニュートンも相対速度を否定していません。

しかし、絶対主義を否定した相対主義だけでは、健全な物理学や科学を作ることはできないでしょう。どうしても、パラドックスに見舞われると思います。アインシュタインも相対主義だけでは相対性理論を構築できず、光の速度だけは絶対であるという例外を設けています。

◆　座標変換

　座標変換とは、座標を他の座標に移すことです。単に変換と呼ぶこともあります。

　空間内での座標は点で表示されるので、座標変換は点を別の点に移すことです。このとき、「点の瞬間移動」であって「点の連続的な運動」ではありません。そのため、もとの点は別の点に一瞬で移動します。

　しかし、物理学における事象では、このような瞬間移動は起こりません。瞬間移動は物体の運動（時間の経過とともに物体の位置が変化すること）とは違います。空間内の１点で起きた事象が、座標変換と同時に他の点に瞬間移動することは、物理学的にはありません。

**　物理学的事象の生起した場所は、座標変換しても移動し**

ない。

　事象の起こった場所や事象の起こった時刻（いわゆる事象が生起した点）は相変わらずそのままであり、その点を表示する方法が瞬間的に変わるだけです。

　宇宙空間内の1点で起きた事象は、どの観測者にとっても同じ点で起きています。例えば、上空を飛行しているジェット機は、どんな座標変換をしてもアンドロメダ星雲まで瞬間移動しません。そのような瞬間移動は超常現象であり、物理学を否定しています。

　また、速度も同じです。新幹線の速度をどんな座標変換をしても、実際の速度はまったく変わりません。「新幹線の速度を座標変換したら、急に速くなった」あるいは「急に遅くなった」ということは起こりません。

　物体の速度などの物理学的速度は、座標変換をしてもまったく変化しない。

◆　温度座標系

　科学には客観性が要求されます。そして、物理量にも客

観性がなければならないでしょう。物理量の一種である温度にも客観性がなければなりません。

温度座標系には、「摂氏座標系」「華氏座標系」「絶対温度座標系」などがあります。

これらの座標系を乗り換えるときには、変換式があります。それによって、同じ温度がお互いの座標系に行き来できます。変換式は、座標系同士で数値を乗りかえるときの関係を表しています。そのとき、単位も一緒に変換しなければなりません。

摂氏の座標系で温度Cは、華氏の座標系では温度Fです。しかし、どんな温度座標系で測っても、本当の温度は1つです。これを「真実は1つ」と表現することもあります。

ある温度を摂氏で測ったときと華氏で測ったときは、数値が異なります。しかし、両者は数値が異なっても実際の温度は同じです。大切なことは、温度を表わす数値ではなく、数値に惑わされない実際の温度です。

摂氏と華氏という表現方法が異なっても、実際の温度は同じである。

◆ 温度変換

　人間の体温が100度になることなどあり得ないように思われます。しかし、座標変換をすればそれも可能です。温度変換とは、温度の座標変換のことです。温度の単位には摂氏（C）と華氏（F）などがあります。

　　F = 1.8 × C + 32

　これは、摂氏を華氏になおす温度の変換式です。摂氏で37.5°Cは、華氏に変えると100°Fになります。つまり、体温100度は当たり前といえます。

　この変換によって温度は瞬時に別の数値に書きかえられます。でも、実際の温度はまったく変わりません。

　座標変換をしても、実際の温度は変わらない。

　なぜならば、**座標変換には実際の温度を変えるだけの力はない**からです。このとき、「摂氏座標系にいる観測者が観測すると、華氏座標系の温度計の温度が高いように観測される」と考えることは誤りです。同じように「静止座標系にいる観測者が観測すると、運動座標系で動いている物体の時間が遅れるように観測される」「静止座標系にいる観測

者が観測すると、運動座標系で動いている物体の長さが短くなるように観測される」と考えることも誤りでしょう。

　私たちは、温度計で室温を測ることができます。このとき、摂氏と華氏が切り替えスイッチ１つで変更できるデジタル室温計が部屋にあるとします。このとき、スイッチを切り替えるたびに室温が変化することはありません。「温度変換」と「温度変化」は違います。

　温度変換（摂氏から華氏へ）…実際の温度は不変
　温度変化（20度から30度へ）…実際の温度が変化

「数学的変換」と「物理学的変化」は異なる。

　これより、「変換式」は「変化式」ではありません。ガリレイ変換式もローレンツ変換式も変換式であり、変化式ではありません。「どのような値に変換されるか」と「どのような値に変化するか」は異なっています。

**　ガリレイ変換してもローレンツ変換をしても、物理量は何も変わらない。**

◆ 温度の観測

次のような変換式を考えます。

$$F = 1.8 \times C + 32$$

これは、摂氏から華氏への座標変換式です。座標軸は温度座標軸です。

$$C = K - 273.15$$

これは、絶対温度の座標系から摂氏の座標系への座標変換です。

物理学では、温度は物理量とされています。よって、座標変換すると同時に実際の温度が不変になるように———物理量を不変に保つように———単位変換も同時に行う必要があります。

座標変換 ＋ 単位変換

このワンセットによって、物理量不変が成り立ちます。座標変換だけでもダメであり、単位変換だけでもダメです。というのは、片方だけだとエネルギー保存則に違反してし

まうこともあるからです。

◆　温度と速度

　温度を議論するとき、各人が自分の体温を基準にして「相手の温度が何度高い」「自分の温度が何度低い」と言い合っても、科学的な話し合いができません。相対主義では、すぐに科学の限界につき当たります。

　温度を測ろうとする観測者は、例外なく全員が「水の凝固点は０度、水の沸点は100度」としっかりした取り決めをして、議論をし始めなければならないでしょう。もちろん、この取り決めは全員の合意があれば変更可能です。

　速度も同じです。速度を議論するとき、各人が自分の位置を基準にして「相手の速度がどうである」「自分の速度がこうである」と言い合ったら、科学的な話し合いができません。

　温度を変換しても温度は変わらない。それならば、速度を変換しても速度は変わらない。

　速度を測ろうとする観測者は、例外なく全員が「忠犬ハ

チ公の銅像を速度の基準とする」などのしっかりした取り決めをして、議論をし始めなければなりません。これが本当の意味での絶対速度です。

　それに対して、自分という人間を中心とする速度（原点が自分自身にある相対速度）だけを扱うのが相対性理論です。光速度不変の原理はそれを如実に語っています。

　相対性理論は、人間中心の物理理論である。特に、光速度不変の原理は「自分中心の観測結果」を原理に取り入れている。

◆　距離

　自然界にはさまざまな長さが存在しています。木の高さもあれば、草の茎の長さもあり、髪の毛にも長さがあります。この長さは量の一種であり、距離と同じです。物体の長さとは、物体の端から端までの距離です。

　距離は物理学で扱う基本的な量の１つであり、**観測者に依存しない大きさ**を持っています。それを物理量と呼んでいます。近くにいる人にとっても遠くにいる人にとっても、歩いている人にとっても走っている人にとっても長さは変

化しません。

　たとえば、地面に落ちている1本の棒を考えます。その長さはすでに決定しています。この棒を2人が観測するとします。1人は地面に立ち止まって、もう1人は走っているとします。でも、彼ら観測者には関係なく、棒の長さは変化しません。

　このように、長さあるいは距離という物理量は、観測者の動きとは無関係であり、観測者が速く動けば棒が短くなるという変化は起こりません。

◆　距離のローレンツ変換

　センチメートルからメートルに座標変換をしても、実際の長さは変わりません。座標変換は瞬時に行なえます。座標変換の代表例が、距離すなわち長さの単位変換（たとえばcmからmへの単位）です。単位変換は、すぐに数値の変化となって表れてきます。

　100cm＝1m

　このとき、数字は100分の1になりますが、単位は100倍

になっています。よって、１／100×100＝1で、実質的な変化はありません。

距離を座標変換しても、実際の距離は変わらない。

これは、ローレンツ変換でも成り立ちます。

距離をローレンツ変換しても、実際の距離は変わらない。

ローレンツ変換はただの数学的な変換式に過ぎません。そのため、実際の距離や空間までが変化するわけではありません。物理学における座標変換では、本質は保たれたままです。

ローレンツ変換などの「数学的変換」では、物理量などの本質が変わらない。物理量が変わるときは、「物理学的変化」と呼ばれている。

数学的変換と物理学的変化はまったく別物です。数学的変換には、実際の物理量を変えるだけの力を持っていません。

◆ ローレンツ変換

　ローレンツ変換を用いると、相対速度を持つ相手の時間が遅れ、相手の長さも縮みます。これが多くの人に抵抗を感じさせています。

　ローレンツ変換を一言でわかりやすく説明すると「本当の値に対して見せかけの値を返す関数」です。「事象を現象に変える変換」といってもよいかもしれません。それを具体的に長さの短縮で考えます。

$$L' = L \sqrt{1 - \left(\frac{V}{c}\right)^2}$$

　この式では、もともとの長さであるLという事象値を入力し、それに速度の関数L（V）を乗じてL'という現象値を返します。

　　事象値＝事象の値＝真の値
　　現象値＝現象の値＝観測値

　L（V）は次式で表される速度Vの関数です。

$$L(V) = \sqrt{1 - \left(\frac{V}{c}\right)^2}$$

Vは観測者と対象物の相対速度です。簡単に書くと、次がローレンツ変換式です。

L'＝L×L（V）

しかし、ローレンツ変換を含む座標変換は単なる数学的な座標の変換にすぎません。数学では、座標変換によって線分を好みの長さに短くすることができます。たとえば、ある線分の長さに1／2をかければ、線分の長さを50％にまで縮めることができます。

数学で座標変換をすれば、線分の長さを半分にできますが、物理学では事情が違います。実在する棒を1／2まで縮めることはなかなかできません。

線分には断面積がありませんが、実際の棒には断面積があります。断面積と長さがあれば、体積もあります。液体や気体と同様に、固体でも収縮や短縮に抵抗して体積を保とうとする性質があるでしょう。長さを縮めたら分子は垂直方向に逃げるので、断面の形が変わると同時に断面積が増えます。

したがって、観測者が動くだけで、実際の棒の長さが断面積をまったく変えずに１／２にまで縮むことはないでしょう。ローレンツ変換は、棒の**断面の形も断面積もまったく変わらず、長さのみが短くなるという物理学的にあり得ない変形**です。

　相対性理論では次の速度で観測者が動くと、棒が半分に縮みます。これをローレンツ変換式のＶに代入すると、ちょうど、棒の長さが半分になります。

$$\frac{\sqrt{3}}{2}c$$

　しかし、「数学的な短縮」と「物理学的な短縮」は根本的に異なります。だから、数学の座標変換をそのまま物理学に持ち込むことは問題ありといえます。

　線分を縮めるのは数学では変換ですが、物理学で棒を縮めることができるのは力です。縮む理由が、数学と物理学では違います。

　実在する物体が実際に縮むためには必ず力（あるいはエネルギー）を必要とします。ローレンツ変換のような座標

変換（関数による数字上の変化）だけで、実在する棒の長さを縮めることは不可能です。

　物理学的に述べるならば「ローレンツ変換前の物体の長さ」と「ローレンツ変換後の物体の長さ」は、物理学的には同じです。変換はただの数学的な操作であるがゆえに、ローレンツ変換をしても「物体の長さという本当の物理量」は変わりません。

**　ローレンツ変換前の数字とローレンツ変換後の数字は異なっている。しかし、ローレンツ変換前の物理量とローレンツ変換後の物理量はまったく変わらない。**

　強力な力を加えたり、低温で冷やしたり、さまざまなエネルギーを加えないと、物体の長さを半分に縮めることはできません。

　実際、断面積の大きさと形をまったく変えずに、物体の長さだけを短くするには、相当に工夫された力の加え方が必要です。物体の短縮方向の圧力だけではなく、断面が変わらないような垂直方向の全方位的なバランスの取れた圧力が必要です。

　しかし、こっちを押せばあっちが出っ張ると、変形を抑

えるどころか逆に変形がひどくなります。「断面を変形させずに物体の長さを一方向だけ短くする」という作業はほとんど不可能でしょう。

　数学的な座標変換だけで、物理学的な実際のできごとが変わるということはありません。「物理量は、座標変換では変化しない」は、ガリレイ変換やローレンツ変換も成り立ちます。ローレンツ変換という数学的な座標変換を施しても、物体の実際の長さが短くなったり、物体の実際の時間経過が遅くなったりはしません。

　よって「物体が動くと長さが短くなる」「物体が動くと時間が遅れる」「物体が動くと質量が増える」と主張する相対性理論は正しくはありません。

◆　ローレンツ変換式

　ある物体の長さを L とします。観測者が速度 V で運動すると、次のように長さが短縮します。

$$\mathrm{L}' = \mathrm{L}\sqrt{1 - \left(\frac{\mathrm{V}}{\mathrm{c}}\right)^2}$$

この式を次のように書きかえて簡単にします。

L'＝L×L（V）

これは、「長さLに速度Vの関数L（V）をかけることによって、長さL'に変換される」という意味です。このVを「観測者の速度」と考えてもよく、「観測される対象物の速度」と考えてもかまいません。ここでは、対象物の速度とします。

たとえば、ボールが3個、次のような速度で並行に飛んでいます。

○ ⟶ V
○ ⟶ 2V
○ ⟶ 3V

1つは速度V、2つ目は速度2V、3つ目は速度3Vです。このとき、相対性理論では次のような変換を行ないます。

1つ目のボールでは、LにL（V）をかけてL'を出す。
2つ目のボールでは、LにL（2V）をかけてL'を出す。
3つ目のボールでは、LにL（3V）をかけてL'を出す。

L（V）とL（２V）とL（３V）は、それぞれ別の関数です。これからわかることは、**ローレンツ変換式は統一された１個の変換式ではなく、無数の変換式から成り立っている**ことです。

　観測者が「１個目のボールは、L（V）という関数を使って長さを縮める。２個目のボールは、別の関数L（２V）を使って長さを縮める。３個目のボールは、さらに別の関数L（３V）を使って長さを縮める」と、対象物に合わせた個別の変換式を用いています。

　観測されているボールの速度によって、観測者がそれぞれ別個の座標変換を行なうため、ローレンツ変換には一貫性がありません。

　普通の座標変換は、数学でも物理学でも同じ関数を同時に用いて行ないます。そうしないと、座標変換をした後の世界の統一性が保てなくなるからです。

$$F = 1.8 \times C + 32$$

　これは、摂氏を華氏になおす温度の変換式です。どのような摂氏もこれ１つで華氏に変換できます。この変換式にはC以外の変数は入っていません。

ローレンツ変換式にはこのような一貫性が欠けており、言葉を変えれば「まだら変換」をしています。

まだら変換とは、一貫性のない変換のことである。

　まだら変換とは私の造語であり、変換式を観測者の状態や対象物の状態に応じて変化させることです。

　ローレンツ変換は長さＬだけではなく、時間Ｔにも当てはまります。

　Ｔ’＝Ｔ×Ｌ（Ⅴ）

　Ｔは実際の姿であり、Ｔ’は観測された姿です。

　Ｔ＝実際の姿＝事象＝本質
　Ｔ’＝観測された姿＝現象

　これより、ローレンツ変換は「人間は、実際の姿とは違う姿を観測している」ということになります。つまり、「観測結果を信じないように」と述べていることと同じです。

　ローレンツ変換は、本質を現象に変える関数である。それと同時に、ローレンツ変換は「変換後の観測結果を信用

しないようにと主張している」とも解釈できる。

◆ ローレンツ収縮

　今まで形が安定していた物体は、何ら力やエネルギーを外から加えられず、あるいは自らの内部変化を伴なわないに、突然に収縮することはありません。しかし、ローレンツ変換をすると、運動している物体の長さが縮みます。これをローレンツ収縮と呼んでいます。

　相対性理論によると、観測者が $(\sqrt{3}／2)$ ｃの速度で運動すると、観測されている物体の長さが半分になります。このとき、観測者は物体にはまったく手を触れずに、ただ見ているだけです。

　このようなことは実際には起こらないでしょう。なぜならば、ローレンツ収縮は単なる数学的な変換であり、物体にはまったく観測者から力やエネルギーが加えられていないからです。

　座標変換は**単なる数学的な操作**に過ぎません。数学では１ｍの線分を５０ｃｍに変換することができます。それも一瞬で完了させることができます。

しかし、物理学では実際の物体に、このような変化をさせることはできません。なぜならば、**物理学の事象を座標変換しても、もとの事象は何も変化しない**からです。

　実在する１ｍの棒を座標変換だけで半分に短くすることは不可能である。

　棒を実際に短くするためには、相当な力が必要です。つまり、棒を短くするのは座標変換ではなく力あるいはエネルギーです。しかし、相対性理論はローレンツ変換をすることによって、物体の長さは運動方向に短くなると述べています。

◆　観測しないほうがよいかも

　ローレンツ収縮では、実際に距離そのものが短くなっているのではないそうです。すると、相対性理論はありのままの自然界の姿を語る理論ではないことになります。

　ニュートン力学では、運動している物体の長さは短く見えません。でも、相対性理論は「短くなっていない物体が短く見える」と主張しています。なぜ、相対性理論ではこのような乖離———真実ではないこと———を主張するの

でしょうか？

【ニュートン力学には乖離はない】
　観測者がどんな運動をしても、観測している物体の長さは短くならず、短く見えたりもしない。

【相対性理論には乖離がある】
　観測者が運動すると、その速度に応じて観測している物体の長さは短くなっていないにもかかわらず短く見える。
（つまり、観測した結果は信用できない）

　事実（実際の姿）と現実（観測結果）が乖離するのは、大きな問題です。プラトンの洞窟の比喩から推測されるように、観測結果は事実とは限りません。

　でも、現代物理学のスタンスは「観測結果こそが事実であり、これを否定してはならない」という立場をとっているようです。それに反してローレンツ収縮からも結論されるように、相対性理論は「観測結果は信用できない」とも言っているようです。

　「実際の距離は短くなっていないにもかかわらず、距離が短くなっているように観測される」というのならば、むしろ、観測しないほうがよいのかもしれません。

◆ 収縮ではなく短縮

　ある物理学の啓もう書に次のような記載がありました。

　特殊相対性理論では、物体は実際に収縮するのではなく、収縮して観測されるだけである。

　これから解釈すると、相対性理論は「物体はどうあるか？」という本質を述べているのではなく、「物体はどう見えるか？」という人間の目に映る見えかたを理論化したものです。

　これから考えると、物理理論には2種類あります。

（1）事象を説明する理論
（2）現象を説明する理論

　ニュートン力学は前者のようですが、相対性理論は後者のようです。もちろん、後者のほうが観測結果や実験結果とよく合います。なぜならば、現象とは観測結果や実験結果のことだからです。

　理論を選ぶときには、いくつかの基準があります。「どちらがより正しいか？」「どちらがより簡単か？」「どちらが

より現実と一致するか」などです。

今の世の中、「どちらがより現実と一致するか」で理論が正しいか間違っているかを決めようとしているようですが、そもそも、この判断が正しいといえるのでしょうか？

ちなみに、「収縮」とは全方向に小さくなることであり、この表現は適切ではありません。相対性理論が主張しているのは、運動方向のみの収縮です。一方向だけに限られているならば、これは「収縮」ではなく「短縮」でしょう。収縮は全方向に縮むことが連想されるからです。

ローレンツ収縮→正しく言いかえる→ローレンツ短縮

相対性理論は、ローレンツ変換を説明するために作られた理論といえるかもしれません。そして、この物理理論を裏づけるために、今度はミンコフスキーがミンコフスキー空間を作りました。これによって相対性理論は数学からの強力な支持を得られたわけですが、何となくそのような数学のありかた―――物理理論を裏づけるため、数学理論を後づけで作る―――に抵抗を感じることがあります。

◆ 縮む理由の変化

次の2つは相対性理論の主張です。

（1）観測者が見ている物体が速度 v で運動すれば、その物体は縮む。

（2）逆に、観測者が反対方向に速度 v で運動しても、見ている物体は同じ比率で縮む。

まず（1）には問題があります。物体が運動すると、どうして縮むのでしょうか？　相対性理論はこの理由を述べていません。

それよりももっと問題なのは後者です。今の物理学では、何の理由もなく物体が突然に縮むことを認めていません。物体が縮むためには力が必要です。しかし、相対性理論が正しいならば、観測者が動くだけで、見ている物体が縮みます。相対性理論はこの理由も述べていません。

相対性理論の初期のころは、マイケルソン・モーレーの実験結果を説明できるように「運動している物体は、実際に縮む」とされていたようです。

しかし、実際に縮むと不都合なことが起こります。観測

者が見ている物体は距離的に離れており、両者にはお互いにエネルギーの出入りはありません。観測者は物体を見ているだけで、何ら手を加えたりも力を加えたりはしていません。それなのに物体が実際に縮んだら、オカルト現象が起こったことになります。

そこで考案されたのは「物体は実際には縮んでいない。物体の存在している空間が縮むからそう見えるだけである」という理由です。

でも、これは同じことの繰り返しです。物体を見ているだけで、どうして空間が縮むのでしょうか？　観測者の所属する空間が縮まないで、見ている物体の空間だけが縮んだら、この２つの空間の間に隙間が生じてしまいます。これは都合が悪いので、ここでもまた原因をシフトさせる必要が生じてきます。

次に考案された理由は「空間も実際には縮んでいない。座標系が縮むから、空間が縮んで見えるだけである」というものでしょう。

座標系同士の短縮率が異なっても網の目のように張り巡らされているだけだから、空間のような隙間のずれは生じません。しかし、これだと２つの座標系がからみ合ってし

まい、複雑な交錯をもたらすので、よくわからくなります。

　また、これ以外にも「物体が縮んでいるように見えるのは、相対性理論が正しいからである」という理由もあります。このように、縮む理由が少しずつ変わってきているようです。ただし、これが本当かどうかはわかりません。

　相対性理論によると、運動物体は実際に縮む。→運動物体は実際には縮まない。空間が縮むから、運動物体が縮むように見える。→空間は縮まない。座標系が縮むから、運動物体が縮むように見える。→座標系は縮まない。相対性理論が正しいから、物体が縮むように見える。

◆　長さが縮む

　地面に1本の棒が落ちているとします。相対性理論では、観測者が棒と平行に高速で動くと、長さだけが縮んで断面の形や断面積は変化しません。では、なぜ観測者が動くと棒が断面積を変えずに進行方向だけ長さが縮むのでしょうか？　相対性理論は、これを物理学的に説明できるのでしょうか？

　棒の断面の形と断面積の大きさとを変えずに長さだけを

縮める（結果的に、棒の体積を縮める）ためには、いろいろな方向から強い力をバランスよく加えないと無理でしょう。

　でも、相対性理論は「これは簡単である。観測している者が動けばいい」となって、棒には手をまったくつけずに、観測者が一生懸命に動こうとしています。しかし、「棒を縮めるためには、観測者が動くだけでよい」というのは、棒が縮まる物理学的な理由としては不適切だと思います。

　さらに問題になるのは、見ていないときはどうかです。観測者が高速で動いていても、目をしっかりと閉じているとき、すなわち観測者が観測していないとき、その棒が縮んでいるかどうかです。

【相対性理論の課題】
（１）観測されている棒は実際に縮んでいるのか？　それとも、ただ縮んでいるように見えるだけなのか？
（２）棒が縮む理由として「離れて見ている観測者が動くから」が十分な説得力を持っているのか？
（３）動いている観測者が観測していないときも棒は縮んでいるのか？

「目を閉じると月は存在しないのか？」と「目を閉じると

棒は短くないのか？」は、本質的に同じ問題かもしれません。

　相対性理論は「ああ見える」「こう見える」という見えかたに関する物理理論です。でも、物理学が本当に求めているのは「どう見えるか？」という現象ではなく「実際にはどうあるのか？」というありのままの姿、すなわち本質です。相対性理論は物理の本質から少し離れているような印象を受けます。

◆　長さの客観性

　長さにも客観性が必要です。ある列車が走っているとします。その長さは、地上で静止している観測者が観測しても、列車を追いかける車に乗っている観測者が観測しても、列車から逃げる車に乗った観測者が観測しても、たとえ三者三様の観測値を得たとしても、本当はみんな同じ長さです。

　列車は、誰が観測しても変わらない本当の長さを持っている。

　静止している観測者が、速度vで飛行しているロケット

を観測したとき、ニュートン力学と相対性理論ではロケットの長さが違います。

【ニュートン力学によるロケットの長さ】
　ロケットが静止していようと運動していようと、剛体としての長さは変わらない。

　これは、とてもシンプルな発想です。もともと、剛体は変形しないという意味で用いられています。

【相対性理論によるロケットの長さ】
　剛体であるはずのロケットは、静止しているときはLの長さを持つ。しかし、速度Vで飛行すると長さがL'に縮む。縮む割合は、次の式で計算できる。

$$L' = L \sqrt{1 - \left(\frac{V}{c}\right)^2}$$

　相対性理論は、ロケットの長さを座標系1（Lの長さを持つ座標系）から座標系2（L'の長さを持つ座標系）にローレンツ変換をしています。ローレンツ変換式は座標変換の式です。ここで、次のような物理学の基本に戻ります。

**　物理量の大きさは、座標変換しても変わらない。**

相対性理論もこの物理学の基本を守らなければならない
でしょう。つまり、観測してもロケットの長さが変わらな
いようにするため、ローレンツ変換した後に単位変換を加
える必要があります。

　たとえば、「座標系１でＬの長さの単位がメートルなら
ば、座標系２におけるＬ'の長さの単位をマートルにする」
などです。相対性理論はこの座標変換に伴う単位変換をし
忘れているようです。そのため「運動すると長さが縮む」
という物理学を否定するような主張をしています。

　さらに、相対性理論は「ロケットが静止していて観測者
が速度Ｖで運動しても、同様にロケットの長さが縮む」と
いっています。これは物理学的に矛盾した言葉です。

　なぜならば、断面積をまったく変えずに観測者の進行方
向の長さだけロケットを縮める場合、相当の力やエネル
ギーが必要です。その力やエネルギーはどこから発生した
のでしょうか？　観測者が動いたせいでしょうか？　観測
者が動くだけで、離れているロケットが不自然な変形をす
るのは、科学的ではないと思います。

　実際の事象に対しては、ローレンツ変換を含むどのよう
な座標変換をしても何も変わりません。だからこそ、１つ

の事実はみんなが共有できる客観的真実となります。科学には客観性が必要です。

　絶対時間も絶対空間も、客観性を有する科学の基本です。それに対して、絶対時間の否定や絶対空間の否定で物理理論を構築すると、この客観性が失われてしまいます。

◆　断面積

　ローレンツ変換では、物体が縮み、時間が遅れ、質量が増えます。でも、これらのできごとは実際には起こりません。なぜならば、実際に起こったら「時刻の異なる2つの物体が衝突する」や「物体の長さが縮むのにもかかわらず断面積はまったく増えない」や「物体を見ているだけで、その物体が重くなる」という物理学的な矛盾が生じるからです。

　断面積をまったく変えずに、棒状の物体の長さを10分の1まで短くすることは不可能です。ニュートン力学では、力を加えて棒状の物体の長さを短くしたら、物体は垂直方向に逃げようとして断面積が増えます。

　ところが相対性理論では断面の形も変わらず、断面積の増加もありません。観測者が高速で運動するだけで、この

ような超常現象が起こることはあまり考えられません。

　線を縮めるのは数学では座標変換すなわち関数です。しかし、棒を縮めるのは物理学では力でありエネルギーです。縮める理由が、数学と物理学では違います。

　そうすると、相対性理論は「実際には何も変化していない物体が、見かけ上は変化しているように観測される」と主張する理論になります。

　ということは、**相対性理論が正しければ、観測結果は信用できない**ということになります。そしたら、相対性理論が正しいことを観測で確かめるという検証作業が無意味になるかもしれません。

◆　伸び縮み

　相対性理論によると、運動している物体の長さは縮みます。でも、その運動を停止すると、縮んだ長さはもとにもどります。運動、停止、運動、停止を何回かやると、そのたびに物体は伸びたり縮んだりを繰り返します。なぜ、物体は伸び縮みという謎の変形をするのでしょうか？

また、相対性理論では観測をすると運動物体の長さが縮みますが、観測していないと長さが縮んでいません。目を閉じると物体はもともとの大きさであり、目を開くと物体は縮みます。つまり、開眼、閉眼、開眼、閉眼を何回かやると、そのたびに物体は伸びたり縮んだりを繰り返します。なぜ、物体は伸び縮みという謎の変形をするのでしょうか？

（１）相対性理論では、物体が運動と停止を繰り返すと、
　　　そのたびに、物体の長さも伸び縮みを繰り返す。
（２）相対性理論では、観測者が開眼と閉眼を繰り返すと、
　　　そのたびに、物体の長さも伸び縮みを繰り返す。

◆　相対主義を支える絶対主義

　自然界にはさまざまな物質が存在しています。その物質には質量があります。物質がある程度まとまって、形として認識できるようになると、物体と呼ばれるようになります。

　どこまでが「物体ではない物質」であって、どこからが「物体と呼ばれる物質」となるかという物理学上の明確な基準はないようです。簡単にいえば、物質が集まって形が認識できるようになったら、たいていは物体です。

質量は物理学で扱う物理量の１つであり、人類が誕生するずっと前から存在していました。つまり、質量は観測者から独立しています。

質量は観測者に依存しない量である。

　近くにいる人にとっても遠くにいる人にとっても、歩いている人にとっても走っている人にとっても、この質量は変化しません。つまり、観測者の運動状態は質量に何ら影響を及ぼしません。

　地上で２つの異なる質量を持つ物体を天秤にかけると、重いほうが下がります。これによって質量には大小があることがわかります。質量の大小を比較するときには、天秤などの手段を用いれば数字をいっさい扱うことなく、どちらが重いかを決めることができます。

　しかし、単位を持たない質量の大きさを天秤だけで求めることは困難であり、結局は、測定するためには「量を数字になおす」という行為が必要になります。「数字を持たない量」を「数字で表す数値」に変更したときから、物理学という学問が誕生したといえるでしょう。

　物理学における量（物理量）とは「本来は単位を伴わな

い大きさ」であり、物理量を数値に変換したときには「単位を伴った大きさ」となります。しかし、どのような測定装置を使って数字に変換しても―――量を数値化しても―――もともとの量そのものは変化しません。

それに対して、異なった単位を持つ測定装置を使うと、まったく異なった数値が出てきます。このように、**単位を伴わない量は絶対的な存在**ですが、**単位つきの数値は相対的な存在**となります。

　量…絶対的な存在
　数値…相対的な存在

　物理学は、絶対的な物理量（絶対的な質量、絶対的な距離、絶対的な時間、絶対的な速度など）をあつかうと同時に、相対的な数値（質量の測定値、距離の測定値、時間の測定値、速度の測定値など）もあつかいます。でも、「相対的な測定値」を支えているのは、あくまでも「絶対的な物理量」です。

◆　**質量**

　物体の質量は、場所や環境が変わっても変わるものでは

ありません。たとえば、陸上でも海中でも空気中でも質量は変化しません。極寒の南極でも灼熱の砂漠でも質量は変わりません。

また、物体の質量は高さが変わっても変わりません。地表でも地下でも高層ビルの屋上でも宇宙空間に持って行っても質量は変わりません。このように、物体の質量はきわめて安定した物理量です。

これらの場所だけではなく、静止していても等速直線運動をしていても加速度運動をしていても物体の質量は変わりません。

庭に1個の石が置いてあるとします。ニュートン力学では、周りの人がどんなに速く動いても、この石が重くなることはありません。石の質量と観測者の運動は独立しており、お互いに影響を与えることはありません。そのため、「観測者が走り始めると、見ている石の質量が重くなる」というオカルトまがいのことは起こり得ません。

しかし、相対性理論が正しい場合、観測者が走るスピードを速くすればするほど上、観測している石もどんどん重くなります。観測者が光速度で走りぬけるとき、石の重さは無限大になります。地面を突き抜けて地球の中心まで穴

が開くかもしれません。

◆ 質量の増加

　お互いが逆方向に等速度で平行に運動をしている同じ質量の2つの物体AとBを考えます。

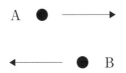

　この2つの物体は対等の立場にあります。AがBに対してｖの速度で進んでいれば、BはAに対して－ｖの速度で進んでいます。

　ニュートン力学では、等速直線運動している物体の質量は増加しません。よって、お互いが相手を観測しても、観測結果としての質量は増えていません。

　しかし、特殊相対性理論によれば、Aから見るとBの質量が増加しており、Bから見るとAの質量が増加しています。質量の増加分は同じです。では、いったい、どちらが本当に重くなっているのでしょうか？

もし、ＡとＢの質量が同時に増えるとなると、これはエネルギー保存の法則に反します。等速直線運動ではエネルギーの出入りがないからです。他からのエネルギーの出入りがない系を「孤立系」あるいは「閉鎖系」といいます。

　エネルギーに関して閉鎖している系では、エネルギー保存の法則が成り立ちます。しかも、お互いに等速直線運動をしているから、次なることが言えます。

　Ａの質量は増加していない。(もしＡの質量が増加するならば、エネルギー保存則によってＢの質量は減少しなければならない)

　Ｂの質量も増加していない。(もしＢの質量が増加するならば、エネルギー保存則によってＡの質量は減少しなければならない)

　以上より、慣性の法則にしたがって等速直線運動をしているだけでは、物体の質量は変化しません。ところが、特殊相対性理論によると、増加していない質量が増加していると観測されなければなりません。これから、次なることもいえるようになります。

　特殊相対性理論によると、観測結果は信用できない。な

ぜならば、質量が増えていないのに「増えている」と観測
されるからである。

　ニュートン力学は「観測結果を信用してもよい」という
理論ですが、相対性理論は「観測結果は信用ならない」と
いう理論です。

　そもそも、光速度不変の原理からして「光の相対速度は
誰にとっても絶対速度である」というあまり信用できない
原理です。その理由は、光速度不変の原理の中に相対速度
と絶対速度が入り乱れているからです。

◆　質量の基準

　科学で測定値をあつかうときには、みんなで話し合って
基準を決めます。そして、いかなる測定者もこの基準を守
るようにします。これが客観的な基準を設定することにな
り、測定者に依存しない安定した測定値が得られます。

　質量を測定するときにも、まずはみんなで基準を統一す
る必要があります。ところが、相対性理論では質量を測定
する場合、測定者１人１人が物体１つ１つに対して、その
速度に合わせて個別に変換をしています。

たとえば、静止している物体があり、それを観測している観測者が運動し始めたとします。すると、静止している物体の質量が増えます。

　この観測によって、観測者は物体に何らのエネルギーを加えていません。にもかかわらず、相対性理論が正しければ、物体の質量が増えます。

　質量が増えたということは、相対性理論によれば物体の持つエネルギーが増えたということです。このエネルギー増加は、どこから来たのでしょうか？　あるいは誰からもらったエネルギーでしょうか？　観測者は、観測している最中には物体に何らのエネルギーも与えていません。

　相対性理論による運動物体の質量増加は、エネルギー保存の法則に反する。

◆　質量のローレンツ変換

　時間、距離、質量、温度、速度、加速度などは物理量と呼ばれています。これらの物理量は、時間以外はエネルギーの出入りがない限り変化しません。

ここに、１個の鉄のかたまりがあります。このかたまりは唯一無二の質量を持ちます。相対性理論によると、観測者が運動すると、このかたまりの質量が増えています。つまり、物理量が変化します。

　このようなおかしな現象が実際に起こり得るのでしょうか？　かたまりには誰も手を触れておらず、さらにかたまりにはエネルギーの出入りがありません。だから、重たくなる理由がありません。

**　物体にエネルギーの出入りがなければ、観測されるだけで物体の質量が増えることはない。**

　このような不思議な現象が起こるのは、相対性理論が「変化」と「変換」を混同し、「物理量が変化する」と「物理量が変換される」を取り違えているからだと思われます。

◆　デジタルはかり

　重さを計る目的で作られた「はかり」には、「デジタルはかり」や「アナログはかり」があります。ここに、リンゴの乗ったデジタルはかりが置いてあるとします。

リンゴの重さは300ｇで、デジタルはかりも300ｇを表示しています。そのはかりの前を観測者が通過します。相対性理論によると、高速で通過するとリンゴの重さが増えます。たとえば、400ｇや500ｇになります。

しかし、観測者はリンゴには手を触れていません。離れたところで「動きながらリンゴを観測するだけで、その質量が増える」というのはエネルギー保存の法則に反するような気がします。これより、次なる結論が出てきます。

観測者が動くだけで「見ている物体が重くなる」ということは物理学的にあり得ない。

同じことは、次にもいえるでしょう。

観測者が動くだけで「見ている物体が短くなる」ということはあり得ない。

観測者が動くだけで「見ている時計が遅れる」ということはあり得ない。

これら「重くなる」「短くなる」「遅れる」というのは、常識的には納得できない現象です。「相対性理論は常識に反する理論である」と言われればそれまでですが…。

◆　時計の基準

　現在、一番正確な時計は光格子時計であり、その誤差は160億年に１秒だそうです。なぜ、光格子時計に誤差があるのでしょうか？　この誤差は、いったい何に対する誤差なのでしょうか？

　実在している時計は、それがいかなる時計であったとしても進んだり遅れたりする誤差を持っています。誤差がまったくない時計は絶対時間だけです。だから、原子時計や光格子時計の誤差は、絶対時間との差として表されます。

**　時間の基準はあくまでも絶対時間である。**

　ちなみに、誤差論では「誤差とは計測値と真の値との差」とされています。では、時間の「真の値」とは何でしょうか？　真の値、すなわち、真の時刻を測定する時計が開発されたら、その時計はもちろん誤差がゼロになります。

　光格子時計は誤差を持っているということは、光格子時計は真の時刻を表示していないことになります。

**　光格子時計の誤差＝光格子時計の表示時刻－絶対時刻**

◆ 時計の表示時刻

「時計の時刻」という言葉には2つの意味があります。

（1）時計が表示している時刻（時計の表示時刻）
（2）時計が表示している時刻の裏に潜んでいる本当の時刻（時計の本当の時刻）

　ニュートン力学が扱っているのが（2）であり、これは絶対時間です。（1）は現象であり、（2）は事象です。

　小学校でならう時計算は、（1）と（2）を同じものと仮定しています。たまに遅れた時計や進んだ時計も出題されることがありますが、基本は「正確な時計が存在する」という立場をとっています。

　停止している時計は、表示時刻が変わりません。私たちは表向きの「時計の表示時刻」に振り回されてはならないでしょう。これは、誤差を伴っている原子時計といえども例外ではありません。大切なのは物理学的な真の時刻であり、原子時計の裏に隠されている本当の時刻（絶対時刻）でしょう。

◆ 時間の遅れ

　ニュートン力学では、「時計の遅れ」という概念はありますが、「時間の遅れ」という概念はありません。絶対時間は絶対に遅れないからです。

絶対時間は絶対に遅れない時間である。

　しかし、相対性理論になってからは「時間の遅れ」「時刻の遅れ」「時間経過の遅れ」が複雑にからみ合っています。

　時間には「時刻」と「経過時間」があります。下に時間座標軸を書きます。

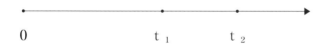

$$0 \qquad\qquad t_1 \qquad\qquad t_2$$

　時間座標軸の 0 は原点であり、基準となります。t_1 と t_2 はそれぞれ時刻であり、原点からの時間経過を表しています。それに対して、$t_2 - t_1$ は t_1 から t_2 までの経過時間を表しています。時間経過（時間の経過）と経過時間（経過した時間）は同じと考えてもよいでしょう。

　時間を計測するのは時計であり、時計の遅れには「時間

経過の遅れ（アナログ時計では針の進む速さの減少）」と
「時刻の遅れ（アナログ時計では針の表示する数値の減少）」
の2つがあります。

「経過時間の遅れ」と「時刻の遅れ」はまったく違った概
念ですが、両者は密接に関係しています。というのは、**時
間の経過が遅れると、その結果として時刻も遅れるように
なる**からです。

　相対性理論によれば、運動している物体の時間経過は遅
れており、その結果として時刻も遅れます。運動が停止す
ると、遅れていた時間経過は完全にもとに戻ります。しか
し、時刻だけはもとに戻りません。これは一種のパラドッ
クスです。

　なぜ、相対性理論では物体が運動を停止すると、時間経
過の遅れと時刻の遅れが乖離するのでしょうか？

◆　近づくロケット

　相対性理論では、ほとんど横向きに速度 v で動くロケッ
トを対象にして、時間の遅れを説明しています。

観測者

　それは、たぶんピタゴラスの定理が使いやすいからでしょう。では、観測者から速度vで遠ざかるロケットは、どれほど時間が遅れるのでしょうか？　また、速度vで観測者に近づいてくるロケットは、どれほど時間が遅れるのでしょうか？

 v　観測者

　このとき、「遠ざかるロケットの時間の遅れ」と「近づくロケットの時間の遅れ」は同じなのでしょうか？

　近づいてくる場合は、いずれ観測者と正面衝突します。衝突したとき、ロケットの時刻と観測者の時刻は時間はずれていますが、時刻が異なっても2つの物体は衝突できるのでしょうか？　このときの両者の時間の遅れは、お互いにどれくらいでしょうか？

　時間の遅れに関する疑問は、長さに関しても生じてきます。「遠ざかるロケットの長さの短縮」と「近づくロケット

の長さの短縮」は同じ比率なのでしょうか？

◆　数字の客観性

　数字や文字や記号には、**観測から独立した客観性**があります。

　机の上に大きな数字で「3」と書かれた紙が置かれてあるとします。この紙をさまざまな人が見ることができます。机の真正面に立ち止まってじっと見ている人は、3という数字を読み取れます。小走りをしている人がこれを見ても、はっきりと3が読み取れます。全速力で走りすぎるアスリートが見ても、動体視力が良ければ3と読み取れます。高速ロケットで通過する宇宙飛行士も、高精度の望遠鏡で3を読むことができます。誰がどう見ても、3と書かれた紙を観測できます。

　あらゆる観測者は、3という数字を観測できる。

　この紙に3.14と書かれた場合でも、3：00と書かれた場合でも、事情は同じです。

　では、今度は机の上に3：00という時刻を表示している

デジタル時計が置いてあります。この場合も、すべての観測者は３：００という時刻を読み取れます。観測者の運動速度とは無関係に、あらゆる観測者はデジタル時計が表示している時刻を３：００と読み取ります。

　では、今度は机の上に３時を表示しているアナログ時計（時針と分針と秒針が３時ジャストを指している）が置いてあります。この場合も、すべての観測者は３時という時刻を読み取ることができます。観測者の運動速度が速くても遅くても、「時計の表示時刻は３時である」と観測します。

　あらゆる観測者にとって、時計の表示時刻は変わらない。観測者の運動速度とは無関係に、すべての観測者は同じ時刻を観測する。

　数字には客観性があり、針の位置にも客観性があります。よって、ある**時計の表示時刻が人によって変わるのであれば、観測自体に問題がある**と思われます。

　ところが相対性理論によれば、ある１つの時計の表示時刻は、観測者の運動速度で変化します。時計に対して静止している観測者よりも、時計に対して動いている観測者のほうが遅れている時刻を観測します。これは、**事実に反する現象**です。時計は、たった１つの時刻しか表示していな

いのですから。

◆ デジタル時計

　故障していない24時間表示のデジタル時計があるとします。ある瞬間におけるこのデジタル時計の表示時刻は唯一無二です。たとえば、それが次のように表示しているとします。

3：00

　3時ジャストです。このデジタル時計を観測する場合、この3つの数字は、いかなる観測者にとっても共通です。

　でも、相対性理論では違います。時刻の表示が観測者によって変わります。静止している観測者がデジタル時計を3：00と読みました。その同じ時計を、高速で運動している人が2：59と読むことがあるのが相対性理論の主張です。

（1）テーブル上で300という数字が書かれた紙が置いてあります。高速で運動している人が、その数字が259と読めることがあるのでしょうか？

（２）テーブル上にデジタル時計も置いてあります。それが3：00を表示しているとします。高速で運動している人は、そのデジタル表示が2：59と見えることがあるのでしょうか？

（３）テーブル上にアナログ時計も置いてあります。それが、ちょうど3時00分を指しているとします。高速で運動している人が、そのアナログ時計を2時59分と読み取ることがあるのでしょうか？

◆　時計をひもでつなぐ

　一般相対性理論では「重力が大きいと、時間の進みかたが遅くなる」と表現されています。重力は質量に比例するので、これから判断すると一般相対性理論から次のような結論が出てきます。

　　重い時計は軽い時計よりも、時間がゆっくり進む。

　ここで思考実験をします。同じ標高に正確な時計を2つ置きます。ニュートン力学では、この2つの時計はいつも同じ時刻を表示しています。

では、相対性理論ではどうでしょうか？　何もしなければ、同じ時刻です。そこで、2つの時計をひもでつなぎます。このつながれた2つの時計は、物体として1個に教えられます。これに働く重力は、1つの時計の2倍です。

　すると、ひもでつながれた2つの時計は、つながれた瞬間から、つながれる前よりも時間が遅く進むようになるのでしょうか？

◆　アナログ時計

　相対性理論の検証実験で、運動している時計の時刻が遅れることは、すでに確認されています。しかし、実際の時間が遅れることまでは確認されていません。確認されたのは、あくまでも時計の表示時刻が遅れることだけです。

「時計の遅れ」と「時間の遅れ」は違う。

「正確な時計が遅れたら、時間が遅れたことを意味している」と思われますが、事態はそう簡単なことではありません。なぜならば、完ぺきに正確な時計は、この世の中には実在しないからです。

「時計が遅れる」と「時間が遅れる」は混同されやすい。また、「時計が遅れる」と「時計が遅れているように見える」も混同されやすい。

　もし完ぺきに正確な時計が存在するならば、それは誤差をまったく持たない理想的な時計───実在しない時計───になってしまいます。そのとき、逆に絶対時間が肯定されてしまうでしょう。

　相対性理論で時間の遅れを説明するとき、必ずといってよいほど、時針や分針や秒針を持つアナログ時計が出てきます。原子時計もアナログ時計なのでしょうか？　なぜ、相対性理論の説明をするときにはデジタル時計が登場しないのでしょうか？　それは、デジタル時計が相対性理論の矛盾を浮き彫りにしてしまうからかもしれません。

◆　不可逆現象

　相対性理論によれば、運動している物体の長さが縮み、物体の時間は遅れ、物体の質量が増えます。時間の経過が遅れた場合、結果として時刻も遅れます。

　長さが縮んだり、時間の経過が遅れたり、質量が増えた

りするのは運動している間だけです。そのため、物体が停止すると、「短くなった長さ」も「遅くなった時間経過」も「重くなった質量」も完全にもとにもどります。

　ところが、どういうわけか「遅れた時刻」だけがもとにもどりません。これらをまとめると次のようになります。

　物体が運動することによる長さの短縮…可逆現象
　物体が運動することによる時間経過の遅れ…可逆現象
　物体が運動することによる質量の増加…可逆現象
　物体が運動することによる時刻の遅れ…不可逆現象

　物体の運動が停止しても時刻の遅れだけがもとに戻らないのはどうしてでしょうか？　その理由は、時刻までもが完全にもとに戻ったら、ニュートン力学となんら変わらなくなるからでしょう。たとえば、地球で兄弟が分かれて弟が宇宙船に乗って宇宙旅行をして帰ってきました。帰還したとき、弟の宇宙船は運動が停止しています。宇宙船が動いているときだけ時刻が遅れて、停止するともとの時刻に戻るならば、再会したときの兄弟の年齢差は生じません。

◆　時間が曲がる

　相対性理論には、ニュートン力学では用いられない特別な表現がたくさん登場します。それらの難解な言葉を理解しようと努力しても、かろうじて「時間が曲がる」と「時間がゆがむ」は同じと考えられるくらいです。

　しかし、相対性理論では「時空」と「時間」は完全に異なった言葉です。したがって「時空が曲がる」と「時間が曲がる」もまったく異なった意味の表現です。

　時空が曲がる ≠ 時間が曲がる

　同じく、「時空が曲がる」と「空間が曲がる」は違います。これらの言葉をしっかりと定義し、明確に使い分ける必要があります。

　相対性理論では、「時空の曲がり」と「時間の曲がり」と「空間の曲がり」はそれぞれ違った意味を持つ。

　これらの言葉の相違を明確にしてから、それぞれの曲がり具合を計算したほうがよいのではないかと思います。

◆ 標高差

　一般相対性理論によると、標高が高くなればなるほど物体の時間がより速く進みます。重力の観点からすると、時刻が一番早く進むのは、宇宙空間に漂っている無重力状態だそうです。あるいは、物体を無限遠に持って行ったときだそうです。ところで、標高が高いほど時間が速く進むというのは、可逆現象でしょうか？　それとも、不可逆現象でしょうか？

　地上に置いてあった2個の時計のうち、1個を高度1万メートルまで持っていったとします。すると、地上よりも時間が速く進みます。今度は、それを地上に降ろします。このとき、もとあった時計と高い標高から降ろしてきた時計では、表示時刻に差はあるのでしょうか？

　可逆現象であれば、地上に降ろした時計の時刻はもとにもどります。よって、時刻の差は生じません。不可逆現象ならば、地上にあった時計と地上に降ろした時計では時刻にずれがあります。

　話は変わって、2個の正確な時計を作りました。1個の時計はもう1個の時計の2倍の重さで作りました。この2個を地表に置きます。標高差は同じです。

重いほうの時計は軽いそれよりも２倍の重さであり、重力は２倍働きます。一般相対性理論によると、重力が大きいほうが時間の進みかたが遅れるので、時刻も遅れます。これより、次なる結論が出てくるのではないのでしょうか？

　同じ標高では、質量の大きい時計ほど時間の進みかたが遅い。

◆　GPS衛星

　カーナビに使われているＧＰＳ衛星は、特殊相対性理論と一般相対性理論の２つの理論によって時間が補正されています。特殊相対性理論だけでは誤差が大きくてカーナビは使いものにならず、一般相対性理論だけでも同じように誤差が大きくて使いものにならないそうです。そこで、この２つの理論を組み合わせることによって、正確な時間の進みかたを計算しています。

　ニュートン力学では、この広い宇宙にたった１つの空間座標系が割り振られています。これを絶対空間と呼んでいます。各物体はその中で運動しています。

　ニュートン力学では、同じく宇宙に唯一の時間座標系を

割り当てているので、どの場所でも時間の流れは同じです。物体ごとに異なった時間は割り当てられていません。

　それに対して、アインシュタインの特殊相対性理論は各物体に時間を割り当てています。その目的は、各物体を原点とした「移動する座標系」を作るためです。

　一方、一般相対性理論によると、重力の強い場所ほど時間はゆっくり流れます。ここで「重力の強い物体」ではなく「重力の強い場所」であることに注目します。

　特殊相対性理論では、各物体に時間を割り当てていますが、一般相対性理論は各物体に時間を割り当てることをせずに、各場所に時間を割り当てています。この場合の「場所」とは、空間内の位置のことです。このように特殊相対性理論と一般相対性理論では、時間の設定対象がずれています。

【相対性理論による２つの時間の割り当て方】
（１）特殊相対性理論では、各物体に時間を割り当てる。
（２）一般相対性理論では、各場所に時間を割り当てる。

　たとえば、高度２万メートルを航行しているＧＰＳ衛星に搭載している原子時計の時間の進みかたを考えます。

特殊相対性理論では、ＧＰＳ衛星の速度によって、時間の遅れを計算しています。一般相対性理論では、ＧＰＳ衛星の高度で、時間の進みを計算しています。そして、前者に後者を加えています。このような異なった背景での加減乗除は可能なのでしょうか？

「物体に固定された時間の遅れ」と「空間に固定された時間の進み」を足すことに意味はあるのか？

「物体Ａの時間の進み」と「物体Ａの時間の遅れ」を加算することには意味があります。物体Ａの総合的な時間の進み具合がわかるからです。

　同じように、「空間の特定の場所Ｂの時間の進み」と「その場所Ｂの時間の遅れ」を加算することにも意味があります。場所Ｂの総合的な時間の遅れ具合がわかるからです。

　でも、「物体Ａの時間の進み」と「場所Ｂの時間の遅れ」を加えることによって、いったい何がわかるのでしょうか？

◆ 時間の設定

　空間は場所の３次元方向への広がりであり、位置の広がりでもあります。ニュートン力学では、時間は空間に設定されています。そのため、その空間内のどの位置も同時刻であり、どの位置でも時間の経過が同じです。これを絶対空間と絶対時間と呼んでいます。

　絶対空間と絶対時間は事象の生起する位置と時刻を神の視点から見たものであり、人間の行為（思考や行動）から独立しています。物理学は、基本的には人間から独立しています。

　ニュートン力学では、空間全体に１つの時刻を設定している。

　それに対して、特殊相対性理論では各物体に１つの時刻を設定しています。これを固有時間あるいは固有時と呼んでいます。１個１個の物体に設定された時刻は異なり、同時に、その１個１個の物体が経過する時間も異なります。

　特殊相対性理論は、各物体に時間を設定している。

　この固有時間という概念はシンプルさとエレガントさに

関しては、絶対時間に負けていると思います。

　さらに一般相対性理論になると事態は複雑化します。一般的には「一般相対性理論を理解することは、特殊相対性理論を理解することよりもはるかに難しい」とされています。しかし、それは「より矛盾しているから」ととらえると理解しやすくなります。

　一般相対性理論では、時間を再び空間の一部に設定し直しています。それは「重力が弱い場所ほど時間の進み方が速くなる」という表現でもわかります。

**　一般相対性理論は、各場所に時間を設定している。**

　そして、物体の時間経過を計算するときには、「物体の時間経過」と、その物体が存在する「場所の時間経過」を加えています。これは、ある意味ではニュートン力学と特殊相対性理論の合体です。

　また、物体の時刻を計算するときには、「物体の時刻」と「場所の時刻」を加えています。このような足し算は、物理学でも認められているのでしょうか？

◆ 期待

科学の基礎となる数学と物理学が無矛盾であることは、誰もが期待しています。もちろん、この期待が未来永劫に裏切られることがないとは限りません。それでも、私たちはそれらが裏切られることがないことを強く願っています。

この願いを1つの法則にしたのが、数学と物理学の無矛盾律です。これは、「数学や物理学には矛盾が存在しない」という法則です。

数学の無矛盾律：数学には矛盾が存在しない。
物理学の無矛盾律：物理学には矛盾が存在しない。

この2つの仮定は、人間が「こうあってほしい」という願いから出てきた感情的な、そして主観的な仮定です。このように、物理学の根底には「人間としての願い」という極めて人間性豊かな心が存在しています。

数学は数学で「数学に期待する精神」を土台にして作られて、物理学は物理学で「物理学に期待する精神」を土台にして作られています。数学も物理学も、その基礎は人間の心で作られています。

◆　願いを法則にする

　物理学には矛盾が存在しないことが強く期待されます。しかし、もしかしたら物理学はもともと矛盾しているかもしれません。それどころか、私たちの住んでいるこの自然界も、もともと矛盾した存在かもしれません。矛盾している世界で正しい物理理論を作ってさまざまな説明しても何の意味もありません。

　矛盾した自然界を説明するために、無矛盾な理論を作ることはナンセンスである。

　むしろ、矛盾した理論を作り出して、それで矛盾した世界を説明するほうが楽です。でも、私たちはこんな楽をしたくはありません。つまり、私たちが論理を使う世界自体には、矛盾が存在していては困ります。

　そこには物理学という学問の無矛盾性だけではなく、自然界の無矛盾性も強く求められます。こうして、２つの無矛盾性が物理学には関係してきます。

（１）物理学の無矛盾性
（２）自然界の無矛盾性

この場合の「性」とは、「こういう性質である」という意味です。しかし、これらの性質を証明することは不可能なので、初めから正しいと決めつける必要があります。こうして得られたのが、次の２つの基本的な法則です。

（１）物理学の無矛盾律
（２）自然界の無矛盾律

「律」とは「法」あるいは「法則」であり「ルール」です。こういうふうに取り決めましょうという約束ごとです。そうすれば、これが根本的な法則となりますので、これ以外のすべての法則や原理は、この２つの法則に抵触してはなりません。

　これは「無矛盾な理論を使って、無矛盾な世界を説明する」という、物理学にとっての理想的な姿のもとになります。

◆　法則の優先順位

　法則には優先する順位があります。たとえば、Ａ法則、Ｂ法則、Ｃ法則の３つがあるとします。仮に、優先順位をＡ，Ｂ，Ｃとし、「＞」を優先順位の表す記号とします。

A法則＞B法則＞C法則

　Aが最優先ならば、BもCもAに抵触してはなりません。この場合の抵触とは矛盾のことです。

　では，A，B，Cを次のように置いたとき、光速度不変の原理はどのような位置にあるのでしょうか？

　A法則：自然界の無矛盾律
　B法則：エネルギー保存の法則
　C法則：光速度不変の原理

　一例として、私は次のように順位をつけてみました。

　A＞B＞C

　ここでは、律と原理と法則を同じとみなします。物理学の本には「原理は法則よりも優先する」と書かれていることがありますが、そのようなことは必ずしも言えないかもしれません。

　無矛盾律とは「物理学には矛盾が存在しない」そして、「自然界にも矛盾は存在しない」というものです。私は、これを物理学で最優先しています。なぜならば、これによっ

てパラドックスを生み出す原理や法則を排除できるからです。

　光速度不変の原理からは、パラドックスが生じるから無矛盾律に抵触しています。なおかつ、光速度不変の原理はエネルギー保存の法則にも違反しています。よって、この３つのうち、**物理学から真っ先に捨てるとしたら光速度不変の原理**でしょう。

　これからの時代には、物理学で使われている原理や法則にすべて順位をつける日がやってくるかもしれません。

◆　法則の順序

　物理学にはたくさんの法則があります。それらには、ある程度の順序があります。まずは、どの法則を最初に持ってくるかが大切であり、それは何といっても無矛盾律でしょう。

　無矛盾律には２つあります。それは、事象の無矛盾律と物理学の無矛盾律です。

【事象の無矛盾律】この世の中は矛盾していない。

【物理学の無矛盾律】物理学は矛盾していない。

　この2つの法則は、あらゆる物理理論を作る際の基礎に置かれます。次に、物理学は事象の因果関係をあつかう学問であるから、因果律も基本的な法則です。

【事象の因果律】
　いかなる事象も、過去に起こった事象が原因となっている。（できごとには必ず理由———「なぜ？」に対しての答え———がある）

　この因果律を物理学に取り入れることによって、物体が何の理由もなく突然に現れたり、何の理由もなく突然に動いたりするのを論理的に防いでくれます。

　因果律の考えかたの根底には、過去→現在→未来という時間の流れがあります。未来の事象が原因となって過去の事象が起こることはありません。つまり、結果は必ず原因の後にきます。

【因果律の時間的の矢】
　過去の事象が原因（あるいはきっかけ）となって、未来の事象が起こる。未来の事象が原因で過去の事象が起こることはない。

これが、時間の流れを一方向に決めています。しかし、この因果律の時間的な性質を証明することは困難であり、なおかつ、否定することも困難です。

　なお、因果律にも欠点はあります。それは、因果律を過去に求めるのではなく、現在に求めたときです。現在起きている事象の原因を、現在の事象に求めたとき、つまり、原因の原因を探っていくと、最後には論理に窮するようになります。

　たとえば、万有引力の原因を現在の事象に求めたとき、いずれは答えのない状況に追い込まれ、答えられなくなります。ニュートンも万有引力の法則の理由を聞かれて、うまく答えられませんでした。

　そのとき、ワラをもすがる思いで、矛盾した概念———相対性理論が主張する「４次元時空のゆがみ」など———に原因を求めたくなるので要注意です。

◆　事象の無矛盾律

　物理学においてまず置くべき法則が「自然界は無矛盾である」です。これを自然界の無矛盾律と呼ぶことにします。

自然界の無矛盾律：自然界には矛盾が存在しない。

　自然界には海もあり、山もあり、川があります。そして、風が吹き、雨も降り、雷が鳴ります。空を見上げると、雲がたなびき、夜には数えきれないほどの星もあります。これらは、物が存在していたり、できごとが起こったりすることです。

　ものが存在することもできごとの1つと考えると、これらはすべてできごととして統一的に扱うことができます。このできごとを事実あるいは事象と呼びます。自然界の無矛盾律は、次なる法則と同じです。

事象の無矛盾律：自然界には矛盾した事象は起こらない。

　さらに、この事象の無矛盾律は2つに分類されます。

（1）事象それ自体に矛盾が存在しない。
（2）2つの異なる事象の間に矛盾が存在しない。

「それ自体に矛盾が存在しない」とは、たとえば「1個のリンゴが異なった2つの時刻を持たない」などです。「2つの異なる事象の間に矛盾が存在しない」とは、たとえば、あるできごとが「同時に起こる」ことと「同時に起こらな

い」ことが、ともに真ではないことです。

◆　事象の無矛盾律と観測結果

　人類が誕生する前から、自然界はすでに存在していました。そして、自然界は毎日のように変化しています。この自然界の変化を「できごと」あるいは「事実」と呼んでいます。これは「事象」と同じです。

　自然界は矛盾していないことが期待されます。この期待が裏切られないようにするためには、物理学では次なる法則が必要になります。これを無矛盾律と名づけることにします。

【自然界の無矛盾律】
　自然界には矛盾が存在しない。（自然界は矛盾していない）

　これは、物理学におけるもっとも基本的な原理です。その他の原理や法則は、いかなるものであろうとも、この自然界の無矛盾律に抵触してはなりません。

　この「私たちの住んでいるこの世界は矛盾していない」

と「私たちの住んでいるこの自然界には矛盾した事象は起こらない」は同じです。したがって、これは次なる事象の無矛盾律と同じです。

【事象の無矛盾律】
　矛盾した事象は存在しない。（矛盾した事象は起こらない）

　この無矛盾律は因果律より優先します。というのは、事象と事象の因果関係は、「無矛盾な事象」と「無矛盾な事象」との因果関係だからです。

◆　因果律

　今まで順調に印刷していたプリンターが突然に動かなくなったら、そこには必ず原因があります。だからこそ、その原因を見つけるために、すぐにプリンターのふたを開けたりして、あちこちをチェックして異常がないか調べます。

　私たちのこの無意識的な行動は「どんなできごとにも、必ず原因がある」という信念にもとづいて行なわれます。これは、「ものごとには因果関係が存在する」という考え方であり、科学的な考えかたの基礎をなしています。

因果とは、原因と結果のことです。事象Xが事象Yを引き起こすとき、Xを「Yの原因」といい、Yを「Xの結果」といいます。このとき、XとYの間にある関係が因果関係です。

　　原因：結果という事象を引き起こす事象
　　結果：原因という事象によって引き起こされる事象

「どんな事象についても、その前に原因となる事象が存在し、その後には結果となる事象が存在する」という考え方が因果律です。

【因果律】
　任意の事象Yについて、事象Yを引き起こす事象X（原因）がその前に存在し、事象Yによって引き起こされる事象Z（結果）がその後に存在する。

　　事象X→（因果関係）→事象Y→（因果関係）→事象Z

　これより、1つの事象は過去の事象の結果であると同時に、未来に起こる事象に対しては原因として働きます。

　この世の中のいろいろな変化は、因果関係の連鎖で成り立っていると考えられます。そして、この因果関係を定性

的な関係から定量的な関係に持って行くのに役立つのが数
式であり、この数式を中心に成り立っている学問の１つが
物理学です。

　物理学にはいくつかの基本的な法則があります。その順
番もある程度、決まっています。真っ先に必要な法則は無
矛盾律（事象の無矛盾律と物理学の無矛盾律）です。その
すぐ後に因果律が来ます。

　物理学は、事象の因果関係を扱う学問なので、因果律は
物理学の基本な法則の１つです。この因果律を否定すると、
原因の存在しない事象を大幅に認めることができるように
なります。

　たとえば、印刷中のプリンターが突然に動かなくなって
も原因は存在しない。交通事故と事故死との関係もない。そ
のため、交通事故が起きても誰にも責任はない。人が死ん
でも死因などない。爆発が起きても原因を探す必要はない。
財布が消えてもあきらめる…なぜならば、ものごとには原
因など存在しないから。

　因果律を否定すると、科学的な探究や科学的な捜査はす
べて無意味になります。

ここで、「因果律が存在しない」と「因果関係が存在しない」の違いを明確にしておかないと、誤解が生じるでしょう。物理学では「どのような事象にも必ず過去に原因がある」という立場をとっていますが、「どのような2つの事象の間にも必ず因果関係がある」とまでは言っていません。

　ちなみに、原因は1つとは限らず、結果も1つとは限りません。1つの事象は複数の原因から発生し、1つの事象は複数の結果を誘発します。

　しかし、各事象には明確な規定はありません。「何をもって事象と定めるのか？」「どこからどこまでが事象の範囲なのか？」を決めていくのは難しく、これからの物理学の課題ともいえます。

◆　因果関係

　ある定理を証明するのに、必要な公理が1つだけではないように、ある事象が起こるためには、複数の原因がからみ合っています。

　ある事象がきっかけとなって別の事象が起こったとき、この2つの事象間には因果関係があります。

事象（原因）→因果関係→事象（結果）

　でも、私たちは事象そのものを直接知ることがなかなか
できません。そこで、しょうがなく五感や観測装置を介し
て、事象を現象として認識します。この時点では、事象は
現象に置き換えられています。

　現象（原因）→因果関係→現象（結果）

　ここで、「事象同士の因果関係」が私たちの頭の中では
「現象同士の因果関係」になっています。これは、どうして
も避けられない宿命です。

　ところで、事象から現象へと変更された状態で、本当に
正しい因果関係が成立しているのかが怪しくなってきます。
事象は３つの顔を人間に見せる怪人３面相のような存在で
す。

（１）事象とほぼ一致する現象
（２）事象と似ている現象
（３）事象とは似ても似つかない現象

　物理学では因果律を保つために、原因の後に結果が来る
ようにしています。これは、時間が一方向であることを物

語っており、この逆（結果の後に原因が起こる）を認めてはいません。時間が一方向であることを「時間の矢」ともいいます。この考えかたを法則に設定したのが因果律です。

　因果律：原因（あるできごと）がきっかけとなって、それに誘発されて、結果（別のできごと）が起こってくる。

　実は、因果律を証明することも困難であり、因果律を反証することも困難なように、因果関係を証明することも反証することも困難な場合があります。いえ、人類の歴史上に起きた「任意の2つの事象の因果関係を明らかにする」ことはほとんど不可能です。

◆　水分子の数

　真空中の光速度はcです。しかし、水中の光速度はその75％のくらいです。

　ここで、思考実験をしてみます。ある体積を持った真空の透明な箱を用意し、ここに光を通します。すると、箱の内部の光の速度はcです。これを水分子がまったく入っていない真空中の光速度としてc（0）と表してみます。

$$c（0）= c$$

　次に、この空間内に水分子を1個入れます。そして、光を通します。そのときの光速度を c（1）とします。次に、もう1つの水分子を入れて、光を通します。そのときの箱内の光速度を c（2）とします。

　これを繰り返すと、最後には箱の中は水分子で充満します。その水分子の数をm個とします。ここに光を通すと、光速度は0.75 c です。これは c（m）に等しいです。

$$c（m）= 0.75 c$$

　水分子が空間内に充満する直前までは光速度は c であり、もう1個の水分子を入れて充満した瞬間に光速度は0.75 c に急落することはないと思います。

　箱内が水分子で充満する途中の水分子数をkとします。箱内の光速度 c（k）は、kの増加（kが0からmまで）によって次第に減少すると推測されます。

$$c（0）= c$$
$$c（k）> c（k + 1）$$
$$c（m）= 0.75 c$$

これは「水分子が増えていくと、その分子数に応じて光速度は段階的に遅くなる」ということを物語っています。これは、水分子だけではなく、酸素分子や窒素分子でも成り立つのではないのでしょうか？

　ちなみに、光速度不変の原理は水中でも成り立つのでしょうか？

【水中の光速度不変の原理】
　水中の光速度は、光源の速度や観測者の速度とは無関係に、常に一定値0.75 c として観測される。

◆　光速度への疑問

　19世紀の終わりごろ、物理学界では光速度は誰から見た速さなのかという議論が沸き起こりました。これに対して、アインシュタインは、光の速さは誰が見ても同じであるという提案をしました。

　具体的にいうと、真空状態では「すべての観測者は、光源の運動状態や観測者の運動状態とは関係なく、光速度を一定値として観測する」ということになります。これが光速度不変の原理です。

ここで、次の２つを比較してみます。

（１）光の速さは誰から見た速さなのか？
（２）新幹線の速さは誰から見た速さなのか？

「光速度不変の原理が成り立つ」ならば、「新幹線速度不変の原理も成り立つ」かもしれません。

【新幹線速度不変の原理】
　すべての観測者は、新幹線の運動状態や観測者の運動状態とは関係なく、新幹線の速度を同じ速度として観測する。

◆　光速度不変の原理

【光速度不変の原理】
　光の速度は、光源の速度や観測者の速度とは無関係に、常に一定値として観測される。

　ここでの重要なのは、やはり言葉です。光速度不変の原理の表現では「光速度は一定である」ではありません。「光速度は一定である**ように観測される**」です。この差はとても大きいです。

「光速度が一定」と「光速度の観測値が一定」は意味が異なっている。

　相対性理論における光速度は「相対速度」でもなければ「絶対速度」でもない特殊な「観測速度」を指しているようです。観測速度とは観測された速度です。

　相対性理論の内部で論理展開をするときには、観測速度は相対速度を意味したり絶対速度を意味したりと、まちまちな意味で使われています。つまり、相対性理論のあつかう光速度には多義性があります。

　光速度不変の原理は、あくまでも「観測される」すなわち「そう見える」という内容であり、観測者という人間を中心とする原理です。

　相対性理論は、**観測者中心の原理**の上に成り立っています。つまり、**人間中心の原理**です。相対性理論では、光は**人間に対して**常に相対速度 c で進んでいます。

【人間中心の原理】
　いかなる人間が測定しても、光の相対速度は c である。

　光は、相対速度として進みながら絶対速度としても進ん

でいます。これは良識的に判断すると、とても受け入れられない原理です。

　そして、この原理を優先すると、いかなる人間にとっても、そして、いかなる物体に対しても光の速度がcになります。その結果、距離を曲げたり、時間を曲げたりする必要が生じます。

　4次元時空という新しい概念を作ったことも、さらに、これを曲げることも、光速度不変の原理を維持するためのアドホックな仮説と解釈することができます。

◆　事象と現象の混同

　物理学はで「事象」と「現象」とを切り離して考えたほうがよいでしょう。事象とは、この自然界で起こっている実際のできごと（事実）のことです。ところが、光速度不変の原理も等価原理も、事象ではなく現象について述べています。

【光速度不変の原理】
　光源と観測者がどのような運動をしていても、光の速度はcとして観測される。(この文は**観測結果としての現象**を

述べています）

【等価原理】
　観測者は、重力と加速度運動による慣性力を区別することはできない。（この文も観測結果としての現象を述べています）

　ニュートン力学と相対性理論の大きな違いは、「事象を記述する理論」と「現象を記述する理論」の違いでしょう。事象と現象が異なること（事実と現実が異なること）を認めれば、ニュートン力学は事実を述べており、相対性理論は現実を述べていることになります。

　私たちにとって、より現実味を帯びているのは（事実よりも）現実です。よって、光速度不変の原理や等価原理のほうが、より現実的であるといえます。しかし、真実からは遠いかもしれません。

　現実的である≠真実である

◆　光の神聖視

「この宇宙における速度はすべて相対速度である」という

のが相対性理論の骨子です。それに対して、光だけが例外であり、「光速度だけは相対速度ではない」「光速度だけは絶対速度である」というのが光速度不変の原理です。しかし、次の（1）と（2）は矛盾しています。

（1）速度はすべて相対速度である。
（2）光速度は相対速度ではない。

　すべてという以上は、光も含まれます。ところが、相対性理論は光だけを絶対視あるいは神聖視し、光を神のような存在としてあつかっているような気がします。

「実際の時間」「実際の位置」「実際の速度」は、真実と呼ばれています。これらは絶対的な存在です。ところが、相対性理論ではこれらの存在をすべて否定しています。相対性理論があつかう速度はすべて相対的なものだけです。

　その代りに相対性理論が採用した絶対的な存在は、光の観測速度でした。こうして、人間が観測する光の速度だけが決して変化することのない絶対的な速度になってしまいました。

「観測値を絶対視する」というのは、誤差論に違反しているかもしれません。観測値は毎回、誤差を伴う以上、人間

の観測する光の速度は「完ぺきにcという値である」とはいえません。特に、人間の観測によって得られる測定値が端数のない整数であることは不自然でしょう。

◆　2つの光速度不変の原理

次の2つを比較検討してみます。

【光速度不変の原理その1】
　真空中の光速度は、光源の速度や観測者の速度とは無関係に、常にcである。

【光速度不変の原理その2】
　真空中の光速度は、光源の速度や観測者の速度とは無関係に、常にcであるように**観測される**。

　相対性理論の光速度不変の原理をよく読み込むと、「人間が観測する光の速度は、真空中ではc＝299792458m／sである」というものです。つまり、その2を主張しています。

　真空以外に関しては、光速度不変の原理はノーコメントです。たとえば、水中の光速度をwとし、空気中の光速度

をａとします。これから、次のような光速度不変の原理も考えられます。

　水中の光速度は、光源の速度や観測者の速度とは無関係に、常にｗであるように観測される。
　空気中の光速度は、光源の速度や観測者の速度とは無関係に、常にａであるように観測される。

「水中でも成り立つかどうか？」「空気中でも成り立つかどうか？」は重要な問題だと思います。

　また、この値（整数値）は観測された値を平均した値ではなく、小数点以下の数値を持たない絶対的な値です。このｃは、四捨五入された値でしょうか？　測定値（測定された値）は一般的には端数を持ちますが、定義値（定義された値）は端数を持ちません。

　測定値…誤差があるため中途半端な端数を持つ。
　定義値…切りの良い数値にするため、端数を持たない。
　　　　　そして、定義された以上は誤差がまったくない。

　たとえば、「このｃは本当に正しい値なのか？」と疑問を持った未来の実験物理学者が、独自に光速度を観測した結果がｃではなかったとします。

そのとき「光速度不変の原理によって c が正しい。あなたの観測した値は間違っている」といわれても、まったく反論できないでしょう。一般的には次のように思われています。

　原理は絶対である。いかなる観測値も原理に抵触してはならない。

　要するに、どんな光速度の観測結果が出てきても、相対性理論による定義のほうが絶対的に正しいことになります。よって、これ以外の観測結果がすべて否定されてしまいます。c 以外の観測結果を出すことが許されなくなるのは、本当に科学といえるのでしょうか？

　相対性理論は過去に一度も反証されたことがないといわれています。もしかしたら、これは「相対性理論を否定する観測結果を許さない」という下地があるからかもしれません。

◆　観測者に対する光速度

　真空中における光速度不変の原理には、次のような特徴があります。

（1）　光源の運動状態と無関係
（2）　観測者の運動状態と無関係
（3）　観測装置の運動状態と無関係

「観測者」と「観測装置」は違います。たとえば、月を周回する人工衛星の速度を測定する場合、月面に無人の観測装置を置いて、観測者は地球のコントロールセンターにいるとします。この場合の人工衛星の速度は、「月面に設置されている観測装置に対する速度」でしょうか？　それとも、「地上のコントロールセンターで観測装置を遠隔操作している観測者に対する速度」でしょうか？

　人工衛星の速度と光の速度も状況は同じです。**生身の観測者に対する光速度**と**器械である観測装置に対する光速度**は違います。相対性理論は、いったいどちらの光速度不変の原理を主張しているのでしょうか？

（1）　光速度不変の原理は、観測者について述べている。
（2）　光速度不変の原理は、観測装置について述べている。

　観測者が速度 v で小走りをしており、観測装置が速度 10 v で移動している場合、ローレンツ変換するときにはどちらの速度を採用したらいいのでしょうか？

◆ 測地線

　直線は空間内の2点を結ぶまっすぐな線です。それに対して、測地線は曲面（曲がった面）上にある2点を結ぶ最短距離です。なお、最短距離でない場合も測地線と呼ぶこともあり、用語が混乱している可能性も否定できません。一般的に、測地線は直線ではなく曲線です。

「直線」と「測地線」の定義は、本質的に異なっている。

　相対性理論では、この測地線を「曲がった面」から「曲がった空間」に拡張しています。

　　本来の測地線＝曲がった面上の最短距離
　　拡張された測地線＝曲がった空間内の最短距離

　高次元空間では、曲がった空間の「2点間の最短距離を結ぶ測地線」を新たに「直線」と定義しなおしています。これ自体が問題かもしれません。測地線と直線が混同されてしまうからです。

　ちなみに、ある幾何学の数学書には、次のような測地線の定義が載っていました。

測地線とは、曲がった空間の上で曲がっていない曲線のことである。

　ここで「空間の上で」が正しいのか「空間の中で」が正しいのか、言葉の議論が必要とされるかもしれません。面の場合は「上で」が慣用句であり、空間の場合は「中で」が慣用句です。

　点は直線の「上に」ある。（端を除かない。直線の両端も直線の上にあるといいます）
　直線は平面の「上に」ある。（端を除くか除かないかは微妙です。正方形の1辺は、正方形の上にあるとはあまりいいません）
　平面は空間の「中に」ある。（端を除く。立方体の1面は、立方体の中にあるとはいいません）

　幾何学では、このような言葉づかいにも注意を払う必要がありそうです。もっとも、「記号がすべてである」という思想を持つと、言葉に無頓着にならざるを得ないと思います。相対性理論にはこの傾向がありそうです。

　さらに、測地線の定義では「曲がっていない曲線」という表現が語義矛盾しています。「まっすぐな曲線」も語義矛盾であり、ネットでは「石の銅像」「不沈潜水艦」「座って

食べる立ち食いソバ屋」「彼が無名であることは誰もが知っている」などの語義矛盾が検索できます。

◆ 直線と測地線の混同

「公理」と「仮定」がもともと異なった意味を持っているように、「直線」と「測地線」の意味はもともと違います。そのため、この2語を混同すると混乱が生じやすくなります。

「公理」と「仮定」の混同…ヒルベルト数学
「直線」と「測地線」の混同…アインシュタイン物理学

　相対性理論によると、質量を持った物体のまわりの空間は曲がります。その近くを通過する物体の進路も曲げられます。このとき、物体のみならず光の進路も曲がります。そして、次のような擬人化が多用されています。

　光や物体は、空間の曲がりによって自分たちの軌跡も曲げられる。にもかかわらず、光や物体は「自分たちは直線上をまっすぐに進んでいる」と思い込んでいる。

　これは無理なたとえ話であり、光や物体は意識を持って

いません。このたとえ話から「測地線は直線である」という論理は成り立ちません。

　一般相対性理論によると、重力場を通過する物体には重力という力は働いていないそうです。重力場によってできた測地線の曲がりによって物体の進路が曲げられます。その曲がった測地線は曲がっていないから、物体は慣性の法則にしたがってまっすぐな測地線に沿って進みます。

　地上で大砲を撃つと、大砲の弾は放物線を描いて地面に落下します。これはニュートン力学による重力を使った説明です。これが、一般相対性理論では以下のような説明に変わるようです。

　地球の質量は重力場を作る。重力場では測地線が曲がっている。発射された大砲の弾は慣性の法則にしたがって、曲がった測地線上をまっすぐに進んでいる。よって、弾が地上に落ちてくる動きは加速度運動ではなくて等速直線運動である。

　相対性理論は重力という力の存在を否定しています。そしたら、弾道という放物線運動は等速直線運動にならざるを得ないでしょう。物体の運動の軌跡が曲がったのではなく、物体の周囲の時間と空間が曲がっただけなのですから。

物理学は「弱い力」「強い力」「電磁気力」「重力」の4つの力を統一しようとしています。しかし、**相対性理論が正しければ重力は力ではないので**、これを除いて「弱い力」「強い力」「電磁気力」の3つの力を統一するだけですむようになるかもしれません。

　ちなみに、次のうち、どれが正しい表現でしょうか？

（1）光は測地線に沿って進む。
（2）光は測地線を道なりに進む。
（3）光は測地線をまっすぐに進む。
（4）光は測地線を曲がって進む。

◆　重力レンズ効果

　アインシュタインの一般相対性理論によると、大きな質量を持つ銀河———重力源———などがあると、その影響で時空が曲がります。

　その背景の天体から光がやってくると、その曲がった時空を通過することにより、光の進む経路も曲がります。

　これ観測者が見ると、光がいろいろな方向から視線に入

り込んでくるため、あたかも重力源が凸レンズのような役割を果たしているように観測されます。これを重力レンズ効果と呼んでいます。

相対性理論によると、質量の存在しない空間では測地線は下図のようにまっすぐです。

質量を持った天体が存在すると、その周囲には重力場が生まれます。下図では、重力場を円で示しました。円内が重力場であり、円外は重力の存在しない空間です。重力場の中心には天体が存在し、重力場の強さは中心から離れるほど小さくなります。

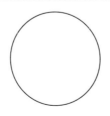

上の図では、測地線が円の中に入っていないから、測地線
は曲がっていません。ここで、思考実験をします。天体の
質量を徐々に大きくしていきます。すると、重力場の直径
が次第に大きくなり、やがては測地線が円の中に入ります。
測地線が重量場の中に入る点をそれぞれ I と O とし、その
中点をMとします。

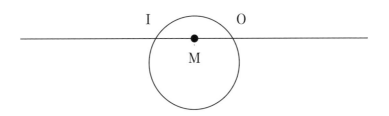

　重力場内では測地線は天体に引き寄せられるように曲が
ります。私には、その物理学的な理由が理解できませんが
…。

**　重力場内では４次元時空が曲がっているから測地線も曲
がる。重力場外では４次元時空が曲がっていないから測地
線も曲がらない。**

　その結果、天体に近ければ近いほど強い重力が働くので、
測地線の曲がりかたの程度が強くなります。線分IOの中
点Mが一番天体に近いです。よって、測地線の曲がりがもっ
とも大きくなるのはMであり、結局は次のようになります。

強い重力によって、点MはM'に偏位する。

　最終的にはI−M−Oという測地線は、I−M'−Oという曲がった測地線になります。

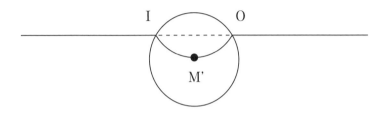

　もし、左から右に光が進む場合、光はIで重力場に入り、M'で天体にもっとも近づき、Oで重力場を出ていきます。ここで注目するのは次です。

**　測地線は重量場の中だけで曲がっている。**

　よって、巨視的にみると、まっすぐに進む光にとっては途中に重力場が存在していても「あたかも、重力場がそこに存在していないかのように」まっすぐ進みます。

　これによって、光が測地線に沿って進む限り、**重力レンズ効果が起こらない**ということがわかります。

◆ ブラックボックス

　大きな質量のまわりには重力場が出現し、その中を光が通過するとき、相対性理論によると「重力レンズ効果が起こる」とされています。重力レンズ効果は、光が重力場内に入る角度と出る角度が異なることによって起こります。

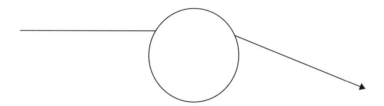

　今まで、重力場内での測地線の進みかたがあまりわからず、一種のブラックボックスでした。今回は、それを可視化してみます。

　相対性理論では「光は測地線に沿ってまっすぐ進む」とされています。測地線はいっぱいあります。そのため、測地線がお互いに交差していることも多いでしょう。

　測地線ＡＢと測地線ＸＹが、下図のように交点Ｋで交差しているとします。光が測地線ＡＢに沿って進むとき、途中から測地線を乗り換えてＸＹ方向に進むことはありません。つまり、光は理由もなくＡ→Ｋ→Ｙには進みません。

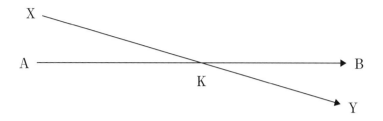

　光がAからBに進むまっすぐな測地線では、光は曲がり
ません。光がXからYに進むまっすぐな測地線でも、光は
曲がりません。重力レンズ効果はAから交点を経由してY
に進むことによって初めて起こります。

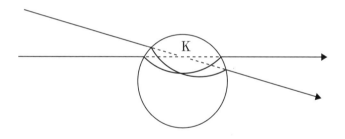

　そのとき、光は交点であるK'で測地線の乗りかえを行
なっています。そうしないと、光が重力場を出たときに進
路を変更しないからです。

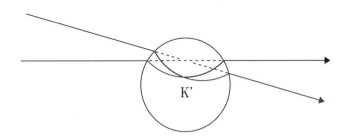

　では、光はなぜ重力場内で測地線を乗りかえるのでしょうか？　相対性理論を調べても、この理由が読み取れません。

◆　科学

　19世紀の中ごろには、客観性を重視した研究が定着してきました。それが科学に結びついていきます。科学の一分野である物理学における基本的な姿勢は「矛盾した理論を作らないこと」そして「矛盾した理論で自然界を説明しないこと」です。

　矛盾した理論の中では、矛盾した証明や矛盾した説明が使い放題だから、無矛盾な理論よりもかえって証明能力や説明能力が高くなります。そのため、**無矛盾な理論で解決できなかった難問も、矛盾した理論ですんなり解ける**ということがあります。

実際、（矛盾しているであろう）相対性理論は（矛盾していないであろう）ニュートン力学で解けなかった多くの問題を、難なく解いています。しかし、このことをもって「矛盾した理論は無矛盾な理論よりも優れている」という結論を下すことはできません。

　ユークリッド数学では、命題は真か偽のどちらかです。しかし、ヒルベルト数学になってからというもの、数学における命題はすべてが仮定に過ぎず、真偽を問わなくなってきています。平行線公理の真偽を問うことをせず、真と偽に場合分けしています。

　命題が単なる仮定にすぎないのであれば、命題を集めてできる理論も単なる仮説にすぎなくなります。実際、物理学の世界ではこのような考え方があります。

　物理理論はすべて仮説である。

　しかし、理論にも正しい理論や間違った理論があります。このことに注意しないと、理論の正しさを真正面から議論せず、ただ「問題を解くことができる数学理論」「現実をうまく説明できる物理理論」に固執するようになるかもしれません。実際、「物理理論は役に立ってなんぼの世界である」という考えかたもあるくらいです。

その結果、矛盾した数学理論や矛盾した物理理論が数多く生まれてしまいます。矛盾した理論を使えば物理学的な難問を解決できることは事実ですが、それは科学の精神に反します。

◆　ソクラテス

　民主制の進んだ古代ギリシャのアテネでは、貴族と平民の男性は政治に参加することができました。立身出世の近道は政治家になることであり、それには弁の立つ必要があります。それに役立つように、アテネの貴族の子弟に弁論術を教えたのがソフィストたちでした。

　ソフィストは賢い人という意味ですが、紀元前5世紀の末には、町から町へと巡回しながら人々に知識を授けて謝礼金を受け取る一部の人々をさすようになりました。彼らは人類史上初めての教師といわれています。というのは、それまでは「人に知識を与えて、その報酬として生計を立てていく」という職業が存在しなかったからです。

　ソフィストの代表者はプロタゴラスです。プロタゴラスといえば相対主義の代名詞になっているほど超一流のソフィストでした。1回の授業で、軍艦2隻が買えるほどの

金額をもらっていたそうです。彼の言葉である「人間は万物の尺度である」という相対主義は有名です。

　プロタゴラスは絶対的な知識、道徳、価値の存在を否定ました。

【プロタゴラスの思想】
　絶対的な真理は存在しない。

　人間それぞれが尺度であるから、相反する言論が成り立ちます。真理が何かということよりも、どちらが真理に近いかが重視され、そのため、他人を説得して状況を自己に有利なように展開する方法が正当化されます。こうした主張から「ソフィストは詭弁を用いて黒を白といいくるめる人たち」とみなされるようになりました。

　相対主義は「個人個人のものの見かたが、それぞれ真理である」という考えかたです。個人の立場を超えた「万人に共通する真理が存在する」という絶対主義を否定しています。

　ところが、「ものごとの見かたや考えかたは人によって異なる」という相対主義を真理とすると、全員に共通している客観的で普遍的な真理にはたどり着けません。みんな

が自分勝手なことを真理だと言い出して、収拾が取れなくなります。

　すると、有意義な議論が成り立たず、最後にはお互いに相手をけなしたり、揚げ足をとったりする技術だけが重要とされました。こうして、正統な論理を用いる「筋の通った弁論術」から口先だけの「一時しのぎの詭弁術」へと変遷していきます。

　最終的に、ソフィストたちの哲学（相対主義）は袋小路に入り込みました。ここに、相対主義に大きな危険性を感じたソクラテスが登場します。彼は、絶対的な真理があるとみなし、絶対主義をもとにしてソフィストたちに論戦を挑み始めました。

ソフィストの相対主義　ＶＳ　ソクラテスの絶対主義

　ソクラテスは、無知の知を用いてソフィストたちを論破し続けます。重鎮プロタゴラスと若輩者のソクラテスも論争しています。もちろん、言葉だけの戦いであり、暴力はいっさい用いないから、正々堂々としたものでした。しかし、ソクラテスにとっては、まさに命を懸けた死闘だったと思います。

ソクラテスの絶対主義は、その後にプラトンやアリストテレスに引き継がれ、**それまでにはっきりとしていなかった科学**を誕生させ、やがてはニュートンによって美しく大きな花が開きました。

　絶対主義は科学を興し、それを支え続けたといってもよいでしょう。相手を説得することを目的とした相対主義では、科学は生まれなかったかもしれません。

　相対主義では、科学を興すことも科学を支えることもできない。

◆　基準の提示

「地球は完全な球体ではない」

　上記の命題が成り立つためには、地球と比較できる完全な球体の存在が必要です。なぜならば、完全な球体が存在し、なおかつ、地球も存在し、この2つを比較して出てくる結論だからです。つまり、完全な球体が存在しなければ「地球は完全な球体ではない」とはいえません。

　否定する前に、まずは肯定する基準が必要である。

同じように、「ニュートン力学は正しい物理理論ではない」といいたいのであれば、その前に正しい物理理論が存在しなければなりません。その理論と比較して初めて「ニュートン力学は正しくはない」といえるのですから。

　このような考え方を提示したのはソクラテスです。このソクラテスの考えかたは、今の数学や物理学でも必要とされると思います。

　正しい物理理論が存在するかどうかは、物理学における命題の１つです。しかし、「物理理論は単なる仮説にすぎない（これは「公理は単なる仮定に過ぎない」と似ています）」と考えて正しい理論の存在を否定すると、ある理論が正しいかどうかを議論することが困難になります。

　その結果、理論の正しさを追究せず、現実的な実用性だけを議論するようになります。要するに、物理学の根幹に関する重要な論点が移動してしまいます。

　これも、「真理を追究する（絶対主義）」という目的が、いつの間にか「相手を説得する（相対主義）」という目的に移っていったソフィストの立場と似ています。

　そして、「正しい理論あるいは概念（ソクラテスの立場）」

と「役に立つ理論あるいは概念（ソフィストの立場）」を、あるときは同じ意味で用いたり、別のときには異なった意味で解釈していたりします。

　要は、混沌とした状態で言葉を使用するようになります。この混乱から脱出するためには、難しい数式を組み立てるよりも、正しい言葉の使いかたを心掛けたほうがよいと思います。

　もちろん、ウィトゲンシュタインが述べているように、言葉に100％の力はありません。すべての命題を言語で完ぺきに表現することはできないでしょう。だからといって、言葉の使用を放棄して黙ってしまうのでは学問が進歩しません。

　これは記号も同じです。すべての数学的な真理を、数学記号あるいは数式だけで表現することはできないでしょう。形式主義では命題を論理式に変換していますが、そもそも数学の命題をすべて論理式で書き表すことはできません。「1は自然数である」という簡単な真の命題ですら、論理式化は不可能です。

　物理学も、すべての物理法則や物理現象を数式だけで表現できるとは限りません。物理学的な真理を完ぺきに命題

化あるいは数式化できないとわかっていても、それに挑戦し続けるのが数学や物理学の本来のありかたではないのでしょうか。

◆ 単位

　物体や物質や事象などは、大きさを比較できる量（物理量）を持っています。自然界に人間が存在していなくても、これら物理量は存在しています。しかし、これらの物理量は、本来は単位を伴わない「無単位の量」です。

　そもそも、人間の存在していない自然界には単位は必要ありません。たとえば、人類が誕生する前の地球上には単位は存在していません。長さも時間も重さも速さも、もともとはすべて無単位の量です。

　自然界には、もともと単位は存在していない。

　しかし、人類が誕生して進化してくると、お互いに会話を始め、みんなで協力し合う集団ができ上り、社会が次第に大きくなります。このとき、「長さに関する話題」「時間に関する話題」「重さに関する話題」「速さに関する話題」も盛んに始まります。

たとえば、重さに関する話題では「この石とあの石では、どちらが重いか？」があります。両手に持って比べてみると答えは出ます。この石の重さは具体的にはわからず、それと比較した石の重さも具体的にはわかりません。重さの単位は存在しないからです。

しかし、どちらが重いかはわかります。このように、単位が存在していなくても、２つの重さを比較して大小を決めることができます。

ところが人類の行動範囲は広くなって、物々交換も始まります。「この果物の重さは、あの果物の重さの２つ分くらいだから、１つと２つを交換しよう」のような会話をしていたかもしれません。やがてはお金も作られ、商業も発達してきて、物品の貿易も盛んになってきます。それと同時に測定技術も飛躍的に発展してきます。

ある量の品物をお金で買うとき、単位がないといくら買えるのかわかりません。１００ｇ買うのか１００ｋｇ買うのか、大きな違いがあります。ここで、量を数値で表現するための単位が必要になります。

単位は人類が作り出した生活上の道具である。

お互いに納得いくように「ある基本となる量を1」と決めて、共通の単位を作ります。こうして、1単位の何倍かという数字だけで売り買いができるようになりました。これで、遠く離れた交易も可能になりました。

◆　単位の誕生

　物理量には、もともとは単位がありません。大きさがあるだけです。

　2人の男性の走る速度を考えます。2人が同時に「ヨーイドン」で走って、先にゴールについた男性のほうが速いです。つまり、速さという大きさの比較には、必ずしも単位は必要ありません。原始時代の小さな組織の中では、この定性的な判断で十分です。

　しかし、社会が発展して、組織が大きくなってくるとそうは行きません。日本で新幹線が走り出し、外国では別の新幹線が作られたとします。どちらが速いか？　スタートラインに2台の新幹線を並べて、ヨーイドンで競争させることはできません。

　ここで必要となるのは、速度を客観的な数値に変えるこ

とです。速度を定量的に数字で表すことができれば、同じ場所に新幹線を並べて、ヨーイドンをさせる必要はありません。数字を比較して大小を判断すればすむことです。

　速度を数字に変換させるために行なわれたのが単位の設定です。共通の単位を設定し、新幹線の速度がその単位の何倍かで表現できれば、みんなが納得してくれます。

　その数値化するときの基準となる量———単位———は、現象をもとにして決めています。速度は、距離／時間なので、距離の単位も時間の単位も必要となり、この両者も現象から取り出して単位を決めています。

　地球が誕生してから長い年月を経たのちに、人類が誕生しました。単位は人類が人為的に作り上げたものです。よって、人類の誕生前には単位は存在していません。

人類誕生前の自然界は、無単位の世界である。

　でも、物理量は存在していました。生命体がまったく存在していなくても、時間、距離、質量、速度などの物理量は存在していました。これらの物理量は、最初は無単位です。

地球の誕生（無単位の世界）→人類の誕生（単位の世界）

　人類が物理量を測量するようになってから、無単位の物理量が単位つきの物理量に変わりました。

◆　単位の自動変換

　物理量は、単位はなくても大きさはあります。よって、「単位がないと大きさもない」という考え方は正しくはありません。実際、大きさは単位に先行しています。単位の存在しない世界（人類の誕生前）にも、大きさはありました。

　物理量は人類が誕生する前からありますが、そのころの物理量は単位なしの物理量です。大きさがあるだけです。

　絶対時間は無単位の物理量です。絶対空間も無単位の物理量です。両方とも観念的な物理量だからです。無単位の物理量など聞いたことがないかもしれませんが、単位つきの物理量は人類が計測を始めるときに初めて発生したと考えられます。

　距離はモノサシで測ります。時間は時計で測ります。この測定という行為と同時に単位が発生します。それと同時

に誤差も発生します。

　　誤差＝測定値−真の値

　この場合の真の値が、絶対時間や絶対空間による真の値であり、測定値の単位に合わせて自由自在に単位を変換できます。この**単位の自動変換こそが、絶対的な物理量の大きな特徴**です。

　測定値に合わせて単位を自動変換する真の値は、まるで周囲の色に合わせて自分の色を変えるカメレオンのような存在です。そして、絶対時間にも絶対空間にも誤差がありません。

◆　矛盾の検証

「理論が矛盾している」とは、理論から異なった２つの理論値が計算されて出てくることではありません。数値にこだわることなく、理論内に相反する主張が含まれていれば、その理論は矛盾した理論といえます。

　理論による計算結果（理論値）と観測や実験によって得られる測定結果（測定値）には、普通は差があります。し

かし、いくらこの差を見ても、理論の内部に矛盾があるか
どうかはわかりません。つまり、いくら観測や実験を繰り
返しても、相対性理論の矛盾は明らかになるわけではあり
ません。

　これより、相対性理論の内部にパラドックスが存在する
かどうか―――相対性理論が間違った理論であるかどうか
―――は、観測や実験によって白黒をつけることはできま
せん。

「相対性理論は間違っている」と指摘すると、これに対し
て「相対性理論を論破したかったら、相対性理論を否定す
るような実験結果や観測結果を示しなさい」と反論される
ことがあります。しかし、この主張がもともと根本的に正
しくはありません。

　したがって、どんなにたくさんの観測や実験をしても、そ
の理論に内部矛盾が存在しているかどうかまではわかりま
せん。

**「相対性理論が矛盾しているかどうか？（間違っているか
どうか？）」は、いくら観測や実験をしてもわからない。**

　一方、「矛盾しているかどうかの検証」と「実用的であ

るかどうかの検証」は異なります。観測や実験による検証は「矛盾の検証」ではなく、あくまでも「実用性の検証」です。矛盾した理論にも実用性があることがあります。

◆　ビッグバン

　ブルーバックスの新物理学辞典には「宇宙」の定義が載っていません。そこで、新レインボー小学国語辞典を開いてみました。

【宇宙】
　地球、太陽、星などのある、はてしないひろがりを持った世界。

　ある宇宙の本には「宇宙は存在するものすべてを含むと定義されている」と書かれています。しかし、この定義だと宇宙はたった1つしか存在しないことになり、多宇宙論（宇宙は複数存在する）という学説は否定されます。この宇宙の他に別の宇宙が存在することは、「宇宙はすべてを含む」という定義に反しています。

　アメリカの天文学者エドウィン・パウエル・ハッブルは、遠くにある天体ほど大きな速度で遠ざかっていることを発

見しました。でも、実際に発見したのは赤方偏位です。

ハッブルの発見：赤方偏移（天体の移動ではない）

この赤方偏移をドップラー効果と結びつけて推測した結果がハッブルの法則です。

正確な表現をするならば、ハッブルは「遠くにある天体ほど大きな速度で遠ざかっていることを**発見**した」のではなく「遠くにある天体ほど大きな速度で遠ざかっていることを**推測**した」となります。この一語の違いはとても大きいです。

宇宙誕生前には、時間も空間も物質も存在しない「無」の状態があったと考えられています。ただ、その無の状態にゆらぎがあり、そのゆらぎの中から宇宙が誕生したといわれています。

でも、無の状態とは何も無い状態であり、何もない以上はゆらぐものが存在しないはずです。つまり、ビッグバンの発生自体が矛盾しています。

ゆらぎとは、時間によって変化することである。すなわち、ゆらぐためには「時間」と「ゆらぐもの」という２つ

が必要である。よって、時間とゆらぐものが誕生する前に、時間とゆらぎが存在することは矛盾している。

　また、「宇宙の膨張では、宇宙空間そのものが大きくなるが、重力で結びついている銀河自体は膨張しない」という説明も何かひっかかります。それは、宇宙空間の膨張と銀河系の膨張の間にすきまが生じるからです。

　宇宙が膨張していれば、各銀河も各惑星もわれわれ人間も全員が膨張していなければならない。イヌやネコも同じ膨張率で膨らんでいなければならない。

　そう考えないと「物体が動くと周囲の空間が収縮する。その空間内のすべての物体が同じ比率で収縮する。空間の収縮率と物体の収縮率は同じである」という相対性理論の主張と矛盾してしまいます。収縮率が同じならば、膨張率も同じであると考えられます。

◆　ビッグバンのパラドックス

　ビッグバン理論は、一般相対性理論（時間と空間は変化する）によって生み出された理論です。絶対時間と絶対空間が正しければ、宇宙の誕生はあり得ません。

ハッブルの発見した銀河の赤方偏位をきっかけに、現在は「ビッグバンによって誕生した４次元時空が膨張している」とされています。

　ここで、赤方偏位からビッグバンまでの思考の流れを整理いたします。

　生データ　　：各銀河の赤方偏位が観測された。
　第１の推測：各銀河が地球に対してあらゆる方向に（その距離に比例する速度で）遠ざかっている。
　第２の推測：宇宙が膨張している。

　ハッブルが発見したのは生データです。その後になって、２つの推測が加えられました。ニュートン力学では空間は膨張しないから、第１の推測で止まります。

　でも、空間が曲がると主張する一般相対性理論は第２の推測を可能にします。しかし、宇宙が膨張しているとすると矛盾が生じてきます。宇宙が膨張するなら、宇宙の外に向かって膨張します。つまり、現在の宇宙に外側があることになります。宇宙が森羅万象を含むのならば、森羅万象以外が存在したら、それは森羅万象ではないことになります。
　空間に座標系を設定した場合、空間が膨張すると、空間座標の目盛り幅が伸びます。ここで、「空間の膨張」とその

中に存在している「物体の膨張」を比較します。

（1）膨張率が同じ場合
　これは、物体も空間内の目盛りにピッタリ貼りつけられている場合です。すると、その空間内に存在している銀河系も地球も私たちの身体も膨張率に合わせて膨張します。手に持っているメジャーもそれに合わせて膨張するので、膨張している空間内に存在している観測者は、自分の所属している空間が膨張していることを知ることはできません。

（2）膨張率が異なる場合
　物体は空間から独立している存在です。物体は空間には固定されておらず、そのため、空間が膨張すると相対的に、内部に存在している物体は小さくなります。これによって各銀河系の大きさも相対的に小さくなります。つまり、私たちは「銀河系は収縮している」という観測結果を得るでしょう。

　一方、ビッグバン理論でも、おのおのの銀河は膨張しないとされています。その理由はお互いに重力で結びついているためだそうです。（ちなみに、一般相対性理論は重力という力の存在をしていています）これは、各銀河が宇宙空間から独立して存在していることを意味しています。つまり、空間座標に貼りついていた各銀河がはがれ落ちて、空

間だけ膨張していることになります。

このようなビッグバン理論の矛盾は、その由来が一般相対性理論にあります。もし相対性理論が矛盾しているならば、その理論から生まれたビッグバン理論も矛盾していることになります。

◆　ブラックホールのパラドックス

一般相対性理論によって予言されたブラックホールの密度はとても大きく、それによって発生する重力も非常に大きいです。一般相対性理論によれば、重力が大きくなるにつれて時間の流れが遅くなります。そのため、ブラックホールの内部では時間は停止しています。時間の停止はブラックホールの表面（事象の地平面）でも起こります。

時間の停止する半径すなわちブラックホールの半径はシュバルツシルト半径と呼ばれています。この中に入った光は脱出できないので観測不可能です。シュバルツシルト半径内では光の速度はゼロだから、光速度不変の原理が成り立ちません。

時間が停止するとどのようなことが起こるのでしょうか？　たとえば、宇宙船がブラックホールに飲み込まれる

とします。強大な重力のため、宇宙船はあっという間にブラックホールに吸い込まれて見えなくなります。

　でも、ブラックホールに近づくにつれて重力が大きくなり、それにともなって時間の経過が遅れます。そのため、宇宙船の速度も遅くなります。

　やがて、ブラックホールの表面では時間が完全に停止し、それと同時に宇宙船も完全に停止します。結果的に、いつまでたってもブラックホールに吸い込まれません。ここで相反することが起こっています。

（1）宇宙船はブラックホールに近づけば近づくほど、重力が大きくなるので加速度もどんどん大きくなり、**瞬間的にブラックホールに吸い込まれる。**

（2）宇宙船はブラックホールに近づけば近づくほど時間の経過が遅くなる。そして、ブラックホールの表面では時間が完全に停止する。その結果、宇宙船の速度がゼロになったまま動くこともできず、**事象の地平面にへばりついたまま永遠に動かない。**

「宇宙船はブラックホールに吸い込まれる」と「宇宙船はブラックホールに吸い込まれない」はお互いに矛盾してい

ます。これがブラックホールのパラドックスです。

◆ 特異点

　ブラックホールができるとき、必ず特異点が生じること
が証明されています。ビッグバン宇宙の始まりにも特異点
があったことが証明されています。

　特異点においては物質の密度があまりにも大きく、重力
場の強さが無限です。では、この無限は実無限でしょうか？
可能無限でしょうか？

　無限と無限大は本質的に異なっています。これより、次
なる2つの文章は意味が大きく異なります。

（1）特異点では、重力場の強さは無限である。
（2）特異点では、重力場の強さは無限大である。

　物理学では、どちらが正しいのでしょうか？　ちなみに、
無限大は「無限に大きいモノ（存在）」ととらえると実無限
となり、「無限に大きくなるコト（変化）」ととらえると可
能無限となります。

◆ ブラックホールの観測

　一般相対性理論によれば、ブラックホールは次の2つの性質を持っています。

【性質その1】重力が非常に大きい。
　ブラックホールは重力が大きいため、周囲の物体を何でも吸い込んでしまいます。光さえも吸い込んでしまい、そこから逃げだすことは不可能です。もし、ブラックホールの近くに宇宙船が来たら、宇宙船はあっという間にブラックホールに吸い込まれてしまいます。

【性質その2つ】時間が極端に遅い。
　重力が非常に大きければ、時間の進み方は極端に遅くなります。もし、ブラックホールの近くに宇宙船がやって来たら、その宇宙船は次第に時間が遅れるため、飛行スピードも遅くなります。ブラックホールの表面では、時間が完全に停止します。そのため、宇宙船はブラックホールの表面にへばりついたまま、いつまでたってもブラックホールに吸い込まれません。

　遠くの観測者がこの現象を観測していると、宇宙船が停止しているのが見えるということです。

「重力が非常に大きい」と「時間が極端に遅い」から、次のブラックホールのパラドックスが発生します。

【ブラックホールのパラドックス】
　宇宙船は瞬時にブラックホールに吸い込まれてしまう。しかし、遠くでそれを見ている観測者は「いつまでたってもブラックホールに吸い込まれない宇宙船」を観測する。

　これから「一般相対性理論が正しければ、観測者は事実を観測することができない」という結論が得られます。つまり、次がいえるようになるでしょう。

　一般相対性理論から「観測結果は信用できない」という結論が下される。

　観測を中心に作られた有名な原理が、光速度不変の原理です。観測者にとって光の速度が常に一定であり、この光速度不変の原理から次なる結論が出てきます。

　観測者は「運動している物体の長さが短縮し、時間が遅れ、質量が増える」ように観測する。

　ブラックホールのパラドックスからもわかるように、観測結果が信用できないならば、この光速度不変の原理から

出てくる結論も信用できないことになります。

◆　真のパラドックスではない

　矛盾は真の命題でしょうか？　それとも、偽の命題でしょうか？　矛盾そのものがとらえどころもなく、「矛盾そのものが矛盾している」と思ってしまうくらいです。

　そもそも、矛盾しているものを矛盾と命名とした以上は、矛盾が矛盾しているのは当たり前かもしれません。でも、次のように視点を変えると矛盾がすっきり見えてきます。

　矛盾は命題ではない。（矛盾は非命題である）

　これから、次の２つが言えます。

　矛盾は真の命題ではない。
　矛盾は偽の命題ではない。

　でも、次の２つも言えます。

　矛盾は真である。
　矛盾は偽である。

これらを組み合わせると、次のようになります。

矛盾は真だが、真の命題ではない。
矛盾は偽だが、偽の命題ではない。

ここで、論理式を考えます。Q∧¬Qという論理式は偽の命題です。でも、紙面上にQ∧¬Qと書くと、性善説にのっとって無意識的に真に化けるので「矛盾は真でもあり、偽でもある」が真実となります。だから、「矛盾は真である（矛盾は矛盾している）」と「矛盾は偽である（矛盾は矛盾していない）」という2つの考えかたが成り立ちます。

相対性理論は矛盾しているので、この理論の中に入り込むと、「相対性理論は矛盾している」と「相対性理論は矛盾していない」がともに真なる主張となります。だから、「相対性理論にはパラドックスが存在している」と指摘すると、すぐに次のように切り返されます。

それは真のパラドックスではない。よって、*相対性理論にはパラドックスが存在しない。*

このような反論が可能なのは、相対性理論が矛盾しているからです。相対性理論の内部では「相対性理論にはパラドックスが存在する」と「相対性理論にはパラドックスが

存在しない」がともに真として存在しています。

◆　リンゴのパラドックス

　ここでは、相対性理論から出てくる双子のパラドックス
を少しアレンジして、リンゴのパラドックスとして再現し
てみます。

　ニュートン力学では「宇宙に時計は1つだけ存在し、そ
れゆえに、宇宙空間全体に共通している時刻も1つだけで
ある」と仮定しています。これを絶対時間と呼んでいます。

　宇宙には絶対時間の時間軸はたった1本しか存在せず、
それゆえに、ある瞬間における時刻はすべての物体に共通
しています。

　**絶対時間は物体ごとに時間を設定しない。物体を超えた
空間全体に時間軸を設定する。**

　それに対して、相対性理論は「それぞれの物体は独自の
時間を1つ持っている。それゆえに、各物体はそれ自体で
独自の時間を刻んでいる」と仮定しています。これを固有
時間と呼んでいます。

【固有】そのものだけがとくべつにもっていること。

　1つの物体が同時に異なる2つの固有時間を持つことはないでしょう。それは固有の定義に反します。よって、相対性理論によると宇宙には物体の数だけ時間が存在しています。

　ここで、1個のリンゴを半分に切り分けます。このとき、切る前も切った後も物体であり、物体の数は1個から2個に増えました。これを半リンゴと呼ぶことにします。

　この半リンゴの1個を地上に残しておき、残り半分を準光速度で自由に宇宙旅行させます。そして、宇宙旅行から帰ってきたときの半リンゴの時刻を調べます。

　相対性理論による計算では、地上に残った半リンゴよりも、宇宙から帰ってきた半リンゴの時刻のほうが遅れています。

　そこで、この2つの半リンゴをくっつけて再びもとの1個のリンゴにもどします。もし、相対性理論が正しければ、このリンゴは1個の物体にもかかわらず、2つの異なった時間を持っています。これは「物体の時間は1つである」という相対性理論の本来の仮定———物体には、それ独自

の時間（固有時間）が1つだけある───に反しています。

◆ 正面衝突のパラドックス

衝突の定義は、2つの物体が同じ場所に同じ時刻に存在することです。これは、1回目の衝突でも、2回目の衝突でも成り立ちます。そして、一般的なn回目の衝突でも成り立たなければなりません。

これより、衝突は時刻合わせでもあり、場所合わせでもあるという特徴を持った**もっとも基本となる事象**です。

観測者が速度vと速度2vで互いに近づくロケットを観測したとします。

相対速度は3vです。観測者はやがて、この2つのロケットが正面衝突をするのが観測できます。

でも、相対性理論が正しければ、この2つのロケットは時間の経過が異なるから時刻も異なり、衝突したときの時刻は同じではありません。おのおのが異なった時刻で衝突

します。

【相対性理論による主張】
「速度ｖのロケット」と「速度２ｖのロケット」は、異なる時刻で正面衝突をする。

　でも、衝突の定義からすると、速度ｖのロケットと速度２ｖのロケットは、同じ時刻で衝突しなければなりません。これは、相対性理論における正面衝突のパラドックスです。

　結局、相対性理論が正しければ、速度ｖと速度２ｖのロケットは正面衝突せずに、お互いのロケットを幽霊のようにすり抜けて、何事もなかったように反対方向に飛び続けるでしょう。

◆　フォトンのパラドックス

　相対性理論では、物体だけではなく素粒子に座標軸をおくことがあります。素粒子であるミューオンは光速に近い速さで地上に降り注ぎます。そのとき、相対性理論が正しければ、ミューオンから見ると地球も大気圏も短縮しています。

同じことを素粒子の1つであるフォトン（光子）にも適用してみます。フォトンの速度はcであるため、フォトンの進行方向に対して、すべてが短縮します。地球も太陽も宇宙も短縮しています。フォトンにとって短縮している宇宙の幅は、計算上はゼロになります。

$$L'=L\sqrt{1-\left(\frac{V}{c}\right)^2}=L\sqrt{1-\left(\frac{c}{c}\right)^2}=0$$

**　光速度cで運動しているフォトンにとって、進行方向の宇宙の大きさは138億光年ではなく0光年である。**

　常に速度cで進むフォトンにとっては、宇宙の端から端までの距離がゼロだから、フォトンは宇宙を瞬間的に通過します。すると、その速度は無限大です。これより、次なるフォトンのパラドックスが生じます。

【フォトンのパラドックス】
　フォトンの速度はcであると同時に∞でもある。

　ちなみに、フォトンにとっての宇宙の大きさは進行方向が0であり、垂直方向は短縮しないので138億光年のままです。つまり、宇宙の形は線分です。

相対性理論が正しければ、フォトンから見た宇宙の形は「長さが138億光年の線分」である。

◆　レーザー光のパラドックス

　レーザー光を同時に同じ方向に放射します。２本のレーザー光（レーザー光１とレーザー光２）は、常に同じ速度で並進します。ここで、２つの仮定をします。

（１）相対性理論が正しい。
（２）レーザー光の先端にはレーザー光人が住んでいる。

　レーザー光１の先端にはレーザー光人Ａが住んでいます。レーザー光２の先端にはレーザー光人Ｂが住んでいます。

　レーザー光人Ａがレーザー光人Ｂを観測すると、自分よりも先に進んでいます。レーザー光人Ｂがレーザー光人Ａを観測すると、自分よりも先に進んでいます。

　２人が並走している場合、「相手は自分よりも速い」が同

時に真になることはない。

　これが、レーザー光のパラドックスです。

◆　スロー再生

　スロー再生とは、撮影した映像をスローモーションで再生することです。このスロー再生は時間をゆっくり経過させる目的でも行なわれ、スポーツのビデオ判定をはじめ、自分のゴルフスイングの反省や、さまざまな場面で応用されています。「時間がゆっくり経過する」といえば、すぐに相対性理論を連想します。

　1台のスポーツカーが時速200ｋｍで疾走しているとします。それを、道路脇にいる観客がスタートからゴールまで録画していました。それをスロー再生します。すると、スポーツカーの時間は遅れており、スポーツカーに搭載されている時計の表示時刻も遅れます。これは、相対性理論によって観測されている「時間が遅れている状態」といえます。

　相対性理論によると、観測者は時間の遅れを観測できる。これは、観測した結果を録画してスロー再生で鑑賞すると

きと同じである。

　このとき、スポーツカーのタイヤの回転数も少なくなります。たとえば、１／２のスロー再生では、タイヤの回転数は半分に減ります。そのため、スポーツカーの速度も半分に低下し、時速１００ｋｍに落ちます。

　ところが、運転席の速度計は時速２００ｋｍを表示しています。スロー再生を見ている人は「スポーツカーの速度計が２００ｋｍ毎時を指し示しているのに、時速１００ｋｍで走っている矛盾」を楽しく鑑賞します。この時点で、もう「観測」ではなく「鑑賞」に変化しています。

　観測と鑑賞は違う。時間の遅れを主張する相対性理論では、ありのままの観測ではなくスロー再生で鑑賞していることと同じである。

　録画されたこのスポーツカーは目的地に２倍の時間をかけて到着します。このスポーツカーの運転席には距離計もついています。目的地までに走った距離は１／２のスロー再生でも、１／１０のスロー再生でも、１／４０のスロー再生でもみんな同じです。

　実物のスポーツカーも、録画再生によるスポーツカーも、

走行距離は変わらない。さらに２倍速や４倍速に早めても、目的地までに走る距離は変化しない。

「目的地までの距離」は時間の進みや遅れに関係なく、いつも同じです。つまり、時間経過が遅くなっても、進む距離が長くなることはありません。

◆　運動物体

　速度Ｖで運動している物体を観測する場合、ニュートン力学と相対性理論ではどのように扱いかたが違うのかを比較してみます。ニュートン力学は次の３つを主張しています。

【ニュートン力学】
（１）時間Ｔの運動物体は時間Ｔとして観測される。
（２）長さＬの運動物体は長さＬとして観測される。
（３）質量Ｗの運動物体は質量Ｗとして観測される。

　これらは素直な考え方であり、もとの物理量が変わらないように観測しています。**観測の理想像を述べている**といえるでしょう。

それに対して、相対性理論は観測される結果をもとの状態から別の状態に移しかえています。具体的には、ローレンツ変換を用いて、次のような観測結果を主張しています。

【相対性理論】
（１）時間Tの運動物体は時間T'として観測される。

$$T' = T \sqrt{1 - \left(\frac{V}{c}\right)^2}$$

（２）長さLの運動物体は長さL'として観測される。

$$L' = L \sqrt{1 - \left(\frac{V}{c}\right)^2}$$

（３）質量Wの運動物体は質量W'として観測される。

$$W' = \frac{W}{\sqrt{1 - \left(\frac{V}{c}\right)^2}}$$

T，L，Wは事象であり、T'，L'，W'は現象です。ニュートン力学はなるべく事象を観測しようとしますが、相対性理論は初めから現象を観測しています。これより、相

対性理論は次の主張もしています。

「相対性理論が正しければ、観測された時間は（もとの時間と異なるから）あまり信用できない」
「相対性理論が正しければ、観測された距離は（もとの距離と異なるから）あまり信用できない」
「相対性理論が正しければ、観測された質量は（もとの質量と異なるから）あまり信用できない」

　これらから次のような推測も可能です。ニュートン力学ではもとの物理量をそのまま観測するから、観測結果を信用できます。時間が進むのが遅れれば、物体の動く速度も遅れます。すなわち、物体の速度は遅くなります。

【ニュートン力学】
（4）速度Vの運動物体は速度Vとして観測される。

【相対性理論】
（4）速度Vの運動物体は速度V'として観測される。

$$V' = V \sqrt{1 - \left(\frac{V}{c}\right)^2}$$

　よって、相対性理論が正しければ、観測された速度は（実

際の速度よりも遅いから）あまり信用できません。

　相対性理論の（4）は、相対性理論の（1）から次のように導き出されます。ルートの式をＬ（Ｖ）と置いて簡略化します。

$$L(V) = \sqrt{1 - \left(\frac{V}{c}\right)^2}$$

　相対性理論によると、運動物体の時間はＴからＴ'に遅れます。これは、時間の経過がＬ（Ｖ）倍になることです。時間経過がＬ（Ｖ）倍になれば、Ｌ（Ｖ）＜1より、時間経過が遅くなります。

　それに応じて速度もＬ（Ｖ）倍になり、Ｌ（Ｖ）＜1より、速度も遅くなります。これによって、上記のＶ'が導き出されます。

　このへんはわかりづらい数式でもあるので、日本語で簡単に考えます。たとえば、Ｌ（Ｖ）＝1／2のときを考えます。

物体の時間が進むスピードが1／2になれば、物体の運動するスピードも1／2になる。

もっとわかりやすいのは、極端な状態を考えることです。思い切って時間の進みかたをゼロにします。

物体の時間が停止すれば、物体の運動も停止する。

　ブラックホールに宇宙ロケットが吸い込まれるとき、ブラックホールの表面すなわち事象の地平線で宇宙ロケットは停止します。これが、その典型的な例です。

◆　ミューオンの寿命

　宇宙からたくさんの宇宙線が大気圏に飛び込んできます。そのときに、ミューオンという素粒子ができます。そして、ミューオンは光速の約99.97％の速度で地表に向かってくるそうでう。ミューオンの寿命はとても短く、約100万分の2秒です。

　ミューオンが寿命を迎えるまでに、どのくらいの距離を進むことができるのかを計算してみます。ミューオンの速さはほとんど光速なので、秒速30万ｋｍとします。

$$3 \times 10^{8}\ [\text{m}／秒] \times 2 \times 10^{-6}\ [秒] ＝ 600\,\text{m}$$

これより、ミューオンは600ｍくらい進んだところで寿命を終えます。この距離では大気圏（厚さは約20ｋｍ）を越えられず、地表に到達しないはずです。しかし、実際には地表でミューオンを観測することができます。

　これを解決したのが相対性理論です。ミューオンは光速に近いスピードで動いているので、相対性理論によると時間がゆっくりと進み、寿命がのびます。

　相対性理論を用いて計算すると、ミューオンが光速の99.97％で飛んできたとすると、ミューオンの時間の経過が１／40まで落ちます。

$$\sqrt{1-\left(\frac{0.9997c}{c}\right)^2} \fallingdotseq \frac{1}{40}$$

　ミューオンの時間経過が約40分の１まで落ちると、ミューオンが崩壊するまでの時間、すなわちミューオンの寿命も40倍にのびます。だから、寿命が尽きるまでに飛行できる距離も40倍になります。

　600ｍ×40＝24ｋｍ

　したがって、ミューオンが寿命を終えるまでに24ｋｍ

も走行できるので、大気圏を容易に突破します。

◆　大気圏が薄くなる

　ミューオンが大気圏を突破するメカニズムを、相対性理論は別の視点からも切り込んでいます。

　地球の大気圏の厚み（約20km）が500mと薄くなる。

　その理由を、相対性理論は次のように説明しています。相対性理論によると、飛行している素粒子の進行方向に対して、すべてが短縮します。大気圏も短縮します。ミューオンが地球に対して垂直に速度0.9997cで降りそそぐとき、大気圏の短縮率は次のようになります。

$$\sqrt{1-\left(\frac{0.9997c}{c}\right)^2} \fallingdotseq 0.02499 \fallingdotseq 1 / 40$$

　これによって、大気圏の厚みは次のように薄くなります。

$$20000 \, [\mathrm{m}] \times 1 / 40 = 500 \, [\mathrm{m}]$$

　一方、ミューオンは寿命が尽きるまでに600m走行でき

るので、500mと薄くなった大気圏をやすやすと突破して地表に到達できます。

　しかし、ミューオンからすれば、短縮しているのは地球の大気圏だけではなく、地球自体も短くなっています。それだけではなく、太陽も宇宙中に存在するすべての銀河系も短くなります。その上、宇宙全体（大きさは138億光年）が次のように短縮します。

　138億光年×1／40≒3.45億光年

　相対性理論が正しければ、ミューオンにとって宇宙の大きさは138億光年ではありません。たったの3.45億光年です。

◆　ミューオンのからくり

　相対性理論による説明には、何となく違和感を覚えます。それは「本当にミューオンの時間経過が1／40まで落ちるのか？」「本当にミューオンの寿命が40倍ものびるのか？」「本当にミューオンの飛行距離が40倍ものびるのか？」という疑問がぬぐいきれないからです。

ミューオンの寿命に関しても、資料によっては「10倍の
びる」「20倍のびる」「30倍のびる」「40倍のびる」とさ
まざまな数字があげられています。どれを真実と受け止め
てよいのか迷いましたが、ここでは一番大きな数字40を
採用しました。

　そもそも、ミューオンの寿命という言葉は擬人化です。
ミューオンの寿命と人間の寿命は本質的に異なっています。
人間の寿命は健康状態に大きく影響されます。また、不慮
の事故などの影響も受けます。したがって、人間の寿命は
0才〜120才と非常に幅が広いです。ミューオンの寿命は、
そのような個々の事情を考慮していないようにも見受けら
れます。

　また、「人体の時間の経過が遅くなると、人間の寿命が
長くなる」と述べている医学者はいません。たとえば、人
間の時間経過が半分まで遅くなる場合を考えます。これに
よって、手足の動きも半分のスピードになり、歩くスピー
ドも半分になります。今まで、時速4kmで歩いていた人
は、時間経過が半減することによって時速2kmで歩くよ
うになります。この **「時間が遅くなれば、歩く速度も遅く
なる」** という時間と速度の連動は意外と見過ごされやすい
から、注意が必要です。

◆ 人間の寿命

　特殊相対性理論で計算すると、光速に近いミューオンの時間の経過は遅くなります。観測者の時間経過を1とすると、ミューオンの時間経過はその40分の1です。そして、相対性理論は次の三段論法を使いました。

　ミューオンの時間経過が1／40になれば、ミューオンの寿命が40倍にのびる。ミューオンの寿命が40倍にのびると、ミューオンの飛行距離も40倍にのびる。

　この三段論法は正しくはありません。それを理解していくただくために、ミューオンではなく人間で考えます。まずは、次の相対性理論の主張です。

　人間の時間の経過が1／40になれば、人間の寿命が40倍に延びる。

　100歳まで生きることが目標の人間にとっては何ともうらやましい話です。私たちの身体の時間経過を1／40に抑えることができれば寿命が40倍に増えます。つまり、私たちは4000歳まで生存できます。ほぼ、不老不死の状態です。

ここで具体的に考えます。ある人の時間の経過が１／40になれば、その人はスローモーションのように手足をゆっくり動かします。歩くときの歩数も１／40まで落ち、結果的に歩行速度も１／40まで落ちます。

　それだけではありません。呼吸回数も１／40になり、心拍数も１／40になります。通常の心拍数が１分間に80回ならば、これが１分間に２回にまで落ちます。30秒に１回しか心臓が収縮しなければ大変な事態に陥ります。

　人間にとって酸素を供給する血液の流れはとても大事です。血管内を流れる血流速度が１／40になると、血液が停滞することによって全身に血栓が多発します。その結果、脳梗塞、心筋梗塞、肺梗塞などが同時に罹患します。各臓器に酸素を十分に運搬できず、あっという間に多臓器不全に陥ります。

人間の時間経過が１／40まで落ちれば、4000歳まで生きることはできずに、逆に、すぐに死んでしまう。

　すると、「人間の時間経過が１／40になれば、人間の寿命は4000歳までのびる」という相対性理論の主張はいったい何なのでしょうか？　もしかしたら「ミューオンの時間経過が１／40になれば、ミューオンの寿命は40倍にの

びる」という主張にも無理があるのかもしれません。

◆ ミューオンの飛行速度

　ミューオンの時間の進みかたが遅れれば遅れるほど、ミューオンはゆっくり飛行するようになります。つまり、ミューオンが地球に降り注ぐ速度は低下します。

　ミューオンの時間が1／40まで遅くなると、ミューオンの速度も1／40まで落ちます。最終的なミューオンの飛行速度は次のように計算できます。

　0.9997 c × 1／40　＝ 0.02499 c

　これより、次なる結論が出てきます。

　相対性理論が正しければ、光速度の99.7％で地表に降り注ぐミューオンは、光速度の2.5％で降り注いでいるように観測される。

　これは次のようなミューオンのパラドックスを招きます。

【ミューオンのパラドックス】

　0.9997 cの速度で飛行しているミューオンは、0.0249 cの速度で飛行している。

　これは自動車や宇宙ロケットでも同じです。自動車の時間経過が半分に落ちれば、タイヤの回転数も半分に落ちます。その結果、自動車の速度も半分になります。宇宙ロケットの時間経過が半分になれば、エンジンの噴射速度も半分になり、飛行速度も半分に落ちます。

　もし、宇宙ロケットの時間経過がゼロになれば、宇宙ロケットはその場で停止します。その一例がブラックホールの表面で起きています。ブラックホールの吸い込まれる宇宙ロケットは、ブラックホールの表面で時間が停止して、いつまでたってもブラックホールの中には吸い込まれません。

◆　ミューオンの飛行距離

　相対性理論の主張するように、0.9997 cの速度で飛行するミューオンの時間の経過が1／40になったとします。すると、ミューオンのすべての動きはスローモーションのようにゆっくりになります。その結果、ミューオンもゆっくり飛行し、崩壊するときもゆっくり崩壊します。具体的

な数字をあげると、ミューオンの飛行速度も崩壊速度も１／40に落ちます。

　ミューオンの時間の経過が遅くなれば、ミューオンが崩壊するまでの動きも遅くなる。相対性理論にしたがってミューオンの時間の経過が１／40になれば、ミューオンの崩壊時間（いわゆる寿命）は40倍に増える。───　①

　一方、ミューオンの時間の経過が１／40になれば、ミューオンがゆっくり飛行するので、ミューオンの飛行速度も１／40に落ちます。

　ミューオンの時間の経過が遅くなれば、ミューオンの動きも遅くなる。相対性理論にしたがってミューオンの時間の経過が１／40になれば、ミューオンがゆっくりと飛行するので、速度も１／40に落ちる。───　②

　相対性理論によって、①と②が同時に起こります。すると、ミューオンの飛行時間が40倍になって、飛行速度が１／40になるから、飛行距離は１／40×40＝１となります。つまり、飛行距離はまったく変わりません。

　距離＝速度×時間
　飛行距離＝飛行速度×飛行時間（崩壊時間）

これより、相対性理論によるミューオンの説明は破綻します。

　ミューオンの時間経過がいくら遅くなっても、ミューオンの飛行距離はのびない。──── ③

　①と②から、③が証明されて出てきます。

◆　双子のパラドックス

　特殊相対性理論は慣性系しか取り扱うことができません。慣性系とは、「物体がずっと静止している座標系」か「物体がずっと等速直線運動をしている座標系」です。

　加速度をいっさい扱えないので、静止している物体を押しても動き出しません。等速直線運動をしている物体を押し戻そうとしても停止させることができません。これが、特殊相対性理論の世界です。

　特殊相対性理論は加速や減速の状態については何も語ることができないならば、これは物理理論としてはニュートン力学にも劣ることを意味しています。

そもそも、特殊相対性理論からは双子のパラドックスは発生しません。その理由は、特殊相対性理論は静止または等速直線運動しか扱わないからです。そのため、反対方向にお互いに等速直線運動で並走している２つの物体は一度だけ出会うことができても、その後はもう二度と出会うことがありません。

【特殊相対性理論による双子のパラドックスの回避】
　特殊相対性理論は等速直線運動しか扱わない。だから、一度別れた双子は永遠に再会しないから、「再会したときにお互いに相手のほうが若い」という双子のパラドックスは起こらない。

　はたして、このような説明で「特殊相対性理論にはパラドックスは存在しない」と言い切ってもよいものでしょうか？

　双子のパラドックスの正体は、時刻の異なった２人の出会いです。これは、出会いの定義からしてあり得ないことです。「出会う」とは、「同じ場所」で「同じ時刻」に２人が顔を突き合わせることだからです。生まれてからの時刻がいつも同一ならば、年齢もいつも同一です。相対性理論による帰結は、この衝突の定義に違反しています。

双子のパラドックスは、相対性理論における真のパラドックスである。

　現在、特殊相対性理論で発生している双子のパラドックスを、一般相対性理論を用いて「宇宙旅行から帰ってきた兄弟のほうが若い」と結論しています。ということは、一般相対性理論は「特殊相対性理論の矛盾を回避するアドホックな仮説」の可能性があります。

　一般相対性理論は特殊相対性理論の不備を補う理論ではない。それは、特殊相対性理論の矛盾を一時的に回避するアドホックな仮説である。

◆　パラダイムの転換

　次のような考えかたがあります。

　天動説を倒したのは地動説である。ニュートン力学を倒したのは相対性理論である。このように、ある理論が倒されるのは、それに取って代わる別の理論が出てきたときである。これをパラダイムの転換という。したがって、相対性理論が間違っているというのであれば、相対性理論に代わる理論を提出しなければならない。

パラダイムの転換にはそのような代替理論（現在のパラダイムの代わりとなる新理論）が必要なのでしょうか？パラダイムの転換には２つの考えかたがあります。

【パラダイムの転換その１（新理論）】
　パラダイムとしての理論を倒すことができるのは、それに代わる新しい理論である。
　例）天動説を倒した地動説
　　　ニュートン力学を倒した相対性理論

　パラダイムの転換にはもう１つあります。たとえば、相対性理論の内部矛盾を明らかにすることができれば、代わりの理論を立てることなく相対性理論を倒すことができます。それも立派なパラダイムの転換です。

【パラダイムの転換その２（矛盾性）】
　パラダイムとしての理論を倒すことができるのは、内部の矛盾である。
　例）無限集合論のパラドックス
　　　相対性理論のパラドックス

　今までは、パラダイムの転換はその１だけのようでした。しかし、これからはその２もつけ加えなければならないと思います。これはパラダイムの転換に対してのパラダイム

の転換かもしれません。

　現代数学のパラダイムは無限集合論です。一方、現代物理学のパラダイムは相対性理論です。それぞれ標準的な理論として、数学と物理学の中心に位置しています。

　ところが、この２つの理論には共通点があります。それは、両理論からは多数のパラドックスが証明されて出てくるということです。

　無限集合論と相対性理論———２つのパラダイム———の共通点は、パラドックスが多く存在することである。

　集合に関しては「集合」の代わりに「概念」を使うと問題は解消されます。「自然数という概念」には実無限は使われていません。「自然数という概念」は「実数という概念」に含まれますが、このような包含関係もスムーズに行なわれ、おまけに、無限集合論のようなパラドックスも発生しません。

◆　ニーチェ

　アインシュタインは権威を嫌っていました。しかし皮肉

なことに、今ではアインシュタイン自身が物理学の最高権威となっています。

　特殊相対性理論は1905年に公表されました。ということは、今現在、地球上に暮らしている人たちのほとんどは、相対性理論が花盛りの時代に生まれ育ったことになります。そのためか「相対性理論は正しい」という信念を持った人たちがたくさんいるようです。

　信念は、うそよりも危険な真理の敵である。

　これは、ドイツの哲学者フリードリッヒ・ニーチェが発した言葉です。

　私たちは子どものころから「相対性理は正しい」と繰り返しに学んできました。そして、**相対性理論は現代社会における常識**となっています。しかし、アインシュタインは次のようにも言っています。

　常識とは、18才までに身につけた偏見のコレクションである。

あとがき

　数学も物理学も論理を用いる学問であり、ブロックを積み上げるように次から次へとさらなる論理を組み立てていきます。そして、真の命題の上にまた真の命題を重ねていくことによって、壮大な数学と物理学が作られました。もちろん、今でも数学は完成されておらず、物理学も発展途上にあります。

　パラダイムとはその時代の主流となる考え方です。今まで積み上げられてきたブロックの上に新たなブロックを置くことをパラダイムの発展と呼んでいます。これをパズル解きと表現することもあります。

　これに対して、パラダイムの転換（パラダイムシフト）とは下のほうのブロックを入れ替えることです。そのため、今まで組み立てられた数学と物理学がいっぺんに変わってしまうこともあります。

　私が初めて対角線論法と出会ったとき、とても素晴らしい証明であると驚嘆しました。しかし、その一方では、何か引っかかるものがありました。それは、心の奥底に潜む得体のしれない存在でした。

この違和感は、ときが経つにつれて次第に大きくなってきました。やがて、それは対角線論法に初めて接したときの感動を打ち消すまでになりました。

「やっぱり対角線論法は怪しい。この背理法の裏にはとんでもない秘密が隠されている」

対角線論法に対する疑問は無限集合論にとどまらず、やがては非ユークリッド幾何学、最終的には相対性理論に対する疑問へと発展していきました。そして、たどり着いたのが本書です。

今までの思考の流れを一連のシリーズとして自費出版しました。

第1弾「カントールの対角線論法」（2006年）
第2弾「カントールの区間縮小法」（2007年）
第3弾「カントールの連続体仮説」（2017年）
第4弾「カントールの楽園」（2021年）

これにてカントールシリーズは終了となります。

この本は、無限と矛盾を考え直すきっかけになるかもしれないという気持ちを込めて書き上げました。その手段と

して、私は美しくて素晴らしい日本語を選びました。科学の真理も人間の心理も、より正確に表現できるのは論理式や数式よりも言葉のような気がします。

「相対性理論の正しさを数式で理解するか？」「相対性理論の間違いを日本語で理解するか？」は究極の選択とも考えられます。どちらを選ぶかは、私たち一人一人に与えられた自由です。

（1）相対性理論の正しさを数式で理解する。
（2）相対性理論の間違いを言葉で理解する。

　私は相対性理論の難解な数式がまったく理解できなかったので、後者の日本語を選択しました。そして今では「私たちは相対性理論を理解できないことに、もう少し誇りを持ってよいのではないか？」とも思っています。

　このシリーズは、子ども時代の「相対性理論は正しい」という私の信念が次第に変わっていく記録でもあります。私は外国語ができませんが、はたして外国語を使って本書の微妙な日本語の言い回しを再現できるのでしょうか？　もしかしたら、相対性理論の間違いを理解できるのは日本人だけかもしれません。

相対性理論には論理的とはいえない部分がいくつかあります。そもそも、論理とは「話の筋がよく通っているため、誰でも容易に理解できるもの」です。小学国語辞典にも、次のように出ています。

【論理】
　議論を進めていくときの正しいすじみち。

　この定義が正しいかどうかは議論の余地があります。というのは、「議論を進めていくときの正しいすじみち」がよいのかそれとも、「正しい」を削除した「議論を進めていくときのすじみち」のほうがよいのか、ということです。これは、論理という言葉に正しさを内包させるかどうか、という言語学あるいは哲学的な問題にまで引きもどされます。

　いずれにしても、すじみちが正しければ、誰でもそれを追っていくことができます。そのため、幼い子どもやお年寄りにも理解できるものが正しい論理といえるでしょう。相対性理論には、この要素が少し欠けているような気がします。

　この本ができあがるまで、紆余曲折がありました。「カントールの対角線論法は根本的に間違っている」と思った直後には「いや、カントールは正しい。自分のほうが間違って

【参考文献】
　・各種国語辞典
　・各種数学辞典
　・各種物理学辞典
　・各種哲学辞典
　・各種インターネット

　参考文献がほとんどなくて申し訳ありません。まとまりのない乱雑な文章ですが、最後まで読んでいただいてありがとうございました。

著者紹介

昭和40年　東京都練馬区立田柄小学校を卒業

昭和43年　東京都練馬区立田柄中学校を卒業

昭和48年　東京都立航空工業高等専門学校航空機体工学
　　　　　科を卒業　その後、日本テキサスインスツル
　　　　　メンツ（株）などに勤務

昭和53年　千葉大学医学部に入学

昭和59年　千葉大学医学部を卒業
　　　　　日本赤十字社医療センターに勤務

昭和62年　防衛医科大学校病院に勤務

平成 2 年　鈴木産婦人科に勤務

平成 5 年　偶然にもカントールの対角線論法と出会う。
　　　　　その証明の美しさと不思議さに魅せられ、従
　　　　　来とはまったく異なる視点から対角線論法を
　　　　　研究し始める。

平成 9 年　愛和病院に勤務

平成16年　市川クリニックを開院（内科・小児科・産婦人
　　　　　科・授乳外来・アロマ外来・ベビーマッサージ）

カントールの楽園

2021年11月11日　第1刷発行

著　者　市川秀志
　　　　いちかわひでし

発行者　太田宏司郎

発行所　株式会社パレード
　　　　大阪本社　〒530-0043　大阪府大阪市北区天満2-7-12
　　　　　　　　　TEL 06-6351-0740　FAX 06-6356-8129
　　　　東京支社　〒151-0051　東京都渋谷区千駄ヶ谷2-10-7
　　　　　　　　　TEL 03-5413-3285　FAX 03-5413-3286
　　　　https://books.parade.co.jp

発売元　株式会社星雲社 (共同出版社・流通責任出版社)
　　　　〒112-0005　東京都文京区水道1-3-30
　　　　TEL 03-3868-3275　FAX 03-3868-6588

印刷所　創栄図書印刷株式会社

いる」と落ち込んだり、行ったり来たりの不安定な精神状態を繰り返しました。最後には、何が正しくて何が間違っているのか、まったくわからなくなったこともあります。

　もちろん本書で書かれた私の文章にも、たくさんの誤りがあると思います。正確ではない表現、あるいは明らかに間違った記載も多々あることでしょう。それを１つ１つ指摘していただけたら嬉しく思います。

　数学と物理学には、いまだに知られていない数多くの真理が眠っているに違いありません。そのさい、わからないことはわからないと素直に認める自然体でいることが大切でしょう。ソクラテスも無知の知を提唱し、ニュートンも万有引力のメカニズムはわからないといっています。

　数学においては論理式や数式はもちろん大事ですが、言葉もそれに劣らず大事です。それ以上に大事なのは人間としての心だと思います。

　この本を世に出すにあたって、お世話になった出版社であるパレードブックスの皆さまに感謝いたします。特に、深田祐子様と下牧しゅう様にはとてもお世話になりました。ありがとうございました。

また、今まで長い間、私の間違いを指摘してくれた多くの数学者、物理学者、哲学者、学生さんたちに感謝いたします。そのさい、貴重な時間を奪ってしまったことを本当に申し訳なく思っています。

　また、その間、迷惑をかけっぱなしの家族には心から謝罪します。それでも、私を温かく受け入れてくれました。本当にありがとうございます。

　最後に、数学と物理学そして哲学に幸あれと、お祈り申し上げます。そして何よりも、数学の何たるかを知らなかった私を対角線論法に夢中にさせてくれたゲオルク・カントールに感謝いたします。

　私が数学者の中で一番好きな人物がカントール先生です。いつの日か、カントール先生の生まれ育ったところ、仕事をしていた職場、安らかに眠っている場所などを訪れてみたいと思います。